"十三五"职业教育国家规划教材

用微课学电子 CAD

主　编　白炽贵　周永灿

副主编　幸晓光　苟志强
　　　　李　敏　杨　毅

主　审　艾雄伟　朱昌涛

電子工業出版社

Publishing House of Electronics Industry

北京 · BEIJING

内 容 简 介

本书是职业院校电子专业“电子 CAD”课程的教学创新教材，教材以 51 单片机开发板 PCB 图设计为课题，内容以任务驱动式展开，教学用微课形式实现。

学生通过 49 个实训任务而完成的“单片机开发板 PCB 图”，要“做以致用”，即设计图纸要发给厂家按图加工成电路板（须付加工费），学生把厂家加工返回的电路板焊接组装成学生单片机课程所需的学习开发工具，从而让学生的电子 CAD 课程与 51 单片机课程对接，实现“1+1>2”的效果。

本书配有 49 个微课视频，视频格式为 MP4，每个视频的时长不到 10 分钟，能在学生手机上播放，从而手把手地指导学生，完成功能强大、接口丰富的单片机开发板 PCB 图设计。

本书图文并茂、操作性强，适合作为职业院校电子类专业的教材使用，也是电子 CAD 入门级读物。

图书在版编目（CIP）数据

用微课学电子 CAD/白炽贵，周永灿主编. —北京：电子工业出版社，2018.6
ISBN 978-7-121-34284-4

Ⅰ. ①用… Ⅱ. ①白… ②周… Ⅲ. ①印刷电路－计算机辅助设计－应用软件－职业教育－教材 Ⅳ. ①TN410.2

中国版本图书馆 CIP 数据核字（2018）第 107747 号

策划编辑：白　楠
责任编辑：白　楠　　特约编辑：王　纲
印　　刷：北京捷迅佳彩印刷有限公司
装　　订：北京捷迅佳彩印刷有限公司
出版发行：电子工业出版社
　　　　　北京市海淀区万寿路 173 信箱　邮编 100036
开　　本：787×1 092　1/16　印张：17　字数：435.2 千字
版　　次：2018 年 6 月第 1 版
印　　次：2022 年 8 月第 7 次印刷
定　　价：38.00 元

凡所购买电子工业出版社图书有缺损问题，请向购买书店调换。若书店售缺，请与本社发行部联系，联系及邮购电话：（010）88254888，88258888。

质量投诉请发邮件至 zlts@phei.com.cn，盗版侵权举报请发邮件至 dbqq@phei.com.cn。

本书咨询联系方式：（010）88254592，bain@phei.com.cn。

当前，职业技术教育的发展，必须与“中国制造2025”的国家战略对接，锐意改革和创新。职业技术教学的改革和创新，首先是教材的改革和创新。针对电子CAD教学的特点，本书的改革创新，就在于实现电子CAD课程学生作业的“做以致用”，即从教材的实用性上，以学生为本，以学生后继学科单片机课程应必备的学习工具，即单片机开发板为CAD设计课程内容和目标，这就贴近了学生的学用实际，保证学生的电子CAD设计图纸，真正能加工制板，并组装成学生单片机课程的学习开发工具。

本书的编写体例以任务驱动式展开。项目一为“AD14系统安装与CAD工程建档”，由任务1组成；项目二为“设计原理图库”，由任务2~任务4组成；项目三为“设计PCB元件库”，由任务5~任务7组成；项目四为“基于模块单元的单片机学习板设计”，由任务8~任务30组成；项目五为“基于层次原理图的单片机开发板设计”，由任务31~任务49组成。

全书的49个任务依次衔接，缺一不可。每个任务都有一个完全对应的微课视频作指导，都能指导学生完成该任务的实作全过程。每一个微课视频的时长都不到10分钟，视频格式都为MP4，能放在手机上，让学生边看边做，手把手地指导学生完成每一实作任务。

学生把最终所完成的单片机开发板PCB图发给厂家（须付加工费），厂家就能按图加工出精美的电路板，学生用这块电路板，就能焊接安装成功能强大、接口众多、得心应手的51单片机学习开发工具，能满足职业院校学生在校几年的学习使用要求。

为了让学生亲手制成的单片机开发板功能不低于200元价位的网售单片机开发板，相应地电路结构就要比较复杂。因此，本书电子CAD设计实训力度，即所绘制电路图的复杂程度，远高于一般的电子CAD教材。怎样才能让学生把错综复杂的电路图设计正确，是本书编写时的第一考虑。因此，本书的编写以绘制电路图的屏幕操作实录图为主线，以操作手法为台词展开，对电子CAD技术的很多知识点不作高谈阔论，全力以赴完成电路图的绘制。本书基于对读者的应有责任，在本书的电子资料包中，给出了“单片机学习板原理图”的工程网络表，和单片机开发板“主原理图”的工程网络表，读者可以用这两个表，对照检查自己的原理图设计有无错误，以此确保原理图设计的完全正确。这就要求读者在进行电子CAD设计时，除工程中的5个文件名可以另取他名外，其余的引脚号、焊盘号、元件标识都应全部与本书保持一致。这样，才能借助本书提供的网络表，去检查自己的原理图网络表是否无误，从而判断自己的原理图设计正确与否。只有原理图正确，才能保证PCB图正确，只有PCB图正确，才能保证由PCB图加工而成的电路板不成为废品。

本书的课时分配是这样考虑的，1个任务用1课时。每个任务都有一个视频（屏幕操作实录），视频时长也就是完成这个任务的真实时间，当然这是熟手所用的时间，学生所用时间以其3倍计算比较合理。每课以40分钟计，需48课时，加上机动课时，共需56课时。

本书图文并茂、操作性强，非常便于教和学。教师的教不再是照本宣科，而是对学生的电子CAD绘图操作，进行实时指导、检查及把关。另外，实际教学时，学生最好是两人一组，用一台电脑进行电子CAD设计，用另一台电脑放微课视频，边看边做，即学生甲进行电子CAD设计，学生乙对照视频检查甲的CAD设计操作是否正确，两学生的角色定时轮换。由于每组学生的CAD设计实操总是在前面已完成的工程文档上接着进行的，因此，为防止学生CAD设计文档的丢失，每次实操任务完成后，各组学生要将工程文档上传到教师机存盘。为方便各组学生CAD实操作业的上传和检查，有关文档名都要用该组学生姓名的组合进行命名。

本书的宗旨是让学生的电子CAD设计实作作品“做以致用”。学生按本书指导完成的单片机开发板功能强劲：①用继电器模块、日历时钟模块及存储器模块，可实现有50个时间节点的实时两路电器的自动开关；②用继电器模块和DS18B20传感器，可实现温度的超温和欠温控制；③用16×16 LED点阵模块，能运行众多的汉字显示程序；④对16×16 LED点阵模块，把点阵元件取下，插上8位数码管转接板，还能实现基于74HC595驱动的八位数码管数字显示；⑤用40DIP和20DIP接口，可实现多种单片机片外存储器的读写，可完成众多24~40双列直插IC的单片机应用编程；⑥在DIP20接口（IC2）上插入ADC0804，可演示模数转换实验，插入DAC0832，可演示数模转换实验；⑦在DIP20接口（IC1）上插入ULN2803及步进电动机，可演示步进电动机驱动；⑧用6引脚接口插入“HC-SR04”模块，能演示超声波测距；⑨用6引脚接口插入蓝牙模块（或WiFi模块），还能实现电脑与单片机、单片机与单片机、手机与单片机间的蓝牙接口（或WiFi接口）通信；⑩用自由按键（指两极都未接入电路）S8，既能完整演示3×3、4×4矩阵键盘功能，又能作为各种特定用途的按键使用，实现了一键多用。因此，我们还要以这块单片机开发板为硬件环境，开发编写一本案例丰富的“用微课学51单片机”职业技术教材。这本单片机教材，将充分展示由学生亲手制成的单片机开发板，既能完成众多网售单片机学习板开发板的同类案例编程，还能完成众多网售单片机都无法完成的案例编程。这样，让职业院校电子CAD课程与51单片机课程对接，从而实现“1+1>2”的效果。

本书由重庆市綦江职业教育中心白炽贵、周永灿主编，幸晓光、苟志强、李敏、杨毅为副主编。本书由艾雄伟、朱昌涛担任主审。

本书配有电子教学参考资料包，包括教学指南、教师如何指导学生进行CAD设计的关键性检查视频等，以满足读者在各方面的实用需求。有此需要的教师，请在出版社网站（www.hxedu.com.cn）上下载。

编　者

目　　录

AD14系统安装与CAD工程建档

项目概述　Altium Designer 称得上目前顶级的一款电子 CAD 软件。它功能强大，易学易用，能让初学者很快入门并能用其完成商业级电路板设计。本书以 Altium Designer 14（版本号 14.2.5）为实操平台，引导读者从零起步，以单片机学习板、单片机开发板这两块电路板的 PCB 图设计为任务，直接进入印制电路板产品开发设计实操。

学习目标　完成 AD14 系统安装，以及 51 单片机电路板设计的工程文件和四个设计文件的建立。本书中，Altium Designer 14 简称 AD14。

任务 1　安装 AD14 系统和 CAD 工程建档

本任务微课视频

知识目标　熟悉 AD14 的安装步骤和 AD14 中 CAD 工程文件的建立方法。

能力目标　掌握实现中文界面，单机板注册，AD14 启动，五种设计文件的建立和保存，工作面板的打开和关闭，状态栏的显示和关闭等方法。

任务实施

1.1　安装 AD14 系统

1.1.1　安装 Altium Designer 14.2.5 软件

Altium Designer 14.2.5 这款电子 CAD 软件的安装非常容易。可把软件光盘先复制到硬盘上，再从硬盘上进行安装。安装前应对电脑系统进行设置。第一是将桌面上的“任务栏”设置为自动隐藏，如图 1-1 所示；第二是将显示器的分辨率设置为 1152×864，如图 1-2 所示。

下面，我们要一步一步地完成 Altium Designer 14.2.5 软件的安装。为行文方便，对鼠标操作，本书特作如下约定。

① 鼠标单击：将鼠标光标移到对象上，按下鼠标左键后立即放开。

② 鼠标双击：将鼠标光标移到对象上，迅速单击两次鼠标左键。

③ 鼠标右击：将鼠标光标移到对象上，按下鼠标右键后立即放开。

④ 鼠标拖动：先将鼠标光标移到对象上，然后按下鼠标左键不放开而移动鼠标。

⑤ 鼠标指向：将鼠标光标移到对象上。

另外，本书中“鼠标单击”简称“单击”，“鼠标双击”简称“双击”，把“鼠标右击”简称“右击”，请读者根据其上下文作相应理解。

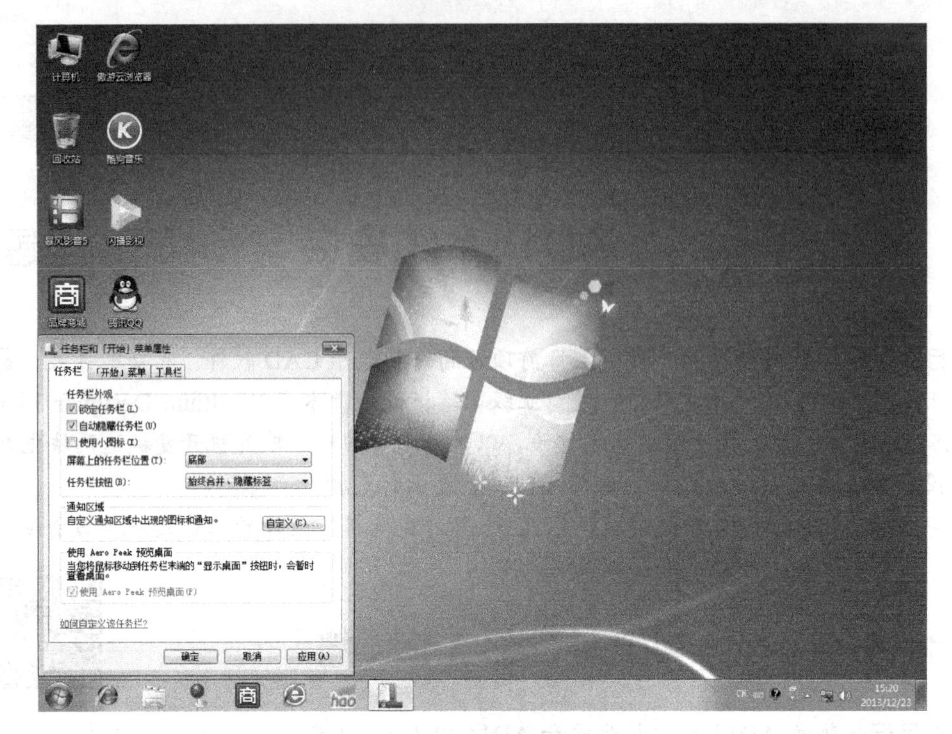

图 1-1　自动隐藏任务栏的设置

图 1-2　把显示分辨率设置为 1152×864

假设 Altium Designer 14.2.5 安装文件被复制到了 E 盘下，如图 1-3 所示。

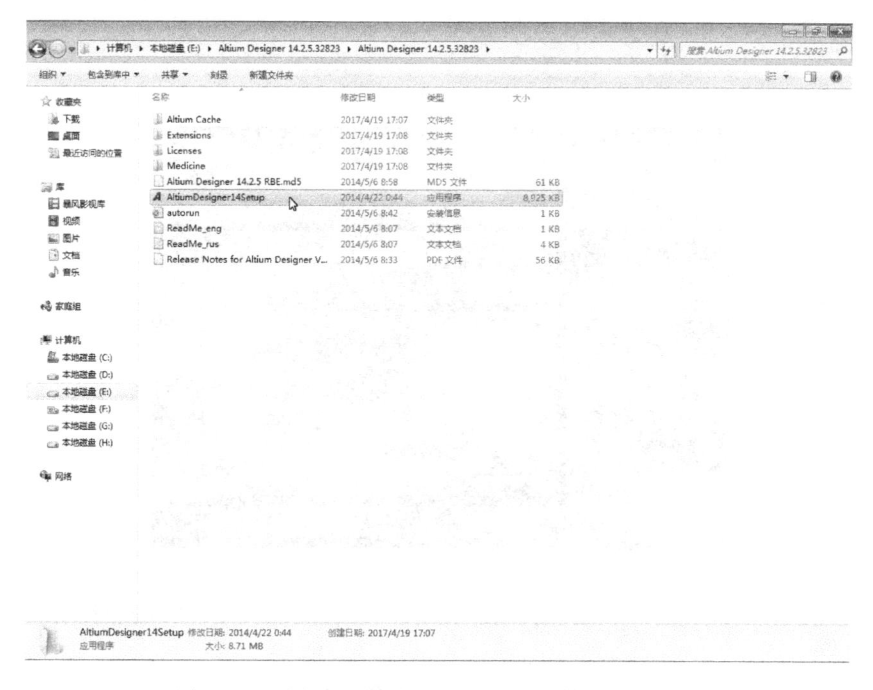

图 1-3　运行 Altium Designer 14.2.5 的安装执行文件

在图 1-3 所示界面中双击安装执行文件“Altium Designer14Setup”，Altium Designer 14.2.5 安装程序启动，进入 AD14 安装过程的第一个界面，如图 1-4 所示。

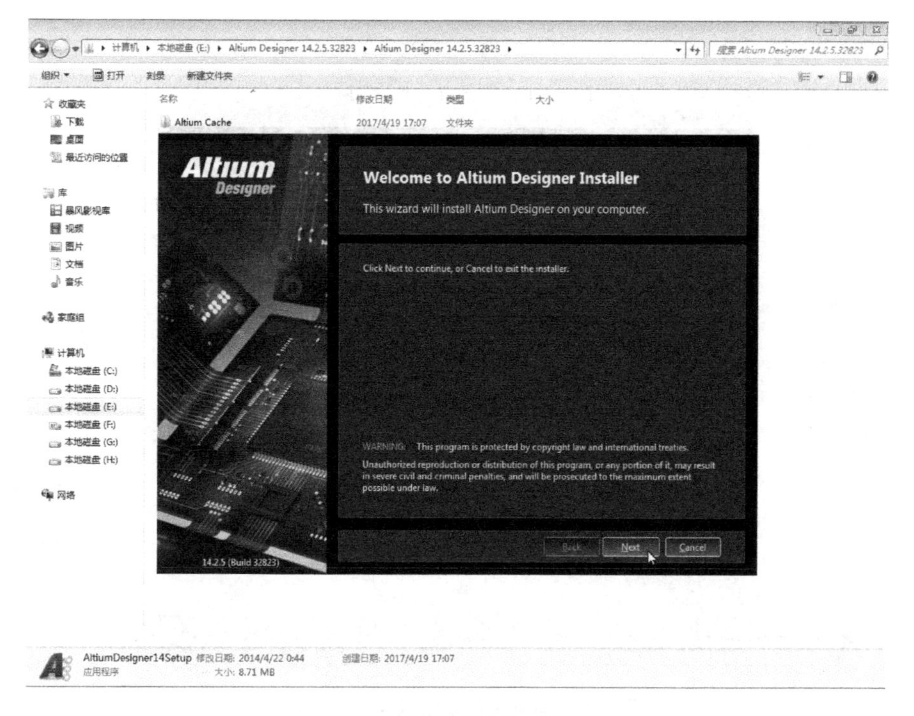

图 1-4　安装 Altium Designer 14.2.5 的欢迎界面

在图 1-4 所示界面中单击【Next】按钮，安装进入下一步，如图 1-5 所示。

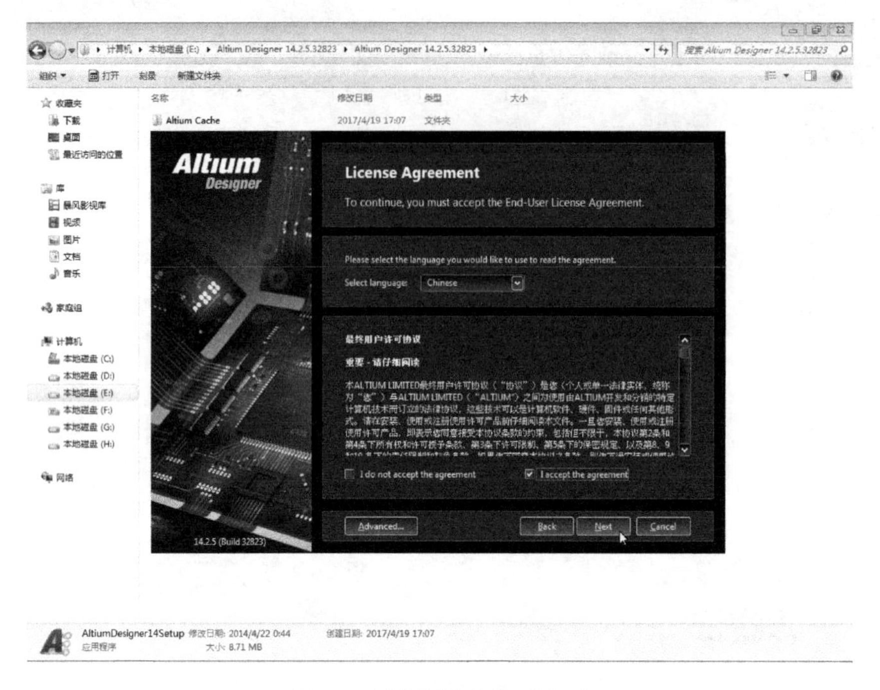

图 1-5　选择语言和接受许可

在图 1-5 所示的界面中，选择工作语言为“Chinese”和接受“许可”，然后单击【Next】按钮，安装进入下一步，如图 1-6 所示。

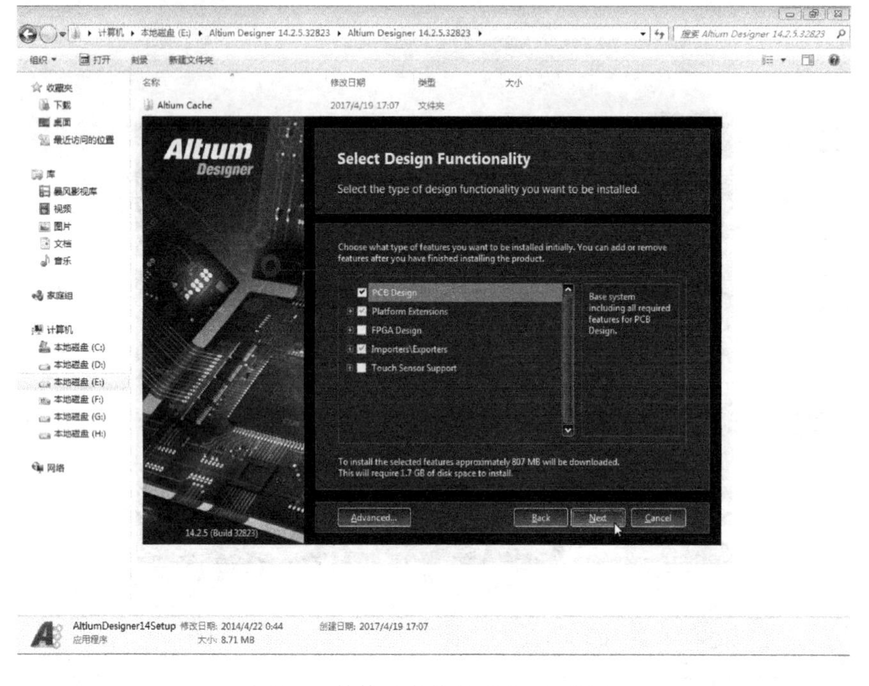

图 1-6　等待用户单击【Next】按钮

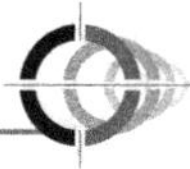

接下来，单击新出现的每一个【Next】按钮，直到出现【Finish】按钮时，要先取消运行勾选再单击【Finish】按钮，以确认安装完成，如图 1-7 所示。

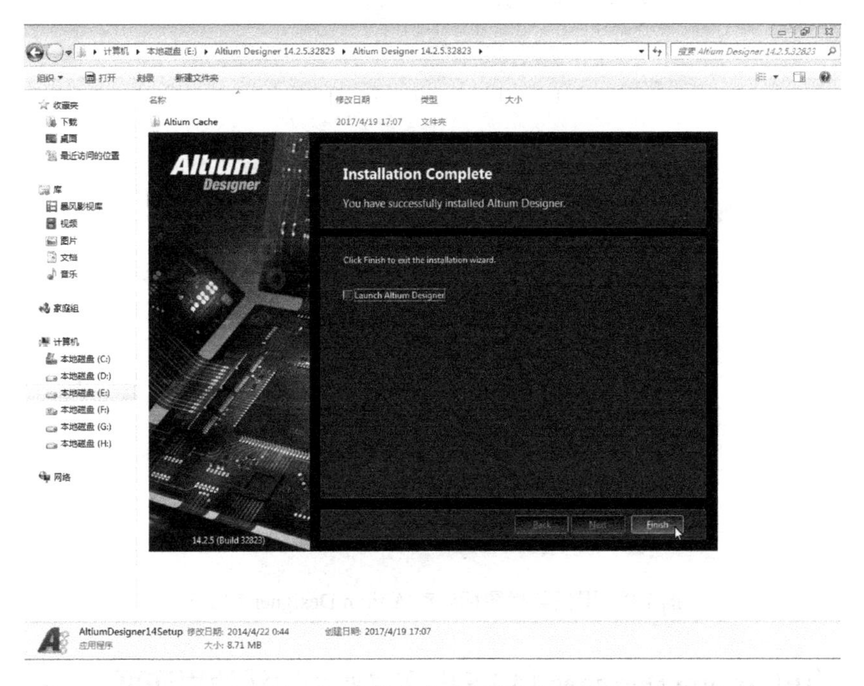

图 1-7　安装完成时取消运行勾选

根据 AD14 系统安装路径，找到并右击 AD14 系统启动文件“DXP”，在快捷菜单中单击“锁定到任务栏”菜单项，如图 1-8 所示。

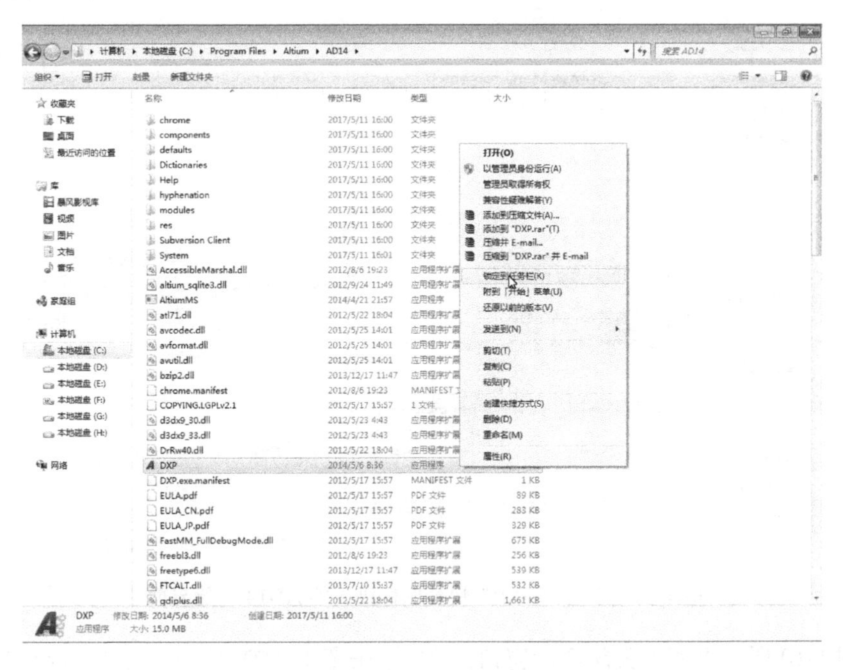

图 1-8　把“DXP”启动程序锁定到任务栏

在任务栏上，单击“DXP”应用程序图标，如图 1-9 所示，以启动 AD14。

图 1-9 用任务栏图标启动 Altium Designer 14.2.5

1.1.2 启用 Altium Designer 14.2.5 中文界面和激活使用许可

AD14 启动后，Altium Designer14.2.5 系统进入初始界面，如图 1-10 所示。

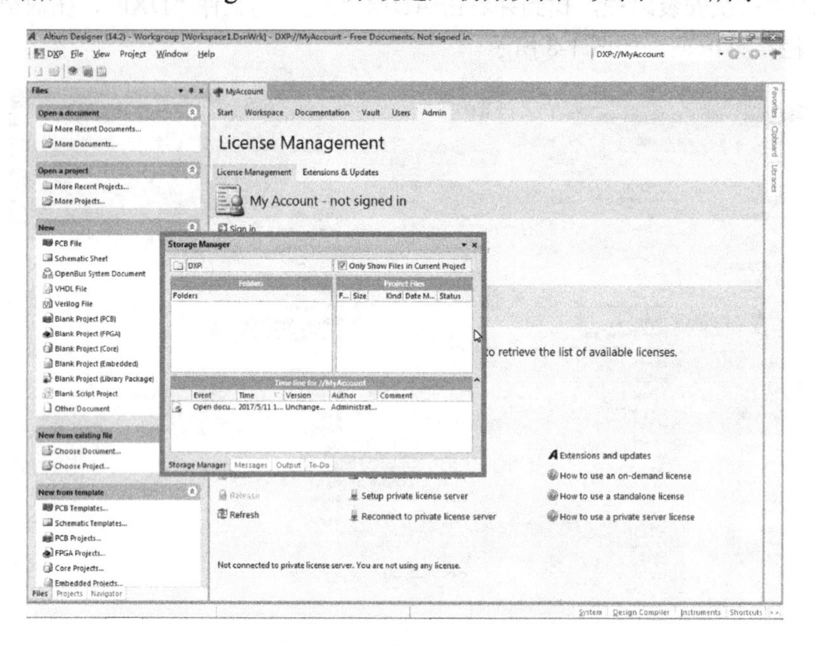

图 1-10 双击“DXP”快捷图标进入的 AD14 初始界面

在如图 1-10 所示界面中关闭浮动窗口，然后单击菜单“DXP”→“Preferences”，如图 1-11 所示。

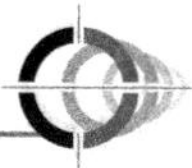

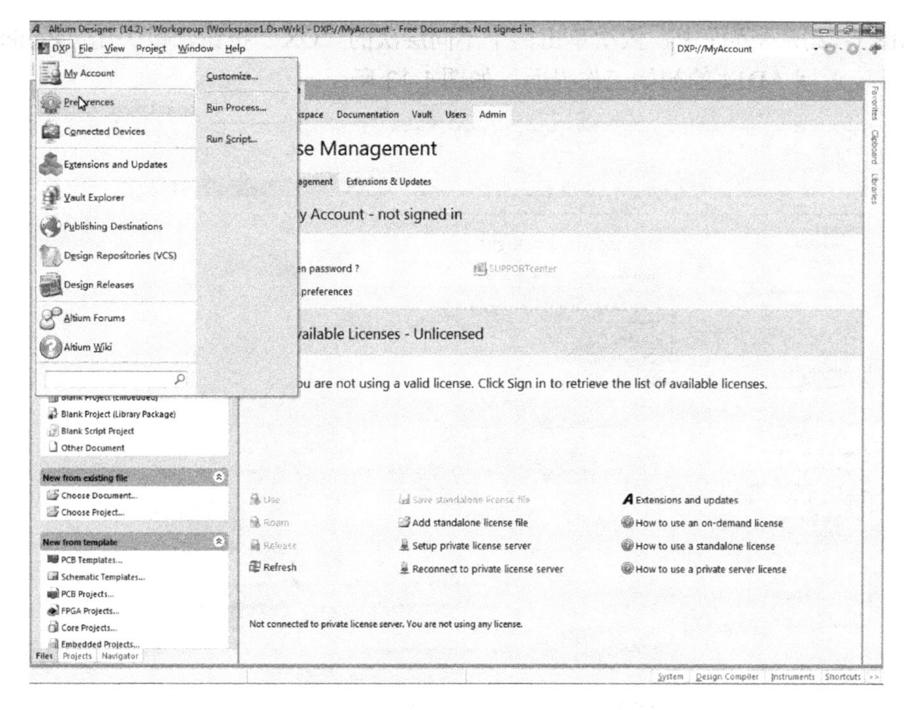

图 1-11　切换为中文界面的菜单操作

在如图 1-11 所示界面中，系统弹出“Preferences”对话框，在这个对话框中，展开“System”项下的“General”子项，并在“Localization”栏中勾选“Use localized resources”，勾选后系统弹出“Warning”提示框，如图 1-12 所示。

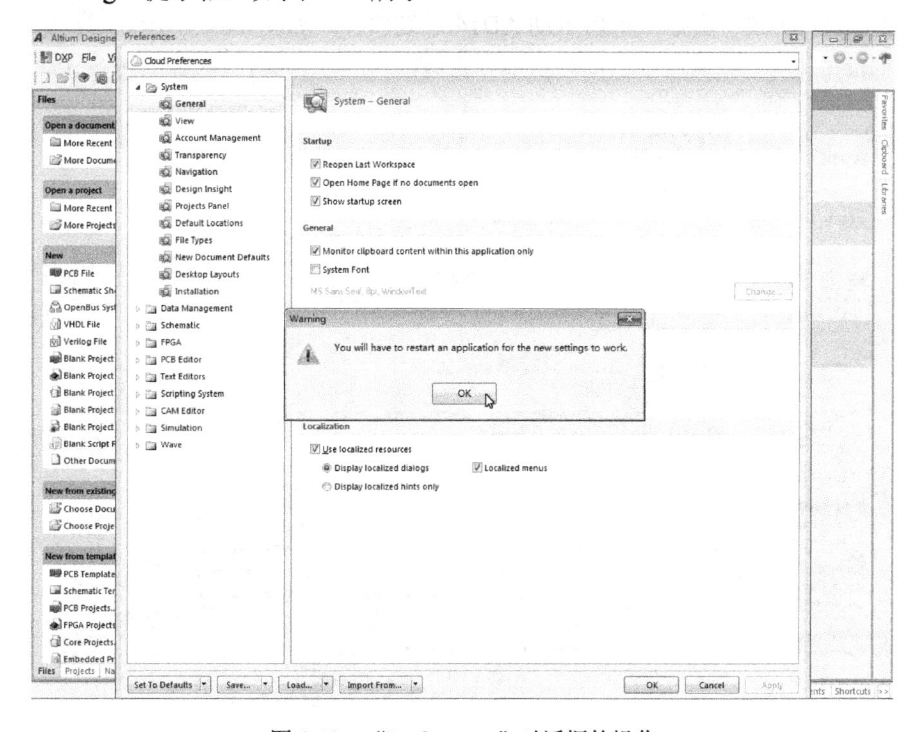

图 1-12　“Preferences”对话框的操作

在如图 1-12 所示界面中，依次单击两个不同层次的“OK”按钮，以关闭“Preferences”对话框，从而返回 AD14 的初始工作界面，如图 1-13 所示。

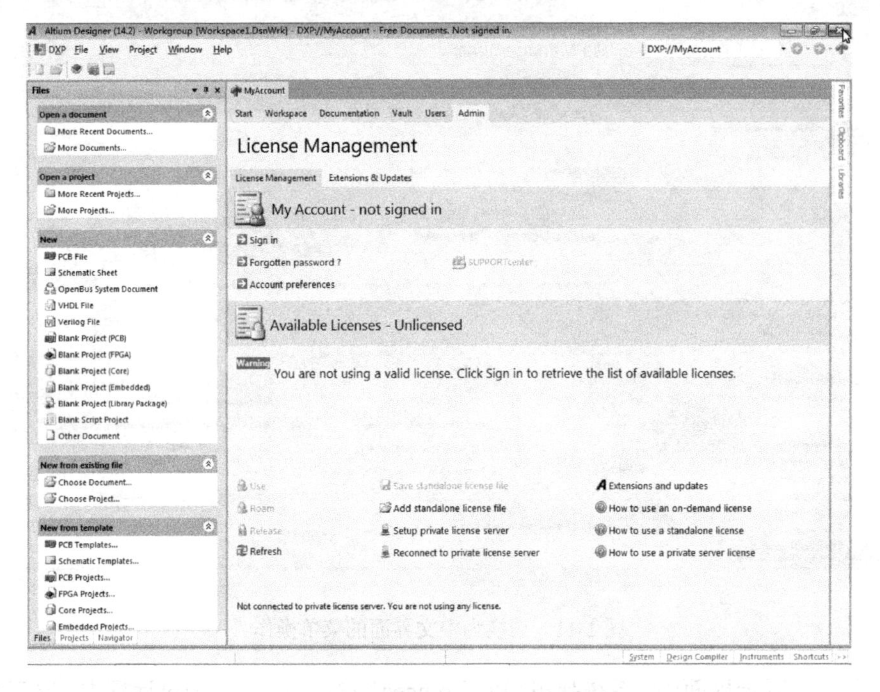

图 1-13　红色标注提示激活许可

在图 1-13 所示界面中单击窗口右上角的【×】按钮，退出 AD14 的运行状态。退出后，双击任务栏上的“DXP”图标，重新启动 AD14 系统软件，如图 1-14 所示。

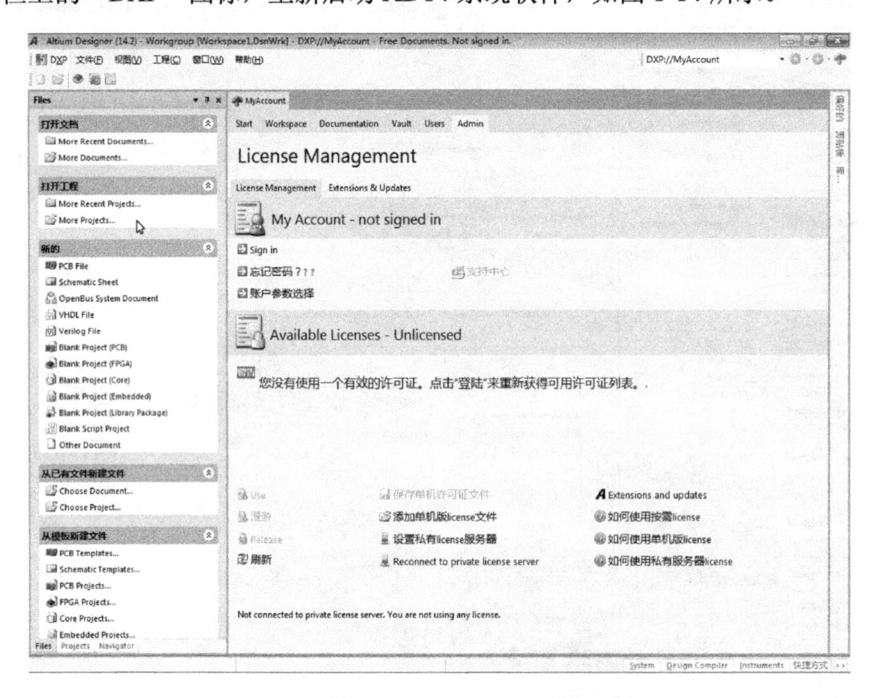

图 1-14　AD14 中文界面

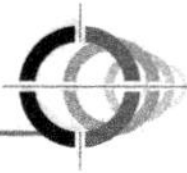

重新启动后，可看到初始界面上用中文显示其操作菜单和说明事项，打开“文件”→“New”菜单，可看到子菜单操作全部受限，如图 1-15 所示。

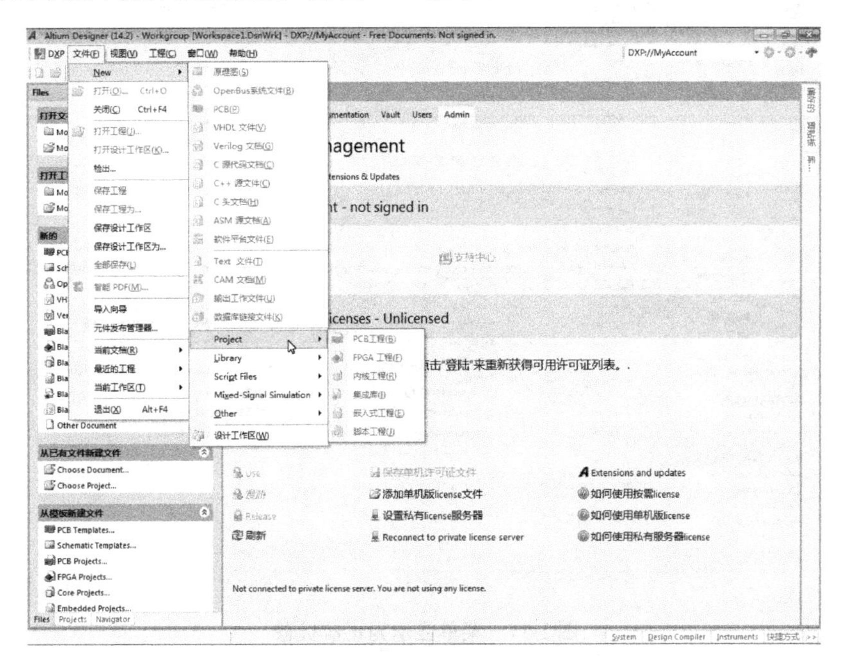

图 1-15　子菜单操作全部受限

在如图 1-15 所示界面中，单击“添加单机版 license 文件”图标，系统弹出“打开”对话框，在该对话框中，先打开 E 盘 AD14 安装源文件夹中的“Licenses”子文件夹，再选择打开其中的 ALF 文件，如图 1-16 所示。

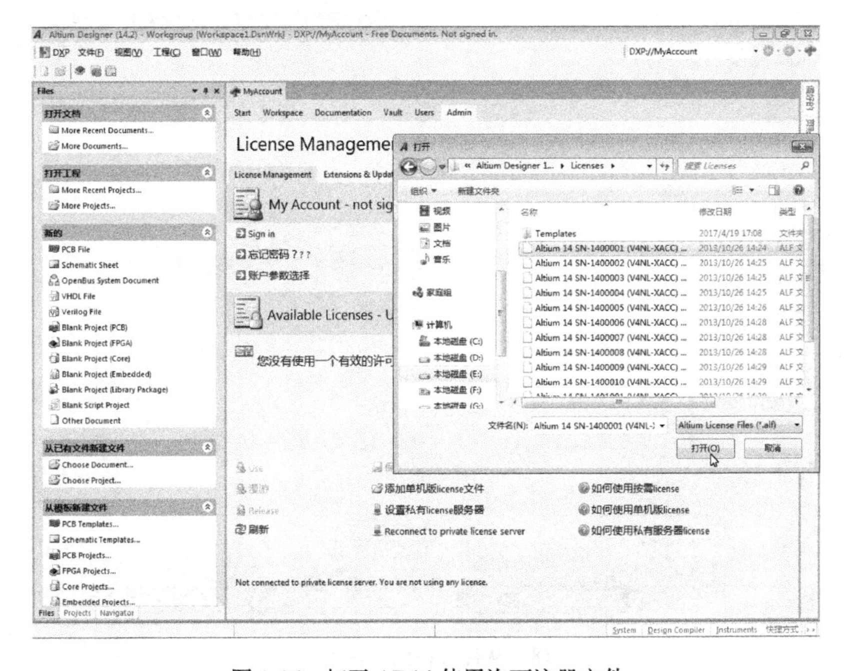

图 1-16　打开 AD14 使用许可注册文件

打开注册许可文件后，菜单显示为正常状态，如图 1-17 所示。

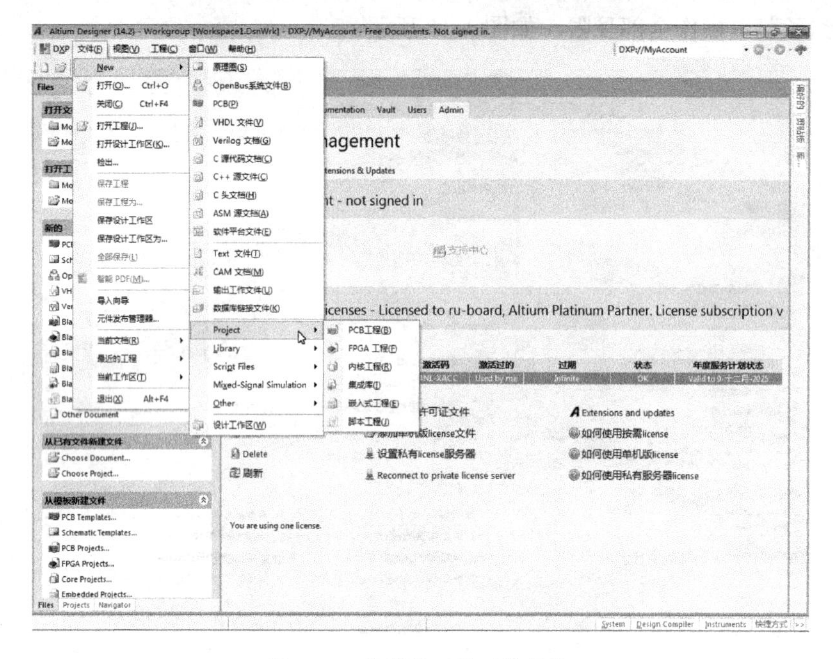

图 1-17　菜单显示为正常状态

在图 1-17 所示界面中，单击“保存单机许可证文件”进行保存操作，并退出系统。

1.2　CAD 工程建档

在 Windows 任务栏上双击“DXP”图标以启动 AD14，如图 1-18 所示。

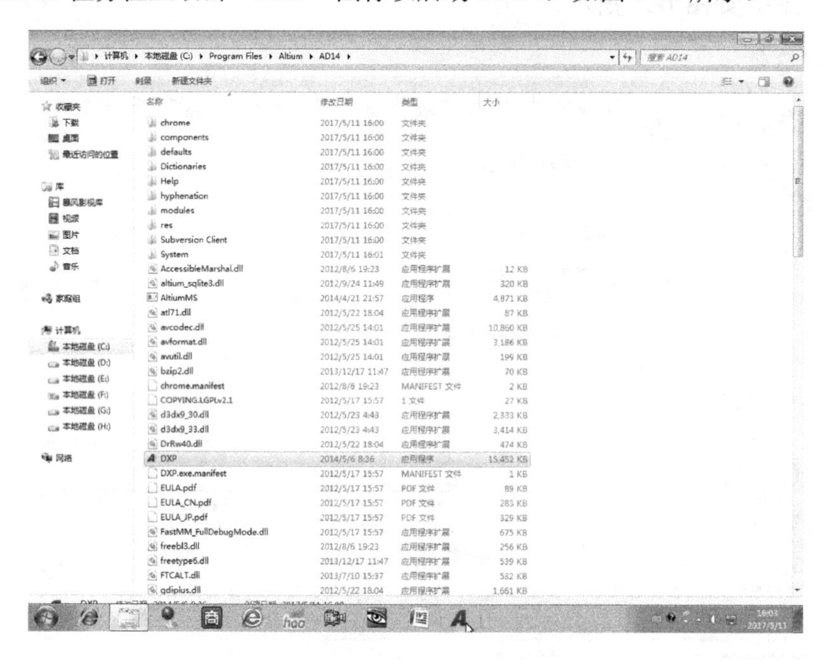

图 1-18　从任务栏图标启动 AD14

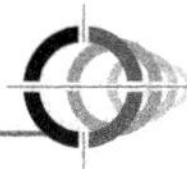

AD14 启动运行后，在初始界面中，右击“Home”选项卡，再单击“Close Home”菜单项，如图 1-19 所示。

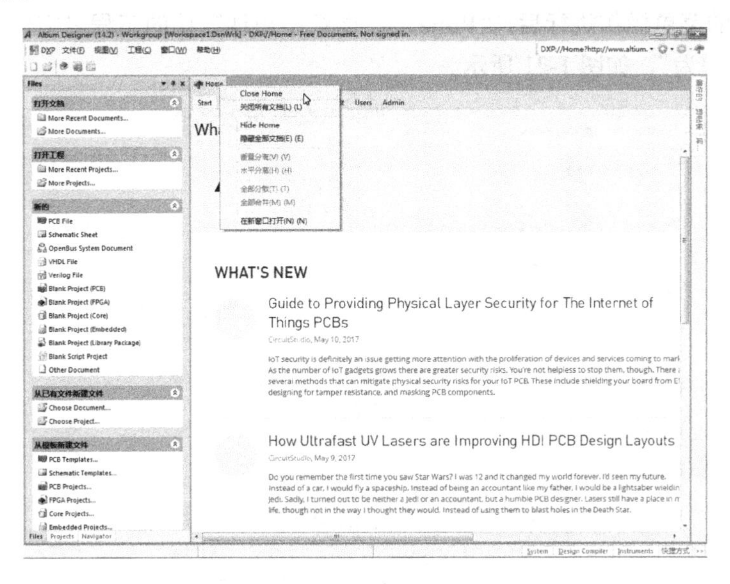

图 1-19　AD14 启动后的初始界面

1.2.1　为电路板设计建立工程文件

如图 1-19 所示为 AD14 软件设计环境的主窗口。窗口的第一行是标题栏，标题栏下面是菜单栏，菜单栏下面是工具栏。工具栏下方为工作区。工作区左边为工作面板。借助工作面板，可快速切换各种操作。工作面板有多样化运用机制，初始界面的工作面板下方有三个标签，图 1-19 所示是“Files”标签有效。在图 1-19 所示界面上，单击菜单“文件”→“New”→“Project”→“PCB 工程”，如图 1-20 所示。

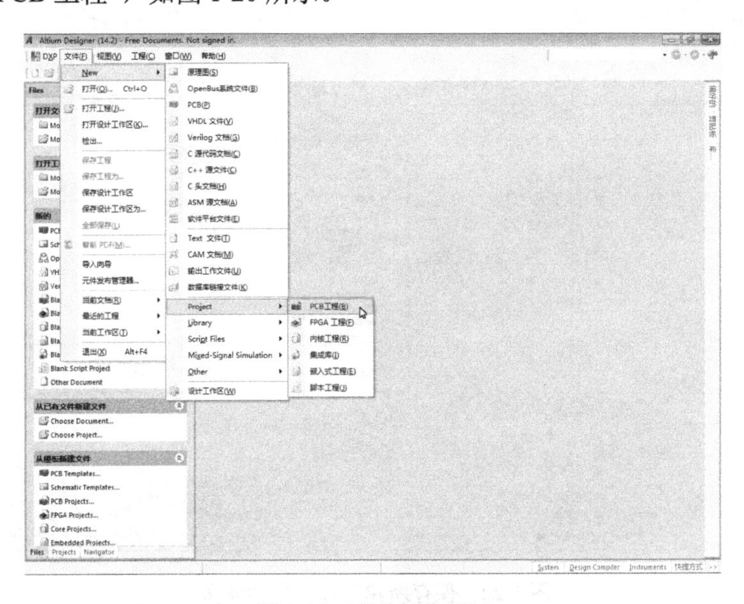

图 1-20　菜单操作图示

说明：本书在 AD14 运行环境下的菜单与按键操作陈述中，对于各菜单项中的括号部分及下画线等进行省略，读者可按图示操作。

图 1-20 中的菜单操作执行后，“Projects”面板中出现默认的工程名文件。单击菜单“文件”→“保存工程为”，如图 1-21 所示。

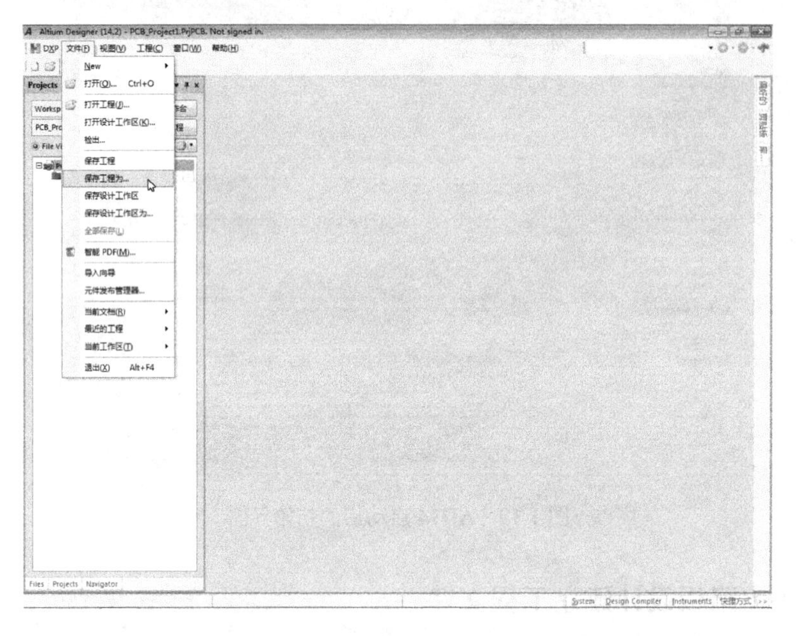

图 1-21 “保存工程为”菜单项

“保存工程为”菜单项执行后，系统弹出保存对话框，从保存对话框左边的计算机文件夹中先选取 E 盘，再单击“新建文件夹”按钮，如图 1-22 所示。

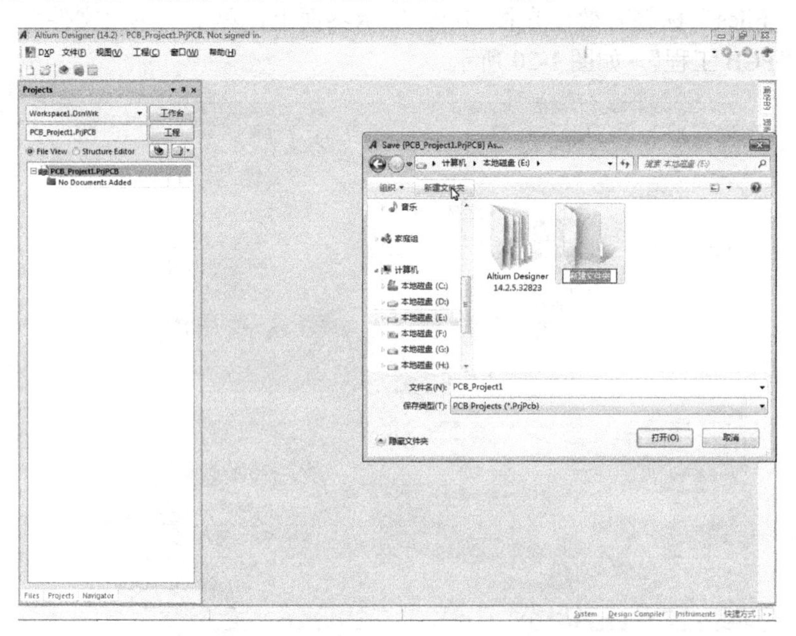

图 1-22 保存新建工程文件的操作

在图 1-22 所示界面中，将新建的文件夹改名为“张伟王宏的电路板设计”，如图 1-23 所示。

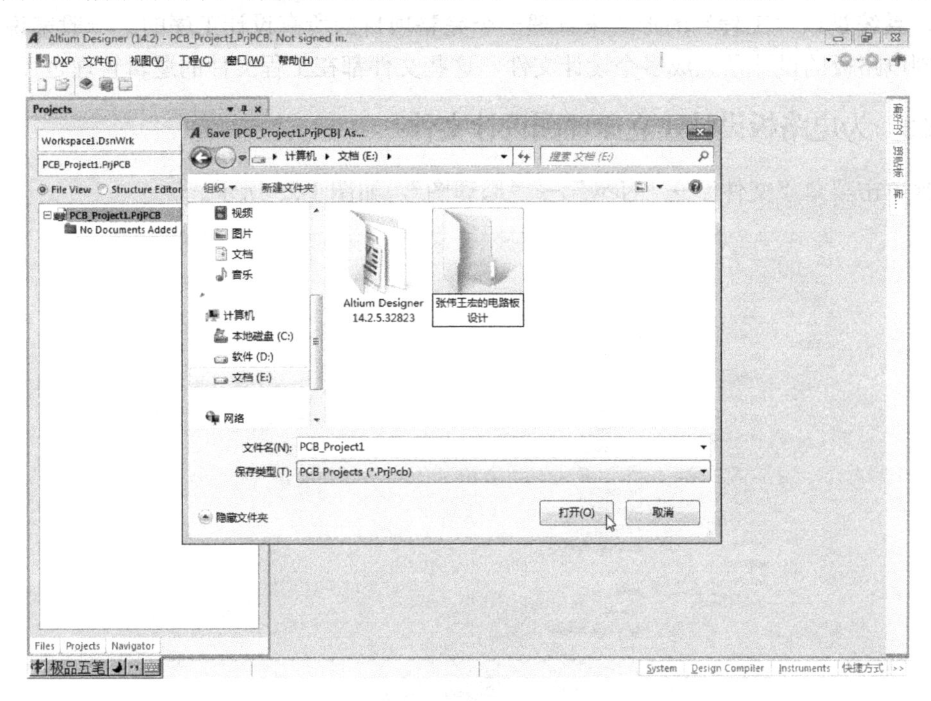

图 1-23　更改文件夹名

输入所需的文件夹名称后，单击保存对话框中的【打开】按钮，确定保存位置，再将工程文件名取为“王宏张伟的 51 单片机电路板设计”，如图 1-24 所示。

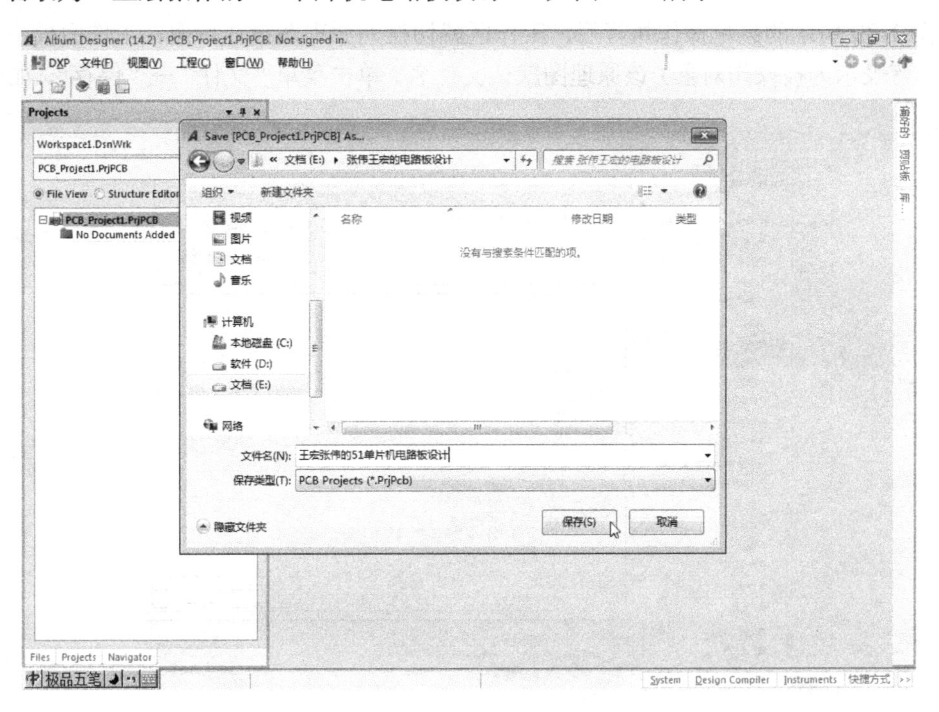

图 1-24　工程文件“51 单片机电路板设计”的保存操作

在如图 1-24 所示界面中，单击【保存】按钮，工程文件就保存在所建文件夹中。AD14 软件中，系统是以“工程”的形式来管理一个完整项目的所有设计工序的。一般来说，完成一块印制电路板的设计须完成多个设计文件，这些文件都在工程文件的逻辑管理之下。

1.2.2 为电路板设计建立原理图设计文件

依次单击菜单“文件”→“New”→“原理图”，如图 1-25 所示。

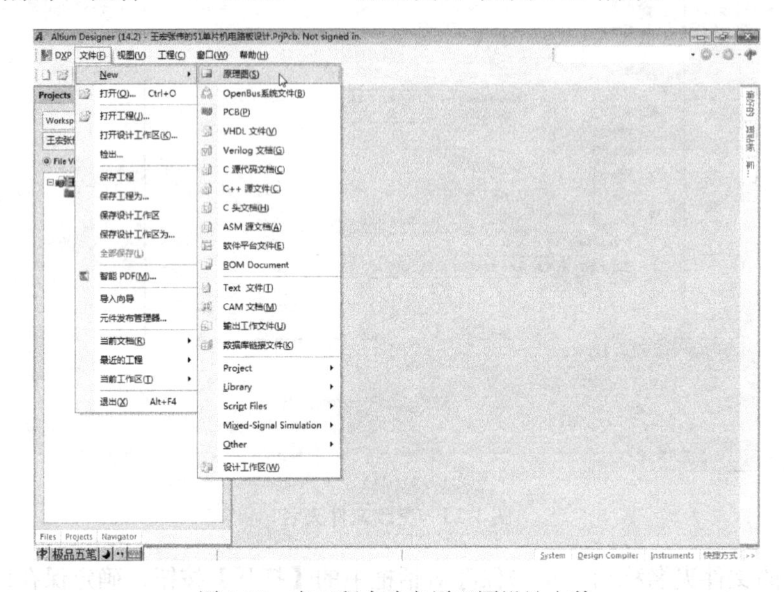

图 1-25　在工程中建立原理图设计文件

如图 1-25 所示的菜单操作执行后，工作区就切换为原理图设计界面，工作面板中也加蓝显示（加蓝表示为被操作对象）该原理图默认文件名。单击菜单“文件”→“保存”，如图 1-26 所示。

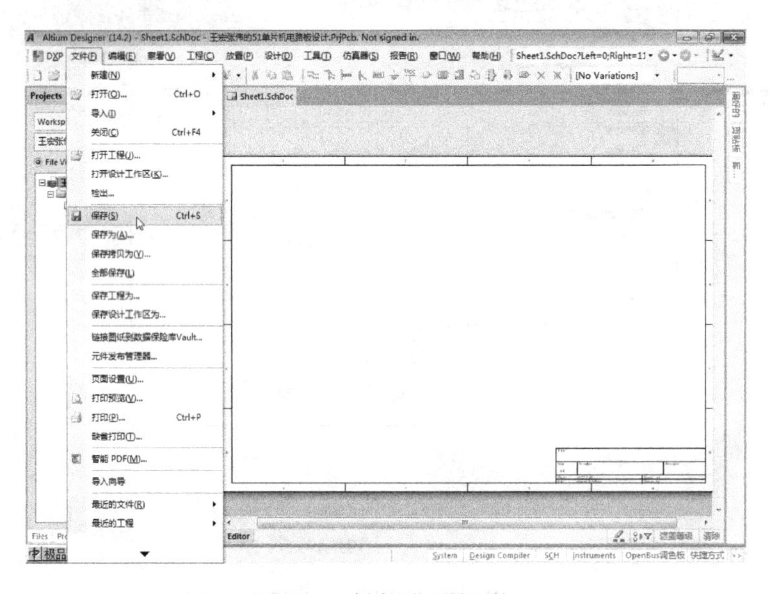

图 1-26　保存原理图文件

系统弹出保存对话框，如图 1-27 所示。

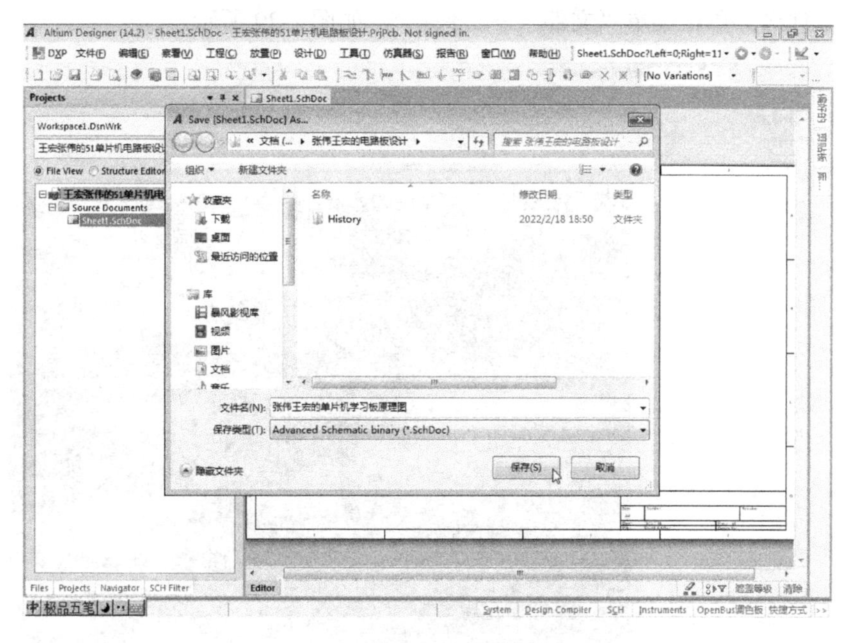

图 1-27　原理图设计文件的保存

在图 1-27 中，将文件名改为“张伟王宏的单片机学习板原理图”，单击【保存】按钮。

1.2.3　为电路板设计建立 PCB 图设计文件

接下来，在工程中建立一个 PCB 图设计文件。依次单击菜单“文件”→“新建”→“PCB”，如图 1-28 所示。

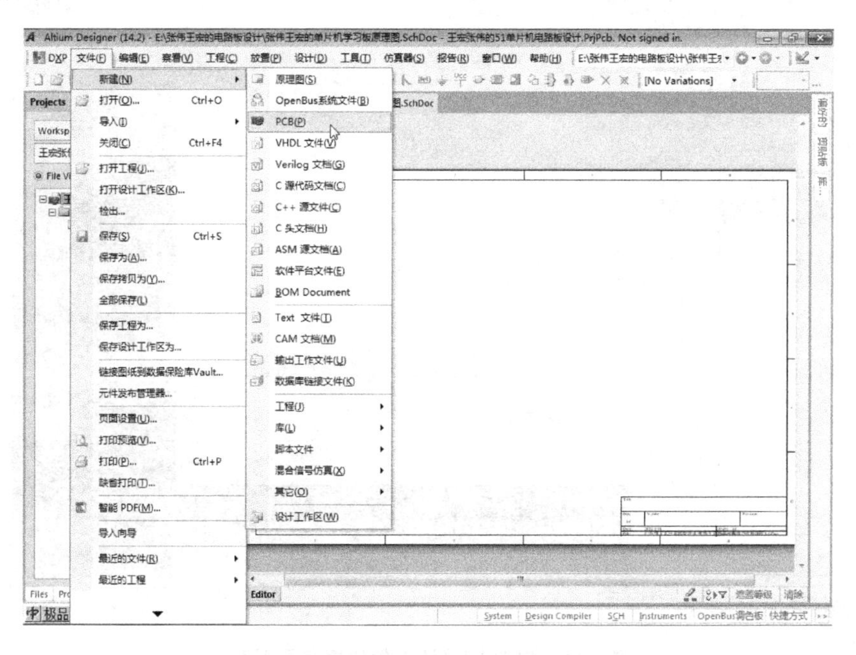

图 1-28　在工程中建立 PCB 图设计文件

工作区切换为 PCB 图设计界面，工作面板中也加蓝显示（加蓝表示为当前操作对象）该 PCB 图默认文件名。单击菜单“文件”→“保存”，如图 1-29 所示。

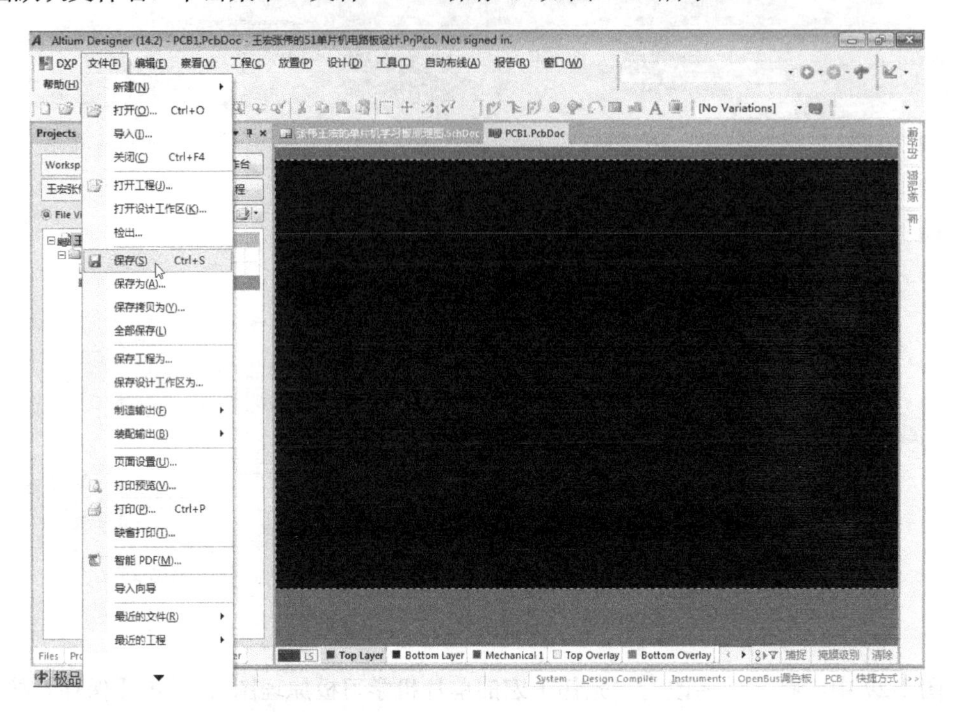

图 1-29　在工程中保存新建的 PCB 图设计文件

系统弹出保存对话框，如图 1-30 所示。

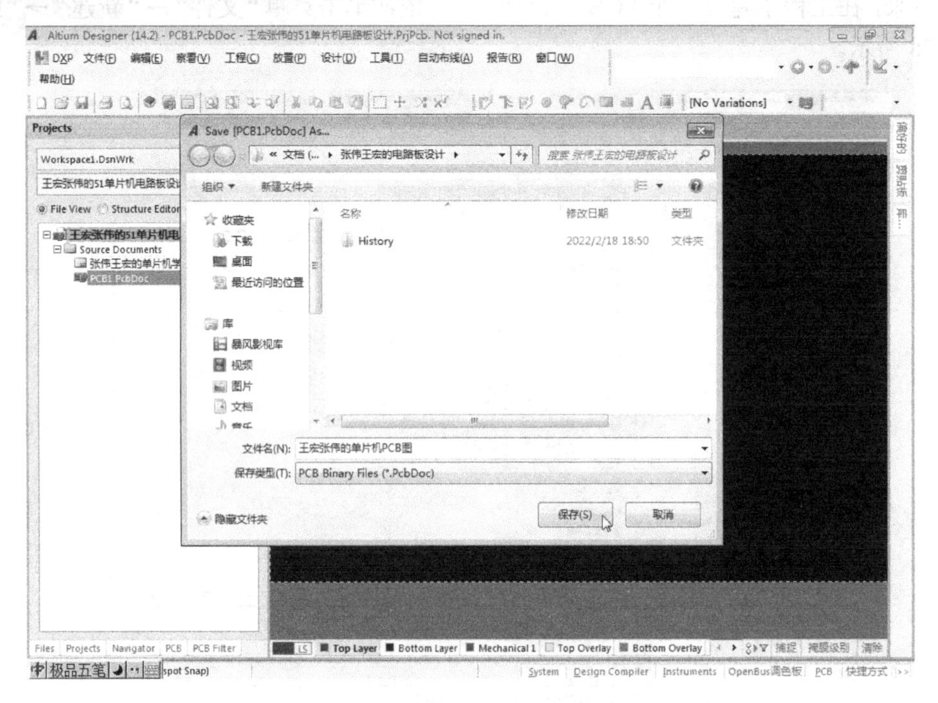

图 1-30　PCB 图设计文件的更名及保存

在图 1-30 中，将文件名改为“王宏张伟的单片机学习板 PCB 图”，单击【保存】按钮。

1.2.4　为电路板设计建立原理图库设计文件

接下来，在工程中建立一个原理图库设计文件。依次单击菜单“文件”→“新建”→“库”→“原理图库”，如图 1-31 所示。

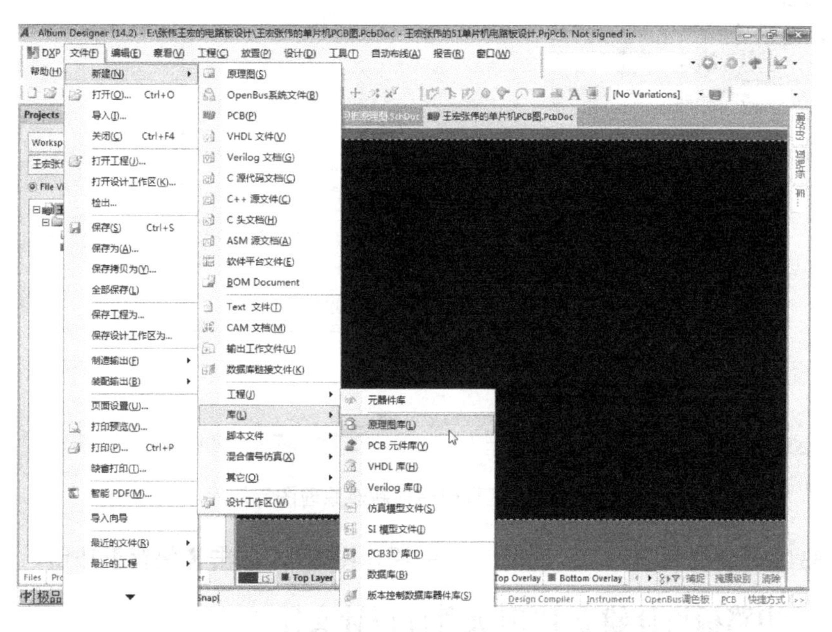

图 1-31　在工程中建立原理图库设计文件

工作区切换为原理图元件库设计界面，工作面板中也加蓝显示（加蓝表示为被操作对象）该原理图元件库默认文件名。单击菜单“文件”→“保存”，如图 1-32 所示。

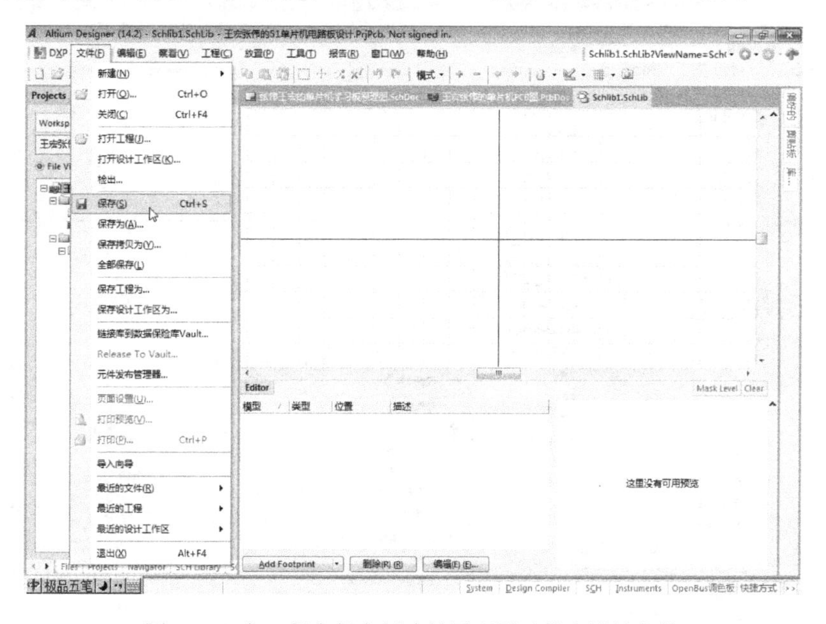

图 1-32　在工程中保存新建的原理图元件库设计文件

系统弹出保存对话框，如图 1-33 所示。

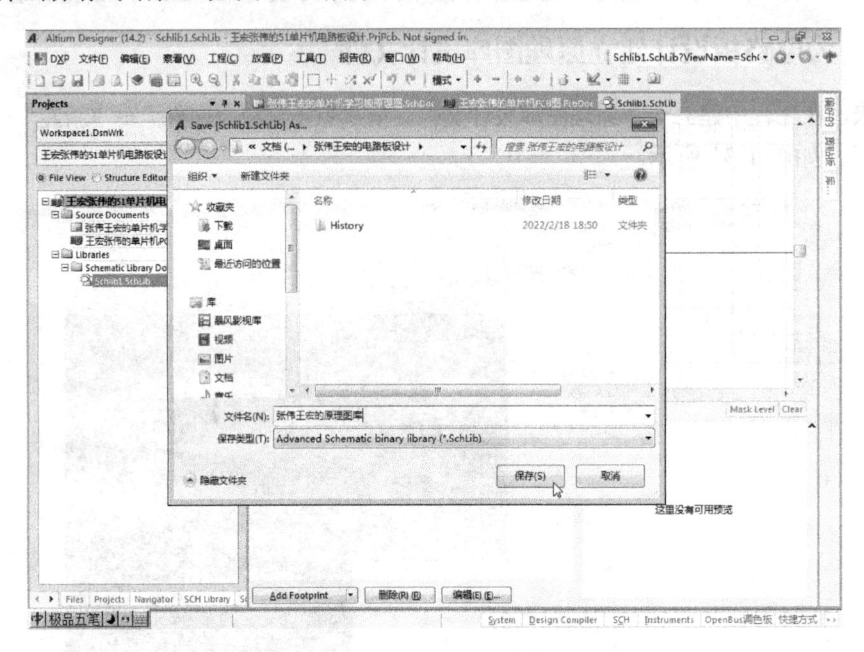

图 1-33　在工程中保存新建原理图元件库

在图 1-33 中，将文件名改为“张伟王宏的原理图库”，单击【保存】按钮。

1.2.5　为电路板设计建立 PCB 元件库设计文件

接下来，在工程中建立一个 PCB 元件库设计文件。依次单击菜单“文件”→“新建”→“库”→“PCB 元件库”，如图 1-34 所示。

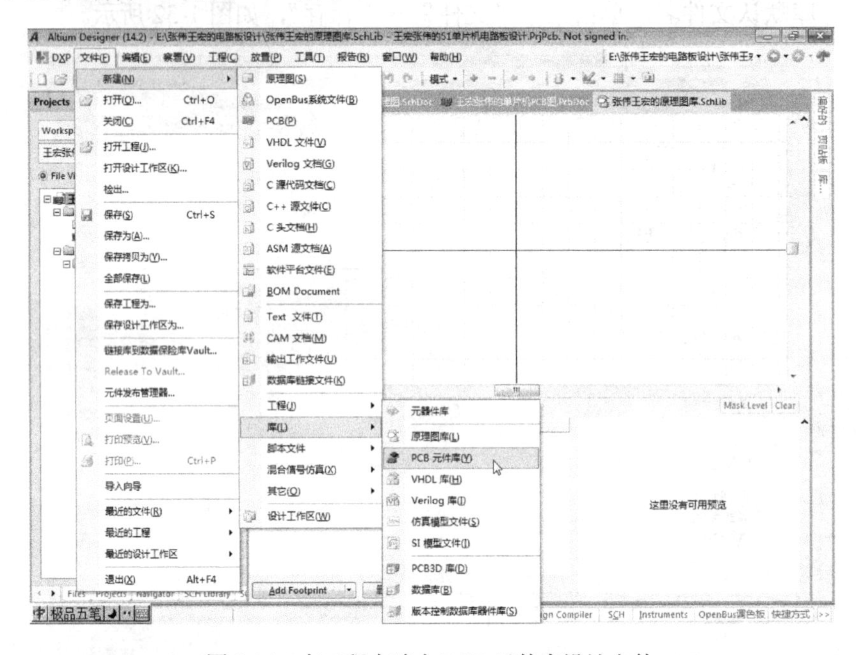

图 1-34　在工程中建立 PCB 元件库设计文件

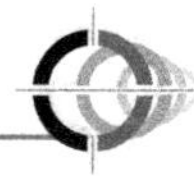

工作区切换为 PCB 元件库设计界面，工作面板中也加蓝显示（加蓝表示为被操作对象）该 PCB 元件库默认文件名。单击菜单“文件”→“保存”，如图 1-35 所示。

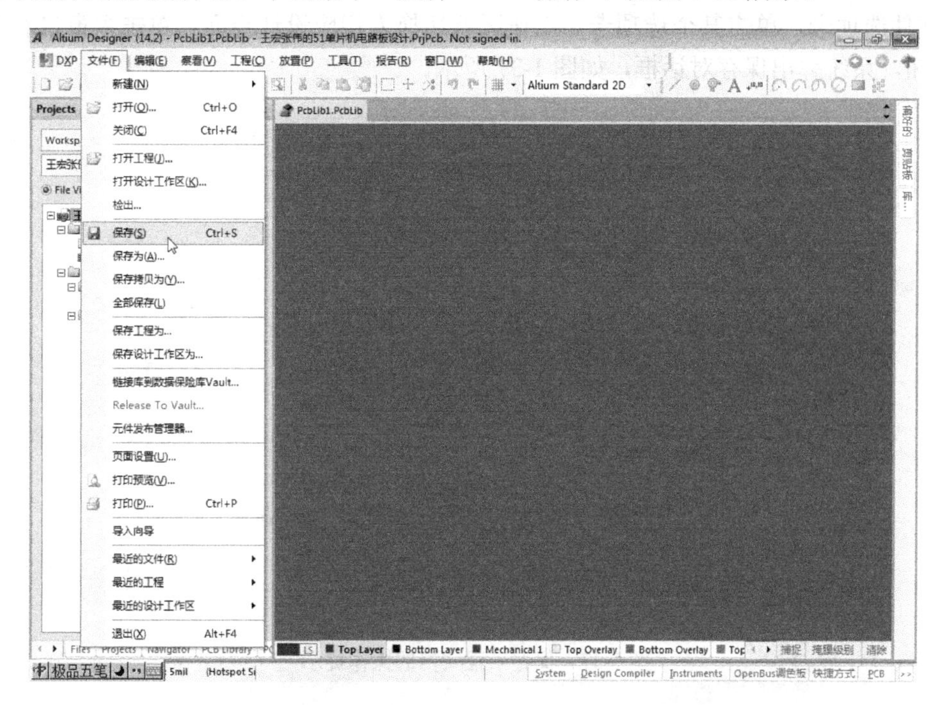

图 1-35 在工程中保存新建的 PCB 元件库设计文件

系统弹出保存对话框，如图 1-36 所示。

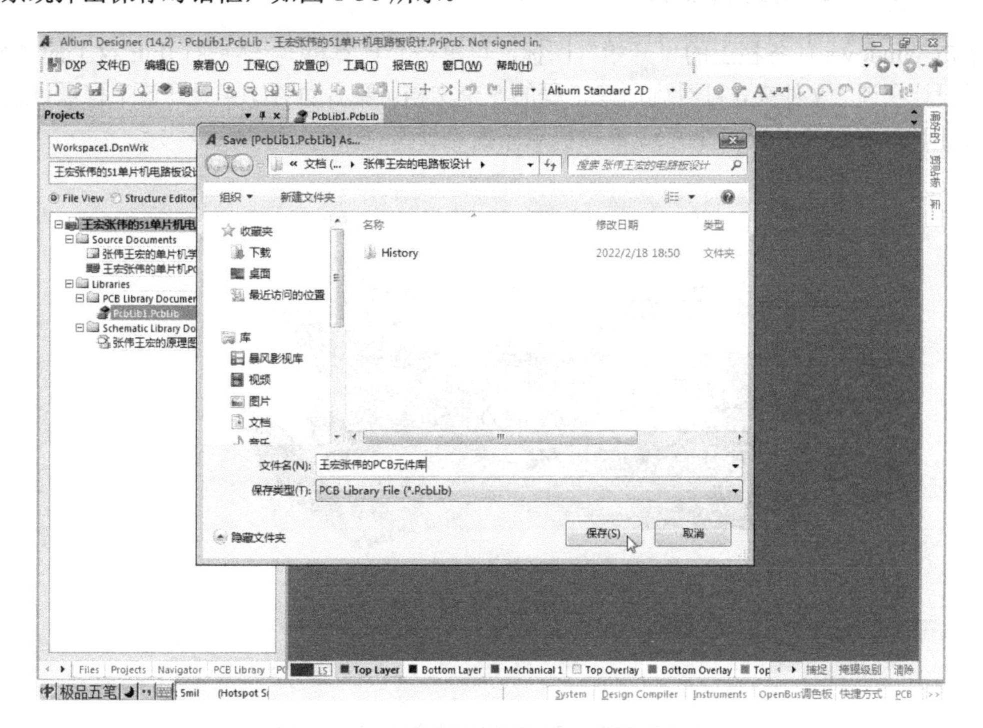

图 1-36 更名保存新建的 PCB 元件库文件

在图 1-36 所示对话框中，将文件名改为“张伟王宏的 PCB 元件库”后，单击【保存】按钮。

到此，设计一块印制电路板所需的 5 个工程文档全部建立完毕，在绘图区上方依次排列着四个文件选项卡，单击某个选项卡，工作区就切换为相应设计界面，单击主窗口右上角的【×】按钮，系统弹出保存对话框，如图 1-37 所示。

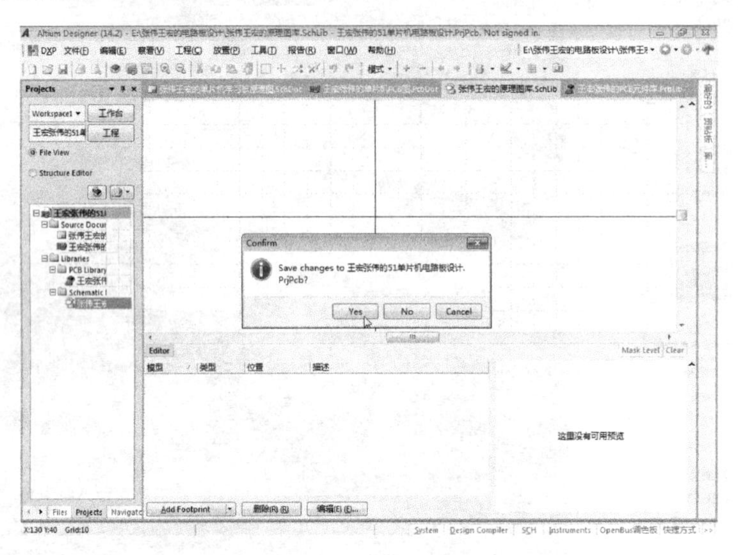

图 1-37　保存工程文档的操作提示

在图 1-37 所示对话框中，单击【Yes】按钮，保存并退出 AD14。

1.2.6　AD14 工程文档的打开和切换

单击 Windows 任务栏上的“开始”图标，再单击“计算机”，然后打开 E 盘上的“AD14 电路板设计实训”文件夹，可看到所建工程的 5 个文档。要启动 AD14 展开该工程项目进行电路板设计时，应双击工程文件“51 单片机电路板设计”，如图 1-38 所示。

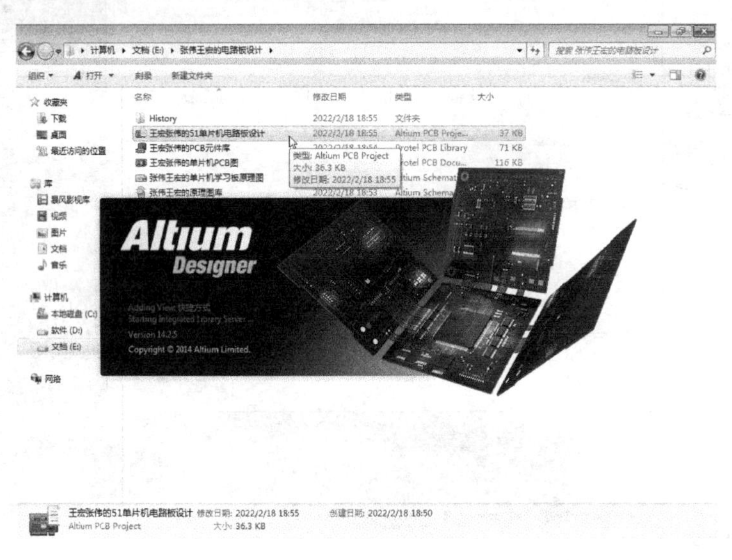

图 1-38　双击工程文件启动 AD14

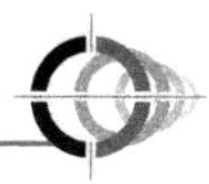

双击工程文件而启动的 AD14 主界面如图 1-39 所示。

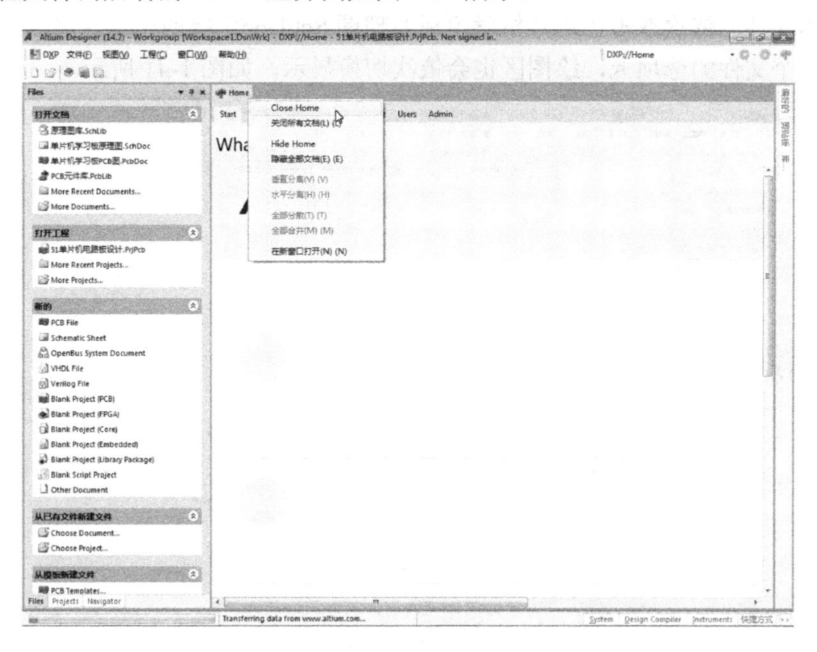

图 1-39　双击工程文件启动的 AD14 主界面

在图 1-39 所示界面中可看到，工作区仅显示主页（可关闭），单击工作面板下方的“Projects”标签，切换为工程面板，其工程文件名以高亮形式显示，原理图设计文件和 PCB 图设计文件依次位于工程文件下方。工程面板最下方的“Libraries”文件夹为收起状态。单击“Libraries”文件夹左边的展开标记，展开后就可看到前面所建的两个库设计文件。注意，此时这四个文件都没有出现在右边的工作区中，如图 1-40 所示。

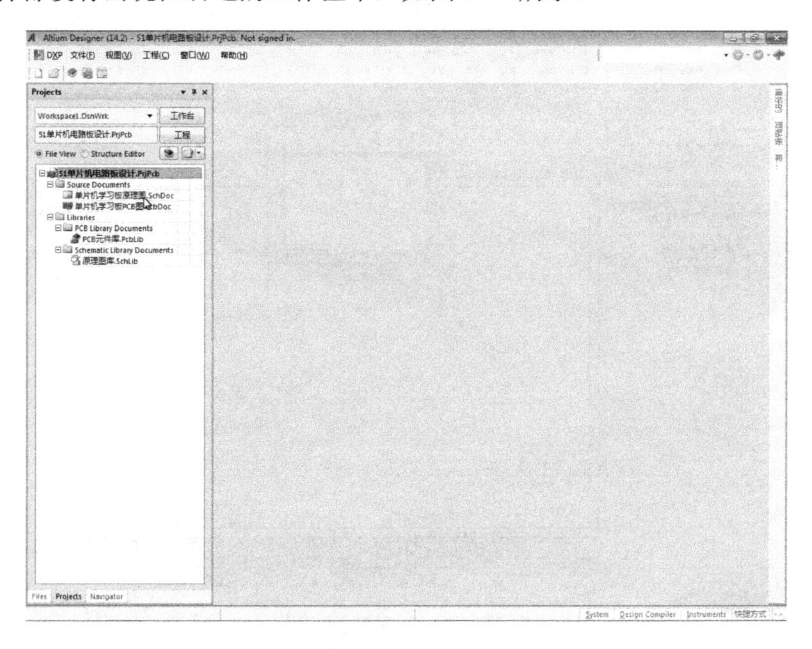

图 1-40　工程面板中的 4 个图纸设计文件

在图 1-40 所示的工作面板中，可以看出 5 个文档间的架构关系，4 个图纸设计文件为工程文件的从属文件。依次双击“单片机学习板原理图.SchDoc”等四个文件名，工作区上方才依次出现这四个文件的选项卡，绘图区也会依次切换显示，如图 1-41 所示。

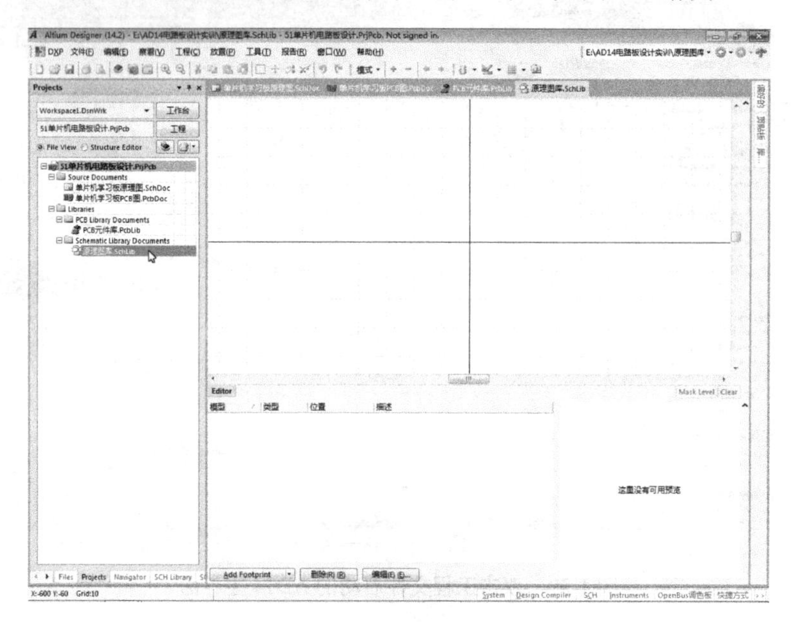

图 1-41　依次打开四个文件后的工作区

1.2.7　工作面板的关闭及打开

在图 1-41 中单击“单片机学习板原理图.SchDoc”选项卡，工作区切换为原理图绘制界面，如图 1-42 所示。

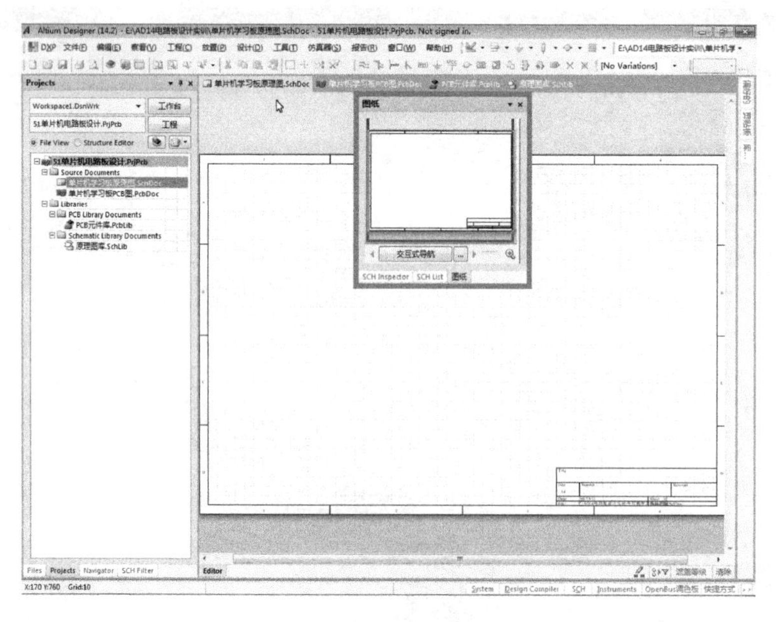

图 1-42　原理图绘制界面

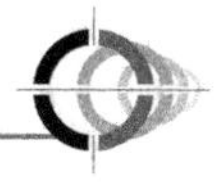

在图 1-42 中，将鼠标移到工作区右边标签栏上的“库”标签上，工作区右边就弹出库面板，如图 1-43 所示。

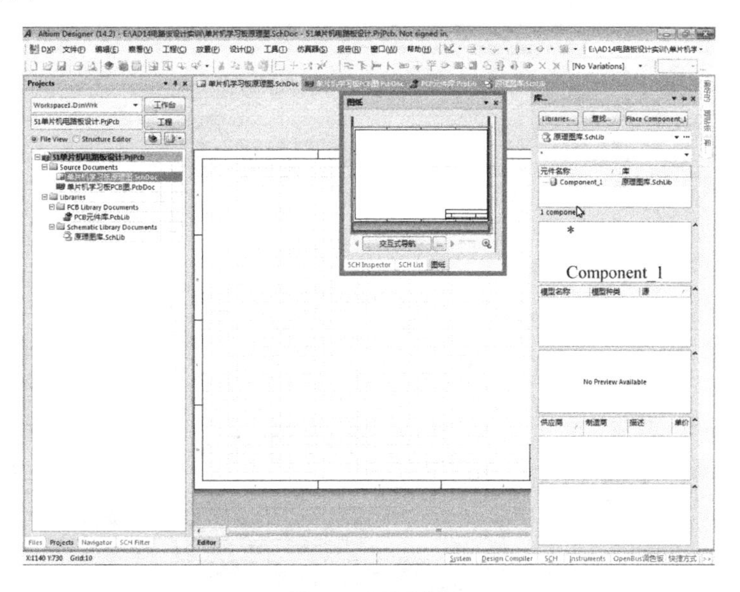

图 1-43　库面板

图 1-43 中，左右两个面板的右上角，都有三个图标：▾，▮，✖。第一个图标▾是工作面板的选项标记，展开时列出面板的名称供选择。第二个图标▮为工作面板的自动隐藏按钮，这个标记竖立（▮为竖立）时工作面板固定显示，水平时自动隐藏，即平时自动收起，只在主窗口面板栏上显示标签，当鼠标指在标签上时工作面板才向中间展开，展开一定时间后自动收回。第三个图标✖为工作面板的关闭按钮，单击可关闭工作面板。单击右边面板右上角的自动隐藏按钮，右面板切换固定显示，再单击左边面板上的自动隐藏按钮，左边面板切换为自动隐藏，如图 1-44 所示。

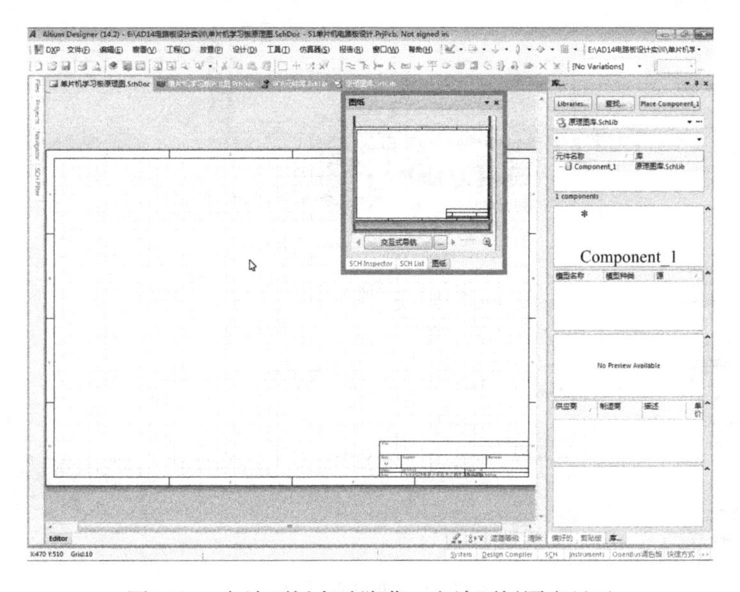

图 1-44　左边面板自动隐藏，右边面板固定显示

左右面板在设计过程中经常需要显示和关闭，关闭后可有两种方法再打开。单击菜单“察看”→“桌面布局”→“Default”，如图 1-45 所示。

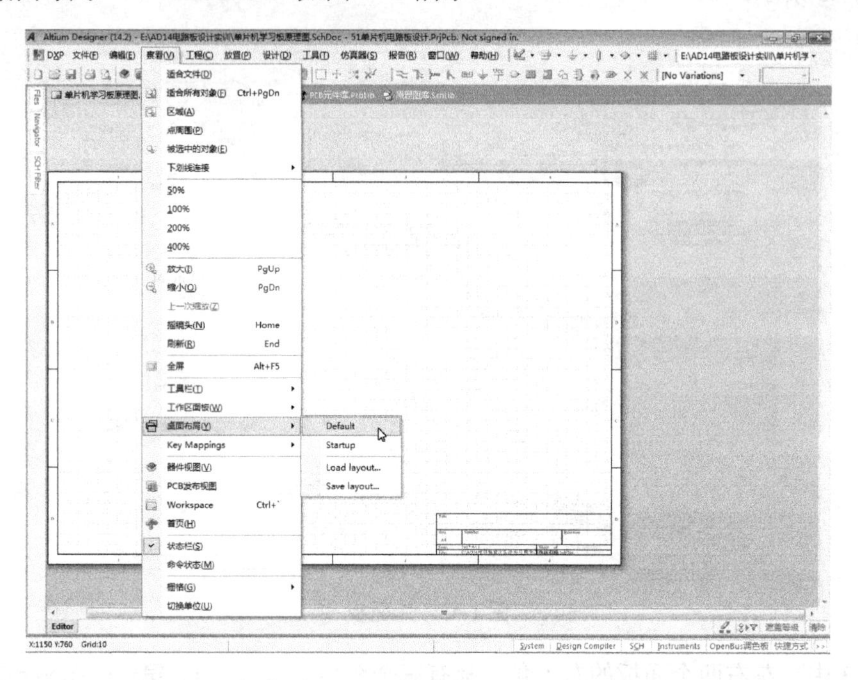

图 1-45　用“察看”→“桌面布局”菜单恢复工作面板显示

图 1-45 中的菜单操作执行后，左边面板恢复固定显示，右边面板恢复自动隐藏，如图 1-46 所示。

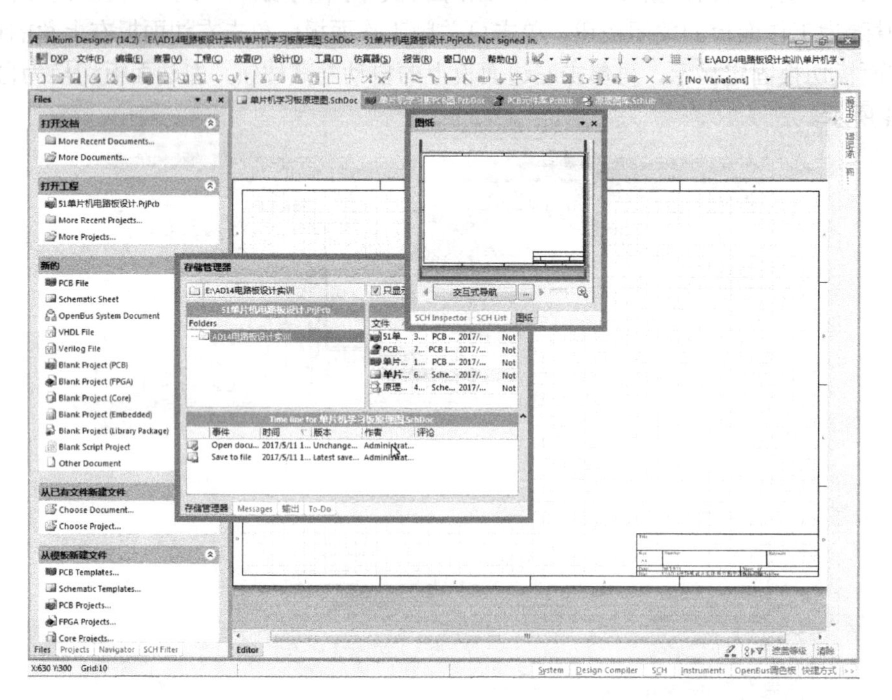

图 1-46　恢复默认显示

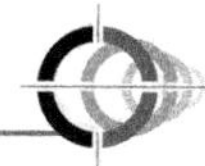

库面板被关闭后，也可用工作区右下方的状态栏重新打开，方法是：单击“System”→“库”，如图 1-47 所示。

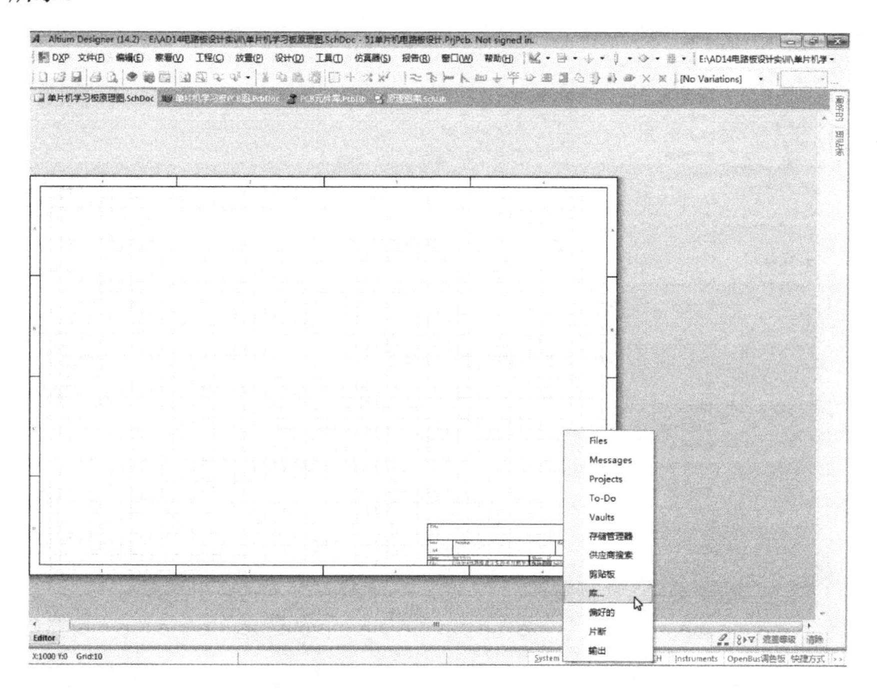

图 1-47　用状态栏菜单恢复库面板显示

同样，Projects 面板被关闭后，也可用“System”→“Projects”来恢复显示，如图 1-48 所示。

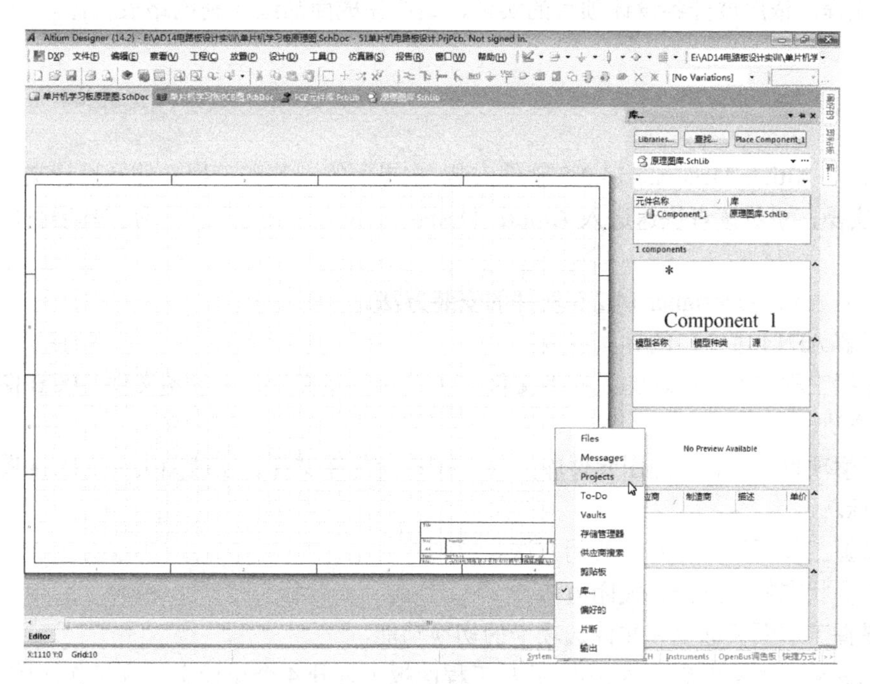

图 1-48　用状态栏菜单恢复 Projects 面板显示

设计过程中经常要使用的状态栏被关闭后，如图 1-49 所示，可依次单击菜单“察看”→“状态栏”将其打开。

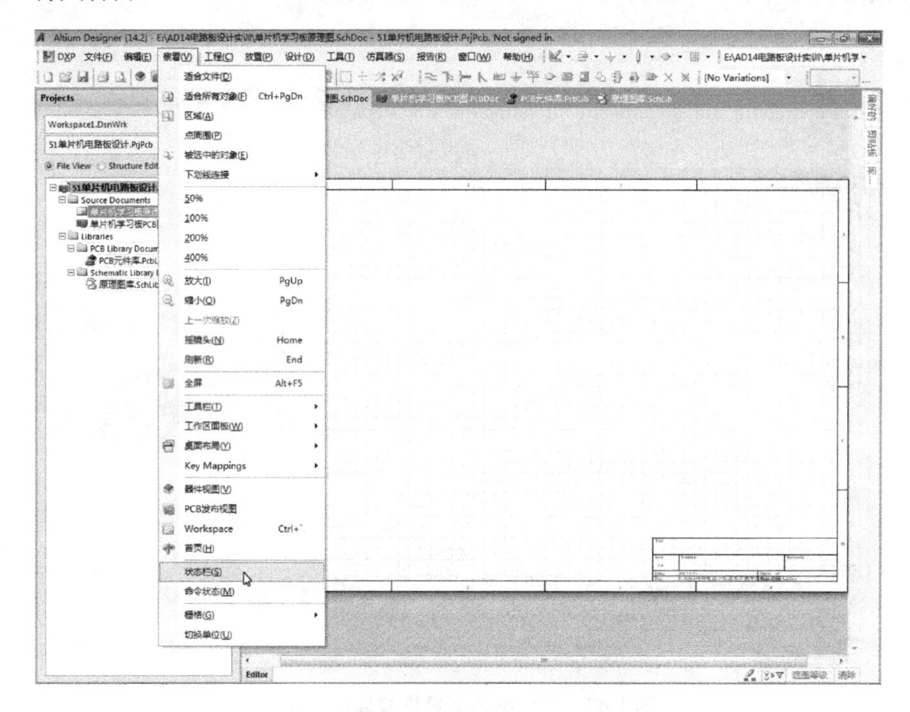

图 1-49 恢复状态栏显示的菜单操作

到此，就完成了关于电路板设计工程的所有准备工作。从下一个项目起，就按照电路板设计实际流程，依序展开各设计项目的实训，最终完成商品级印制电路板设计。

小结 1

本项目以 Altium Designer 14.2.5 软件安装、主界面的浏览和工程文件及设计文件的建立为主线进行实操，引导读者快速进入 Altium Designer 14.2.5 应用开发平台。本项目的重点内容如下。

① 掌握 Altium Designer 14.2.5 软件的安装方法。

② 了解 AD14 主窗口的界面组成。

③ 掌握工程文件、原理图元件库文件、PCB 元件库文件、原理图文件、PCB 图文件的创建和保存方法。

④ 了解项目文件、原理图元件库文件、PCB 元件库文件、原理图文件、PCB 图文件的扩展名和图标。

⑤ 掌握工作面板的打开、关闭方法。

⑥ 掌握状态栏的打开、关闭方法。

⑦ 掌握工作面板标签和文件选项卡的切换功能。

⑧ 掌握从工程文件启动 AD14，并从工程面板中打开 4 个设计文件到工作区的操作方法。

⑨ 掌握用任务栏的“DXP”图标启动 AD14 的方法。

习题 1

一、填空题

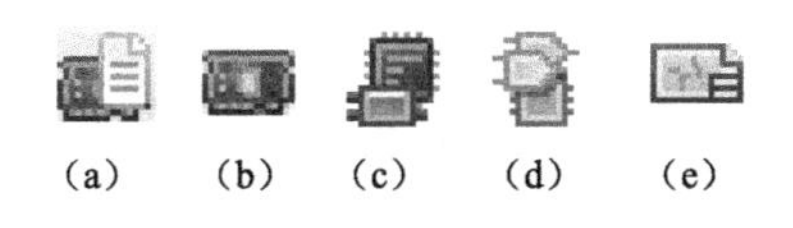

（a）　（b）　（c）　（d）　（e）

图 1-50　5 种文件的图标

1. 在图 1-50 中，图（a）是________文件的图标，图（b）是________文件的图标，图（c）是________文件的图标，图（d）是________文件的图标，图（e）是________文件的图标。

2. .PrjPcb 是_________文件的扩展名，.SchDoc 是_________文件的扩展名，.SchLib 是________文件的扩展名，.PcbDoc 是________文件的扩展名，.PcbLib 是________文件的扩展名。

二、问答题

1. 为什么要先创建工程文件，然后再创建设计文件？
2. 双击工程文件名启动 AD14 与双击任务栏上的 DXP 图标启动 AD14 有何异同？

三、上机作业

1. 从“开始”菜单启动 AD14。
2. 单击原理图文件选项卡，观察原理图设计界面上菜单栏的组成，再依次单击各菜单项，观察各菜单项的下拉菜单。
3. 单击 PCB 图文件选项卡，观察 PCB 图设计界面上菜单栏的组成，再依次单击各菜单项，观察各菜单项的下拉菜单。
4. 单击 PCB 元件库文件选项卡，观察 PCB 元件库设计界面上菜单栏的组成，再依次单击各菜单项，观察各菜单项的下拉菜单。
5. 单击原理图元件库文件选项卡，观察原理图元件库设计界面上菜单栏的组成，再依次单击各菜单项，观察各菜单项的下拉菜单。
6. 退出 AD14。

设计原理图库

项目概述　在 Altium Designer 中，用来绘制电路原理图的原理图元件，大多数可取材于系统内含的元件库。因此，一般都不大需要自己来设计原理图元件。但为了全面掌握印制电路板的设计开发能力，也为了让项目四所设计的单片机原理图能更好地展示相应 PCB 图中元件的布局和线路走向，要特意使用与元器件引脚排列一致的元件逻辑图符号。因此，有几个重要元件，就需要我们自己来设计其原理图。另外，还有个别元件是元件库中本身没有提供的，只能自己动手来设计。

学习目标　掌握设计原理图库元件的基本步骤，完成单片机电路板设计所需的 6 个库元件的设计。

任务 2　绘制库元件 STC89C52

本任务微课视频

知识目标　熟悉库元件的设计环境、库元件的边框和引脚放置、库元件 STC89C52 的功能和符号表示。

能力目标　掌握进入库元件的设计环境和“SCH_Library”面板的使用方法，掌握库元件的命名、库元件的矩形放置方法、库元件引脚的属性设置方法、库元件引脚的放置方法及放置引脚时的方向规定，正确完成库元件 STC89C52 的绘制。

任务实施

2.1　STC89C52 芯片的相关资料

STC89C52 是我们所要制作的单片机学习板上的核心器件，也是 51 单片机芯片中价廉物美的国产型号。在图 2-1 中，图（a）是它的实物照片，图（b）是该生产厂家提供的芯片引脚功能图，图（c）是 AD14 中可以用来表示 STC89C52 的库元件符号，图（d）就是我们要完全照着进行设计的原理图元件 STC89C52。下面，就以图（d）为我们设计的样本，进行第一个元件设计。

2.2　进入原理图元件设计界面

双击任务栏上的 DXP 图标启动 AD14，系统显示为上次关闭前的界面，如图 2-2 所示。

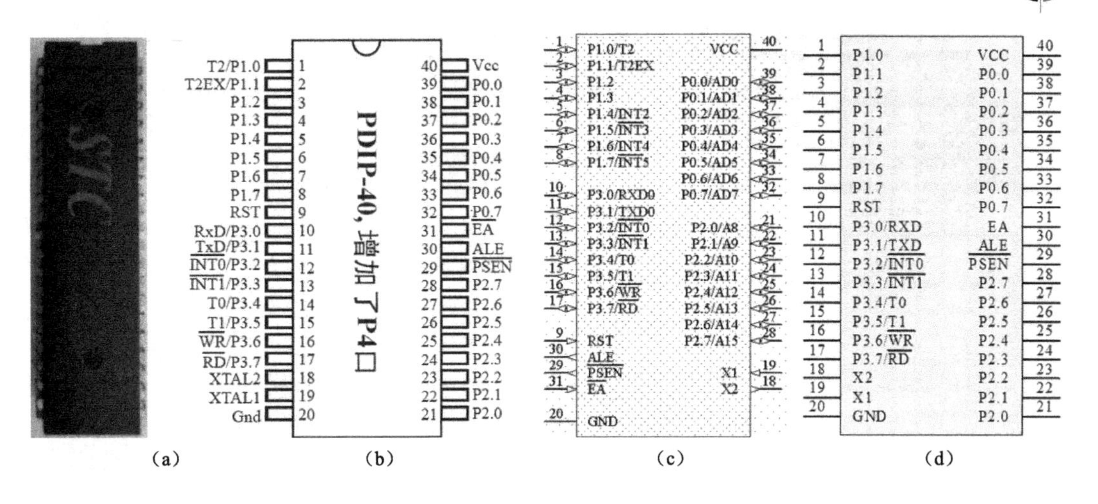

图 2-1 STC89C52 相关资料

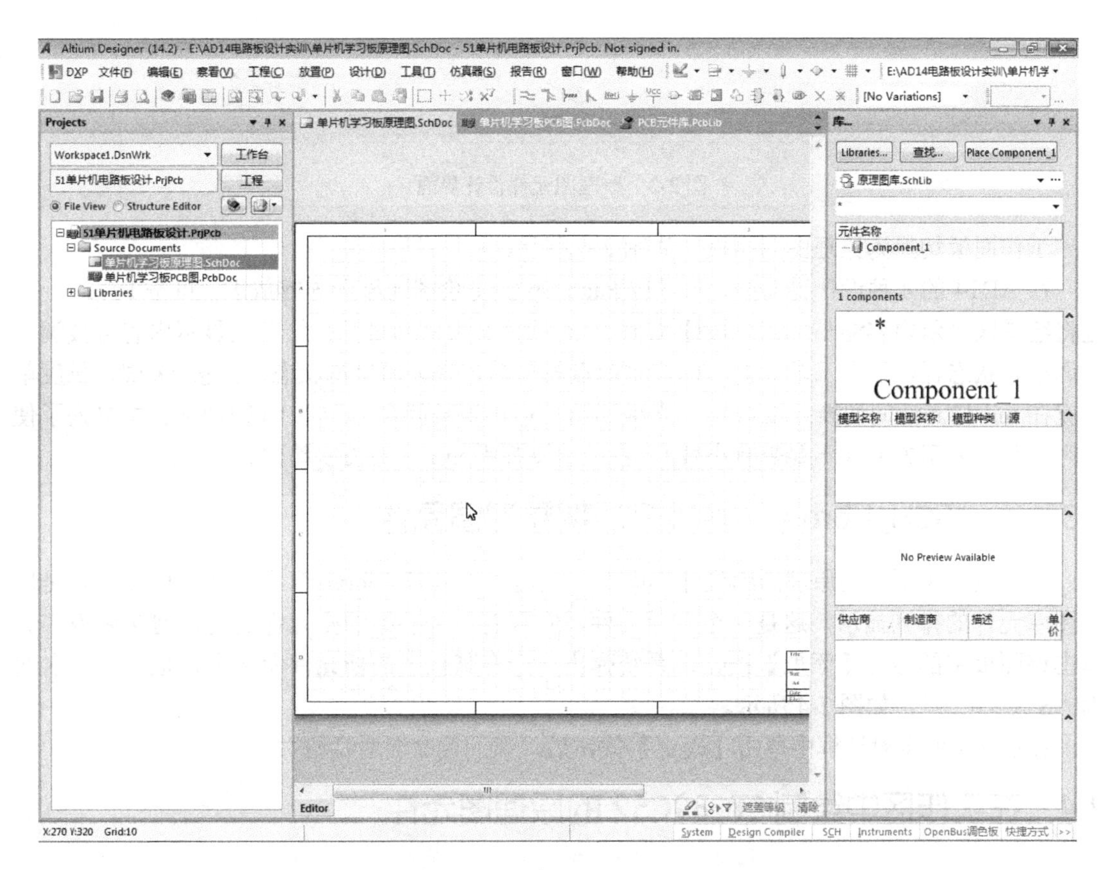

图 2-2 用 DXP 图标启动的 AD14 主界面

在如图 2-2 所示界面中，单击“原理图库. SchLib”选项卡，进入原理图库设计界面，先用鼠标将“Editor” 区域调到最小，然后单击状态栏上的“SCH”→“SCH Library”，如图 2-3 所示。

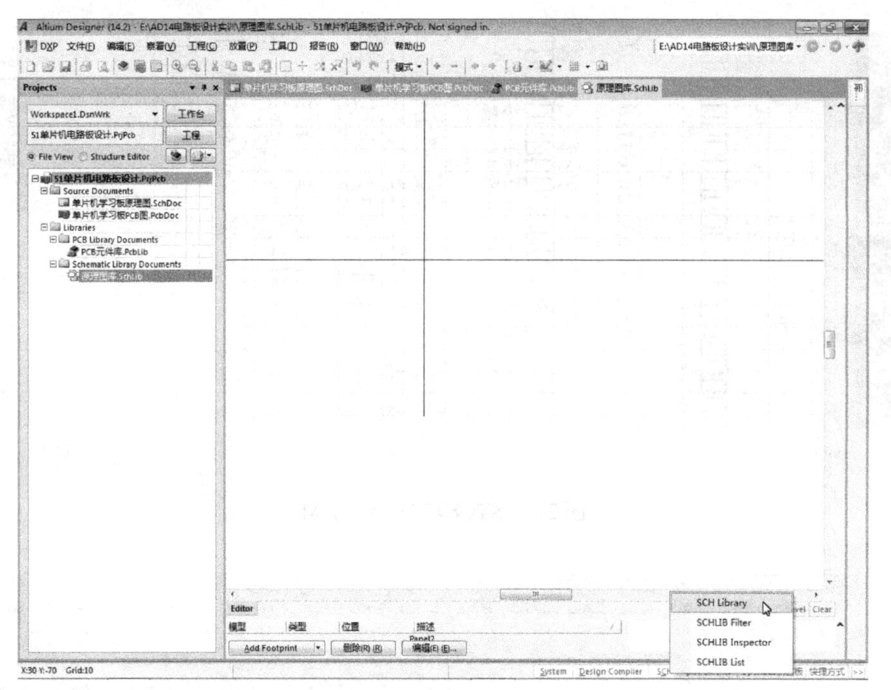

图 2-3　原理图元件设计界面

工作面板切换为原理图库面板，如图 2-4 所示。

在 AD14 的 4 种设计界面中，都可按 Page Up 键将绘图区显示内容放大，可按 Page Down 键将绘图区显示内容缩小，或在按住 Ctrl 键的同时前后移动鼠标，绘图区显示内容可被调大或调小。状态栏左边显示鼠标的坐标，将键盘输入锁定为大写字母状态后，按 Q 键，长度单位就在 mil 与 mm 间切换；按 G 键，光标移动的最小步长就在 1、5、10 间切换。本书为了使用时的数值表示方便（不要带有小数），各种绘图都用 mil 作为长度单位。

2.3　用“SCH_Library”面板追加新原理图元件

在如图 2-4 所示的原理图库设计界面上，左边的“SCH Library”原理图库面板中，是原理图库元件的排列显示，这是一个空库文件，它只有一个初始的空元件而无任何实际内容。单击该面板中的器件【添加】按钮，系统弹出一个有默认名的新元件命名框，把其默认名改为“STC89C52”，如图 2-4 所示。

在图 2-4 所示对话框中单击【确定】按钮后，新元件命名对话框关闭。

2.4　在工作区中绘制 STC89C52 的原理图元件

1. 调整显示比例

如图 2-5 所示，要求 *Y* 坐标有−100～110 的显示范围。

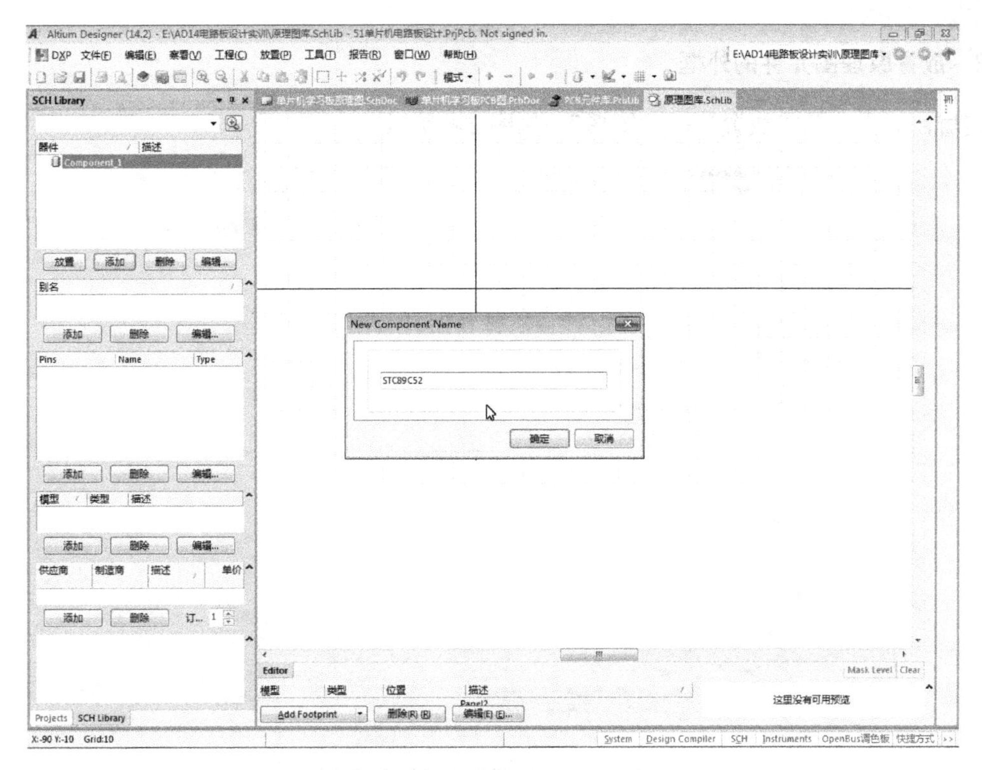

图 2-4　新原理图库元件命名操作

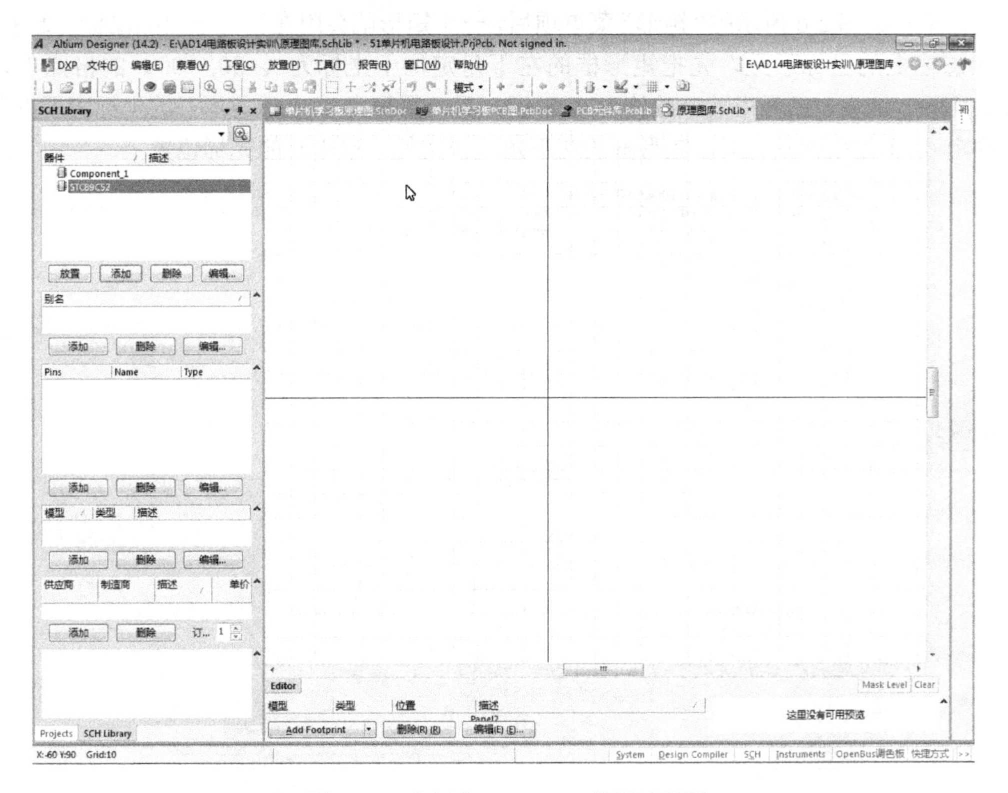

图 2-5　Y 坐标有-100～110 的显示范围

2. 放置原理图元件的外框

接着，单击菜单“放置”→“矩形”，如图 2-6 所示。

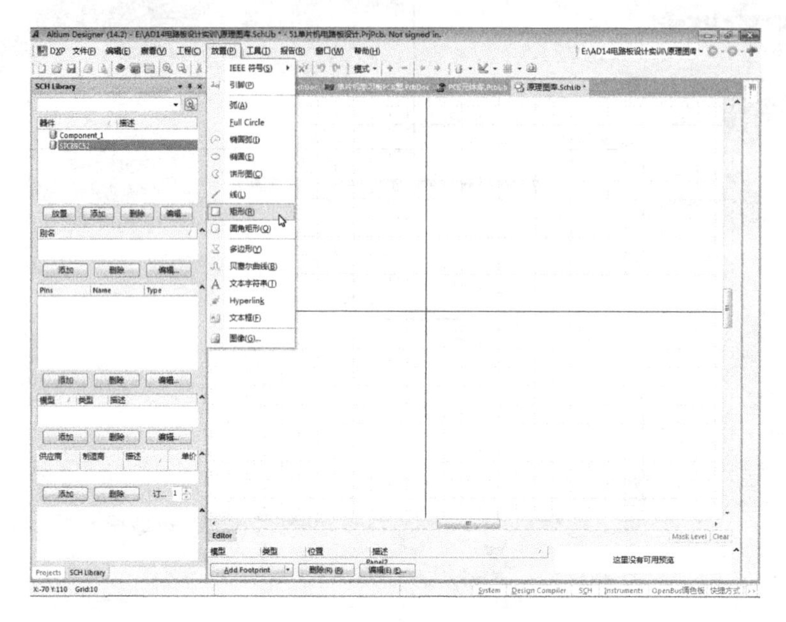

图 2-6　放置构成原理图元件所需边框

鼠标单击如图 2-6 所示的“矩形”菜单项后，一个矩形就会附在鼠标上跟随鼠标一起移动。根据状态栏上的坐标示数，先把矩形框的左下角定位于坐标为（-50,-100）的格点上，如图 2-7 所示。这里，括号中前一数值为 *X* 坐标，后一数值为 *Y* 坐标（本书的坐标表示都遵守这一约定）。单击鼠标左键后，矩形框的左下角就被定位于单击时的光标位置上。

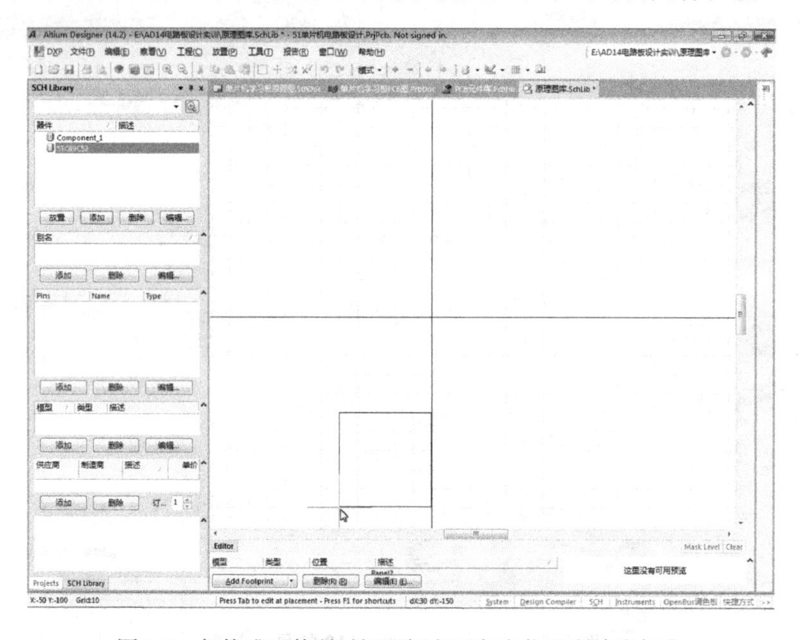

图 2-7　把构成元件所需矩形框左下角定位于所给坐标上

然后，把鼠标向右上方移动，并把矩形框的右上角定位于坐标为（50,110）的格点上，再单击鼠标左键，如图 2-8 所示。

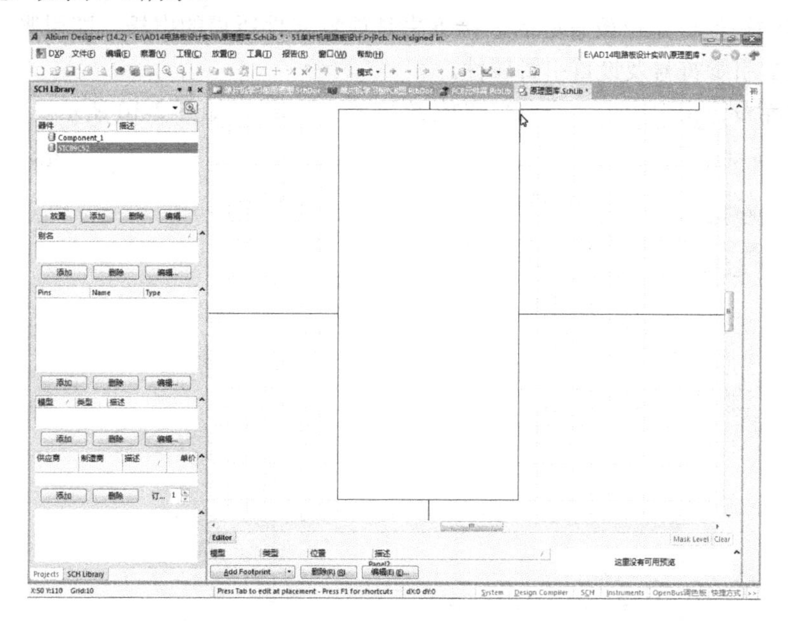

图 2-8　把元件外框右上角定位于所给坐标上

如图 2-8 所示，放置一个矩形的鼠标操作完成后，系统仍处于继续放置矩形的鼠标操作状态。由于这个元件只需一个矩形框，因此就单击鼠标右键以退出放置矩形操作。

把矩形的左下角和右上角定位后，该矩形的大小（10 格×21 格）和位置就基本被确定了。若发现大小有误，就单击此矩形框，让矩形四边出现可调节标志，如图 2-9 所示。此时，就能按需要调节其大小了。

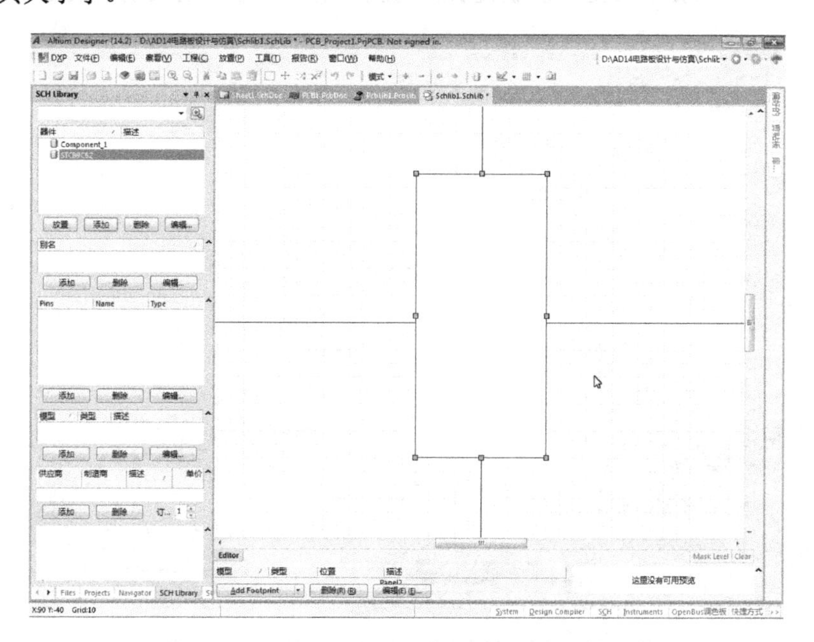

图 2-9　矩形大小可调节

3. 放置原理图元件的引脚

元件所需的矩形框定位放置好后，接下去是放置元件所需的电极，即引脚。放置元件引脚操作包含放置引脚符号及设置引脚属性。

在原理图库设计窗口中，单击菜单“放置”→“引脚”，如图 2-10 所示。

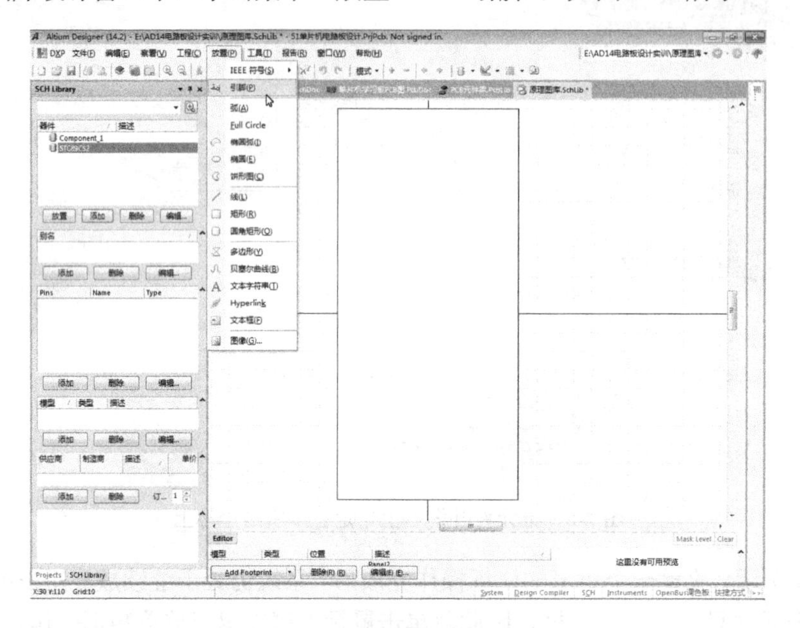

图 2-10　给元件放置引脚的菜单操作

用鼠标单击图 2-10 中的“引脚”菜单项后，系统给鼠标箭头附上一只引脚符号，如图 2-11 所示。这时的引脚序号是紧接上一次放置引脚的编号的，一般都需要重新设定。

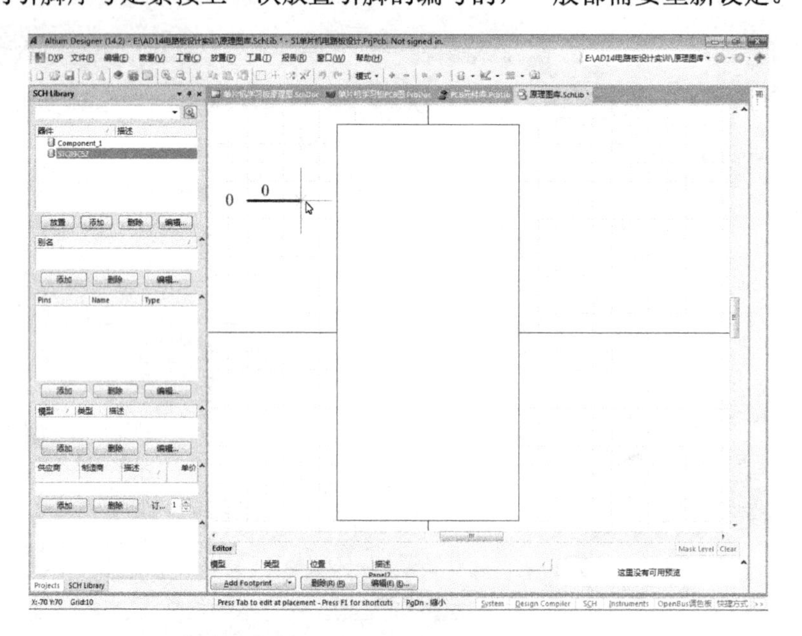

图 2-11　给原理图元件放置引脚的初始操作状态

在图 2-11 所示的操作状态下，按键盘上的 Tab 键，系统弹出如图 2-12 所示的“管脚属性”对话框。

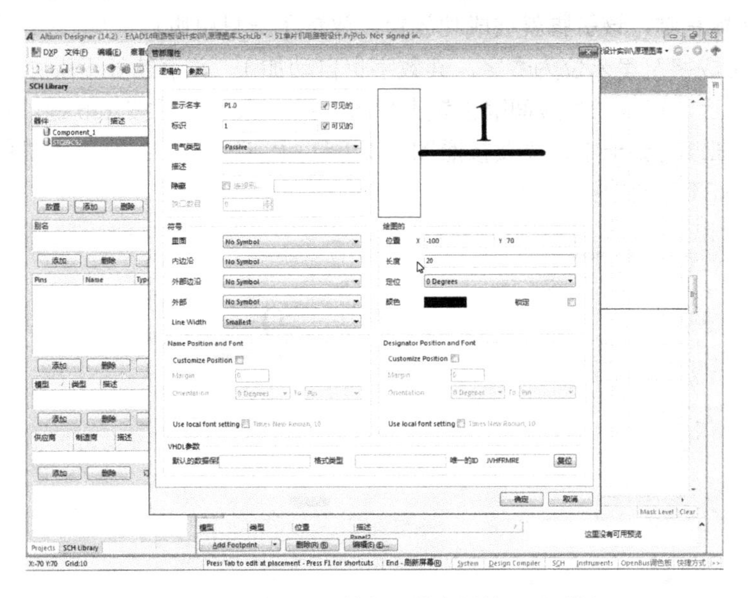

图 2-12 原理图元件的“管脚属性”对话框

在图 2-12 所示界面中，“显示名字”用来标注该引脚的功能，“标识”用来标定引脚的顺序号，即在该物理元件中各引脚排列的具体位序。因此，标识实际就是引脚号，它必须与实物一致。另外，“绘图的”“长度”在我们的图纸中要改为“20”，以减少后面设计原理图时的横向长度。一般只需要修改这三个属性，其他属性取默认值。

完成如图 2-12 所示的属性设置后，在图 2-12 中单击【确定】按钮，再按两次空格键，让引脚的热端朝外，按图 2-13 所示位置，连续 8 次单击左键，就放置了 8 只引脚。

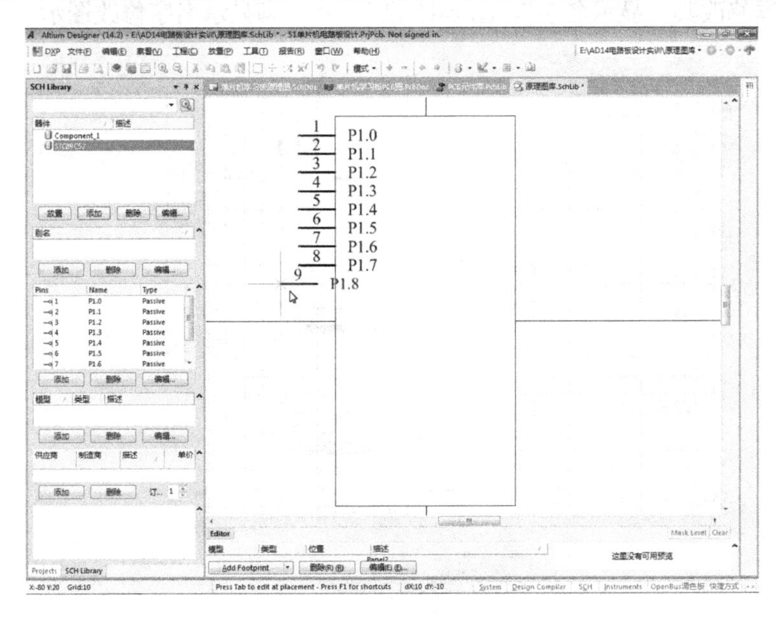

图 2-13 放置原理图元件引脚

说明：在放置引脚时，一定要把引脚的热端（“+”字光标端）放在外侧，如图 2-13 所示；如若方向不符合，可按空格键进行旋转，一次旋转 90°。在满足引脚放置方向和放置位置的状态下，单击鼠标左键，该引脚就被成功放置，放置了一只引脚后，“标识”号自动加 1；若“显示名字”的组成字符串末位为数字，其数字也自动加 1，并继续处于引脚放置操作状态。

如图 2-13 所示，连续在相应间隔位置上放置了共 8 只引脚后按 Tab 键，系统弹出“管脚属性”对话框，在该对话框中，需要按照图 2-1（d）上 STC89C52 第 9 引脚的名字，将“显示名字”改为“RST”，如图 2-14 所示。

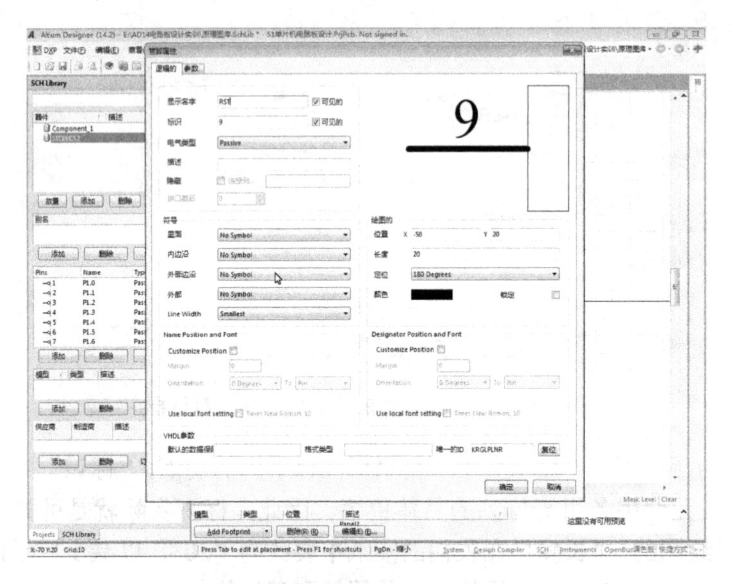

图 2-14　修改第 9 引脚的显示名字为“RST”

将第 9 脚显示名字修改确定后再放置。此后，每只引脚，都要先按 Tab 键，以进入“管脚属性”对话框修改其“显示名字”。图 2-15 是第 10 引脚显示名字修改图示。

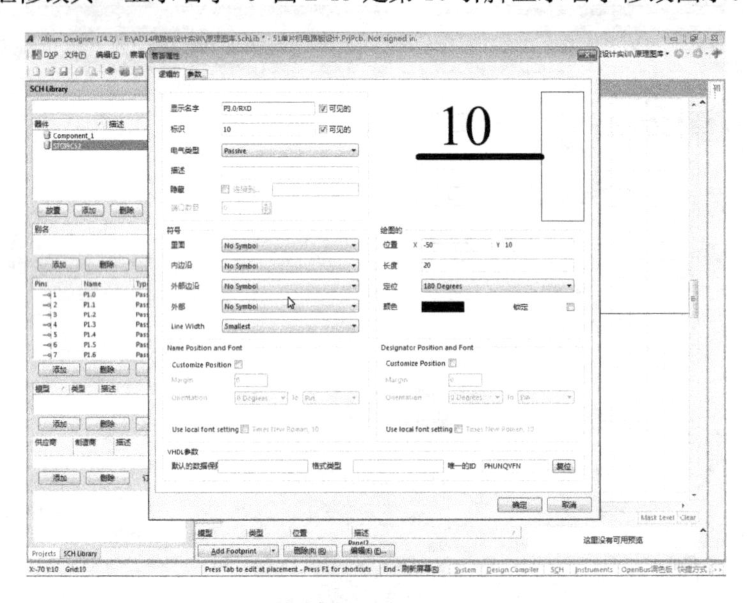

图 2-15　修改第 10 引脚的“显示名字”

图 2-16 是放置了 11 只引脚后的元件引脚放置示意图。

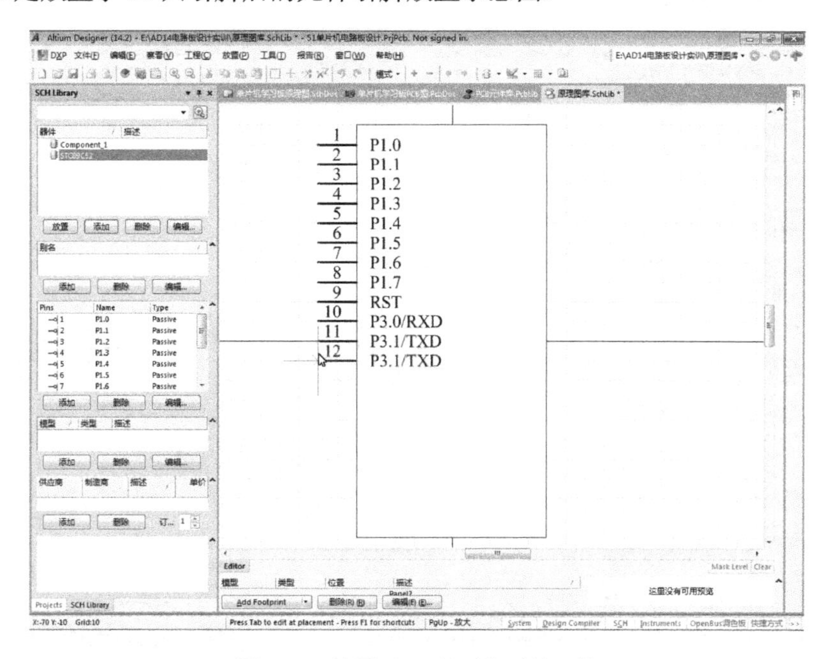

图 2-16 放置了 11 只引脚后的元件

由图 2-1（d）可知，第 12、13 等引脚的显示名字中有些字符带有上画线，这需要用特殊标记来实现，其方法是，在需要有上画线的每个字符后加一“\”字符（反斜杠）。例如双功能引脚 12，其 INT0 引入是低电平有效，因此其“INT0”标记上须带有上画线，在其显示名字中就相应输入“I\N\T\0\”。图 2-17 中“显示名字”框的字符组成就是由此而来的。

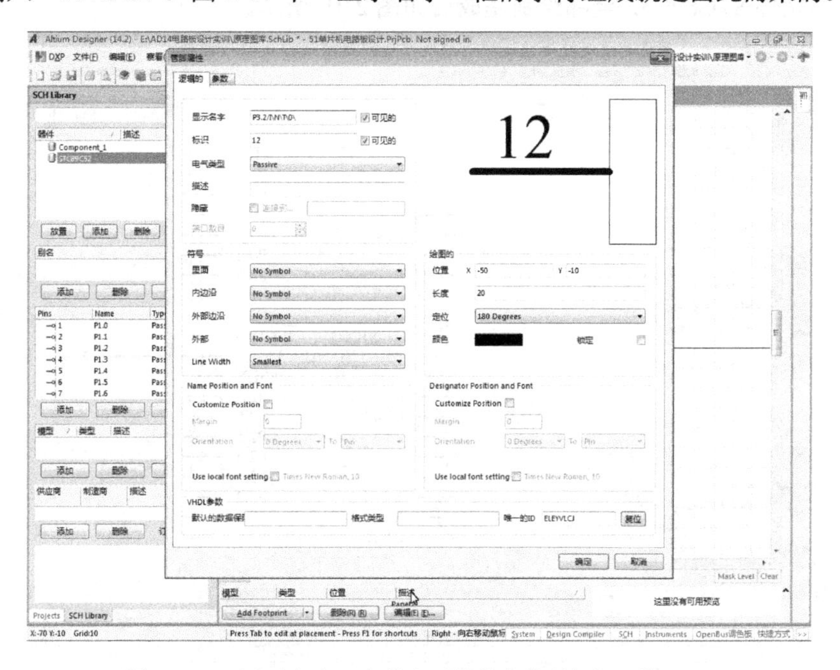

图 2-17 “显示名字”内带上画线的字符须加标记符“\”

如图 2-17 所示修改第 12 引脚的显示名字并确定放置后，放置结果如图 2-18 所示。

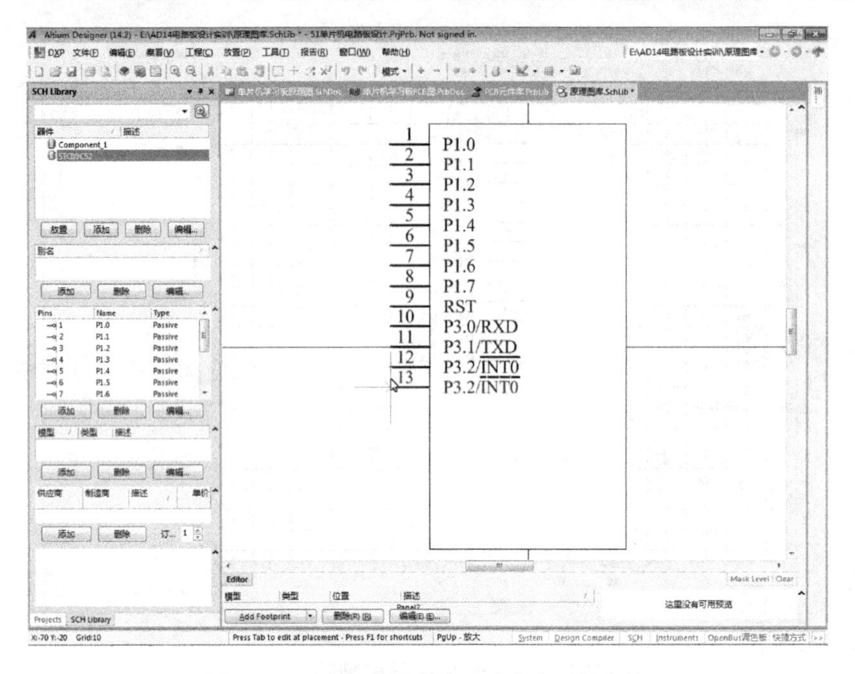

图 2-18　引脚“显示名字”中有上画线字符

掌握了显示名字中有上画线字符的标记处理方法后，引脚“管脚属性”对话框的设置操作，就全部解决了。修改了第 21 引脚的显示名字且确定后，须将引脚放置方向改变 180°（按两次空格键实现）放置。从图 2-1（d）可知，第 21～28 引脚的显示名字可由其加 1 功能自动修改。原理图元件 STC89C52 全部绘制完成后如图 2-19 所示。

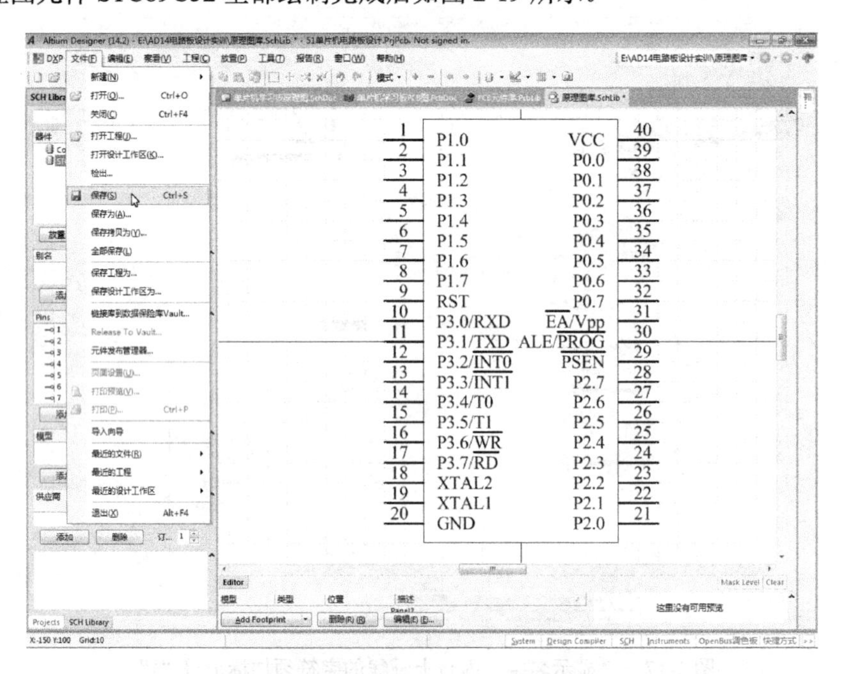

图 2-19　全部绘制完成后的原理图元件 STC89C52

绘制完成后，如图 2-19 所示，应将这个库元件设计结果保存。另有两点需要补充说明：

① 如原理图元件的某引脚放置位置有误，可将鼠标光标移到该引脚上后按下左键不放松，就进入引脚的移动状态，直接将引脚移到正确位置上放开左键即可；

② 如原理图元件的某引脚属性有误，则双击该引脚，在系统弹出的“管脚属性”对话框中将其修改正确即可。

任务 3　绘制 MAX232 等四个库元件

本任务微课视频

知识目标　熟悉库元件 MAX232、DS1302，AT24C02、DS18B20 的功能和符号表示。

能力目标　熟练完成库元件 MAX232、DS1302，AT24C02、DS18B20 的绘制。

任务实施

3.1　绘制库元件 MAX232

3.1.1　MAX23 芯片的相关资料

MAX232 是单片机系统与 PC 进行串行通信的接口芯片。利用这块学习板，我们可以学习单片机与 PC 间的串行通信技术。图 2-20 是它的实物照片，图 2-21 是我们规划的该芯片原理图符号。下面我们就以图 2-21 为样本，进行 MAX232 的原理图符号设计。

图 2-20　MAX232 实物照片

引脚	名称	名称	引脚
1	C1+	VCC	16
2	V+	GND	15
3	C1-	T1OUT	14
4	C2+	R1IN	13
5	C2-	R1OUT	12
6	V-	T1IN	11
7	T2OUT	T2IN	10
8	R2IN	R2OUT	9

图 2-21　MAX232 的原理图符号

3.1.2　用“SCH_Library”面板追加新原理图元件

在如图 2-22 所示的设计界面中，单击工作面板中的器件【添加】按钮，系统就弹出新元件名设置对话框，此时，把新元件默认名改为“MAX232”，如图 2-22 所示，然后单击【确定】按钮。

3.1.3　在工作区中绘制 MAX232

1. 放置外框

元件名确定后，就放置一个 6 格×9 格的矩形［矩形左下角位于点（−30,−40），右上角位

于点（30,50）]，如图 2-23 所示。

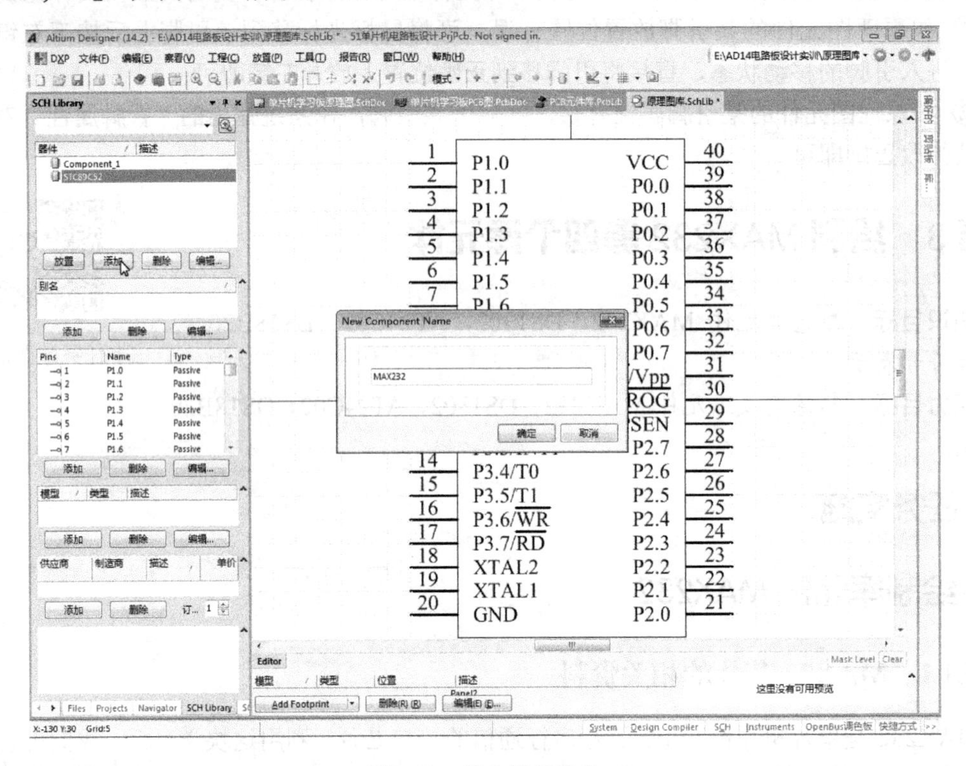

图 2-22　设定新元件名

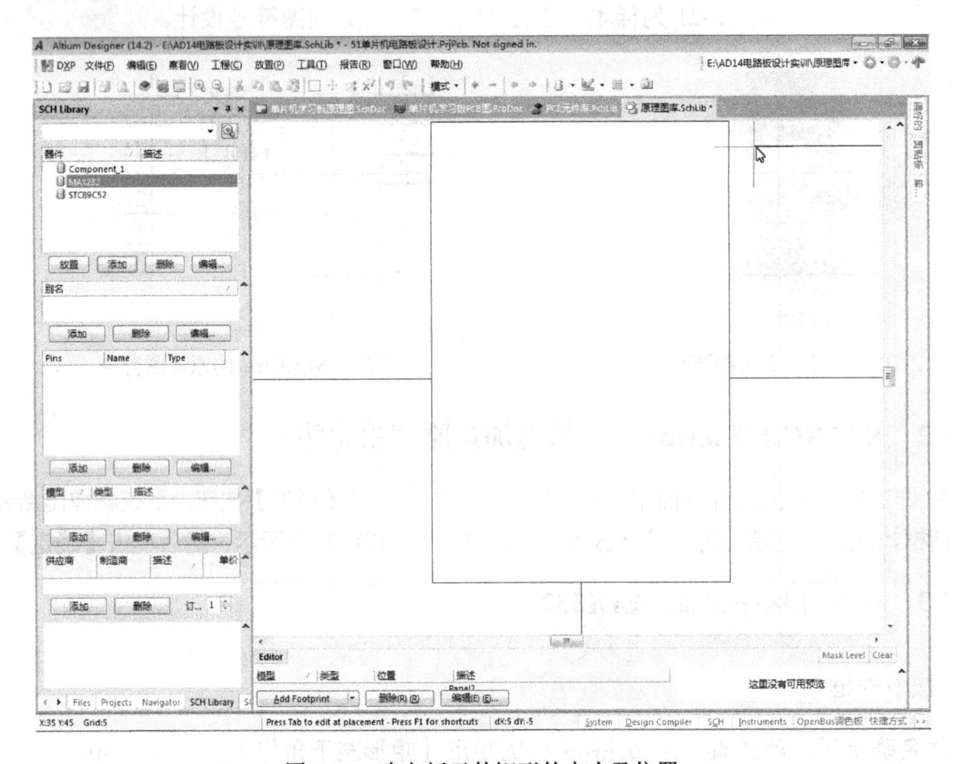

图 2-23　确定新元件矩形的大小及位置

2. 放置引脚

在如图 2-23 所示界面中，可按一次 Page Up 键，即增大矩形的显示比例，以方便引脚的定位操作。此后，参照前面制作 STC89C52 的方法，根据图 2-21 所示的引脚图，为 MAX232 放置 16 只引脚。需要说明，对每个新元件，都首先要重新设定其 1 号引脚的显示名称和标识符，重新确定 1 号引脚的放置方向，如图 2-24 所示。

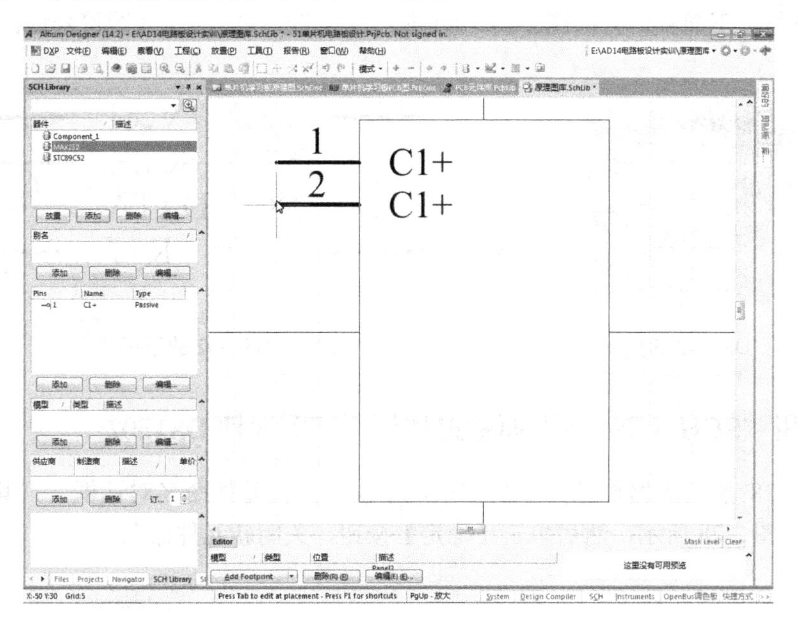

图 2-24 给元件放置 1 号引脚

全部引脚放置完成后，MAX232 的原理图符号就完成设计了，如图 2-25 所示。

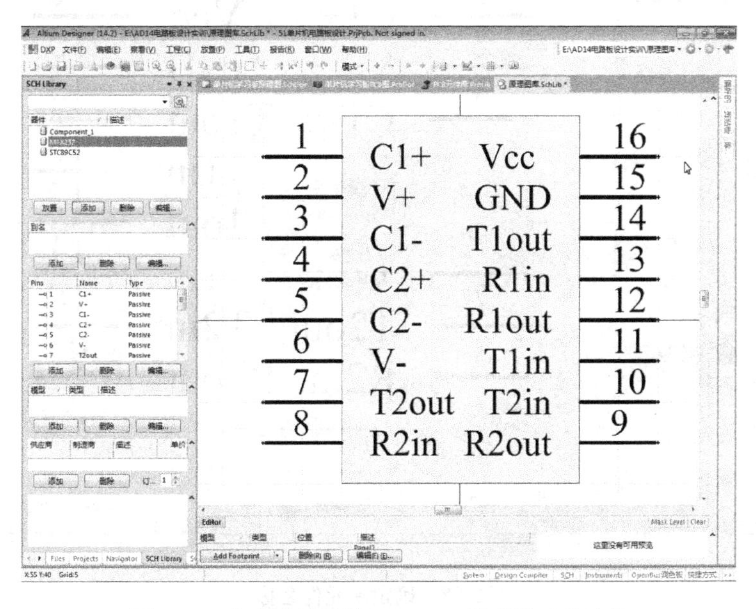

图 2-25 完成设计后的 MAX232 原理图元件符号

3.2 绘制库元件 DS1302

3.2.1 DS1302 芯片的相关资料

DS1302 是一块日历时钟芯片，是典型的三总线器件，利用它的日历时钟功能，这块学习板还能作为学校上下课的自动打铃器使用。图 2-26 是它的实物照片，图 2-27 是我们规划的该芯片原理图符号。下面我们就以图 2-27 为样本，进行 DS1302 的原理图符号设计。

图 2-26　DS1302 的实物照片

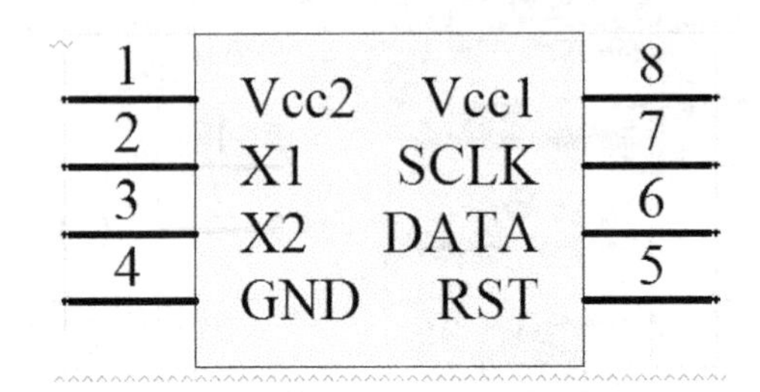

图 2-27　DS1302 的原理图符号

3.2.2 用“SCH_Library”面板追加新原理图元件 DS1302

单击图 2-28 所示的器件【添加】按钮，系统弹出新元件命名对话框，把其默认名改为“DS1302”，如图 2-28 所示，然后单击【确定】按钮，关闭新元件命名框。

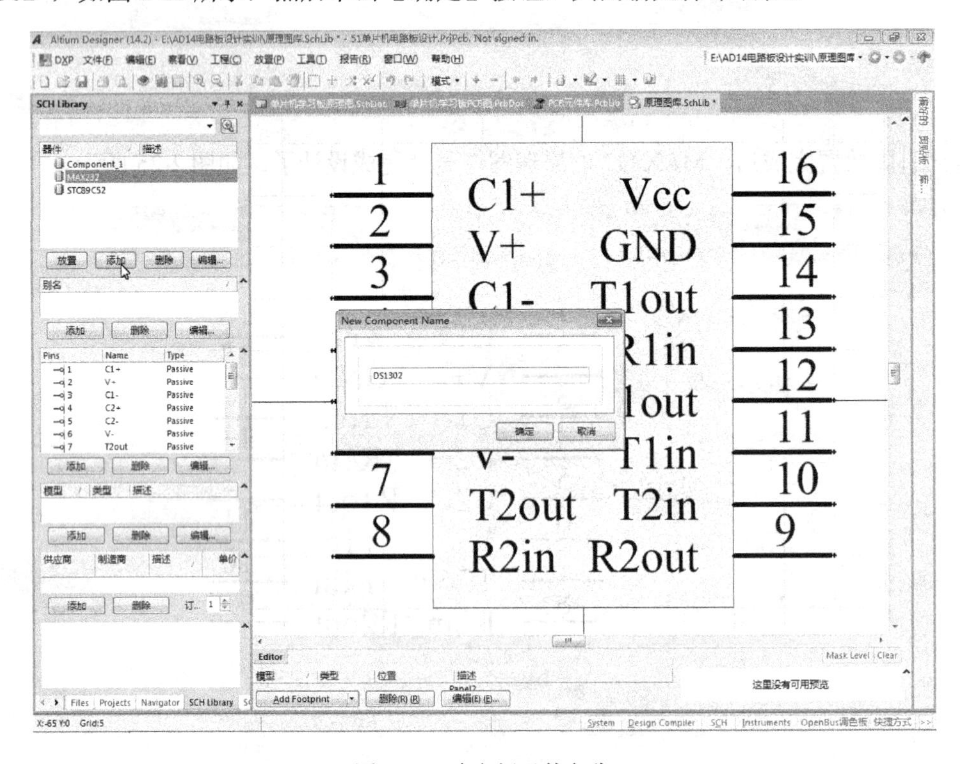

图 2-28　确定新元件名称

3.2.3 在工作区中绘制 DS1302

1. 放置外框

先在设计窗口中放置一个 5 格×5 格的矩形［矩形左下角位于点（-30,-20），右上角位于点（20,30）］，如图 2-29 所示。

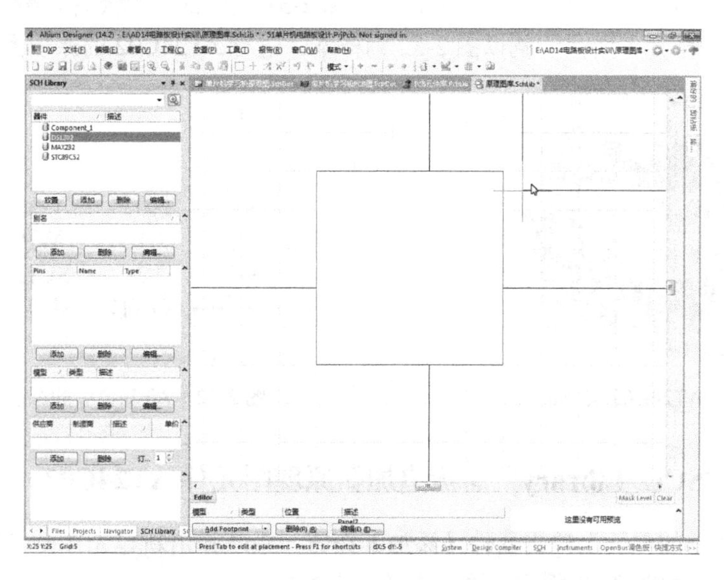

图 2-29 为 DS1302 原理图元件放置矩形

2. 放置引脚

然后，参照前面 STC89C52 的设计方法，为 DS1302 的符号图放置 8 只引脚，如图 2-30 所示，这样就完成了 DS1302 的原理图符号设计。

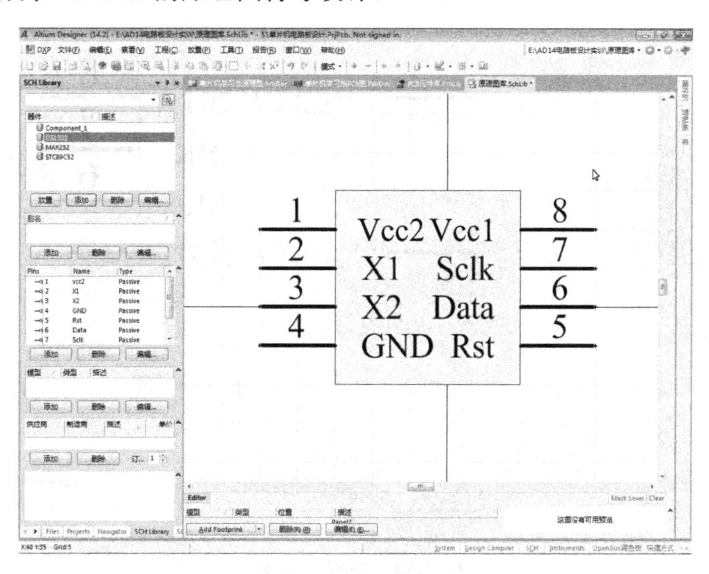

图 2-30 完成了的 DS1302 原理图符号

3.3 绘制库元件 AT24C02

3.3.1 AT24C02 芯片的相关资料

AT24C02 是 256 字节的快闪存储器，采用双总线结构。在这块单片机学习板上，可用它来保存每天几十次的上下课自动打铃时间信息。图 2-31 是它的实物照片，图 2-32 是我们规划的该芯片原理图符号。下面我们就以图 2-32 为样本，进行 AT24C02 的原理图符号设计。

图 2-31　AT24C02 实物照片

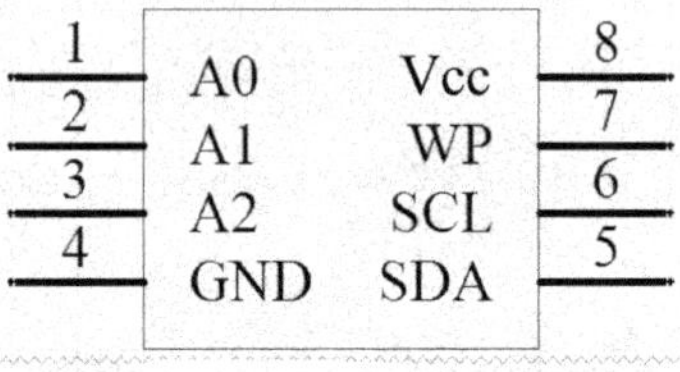

1 A0　Vcc 8
2 A1　WP 7
3 A2　SCL 6
4 GND　SDA 5

图 2-32　AT24C02 的原理图符号

3.3.2 用“SCH_Library”面板追加新原理图元件 AT24C02

在图 2-33 所示的界面上单击器件【添加】按钮，系统弹出新建元件命名框，把其默认名改为“AT24C02”，如图 2-33 所示，再单击【确定】按钮。

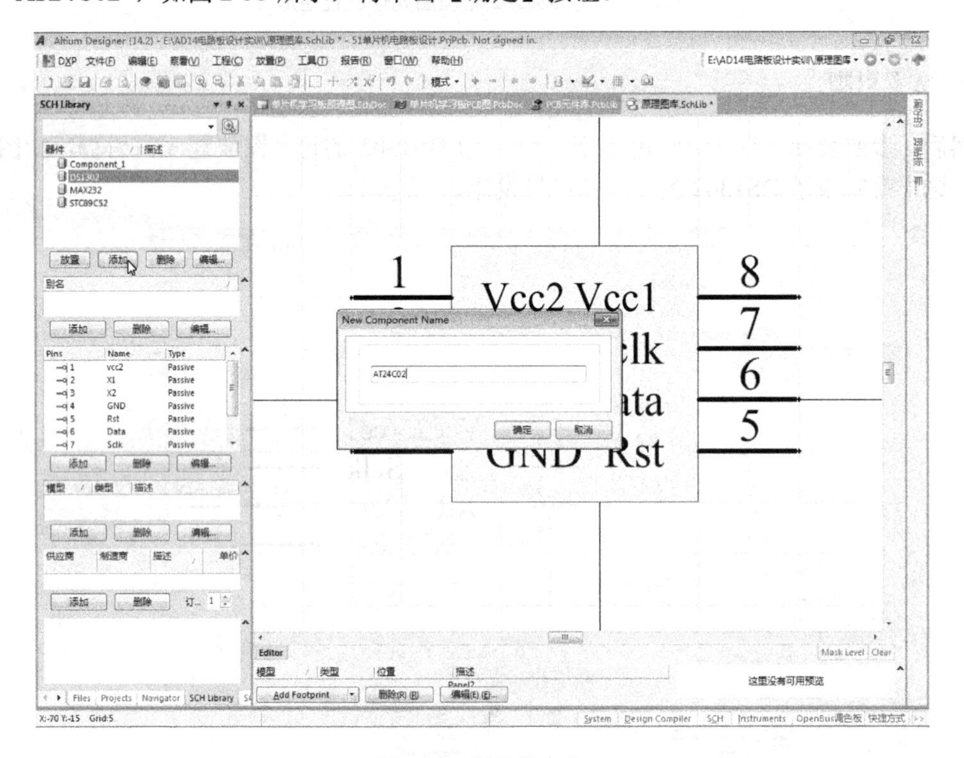

图 2-33　新元件命名

3.3.3　在工作区中绘制 AT24C02

参照图 2-34，先放置一个 5 格×5 格的矩形［矩形左下角位于点（-30,-20），右上角位于点（20,30）］，再放置如图 2-34 所示的 8 只引脚，这样就完成了 AT24C02 的符号图设计。

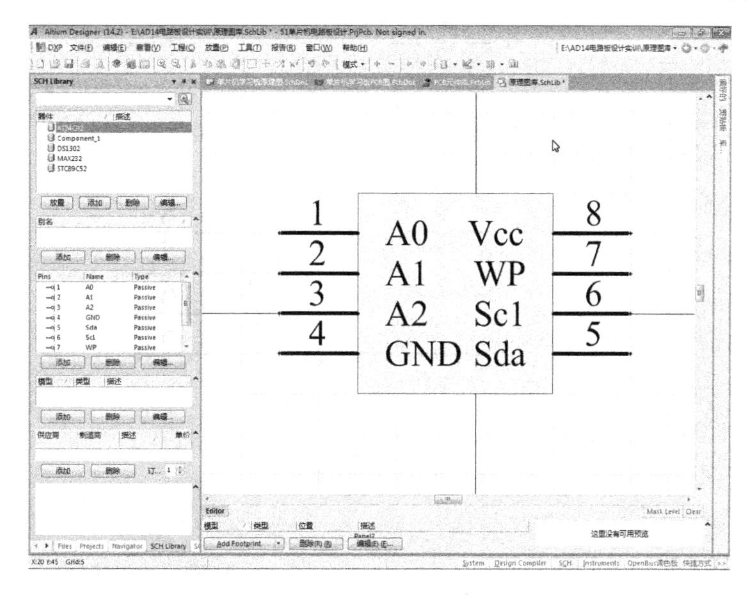

图 2-34　完成了的 AT24C02 元件符号

3.4　绘制库元件 DS18B20

3.4.1　DS18B20 芯片的相关资料

DS18B20 是温度传感器，是单总线器件，因此与单片机的连接就非常简单。在我们这块学习板上，通过它可进行高低温控制实验。图 2-35 是它的实物照片，图 2-36 是我们规划的该芯片原理图符号。下面我们就以图 2-36 为样本，进行 DS18B20 的原理图符号设计。

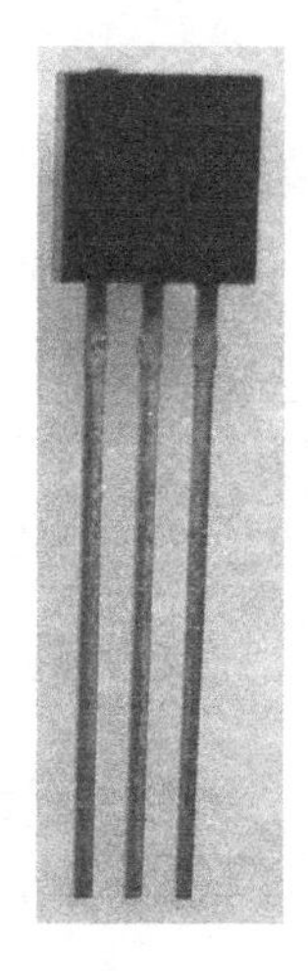

图 2-35　DS18B20 实物照片

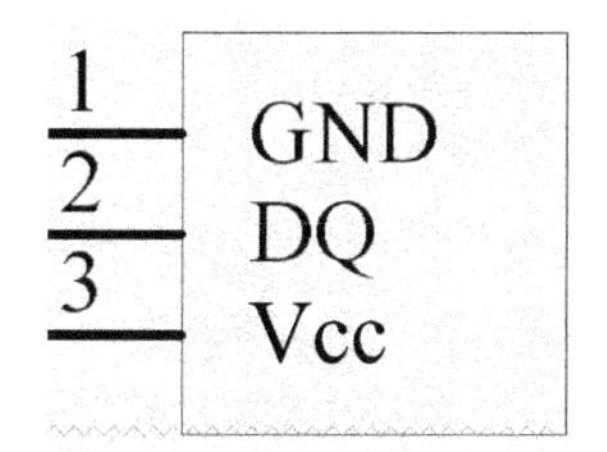

图 2-36　DS18B20 的原理图符号

3.4.2　用“SCH_Library”面板追加新原理图元件 DS18B20

在图 2-37 所示的界面中单击器件的【添加】按钮，系统就会弹出一个新元件命名框，把其默认名改为“DS18B20”，如图 2-37 所示，然后单击【确定】按钮。

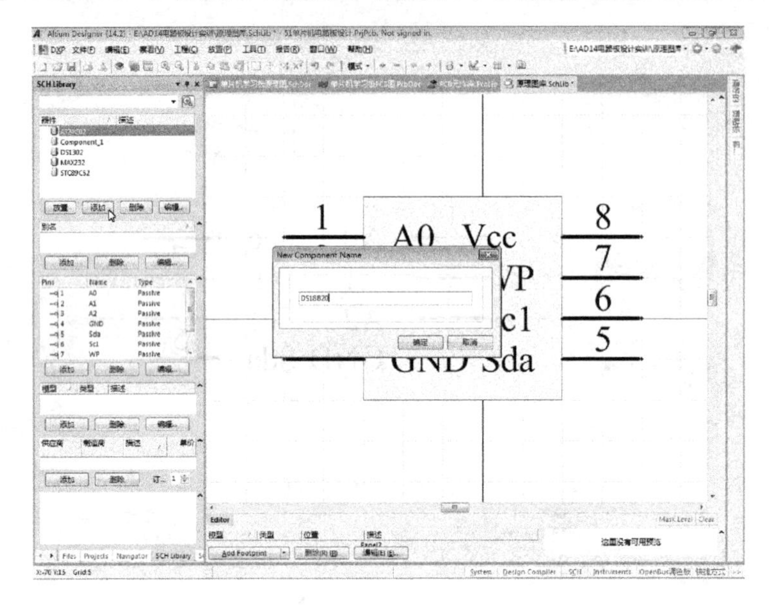

图 2-37　新元件 DS18B20 的命名操作

3.4.3　在工作区中绘制 DS18B20

参照前面的操作方法，先放置一个 4 格×4 格的矩形，再放置 3 只引脚，如图 2-38 所示，这样就完成了 DS18B20 的原理图符号设计。

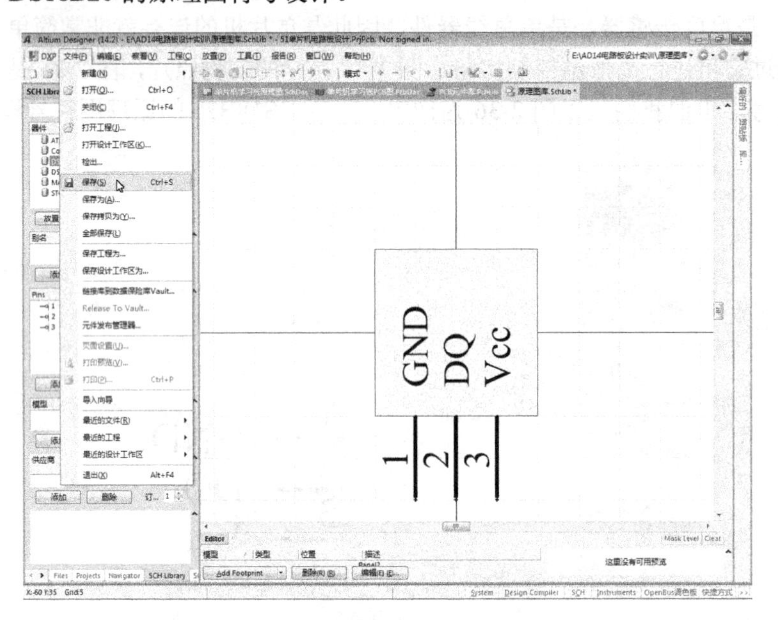

图 2-38　DS18B20 的原理图符号

任务 4 绘制库元件 LEDS

本任务微课视频

知识目标 熟悉四位数码管的功能和结构，熟悉库元件 LEDS 的符号表示。

能力目标 熟练完成库元件 LEDS 的绘制。

任务实施

4.1 四位数码管的相关资料

四位数码管是单片机学习板的基本显示器件，在本书中称之为 LEDS。我们用它来显示单片机运行中的相关数据。图 2-39 是它的显示面照片，图 2-40 是它的引脚面照片。用万用表可测得它的各引脚功能。根据测得结果，我们规划的四位数码管的原理图符号如图 2-41 所示。

图 2-39 四位数码管“CPS05641BR”数码显示面照片

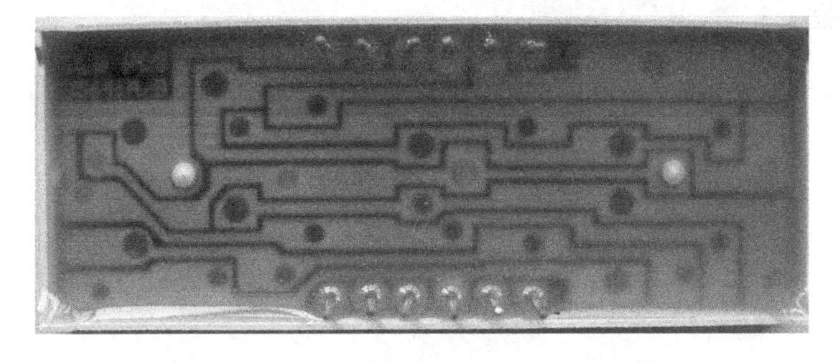
图 2-40 四位数码管“CPS05641BR”引脚面照片

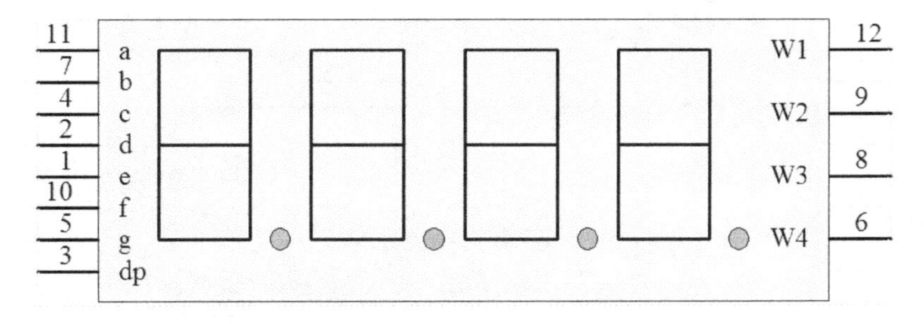

图 2-41 四位数码管“CPS05641BR”的原理图符号

下面，就以图 2-41 为样本，绘制 LEDS 的原理图元件。

4.2 用“SCH_Library”面板追加原理图库新元件 LEDS

在 SCH_Library 面板中单击器件的【添加】按钮，系统弹出新元件命名框，把其默认名改为“LEDS”，如图 2-42 所示。命名后单击【确定】按钮，以关闭新元件命名框。

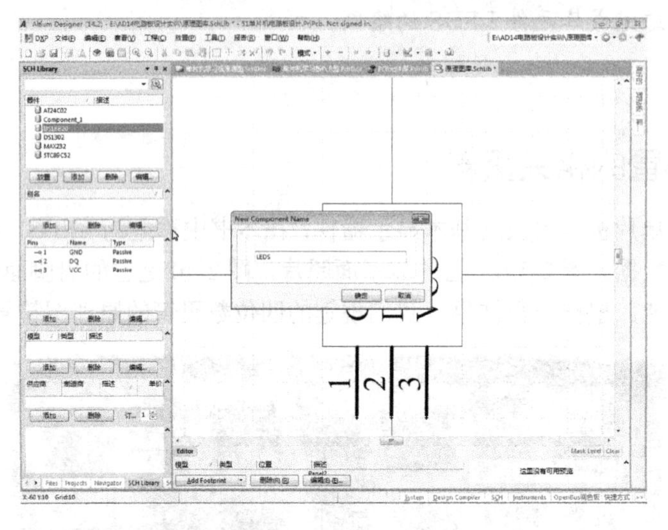

图 2-42　命名 LEDS

4.3 在工作区中绘制 LEDS

1. 放置外框

在原理图元件绘制界面中，放置一个 24 格×9 格的矩形［矩形左下角位于点（-120,-40），右上角位于点（1200,50）］，如图 2-43 所示。

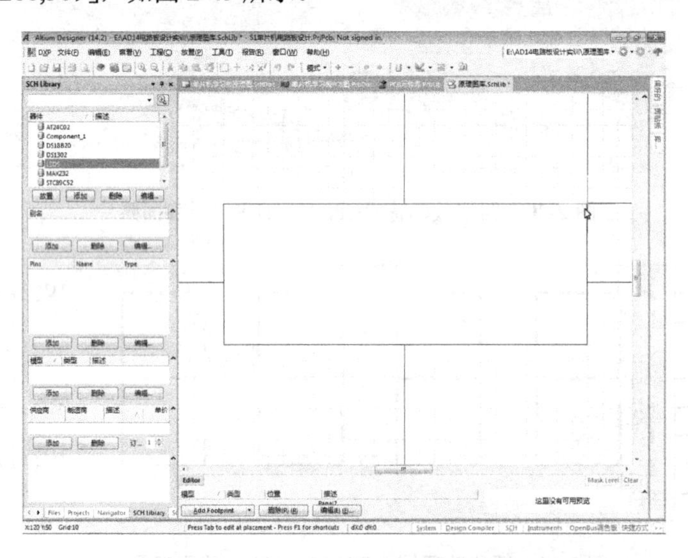

图 2-43　建立 LEDS 原理图符号中的矩形

2. 放置直线

放置矩形后，接下来要在矩形中放置数码管符号。七段数码管的笔画是用直线段来构成的，因此要放置直线。在图 2-43 所示界面中，单击菜单“放置”→“线”，如图 2-44 所示。

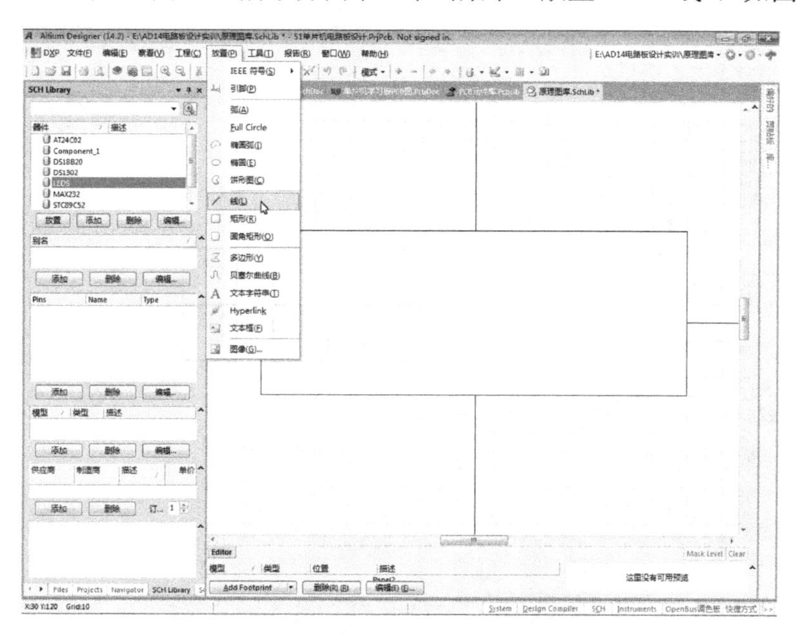

图 2-44 “放置”→“线”的菜单操作

在图 2-44 中单击“线”菜单项后，用弹出的十字光标在矩形中画出 4 个数码管符号，如图 2-45 所示。

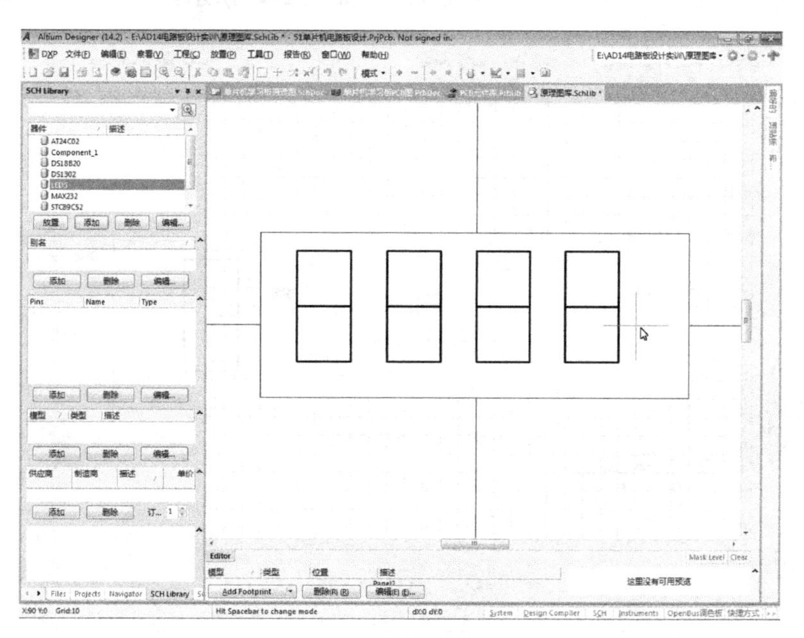

图 2-45 在矩形中画出 4 个七段数码管符号

3. 放置小数点

四位数码管的小数点都是用椭圆的放置与修改实现的。在图 2-45 所示界面中，先按 G 键，使鼠标最小移动间距为 5mil，再单击菜单“放置”→“椭圆”，如图 2-46 所示。

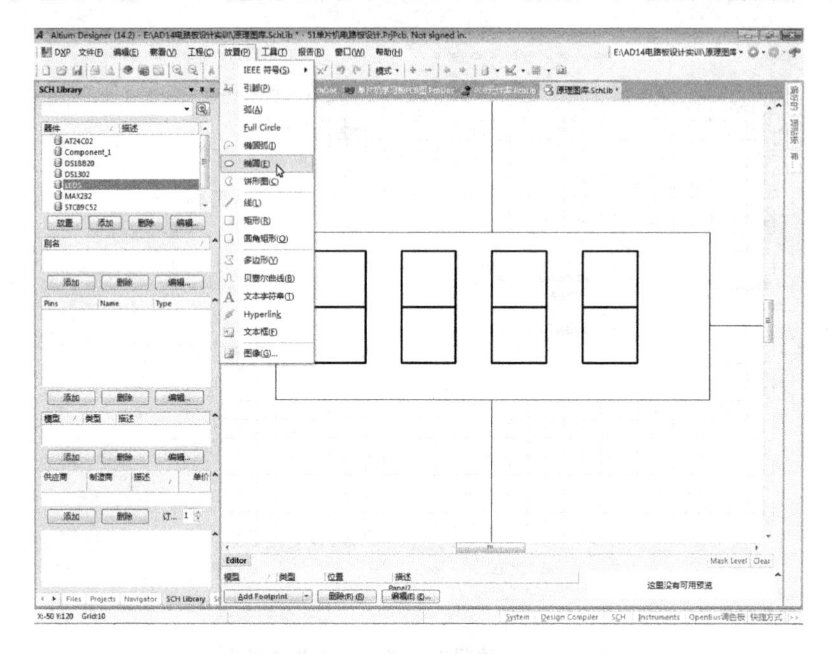

图 2-46　放置小数点的菜单操作

在图 2-46 所示的界面中，单击“椭圆”菜单项后，按 Tab 键，系统弹出“椭圆形”对话框，在该对话框中，把 *X* 半径、*Y* 半径都改 5mil，如图 2-47 所示。

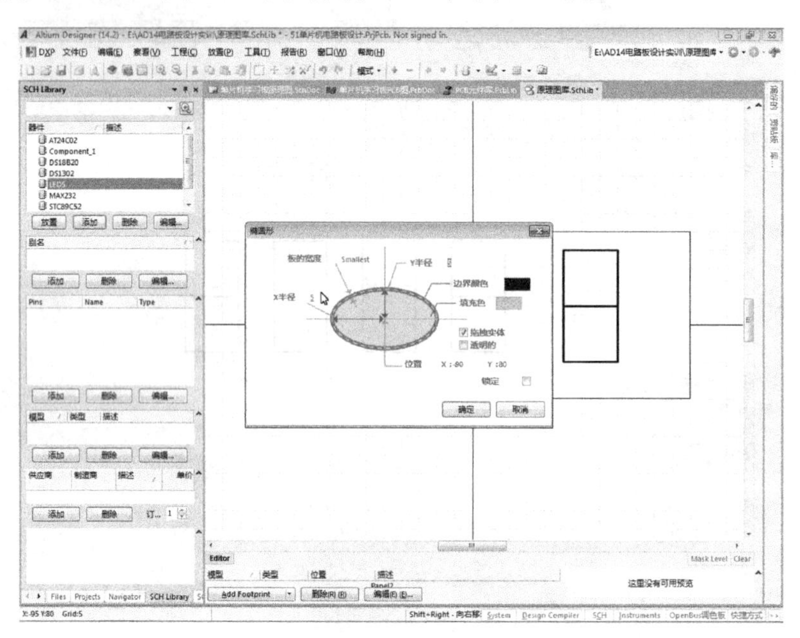

图 2-47　把椭圆的 *X*、*Y* 半径都改为 5mil

确定后再在每位数码管右下角单击三次，如图 2-48 所示。

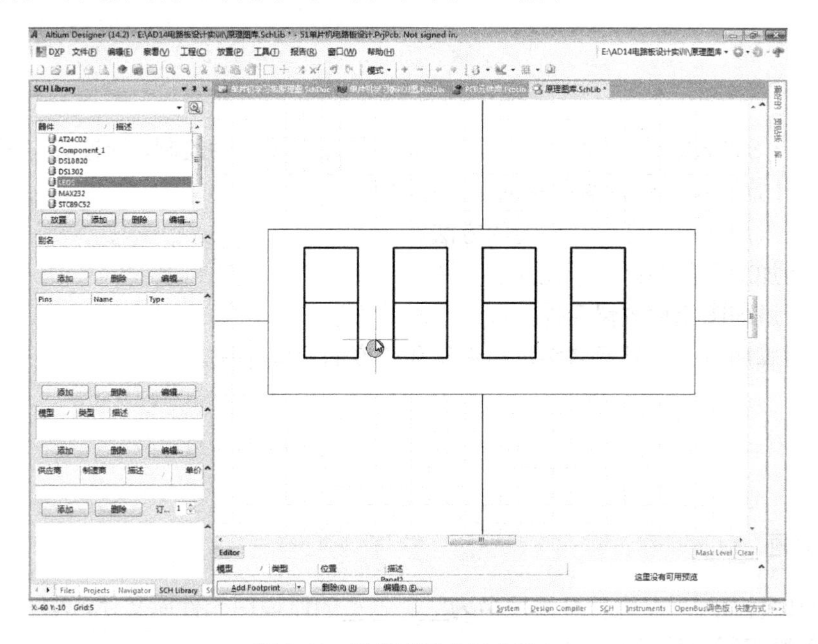

图 2-48 给数码管放置小数点

4. 放置引脚

12 只引脚的放置位置如图 2-49 所示。要注意，标识符为 1 的引脚显示名称为 e，放置位置不是列首，标识符为 2 的引脚名称为 d，放置位置不是列二。因此，每放置一只引脚后下一只引脚显示名称的修改及放置位置的确定都要细心操作。

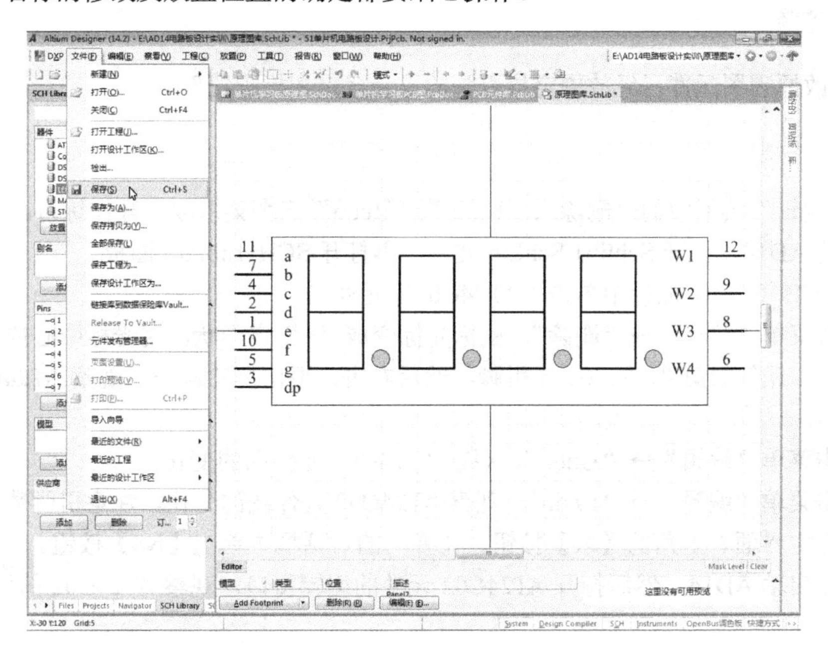

图 2-49 全部绘制完成后的 LEDS 原理图符号

LEDS 的原理图符号设计完成后，原理图库的设计也就全部完成了，保存并退出 AD14。

小结 2

本项目通过 STC89C52、MAX232 等 6 个器件的原理图元件绘制，让读者牢固掌握基本的原理图元件设计方法和过程。本章的重点内容如下。

① 掌握进入原理图元件设计环境的方法。

② 掌握增加新元件并命名新元件的方法。

③ 掌握给原理图元件放置元件外框和引脚的方法。

④ 掌握引脚属性中的显示名字、标识符和长度的设置方法。

习题 2

一、填空题

1. 在 AD14 主窗口中，先打开扩展名为________的原理图元件库文件，再打开________面板，就可进入原理图元件设计界面。

2. 在________面板中单击元件框的________按钮，系统就会弹出新元件命名框。

3. 在空白原理图元件绘制主界面中单击菜单“________”→“________”后，就可在绘图空白区放置原理图元件的外框。

4. 在原理图元件绘制主界面中单击菜单“________”→“________”后，就能给原理图元件放置引脚。

二、问答题

怎样修改原理图元件已经放置定位引脚的显示名字和标识符？

三、上机作业

关于“编辑”菜单中的“删除”、“Undo”、“Redo”三个菜单项的操作练习。

1. 启动 AD14，打开 Schlib1.SchLib 文件，再打开 SCH_Library 面板。

2. 在 SCH_Library 面板中单击“AT24C02”元件名。

3. 单击菜单“编辑”→“删除”，鼠标光标变成“+”字形状，用光标中心依次单击绘图区中 AT24C02 元件的第 8、7、6、5 引脚，然后右击，退出删除操作。观察 AT24C02 元件图的现状。

4. 单击菜单“编辑”→“Undo”，观察 AT24C02 元件图的变化。

5. 单击菜单“编辑”→“Redo”，观察 AT24C02 元件图的变化，注意引脚数量。

6. 单击主界面右上角的【×】按钮，在弹出的对话框中单击【No】按钮。

7. 重新启动 AD14，然后打开 AT24C02 元件的编辑窗口，观察 AT24C02 的引脚数量。

设计PCB元件库

项目概述 PCB 元件也称元件的封装，它是表示电器元件的外围尺寸和引脚排列的图形符号，是形成 PCB 图的主要构件。在原理图中，每一个原理图元件都必须指定一个与之般配的 PCB 元件，才能在 PCB 板上占据相应的位置和焊盘。尽管 Altium Designer 系统中自带了大量的 PCB 元件，但有时也并不能完全满足工程设计的需要，还需要自行绘制所需的 PCB 元件，否则就不能完成所承担的印制电路板开发设计任务。因此，我们必须掌握 PCB 元件的绘制技术。本项目的实操任务，就是为单片机实验板完成 8 个 PCB 元件的设计。

学习目标 掌握设计 PCB 元件的基本步骤，完成单片机电路板设计所需的 8 个 PCB 元件的封装设计。

任务 5 绘制数码管继电器封装

本任务微课视频

知识目标 熟悉进入 PCB 元件封装设计界面的方法和“PCB Library”面板的使用方法，熟悉数码管和继电器的封装图示。

能力目标 掌握进入 PCB 元件封装设计界面的方法，掌握“PCB Library”面板的使用方法。掌握设计 PCB 元件的基本步骤：设置焊盘属性，放置焊盘、放置边线。正确完成 LEDSPCB、JDQPCB 的封装绘制。

任务实施

5.1 PCB 元件库设计界面简介及环境设置

5.1.1 进入 PCB 元件设计环境

打开项目文件，以启动 AD14，并从项目面板打开四个设计文件到工作区，单击工作区中的“PcbLib1.PcbLib”文件选项卡，工作区就显示为 PCB 元件设计界面，再单击“PCB Library”面板标签，面板就显示出该库文件中的 PCB 元件，如图 3-1 所示。

在图 3-1 中的状态栏上可以看到 *X* 坐标和 *Y* 坐标的数值，这个坐标是当前鼠标光标的位置坐标，随鼠标的移动而变化。图中位置坐标的长度单位为 mil。若在键盘上打开大写字母锁定键（Caps Lock 指示灯点亮），按 Q 键，长度单位就在 mil 和 mm 两者之间切换。本书使用 mil 作为长度单位。状态栏上面是层标签栏，各层用不同的颜色表示，单击可实现切换，最左端的颜色块表示当前层。PCB 板层很多，在设计需要时具体介绍。

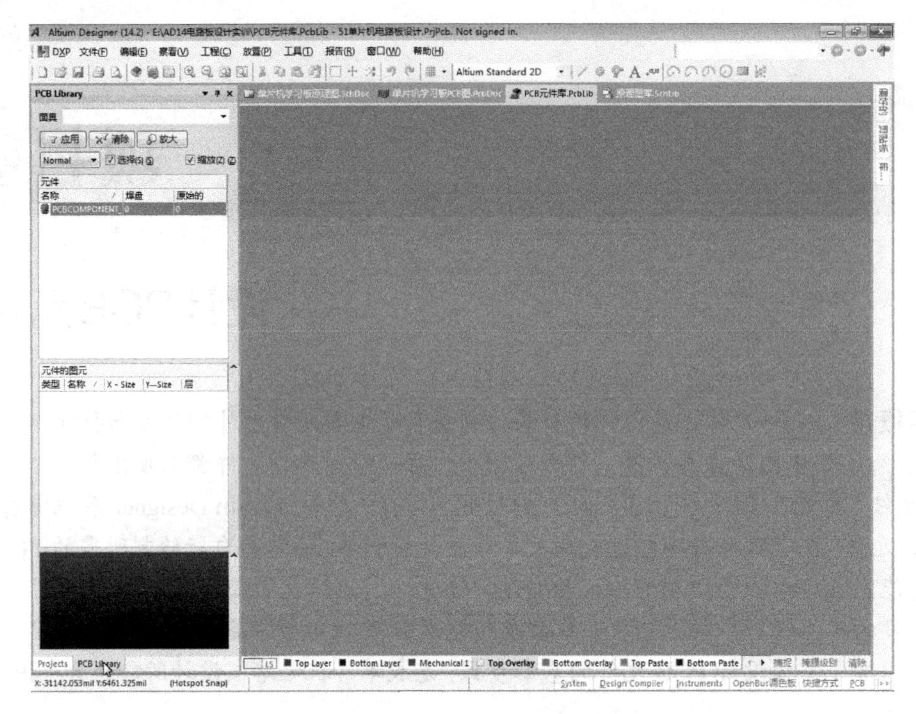

图 3-1　显示 PCB 元件设计界面及 PCB Library 面板的主窗口

5.1.2　设置板层和颜色

在如图 3-1 所示界面中，单击菜单“工具”→“板层和颜色”，如图 3-2 所示。

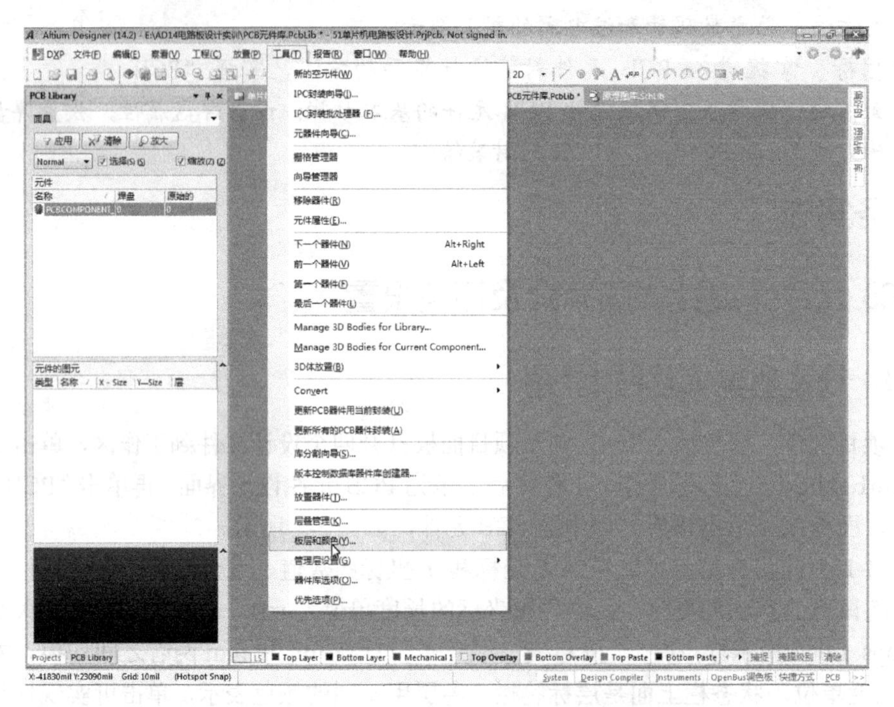

图 3-2　进入 PCB 板层和颜色设置的菜单操作

系统打开“视图配置”对话框，如图 3-3 所示。

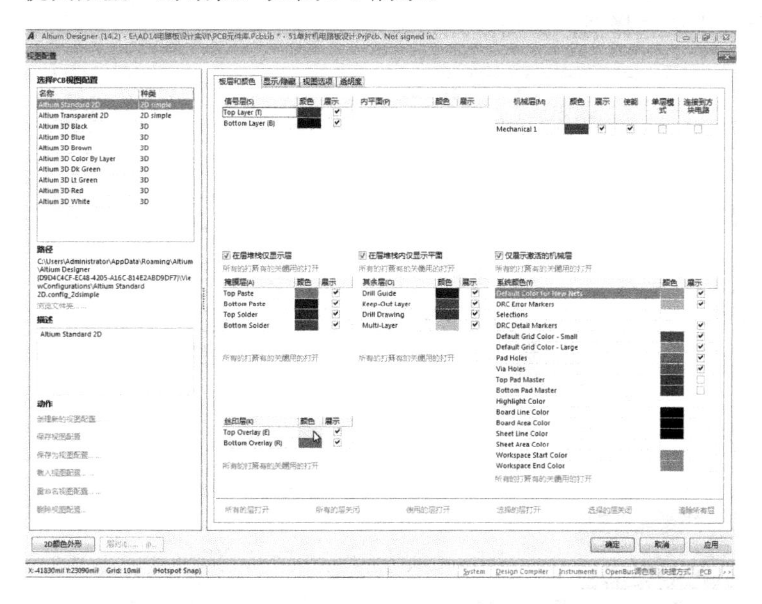

图 3-3　“板层和颜色”选项卡的设置

在图 3-3 所示的对话框中，将“丝印层”中“Top Overlay”的颜色值设为 222，其他层保持默认值，另外要将“系统颜色”中，Board Line 颜色的值改为 229，Board Area 颜色的值改为 233，Sheet Line 颜色的值改为 233，“系统颜色”中最下面两行的颜色值都改为 46，其余不变。单击【确定】按钮，关闭对话框。

5.1.3　PCB 元件编辑区的原点显示

在 PCB 元件设计界面中，依次单击菜单“编辑”→“跳转”→“参考”，如图 3-4 所示。

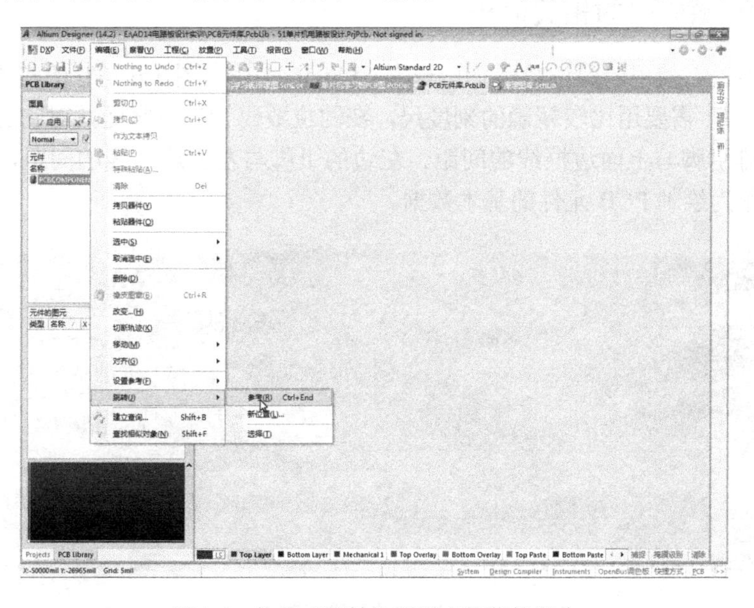

图 3-4　执行“跳转”到原点的菜单操作

菜单命令执行后，绘图区中心显示出原点标记，在大写字母锁定状态下，按 G 键，系统弹出光标最小移动步长选择框，如图 3-5 所示。

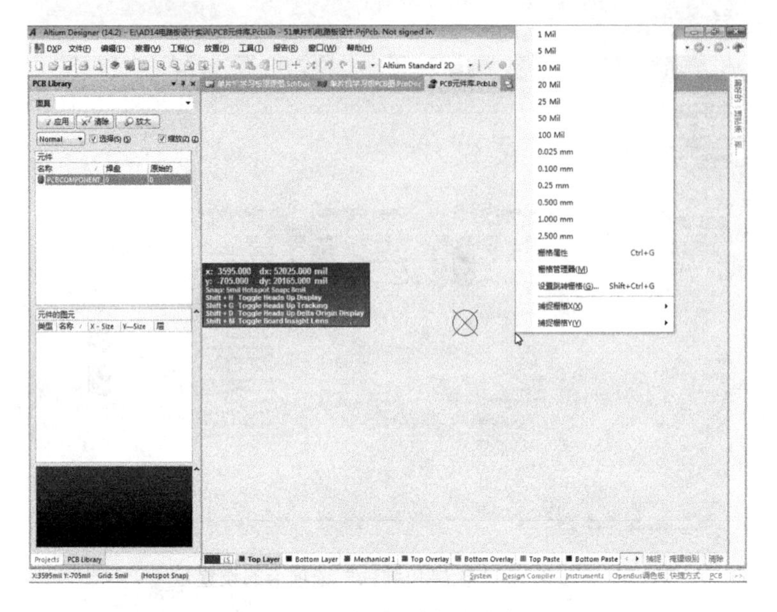

图 3-5　设置光标最小移动步长

在如图 3-5 所示界面中，选择 5mil 为光标最小移动步长。各封装绘制过程中，可按 Page Up 键（放大）或 Page Down 键（缩小），或者在按下 Crtl 键的同时把鼠标前移（放大）或后移（缩小），可调节显示比例，以适应当时的绘图操作。

5.2　绘制数码管封装

5.2.1　四位数码管的相关资料

单片机实验板上使用的四位数码管型号为 CPS05641BR，图 3-6 是它的实物照片。要绘制出它的 PCB 元件，需要用比较精确的刻度尺，在四位数码管的引脚面，对它的引脚间距、边框尺寸、上面排引脚与上面边框线的间距、左边的引脚与左面边框线的间距，进行精细测量并记录，以此作为绘制 PCB 元件的基本数据。

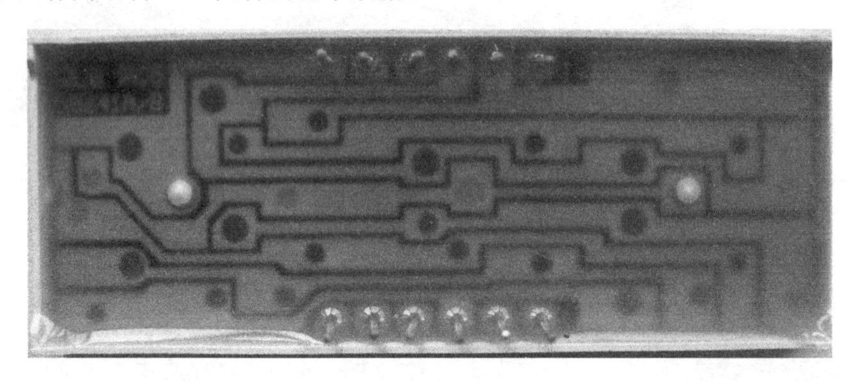

图 3-6　数码管引脚

下面，我们就开始绘制第一个 PCB 元件。在项目二中，已把四位数码管的原理图元件命名为 LEDS，这里，就把四位数码管的 PCB 元件命名为 LEDSPCB。

5.2.2 四位数码管封装的绘制

1. 放置焊盘

在 PCB 元件设计界面中，单击菜单“放置”→“焊盘”，如图 3-7 所示。

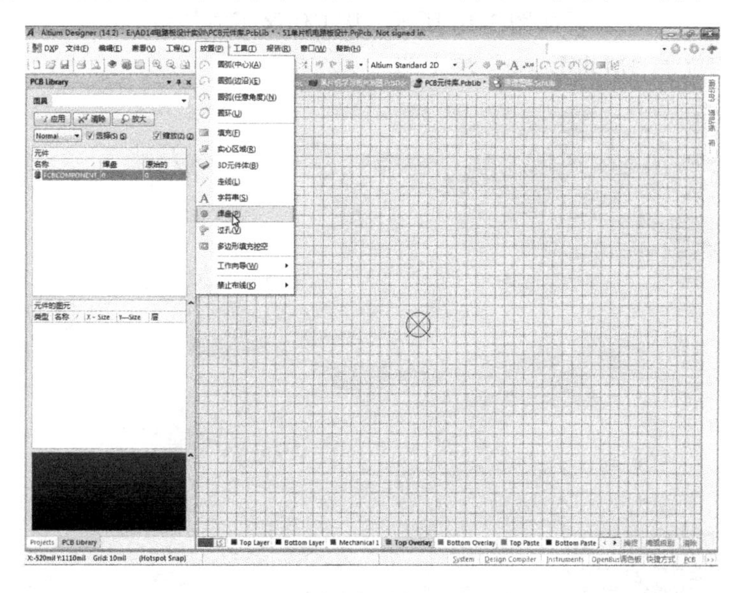

图 3-7 放置焊盘的菜单操作

在如图 3-7 所示的界面中单击“焊盘”菜单项后，鼠标光标上就吸附了一个焊盘以待放置，此时按 Tab 键，系统就弹出“焊盘”对话框，如图 3-8 所示。

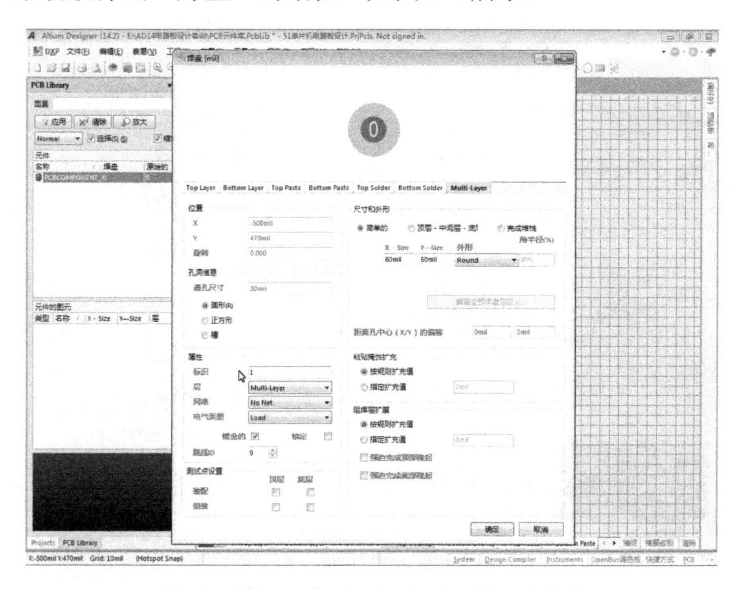

图 3-8 “焊盘”对话框的设置

在如图 3-8 所示的“焊盘”对话框中，将“通孔尺寸”设为 30mil，选择“圆形”。X-Size 和 Y-Size 都设为 60mil。需要说明，设置每一个 PCB 元件的焊盘属性时标识符都要从 1 开始命名，连续放置时标识符依次自动增 1，正好满足 PCB 元件对焊盘的编号要求。单击图 3-8 中的【确定】按钮后，一个焊盘符号就出现在鼠标的十字光标上，表示系统处于焊盘放置状态（图 3-9）。此时按照左下角状态栏的坐标提示，用十字光标依次分别在（0,250）、（0,150）、（0,50）、（0,−50）、（0,−150）、（0,−250）、（600,−250）、（600,−150）、（600,−50）、（600,50）、（600,150）和（600,250）坐标点上单击，就完成了 12 个焊盘的放置工作。再单击鼠标右键退出放置焊盘状态。这 12 个焊盘的定位放置如图 3-10 所示。从工作区下方的板层标签栏可看到，焊盘放置都是由系统自动定位于“MultiLayer”层上的。

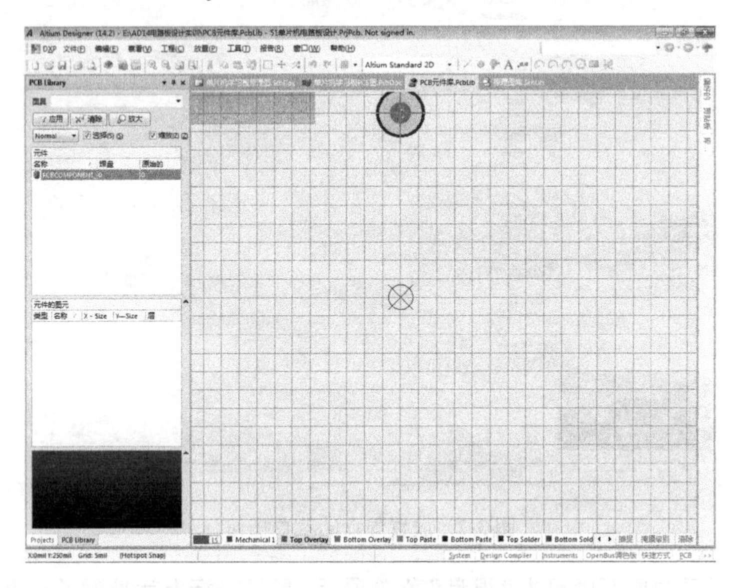

图 3-9　LEDSPCB 元件 1 号焊盘的定位放置

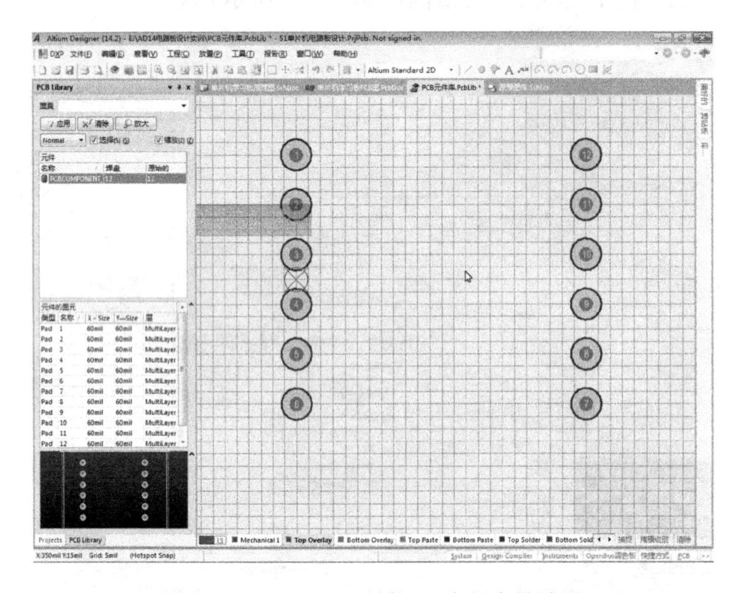

图 3-10　LEDSPCB 封装 12 个焊盘的放置

2. 放置框线

LEDSPCB 元件的 12 个焊盘放置完成后，要在顶面丝印层（Top Overlay）上用放置直线操作来画一边框。这需要先确定板层，即单击工作区下边的“Top Overlay”板层标签，然后单击菜单“放置”→“走线”，如图 3-11 所示。

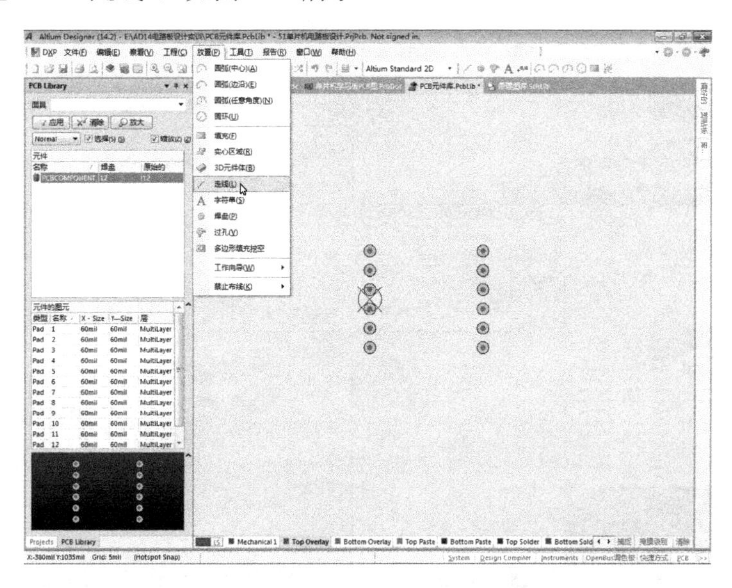

图 3-11　为 LEDSPCB 元件绘制外框的菜单操作

在图 3-11 所示的界面中单击 “走线”菜单项后，鼠标光标变为放置直线的十字光标。用十字中心，依次单击点（-100,1020）→点（700,1020）→点（700,-1020）→点（-100,-1020）→点（-100,1020），就画出一个矩形，作为外框线，如图 3-12 所示。然后右击鼠标，以退出放置直线操作，这就完成了 PCB 元件 LEDSPCB 的绘制。

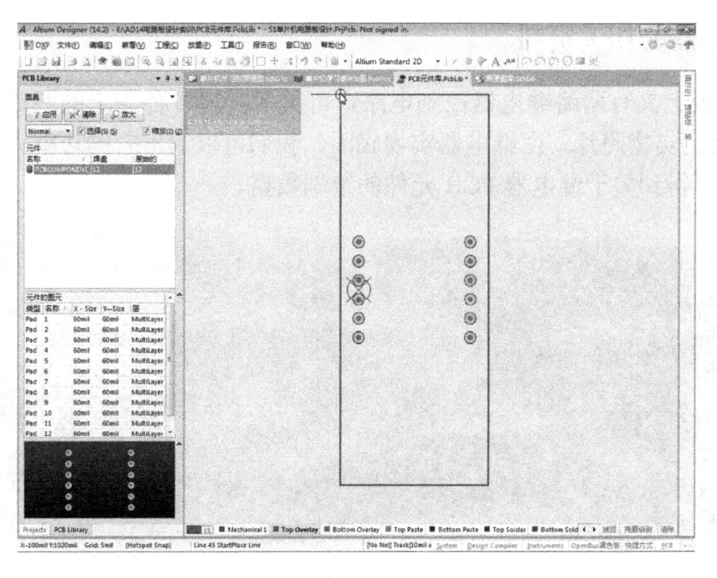

图 3-12　绘制完成后的 LEDSPCB 封装

若在图 3-12 所示的界面上单击菜单“察看”→“全部对象”，就会让 LEDSPCB 元件呈最大显示状态。此外，若一个 PCB 元件在显示区域外，单击菜单“察看”→“全部对象”子菜单后，它会显示在工作区中心。

尽管已完成了 LEDSPCB 封装的绘制，但还没给它改名。双击工作面板中的元件默认名，系统弹出“PCB 库元件”对话框，将“名称”框中的默认名改为“LEDSPCB”，如图 3-13 所示。

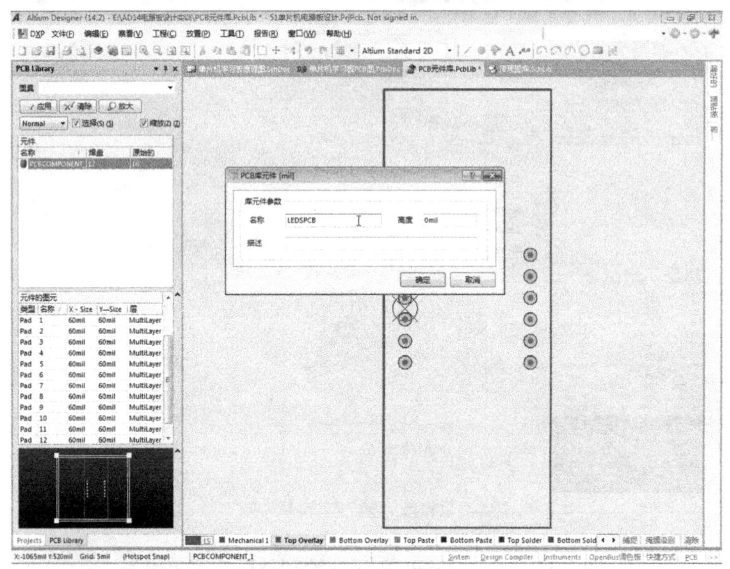

图 3-13　为所绘封装元件更名的操作

在如图 3-13 所示界面中，单击【确定】按钮，就完成了 LEDSPCB 封装元件的设计工作。

5.3　绘制继电器的封装

5.3.1　继电器的相关资料

单片机学习板上具有两路继电器控制电路，可灵活实现各种需求的两路电器自动控制。图 3-14 是继电器的实物照片。由继电器实物底面，我们可以测出它的边框大小和 5 个焊盘的相应位置，由此可得到关于继电器 PCB 元件的绘制数据。

图 3-14　继电器的实物照片

5.3.2 用“PCB Library”面板添加 JDQPCB 元件

启动 AD14 且将 4 个设计文件打开到工作区，再单击“PcbLib1.PcbLib”文件选项卡并单击“PCB Library”面板标签，然后用鼠标右击元件排列栏，系统弹出一快捷菜单，如图 3-15 所示。

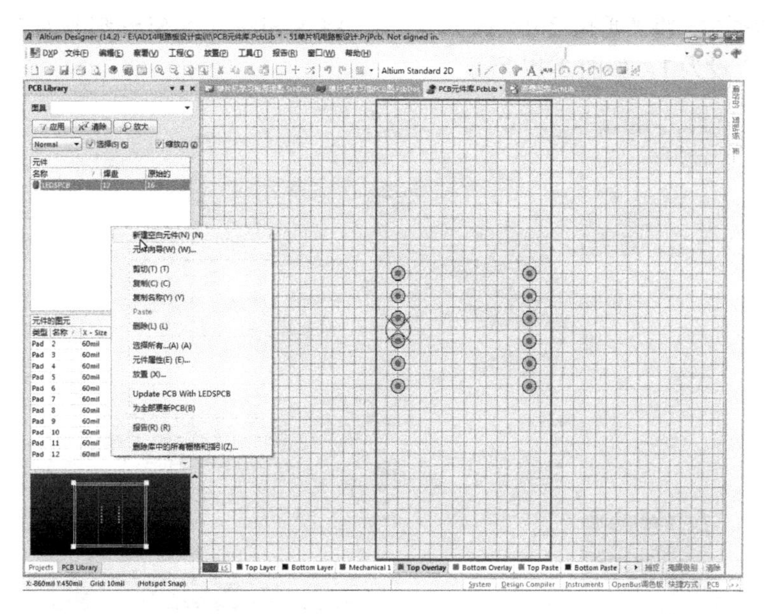

图 3-15　鼠标右击出现的快捷菜单

单击“新建空白元件”菜单项，面板元件排列框中就会新增一个默认名为“PCBCOMPONENT_1”的元件，双击这个默认元件名，系统弹出“PCB 库元件”对话框，在该对话框中，将系统给出的默认名改为“JDQPCB”，如图 3-16 所示，再单击【确定】按钮。

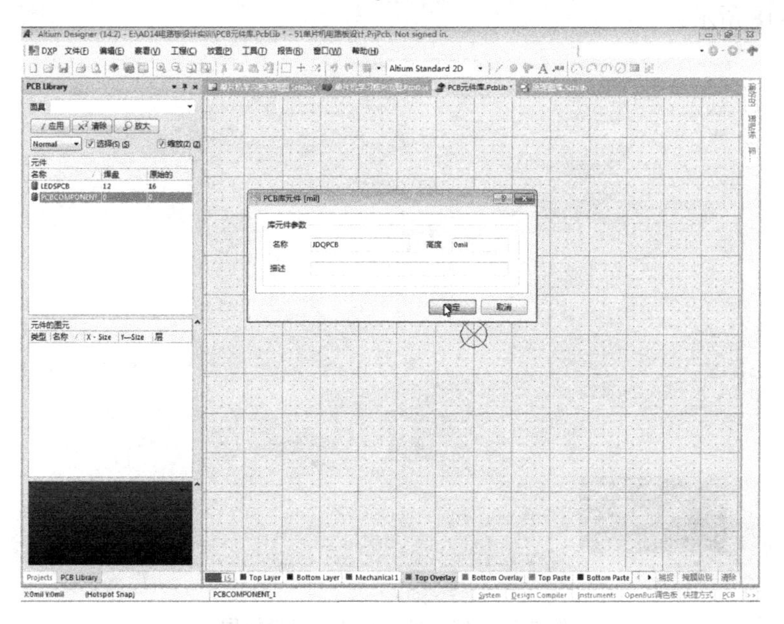

图 3-16　命名新 PCB 元件 JDQPCB

5.3.3 在工作区中绘制 JDQPCB 元件

1．放置焊盘

首先为 JDQPCB 元件放置焊盘。先单击菜单“放置”→“焊盘”，接着按 Tab 键，在弹出的“焊盘”对话框中，将“通孔尺寸”改为 40mil，将 X-Size 和 Y-Size 都改为 70mil，选择“圆形”，将“标识”设为 1，如图 3-17 所示。

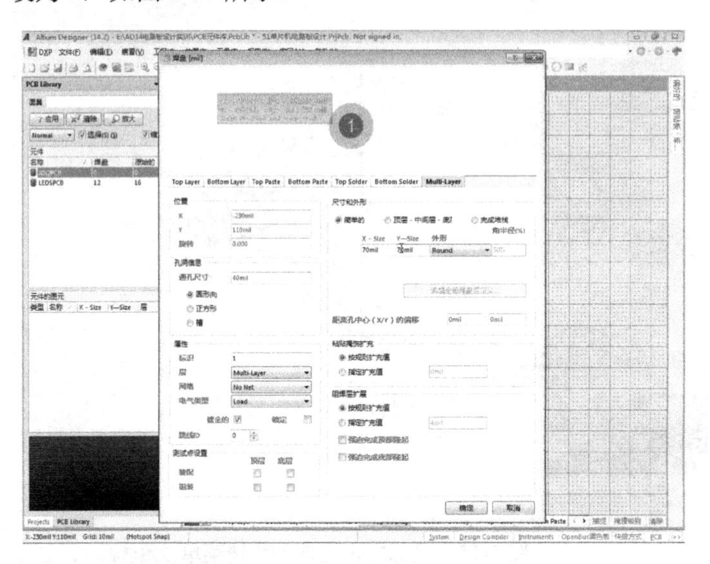

图 3-17 JDQPCB 元件的焊盘设置

在图 3-17 所示界面中，单击【确定】按钮。然后用鼠标的十字光标，依次单击坐标点(−230,240)、(230,240)、(0,320)、(−230,−240) 和 (230,−240)，从而依次放置 5 个焊盘。放置结果如图 3-18 所示。

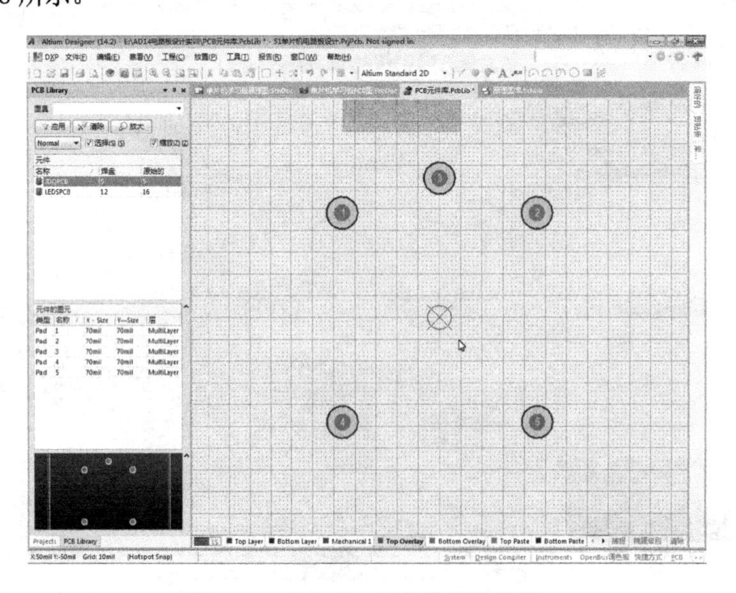

图 3-18 JDQPCB 元件的焊盘放置

图 3-18 左下角的蓝屏显示框，用来显示当前光标的位置坐标及坐标增量，利用它，也可在绘图工作中对图元精确定位。

2. 放置框线

焊盘放置完成后，单击设计窗口下面的“Top Overlay”板层标签，再单击菜单“放置”→“走线”，当光标变为十字形状后，依次单击坐标点（-300,370）、（300,370）、（300,-370）、（-300,-370）、（-300,370），画出 JDQPCB 元件的外框，如图 3-19 所示，这就完成了继电器 PCB 元件 JDQPCB 的绘制。

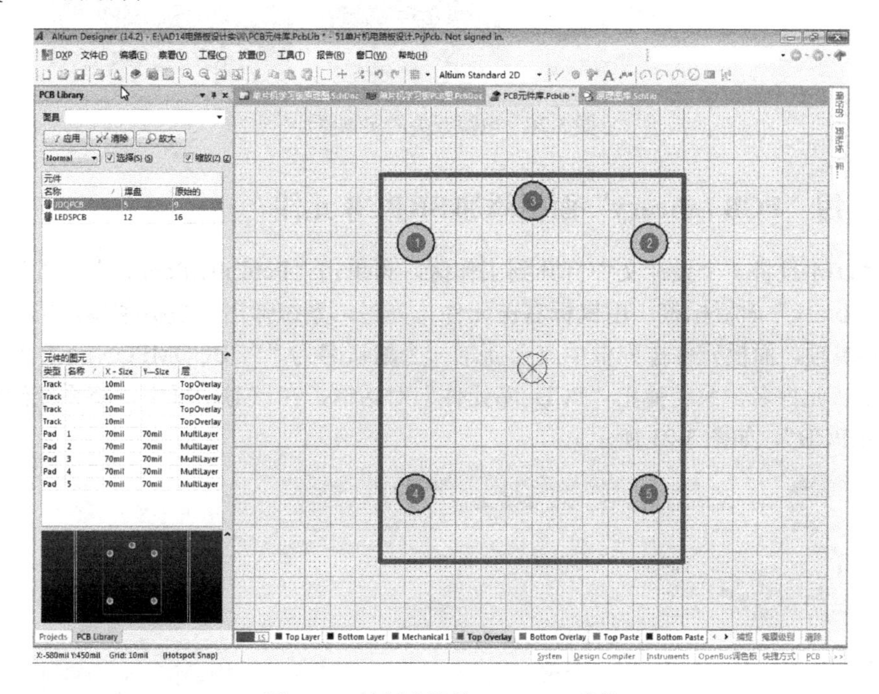

图 3-19　绘制完毕的 JDQPCB 元件

任务 6　绘制按键和电源插座封装

本任务微课视频

知识目标　熟悉按键开关、电源插座的功能和结构，熟悉按键和电源插座的封装。

能力目标　熟练完成 SKPCB、SWPCB、DYCZPCB 的封装绘制。

任务实施

6.1　绘制开关按键封装

6.1.1　开关按键的相关资料

图 3-20 是单片机学习板上电源开关 K 的实物照片，通常称为 8mm×8mm 按键开关。可以

从实物开关的底面仔细测量出绘制其封装的矩形边框和 6 个引脚等的有关长度、间距等数据，由此得到关于电源开关 K 的 PCB 元件绘制数据，以作为绘制电源开关的 PCB 元件的依据。

图 3-20　电源开关的实物照片

6.1.2　用“PCB Library”面板添加 SKPCB 元件

启动 AD14 且将 4 个设计文件打开到工作区，再单击“PcbLib1.PcbLib”文件选项卡并单击“PCB Library”面板标签，用鼠标右击元件排列栏，系统弹出一快捷菜单，单击“新建空白元件”菜单项，面板元件排列框中就会新增一个默认名为“PCBCOMPONENT_1”的元件，双击这个默认元件名，系统弹出“PCB 库元件”对话框，在该对话框中，将系统给出的默认名改为“SKPCB”，如图 3-21 所示。

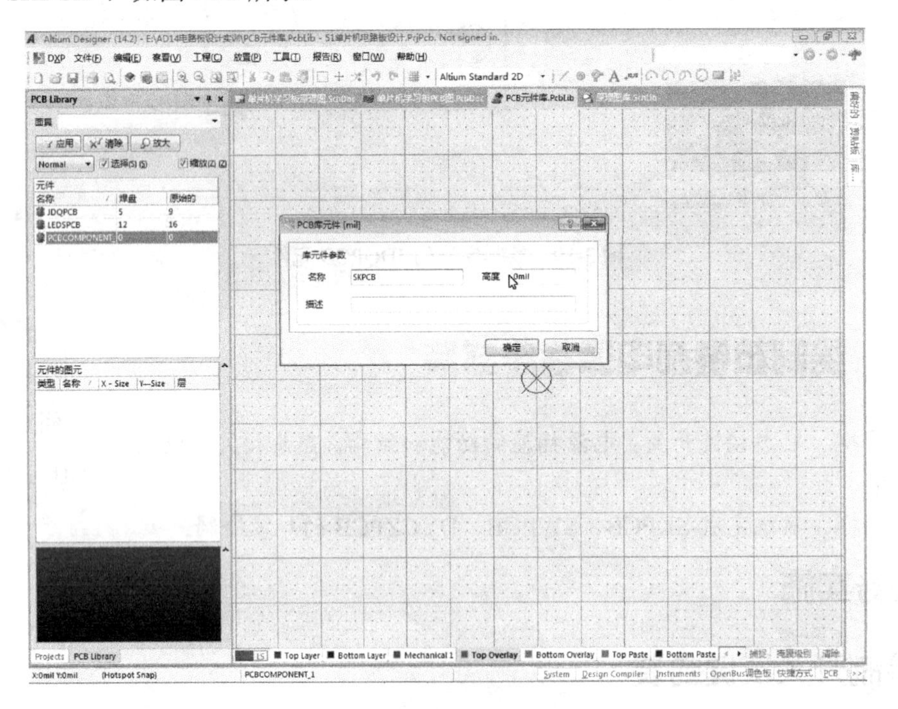

图 3-21　命名新元件 SKPCB

在图 3-21 所示的界面中，单击【确定】按钮，SKPCB 元件命名完成，对话框关闭。

6.1.3　在工作区中绘制 SKPCB 元件

1. 放置焊盘

“PCB 库元件”对话框关闭后，单击菜单“放置”→“焊盘”，再按 Tab 键，然后修改系统弹出的“焊盘”对话框。须把“通孔尺寸”改为 30mil，选择“圆形”，X-Size 和 Y-Size 都设为 60mil，标识号设为 1，如图 3-22 所示。

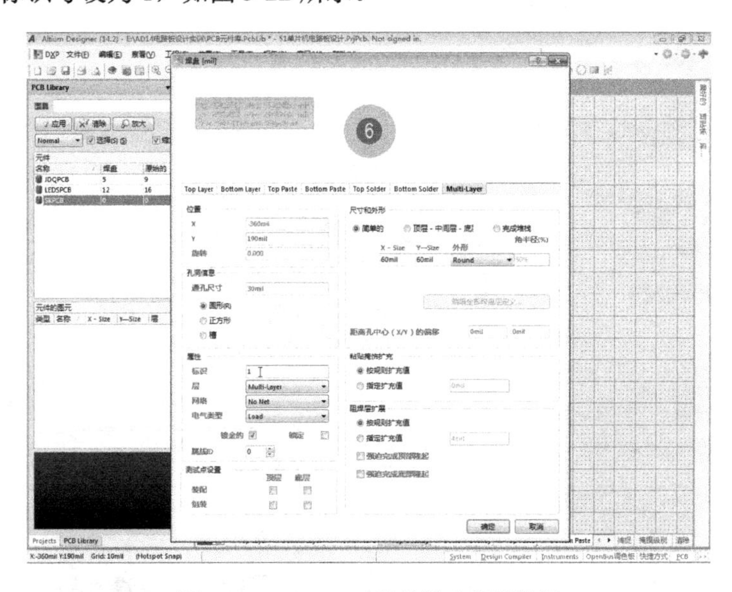

图 3-22　SKPCB 元件的焊盘属性设置

在焊盘属性设置完成后，用鼠标的十字光标中心，依次单击坐标点（0,-100）、（0,-200）、（0,0）、（240,-200）、（240,-100）和（240,0），从而添加 6 个焊盘，如图 3-23 所示。

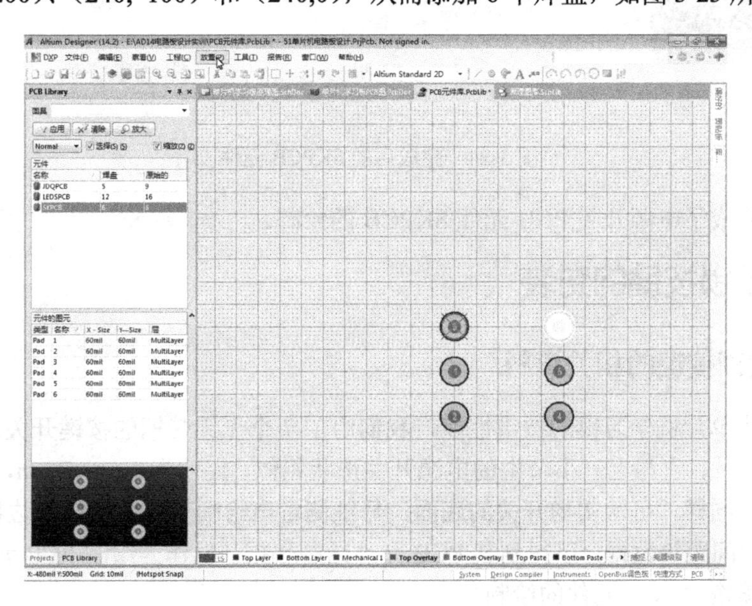

图 3-23　电源开关 SKPCB 元件中的焊盘放置

需要注意，图 3-23 中，左边一列从上往下三个焊盘的编号是依次是 3、1、2，不然开关的电极与它的原理图元件电极不相配。

2. 放置框线

单击 PCB 元件设计窗口板层选项栏中的“Top Overlay”选项卡，再单击菜单“放置”→“走线”，用鼠标十字光标的中心，沿坐标点（-60,60）→（300,60）→（300,-260）→（-60,-260）→（-60,60）画出外框，如图 3-24 所示。

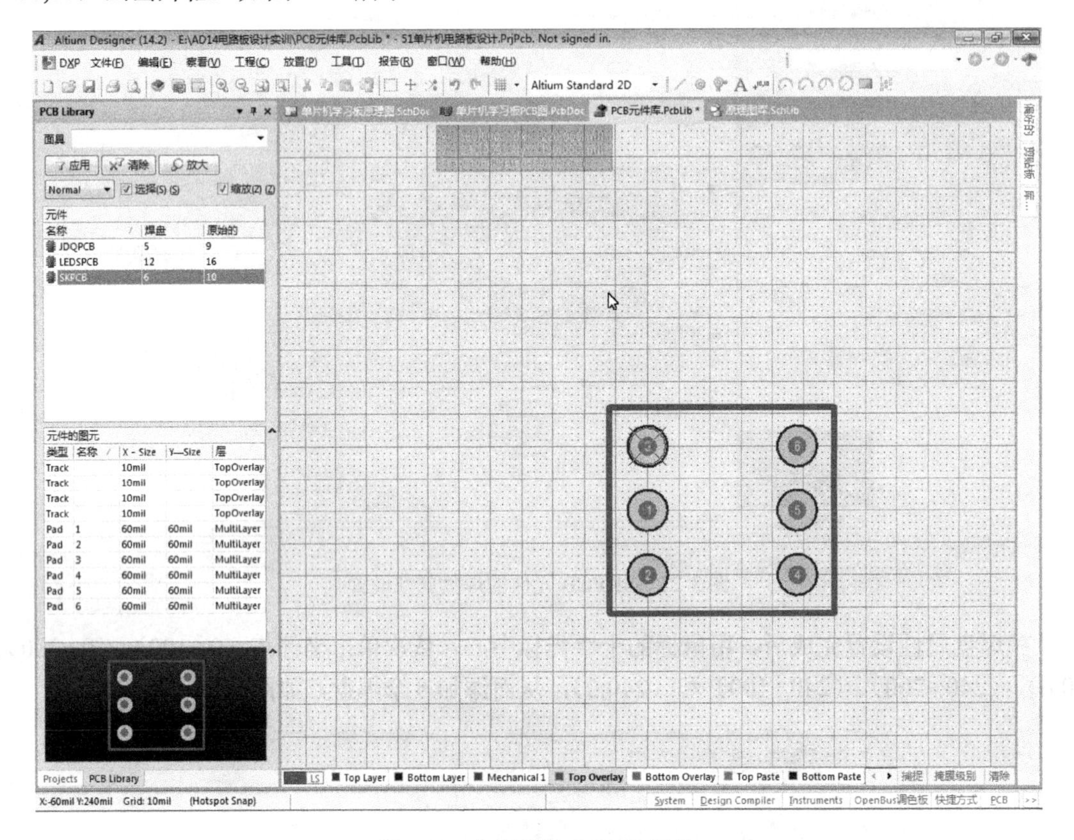

图 3-24　完成后的 SKPCB 元件

到此，就完成了电源开关 PCB 元件 SKPCB 的绘制。

6.2　绘制无锁按键的封装

6.2.1　无锁按键的相关资料

为增强这块单片机学习板的按键性能，我们用了 7 个无锁带柄的按键开关。图 3-25 为这种开关的实物照片，它与上一小节中的电源开关形状相似，尺寸为 7mm×7mm，主要是它的引脚间距要小些。同样，可从实物开关的底面，仔细测量出绘制其封装的矩形边框和 6 个引脚等的有关长度、间距等数据，以得到其 PCB 元件绘制数据，以作为绘制 PCB 元件的依据。下面，就进行无锁按键 PCB 元件的绘制。

图 3-25 无锁按键的实物照片

6.2.2 用“PCB Library”面板添加 SWPCB 元件

在主窗口的“PCB Library”面板中右击元件排列处，系统弹出一快捷菜单，单击其“新建空白元件”菜单项，面板元件排列框中就会新增一个默认名为“PCBCOMPONENT_1”的元件，双击这个默认元件名，系统就弹出“PCB 库元件”对话框，把其默认名改为“SWPCB”，如图 3-26 所示。

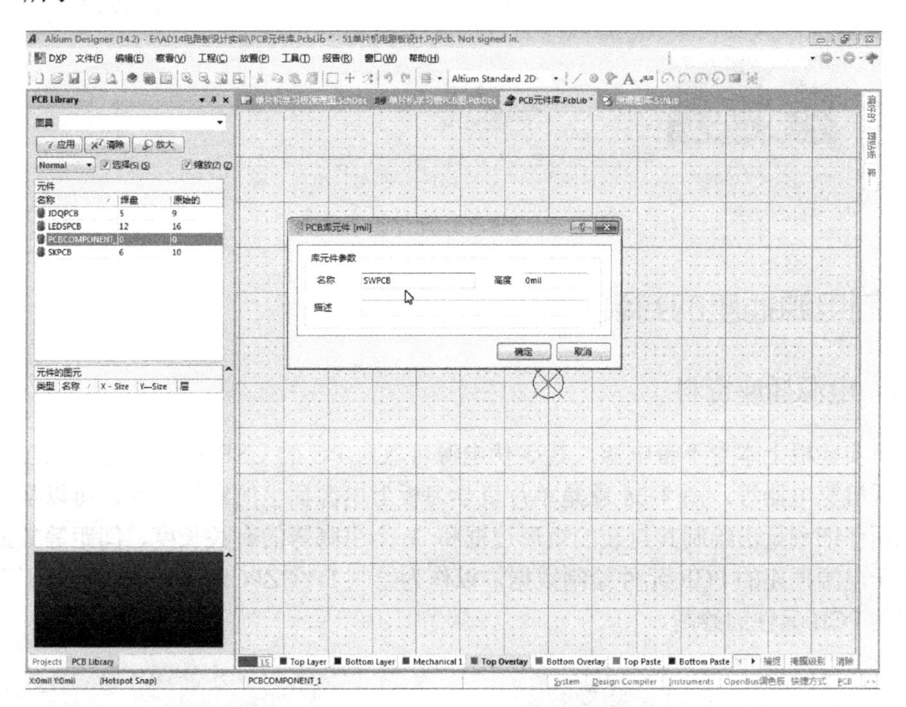

图 3-26 命名新元件 SWPCB

在图 3-26 所示的界面中，单击【确定】按钮，完成命名并关闭对话框。

6.2.3 在工作区中绘制 SWPCB 元件

完成命名后，单击菜单“放置”→“焊盘”，再按 Tab 键，然后修改系统弹出的“焊盘”对话框，在前面 SKPCB 的焊盘属性基础上，只需要将标识改为 1，其余不变。确定后用鼠标光标的十字中心，依次在点（0,0）、（0,−80），（0,−160），（200,−160）、（200,−80）和（200,0）

上单击。完成这 6 个焊盘的添加后，就画外框线，也就是单击“Top Overlary”层标签，再单击菜单“放置”→“走线”，此后用鼠标十字光标的中心，沿点（-40,40）→点（240,40）→点（240,-200）→点（-40,-200）→点（-40,40）画出外框线。完成后的 SWPCB 元件如图 3-27 所示。

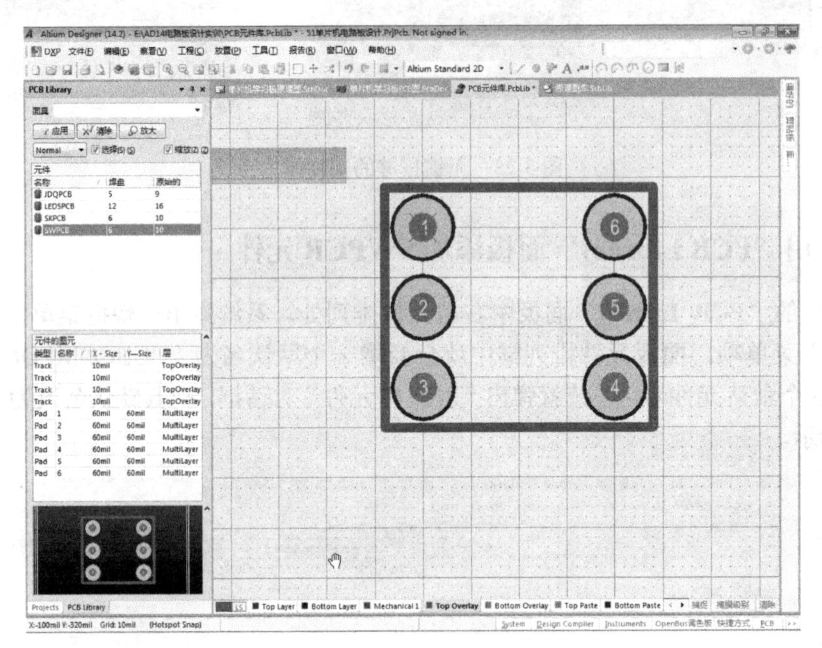

图 3-27　SWPCB 元件绘制完成

6.3　绘制电源插座的封装

6.3.1　电源插座资料

单片机实验板上本身不带电源，其 5 伏电源可取自 PC 的 USB 接口，也可取自其他 5 伏电源，如手机充电器等。图 3-28 就是单片机学习板上电源插坐的实物照片，可以从电源插座实物的底面仔细测量出绘制其封装的矩形边框和 3 个引脚等的有关长度、间距等数据，由此可得到关于电源插座的 PCB 元件绘制数据，以作为绘制 DYCZPCB 元件的依据。下面就进行电源插座的 PCB 元件的绘制。

图 3-28　电源插座的实物照片

6.3.2 用“PCB Library”面板添加 DYCZPCB 元件

在主窗口的“PCB Library”面板中右击元件排列处，系统弹出一快捷菜单，单击其“新建空白元件”菜单项，面板元件排列框中就会新增一个默认名为“PCBCOMPONENT_1”的元件，双击这个默认元件名，系统弹出“PCB 库元件”对话框，把其默认名改为“DYCZPCB”，如图 3-29 所示。

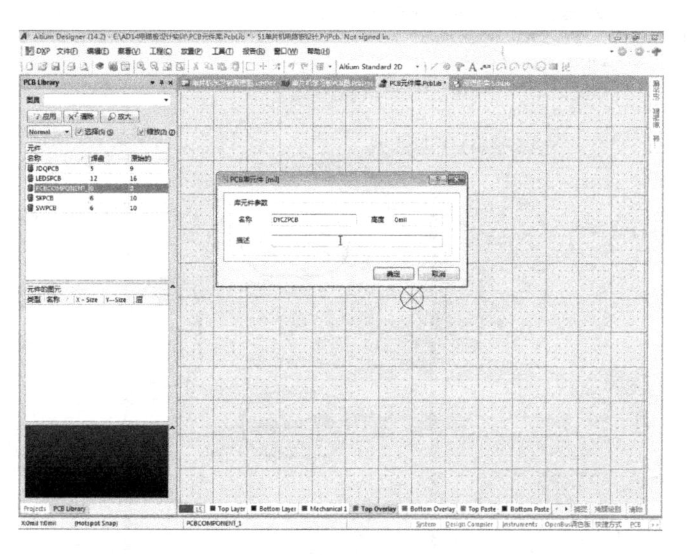

图 3-29 命名新元件 DYCZPCB

6.3.3 在工作区中绘制 DYCZPCB 元件

完成命名后，单击菜单“放置”→“焊盘”，再按 Tab 键。在弹出的“焊盘”对话框中，将“通孔尺寸”设为 40mil，选择“槽”，“长度”设为 100mil，X-Size 设为 140mil，Y-Size 设为 80mil，“标识”改为 1，如图 3-30 所示。

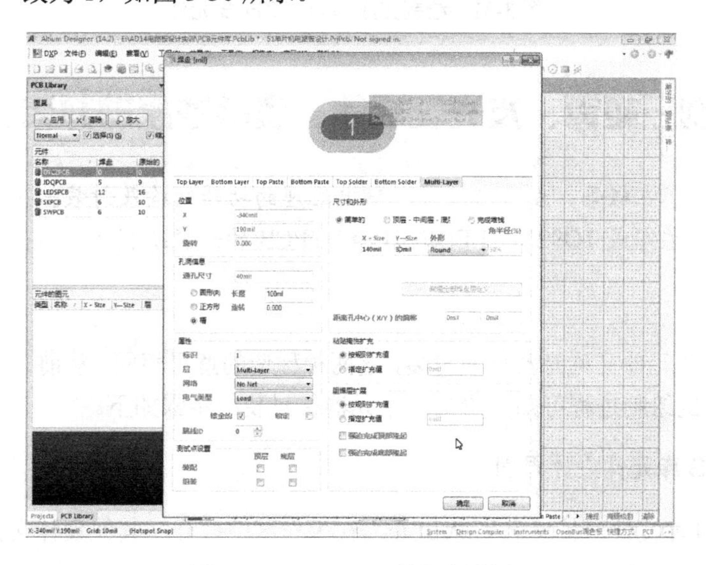

图 3-30 DYCZPCB 的焊盘设置

在图 3-30 所示界面中单击【确定】按钮后，用鼠标光标的十字中心，依次在点（0，0）、（0,-235）和（170,-115）上单击，完成 3 个焊盘的放置。再就是画外框线，同样是单击“Top Overlay”选项卡，再单击菜单“放置”→“走线”，此后用鼠标十字光标的中心，沿点（-185,80）→点（225,80）→点（225,-480）→点（-185,-480）→点（-185,80）画出外框线。完成后的 DYCZPCB 元件如图 3-31 所示。

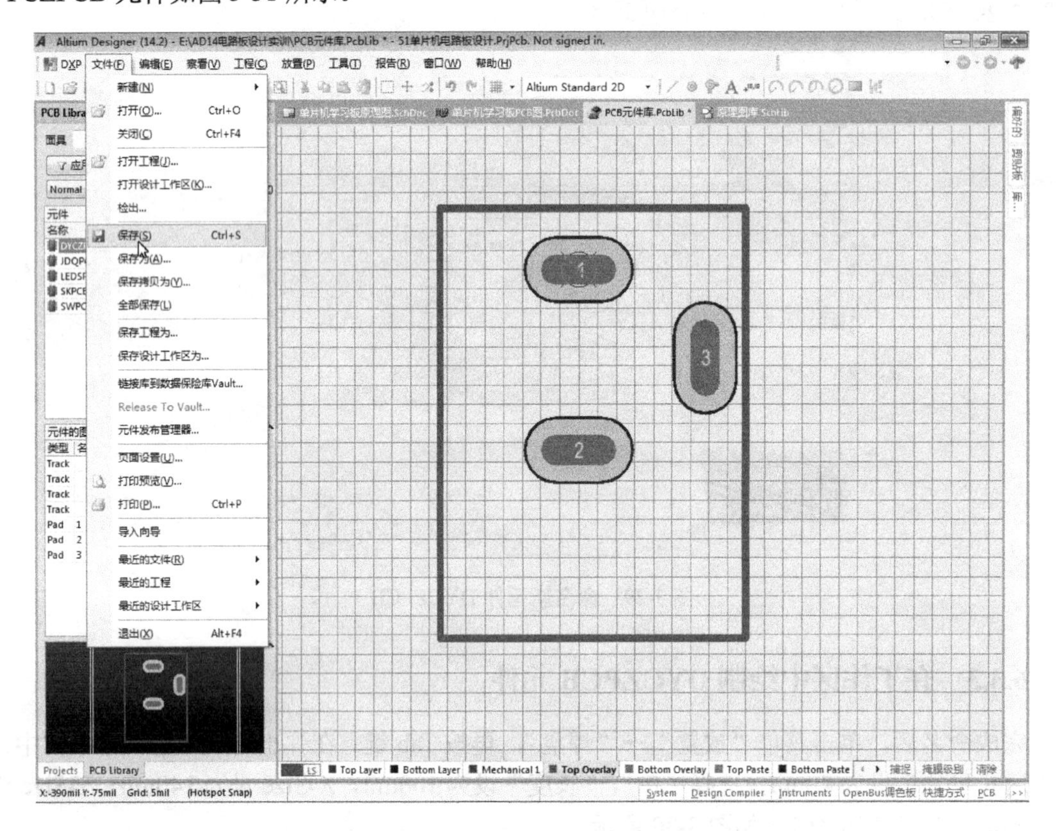

图 3-31　绘制完成的 DYCZPCB 元件

任务 7　绘制三极管、发光二极管、锂电池座的封装

知识目标　熟悉三极管、发光二极管、锂电池座的功能结构及封装。

能力目标　熟练完成 TO92X、LEDPCB 和 BTPCB 的封装绘制。

本任务微课视频

任务实施

元器件的 PCB 元件又称元器件的封装，这两种称谓的意思相同。从前面几个 PCB 元件的绘制过程可知，绘制一个元器件封装的步骤如下。

1. 进入 PCB 库元件设计界面

把 PCB 元件库文件（扩展名为.PcbLib）在工作区中打开（其他设计文件可不打开），再打开“PCB Library”面板。

2. 新增 PCB 空元件并重新命名

右击“PCB Library”面板上面的元件框（不要右击该面板下面的两个框），再单击弹出的“新建空白元件”菜单项。然后，双击这个空元件默认名称，从而在弹出的“PCB 库元件”对话框中将默认名修改并确定。

3. 在工作区中绘制元件封装

先在工作区中先放置所需的全部焊盘（注意要修改焊盘属性），然后放置框线，必要时还可放置字符串。

7.1 三极管、发光二极管、锂电池座的相关资料

三极管、发光二极管的引脚结构都很简单，其位置空间也不紧张。3 伏锂电池座主要是两电极的间距要准确，其外围尺寸能保证容得下实物即可。三个元件的照片如图 3-32 所示。

图 3-32 三极管、发光二极管、锂电池座的照片

7.2 绘制三极管的封装

1. 新增三极管封装及命名

在 PCB 元件设计界面中，右击“PCB Library”面板上的元件框，弹出快捷菜单，再单击菜单中的“新建空白元件”菜单项，面板元件排列框中就新增一个默认名为“PCBCOMPONENT_1”的 PCB 元件。然后，双击这个元件的默认名称，在弹出的“PCB 库元件”对话框中将默认名修改为“TO92X”。

2. 在工作区中绘制三极管封装

新元件的更名操作完成后，再单击菜单“放置”→“焊盘”，然后按 Tab 键，在弹出的“焊盘”对话框中，将“通孔尺寸”改为 30mil，将 X-Size、Y-Size 改为 60mil，选择“圆形”，“标识”改为 1，如图 3-33 所示。

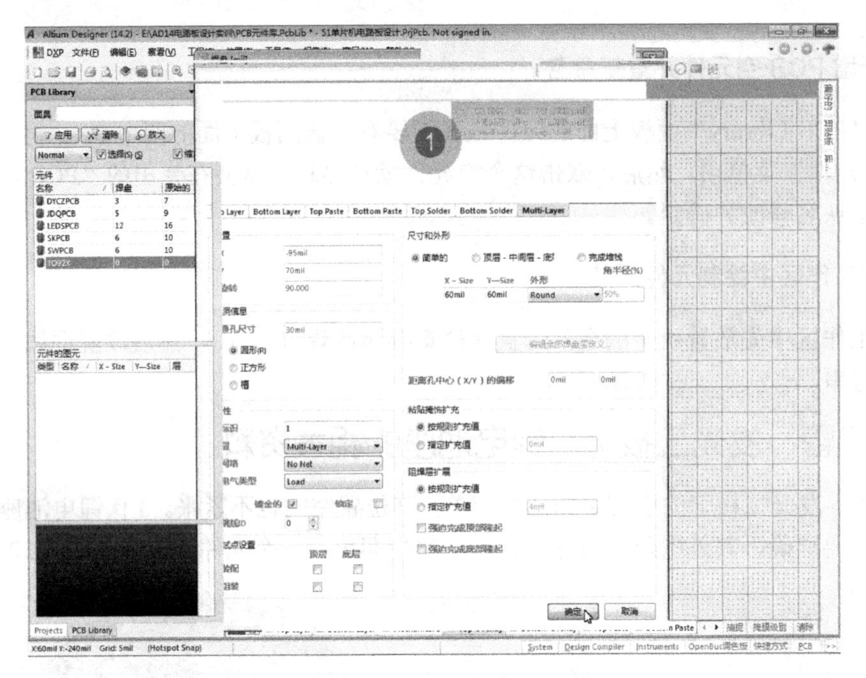

图 3-33　TO92X 封装的焊盘设置

在图 3-33 所示的“焊盘”对话框中，单击【确定】按钮后用鼠标十字光标中心，依次单击坐标点（-50,0）、（0,-50）、（50,0），完成 3 个焊盘的添加。然后画外框线，单击“Top Overlary”标签，再单击菜单“放置”→“走线”，此后用鼠标十字光标的中心，沿点（-90,40）、点（90,40）、点（90,-20）、点（20,-90）、点（-20,-90）、点（-90,-20）、点（-90,40）画出外框线。完成后的 TO92X 封装如图 3-34 所示。

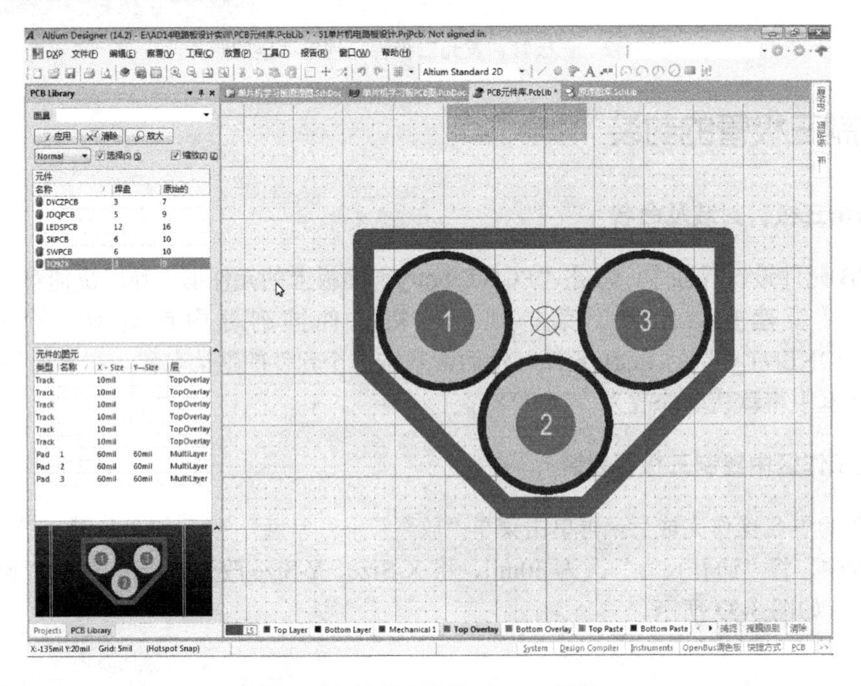

图 3-34　绘制完成的 TO92X 封装

7.3 绘制发光二极管的封装 LEDPCB

由于 DXP 2004 中发光二极管的封装所占 PCB 板的面积较大，不便于元件的紧凑化布局，因此需要另行绘制。

在 PCB 元件绘制界面中右击“PCB Library”面板上的元件框，再单击弹出菜单中的“新建空白元件”菜单项，面板元件排列框中就会新增一个默认名为“PCBCOMPONENT_1”的新元件。然后，再双击这个新元件默认名称，从而在弹出的“PCB 库元件”对话框中把其默认名改为“LEDPCB”。

新建空元件的操作完成后，再单击菜单“放置”→“焊盘”，然后按 Tab 键，在弹出的“焊盘”对话框中，将“标识”改为 1，其余同前。确定后用鼠标的十字光标中心依次单击坐标点（0,0）和（100,0），就放置了两个焊盘。接着，单击工作区下方的“Top Overlary”标签，再单击菜单“放置”→“走线”，此后用鼠标十字光标的中心，在两焊盘间用直线来画一个二极管符号，至此，LEDPCB 元件绘制完成，如图 3-35 所示。

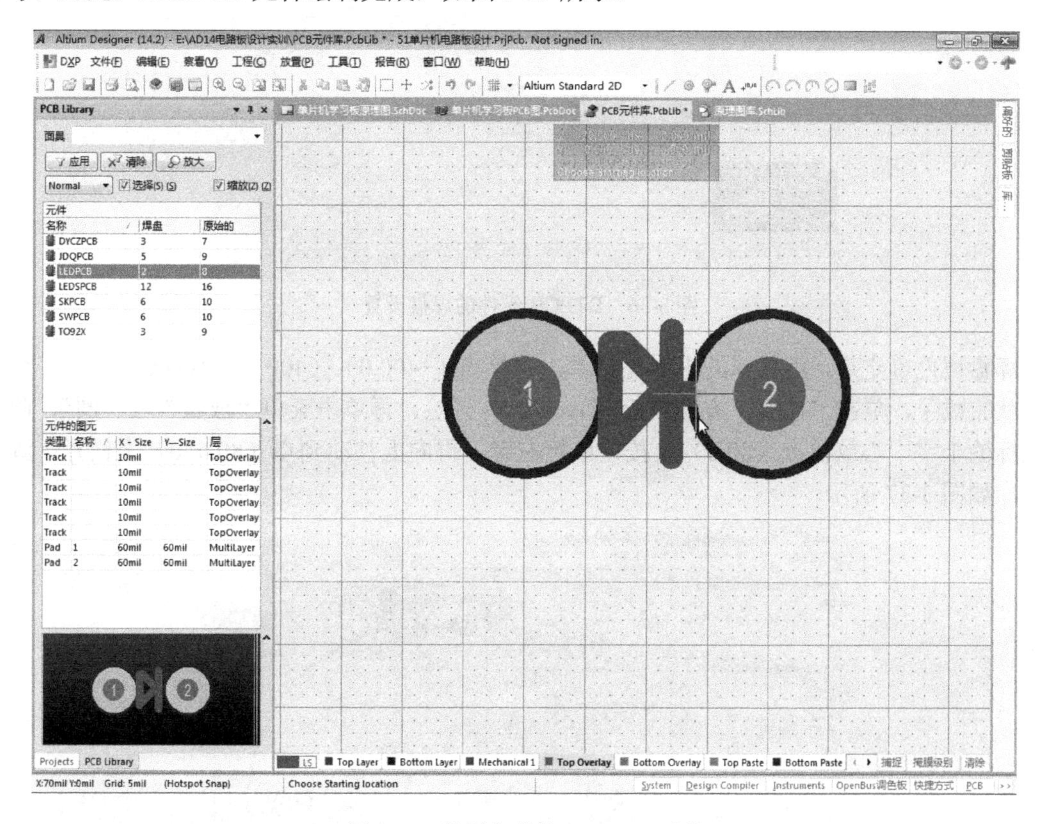

图 3-35 绘制完成的 LEDPCB 元件

7.4 绘制 3 伏锂电池座的封装 BTPCB

单片机学习板上有一个实时钟走计时 IC，在市电停电时，必须由备用 3 伏锂电池来支持走计时电路照常继续工作，以保证作息时间计时系统的实时性。从 3 伏锂电池座实物的底面，可测量出绘制其封装的圆和两只引脚等的有关直径、间距等数据，由此可得到关于 3 伏锂电池座的 PCB 元件绘制数据，下面就进行 3 伏锂电池座的 PCB 元件绘制。

在 PCB 元件绘制界面中右击“PCB Library”面板上的元件框，再单击弹出的“新建空白元件”菜单项，其面板元件排列框中，就会新增一个默认名为“PCBCOMPONENT_1”的新元件。然后，双击这个元件默认名称，从而在弹出的“PCB 库元件”对话框中将默认名修改为 “BTPCB”，单击【确定】按钮后，再单击菜单“放置”→“焊盘”，接着按 Tab 键，把焊盘属性中的通孔尺寸改为 40mil，X-Size、Y-Size 改为 90mil，“标识”改为 1，焊盘属性设置如图 3-36 所示。

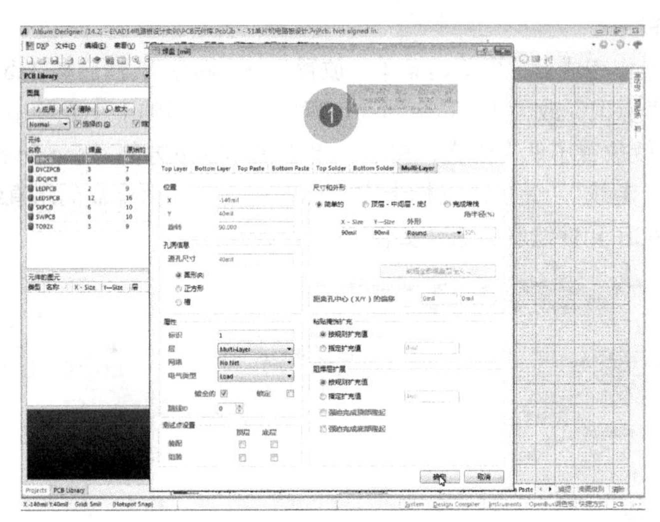

图 3-36　BTPCB 元件的焊盘设置

焊盘属性确定后，用鼠标的十字光标单击坐标点（-400,0）、（400,0），BTPCB 的两个焊盘放置就完成了，单击工作区下方的“Top Overlary”标签，再单击菜单“放置”→“圆”，此后将光标的十字中心放在点（80,0）上按住鼠标左键，再向上移动到点（80,440）上松开，画出一圆，如图 3-37 所示。

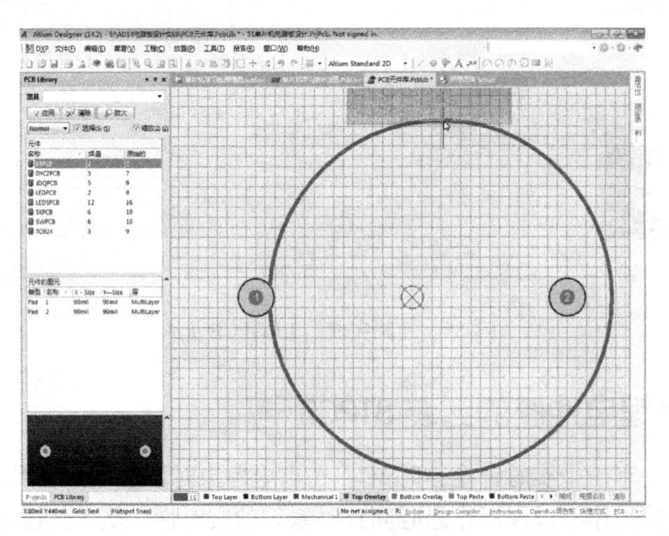

图 3-37　BT 封装的绘制

BT 封装的圆画好后，单击菜单“放置”→“走线”，以点（-440,150）为起点向下竖直画直线到点（-440,-150），再从该直线的两端分别画水平直线到圆上，如图 3-38 所示。这样就完成了 BT 封装的绘制。

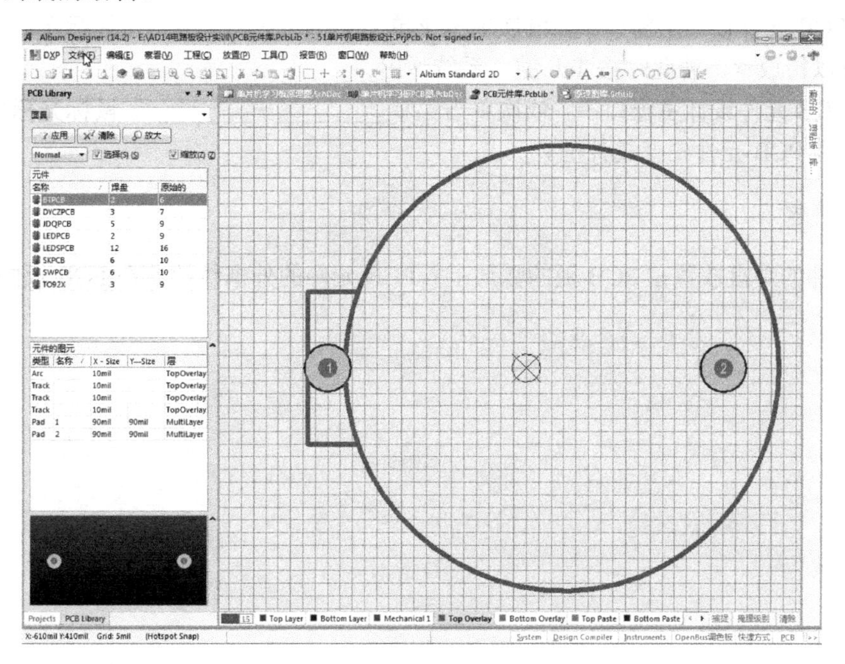

图 3-38 绘制完成的 BTPCB 元件

所需的 8 个元件封装绘制完成后，单击主窗口右上角的【×】按钮，在系统弹出的“保存更新否”对话框中，单击【Yes】按钮，即以保存更新方式退出 AD14。

小结 3

本项目以 4 位数码管、小型继电器、小 6 脚开关等元件的封装，展开 PCB 元件设计，能让读者牢固掌握基本的元件封装设计方法。本章的重点内容如下。

① 掌握进入 PCB 元件绘制环境的操作方法。

② 掌握新增 PCB 元件并为其命名的方法。

③ 掌握给 PCB 元件放置焊盘和外框的方法。

④ 掌握改变圆形焊盘大小的方法。

⑤ 掌握槽形焊盘的设置方法。

习题 3

一、填空题

1. 在 AD14 主窗口中，打开扩展名为________的 PCB 元件库文件，再打开________面板，就可进入 PCB 元件设计界面。

2. 在________面板中右击元件排列框，系统弹出快捷菜单，单击快捷菜单中的________菜单项，元件排列框中就新增一________，双击元件排列框中的新增项，系统弹出________对话框。

3. 在PCB元件设计主窗口中，依次单击菜单________→________，鼠标光标上就吸附了一个焊盘符以待放置，若此时按Tab键，系统弹出________。

4. 在PCB元件设计主窗口中，依次单击菜单________→________，鼠标光标变为十字形状，此时可为PCB元件画直线外框。

二、问答题

PCB元件的焊盘放置在PCB板的哪层上？PCB元件的外框线放置在PCB板的哪层上？

基于模块单元的单片机学习板设计

项目概述 本书与众多的电子 CAD 设计教材不同，把功能齐备的单片机学习板划分成了 12 个功能模块单元，完成第 1 个模块的原理图设计后，就接着完成第 1 个模块的 PCB 图布局，然后完成第 2 个模块的原理图设计及对应的 PCB 图布局，最后完成第 12 个模块的原理图设计及其 PCB 图布局。实践证明，这种模式更能让初学者完成非常专业的 PCB 板设计（图 4-1、图 4-2）。

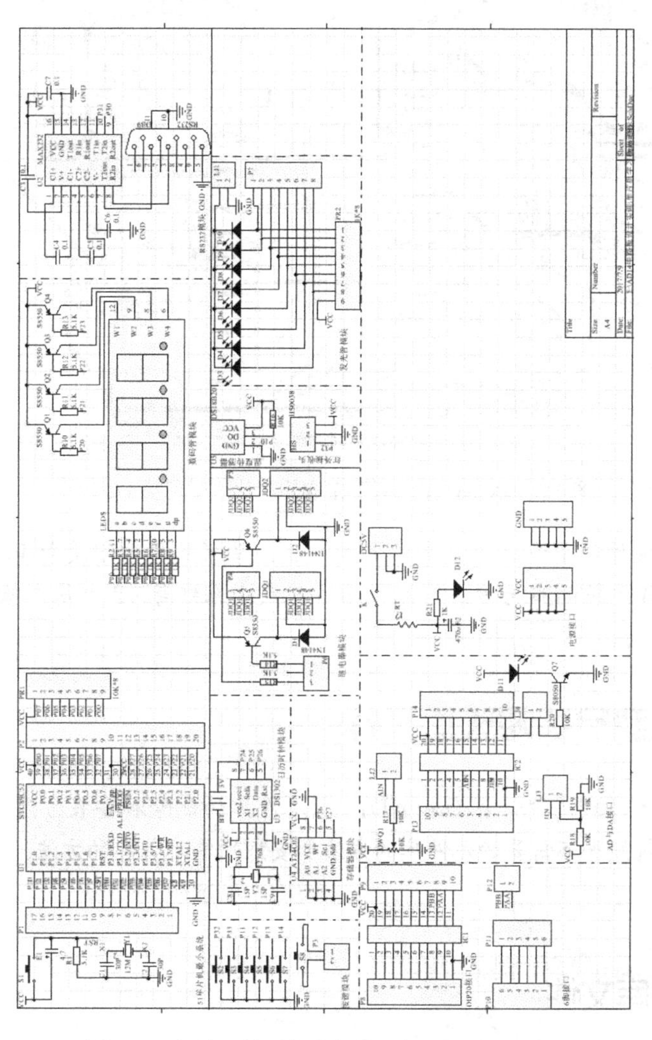

图 4-1 本项目所要完成的单片机学习板原理图

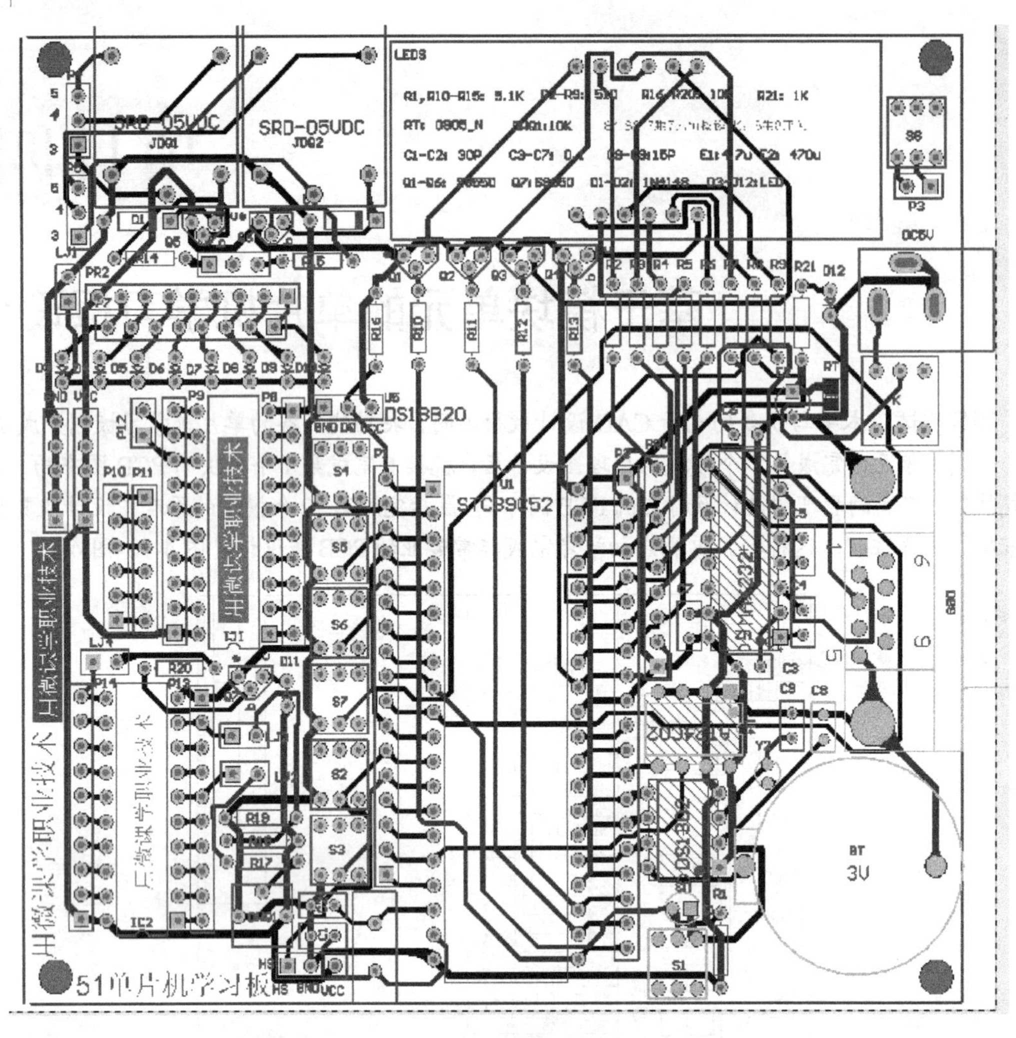

图 4-2　本项目实训所要完成的单片机学习板 PCB 图

学习目标　掌握原理图设计的基本步骤和方法，掌握从原理图更新 PCB 图的操作方法，掌握 PCB 图中 PCB 元件的布局方法，完成单片机最小系统等 12 个基本模块的原理图设计及对应的 PCB 元件布局。

任务 8　删除和安装相关库文件

本任务微课视频

知识目标　熟悉原理图设计界面和 AD14 中元件库的删除和安装方法。

能力目标　掌握删除不需要的元件库的方法和安装所需元件库的方法。

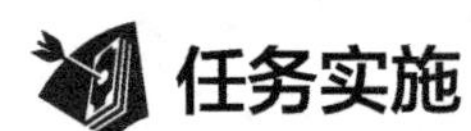

任务实施

8.1　删除相关库文件

启动 AD14，进入原理图绘制界面。展开“库”面板，单击…按钮，如图 4-3 所示。

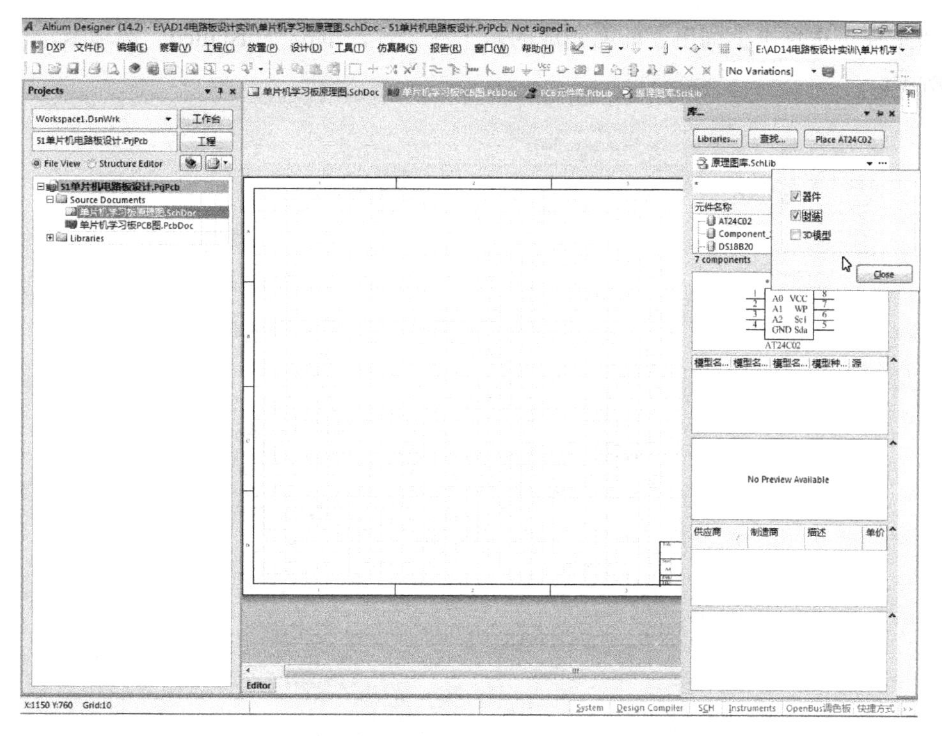

图 4-3 “库”面板

在弹出的对话框中选择“封装”项，单击“Close”按钮。再单击“库”面板上的“Libraries”按钮，系统弹出“可用库”对话框，如图 4-4 所示。

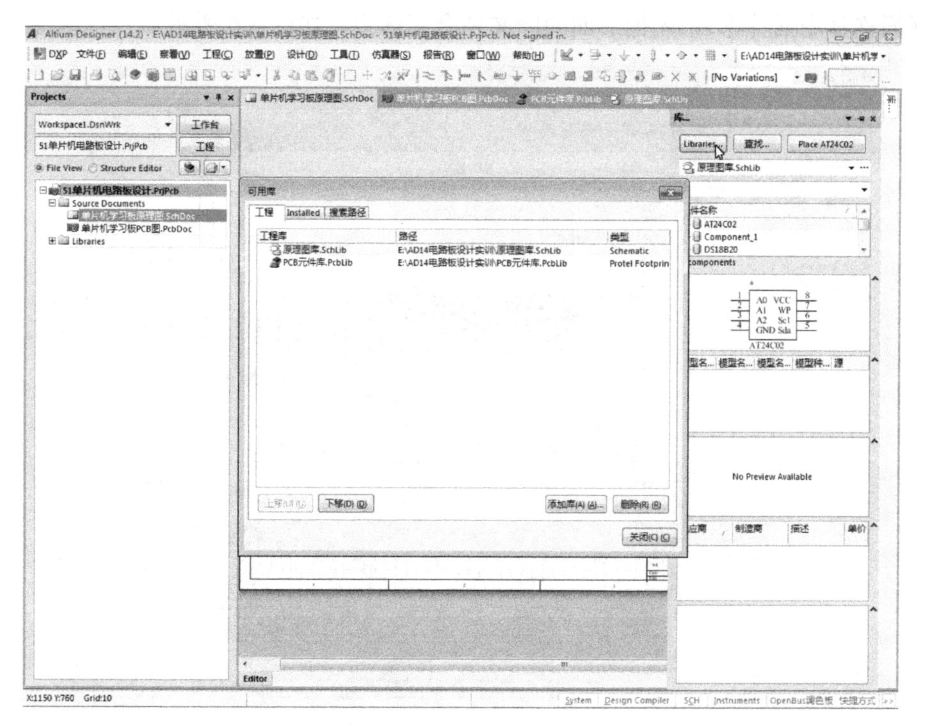

图 4-4 “可用库”对话框的“工程”选项卡

在“工程”选项卡上列出了前面完成的两个库文件，单击“Installed”选项卡，可用库如图 4-5 所示。

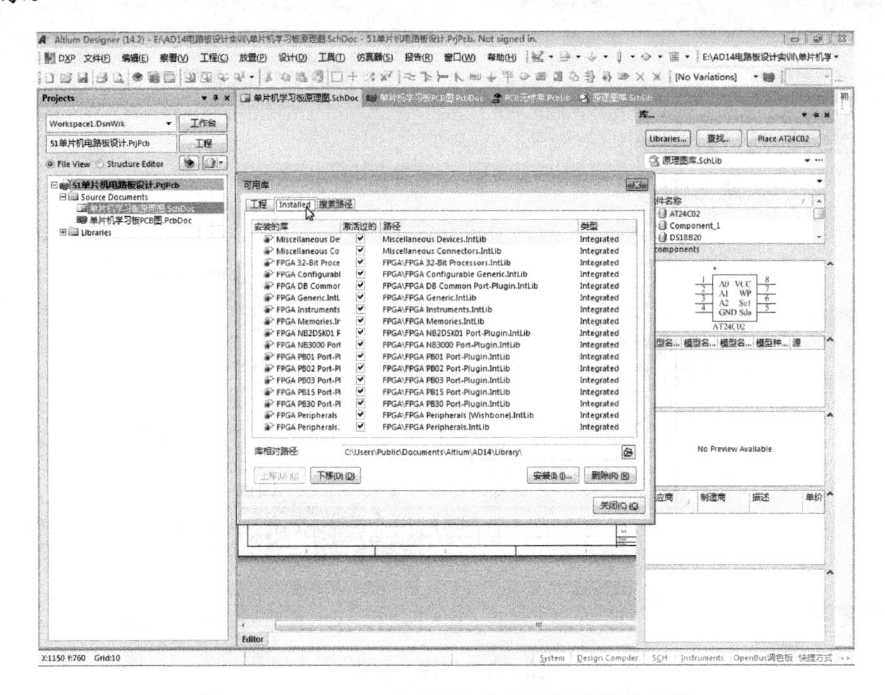

图 4-5 “Installed”选项卡上显示的系统库文件

在“Installed”选项卡上显示的系统库文件中，本书只使用第 1 个（简称常用元件库）和第 2 个（简称常用插件库），先把后面的库文件全部选中，如图 4-6 所示。

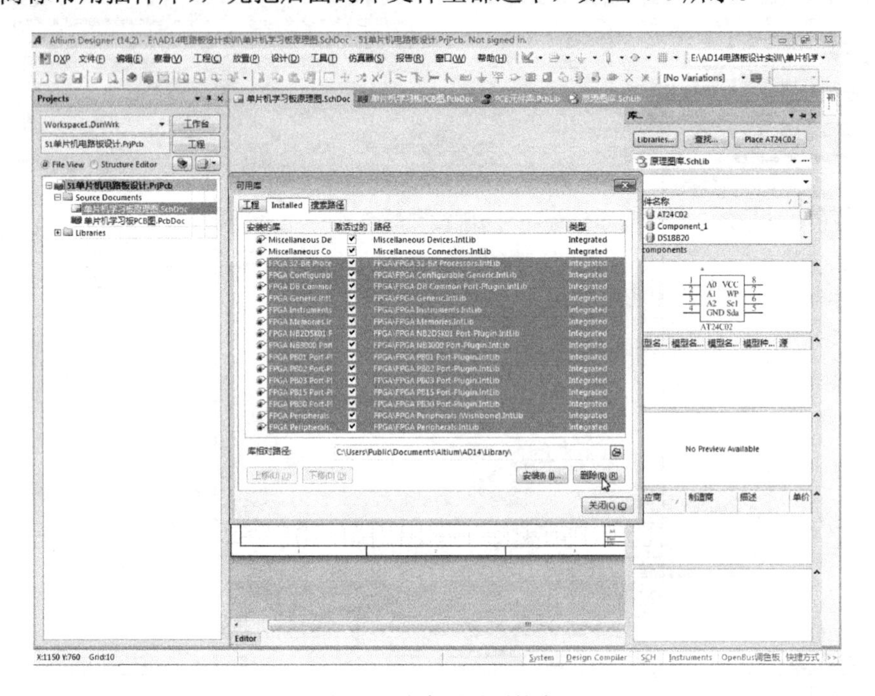

图 4-6 选中不需要的库

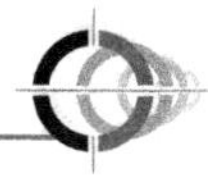

如图 4-6 所示，再单击“Installed”选项卡上的【删除】按钮，删除这些在我们的设计实训中不使用的库文件，删除后如图 4-7 所示。

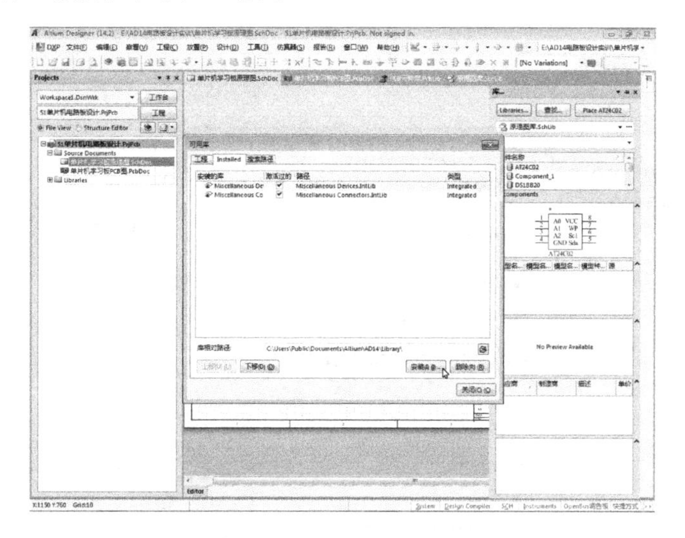

图 4-7　只保留两个常用库

8.2　安装相关库文件

由于 AD14 的常用元件库中，没有我们绘制的原理图元件 STC89C52 所需封装，并且在 PcbLib1.PcbLib 库文件中也没有绘制这个封装，这就需要我们给 STC89C52 安装一个有相应封装的库文件，另外晶振等元件也需要更换封装，因此我们需要安装三个库文件。

在图 4-7 中单击“Installed”选项卡底部的【安装】按钮。系统弹出“打开”对话框，先在这个对话框左边单击“库”文件夹下的“文档”图标，然后在对话框右边依次展开“Altium ”→“AD14”→“Library”路径，并列表框右边的滑动条，以显示出“ST Microeletronics”文件夹，如图 4-8 所示。

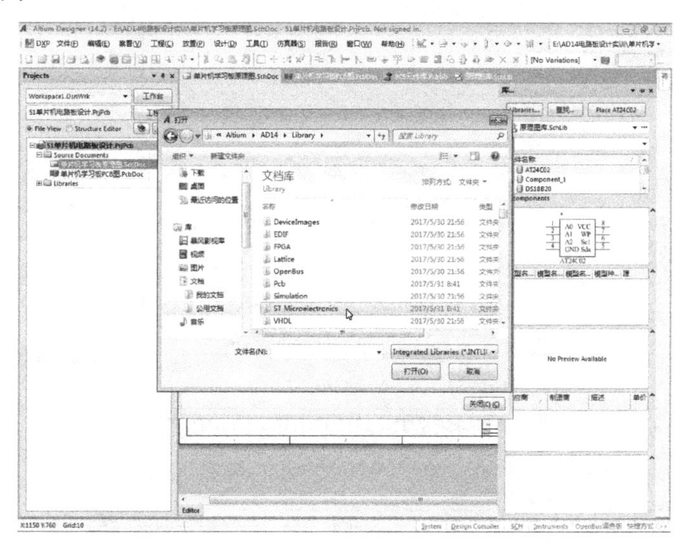

图 4-8　“ST Microeletronics”文件夹的路径

接下来打开“ST Microeletronics”文件夹，从中找出“ST Memery EPROM 1-16 Mbit”库文件，如图 4-9 所示。

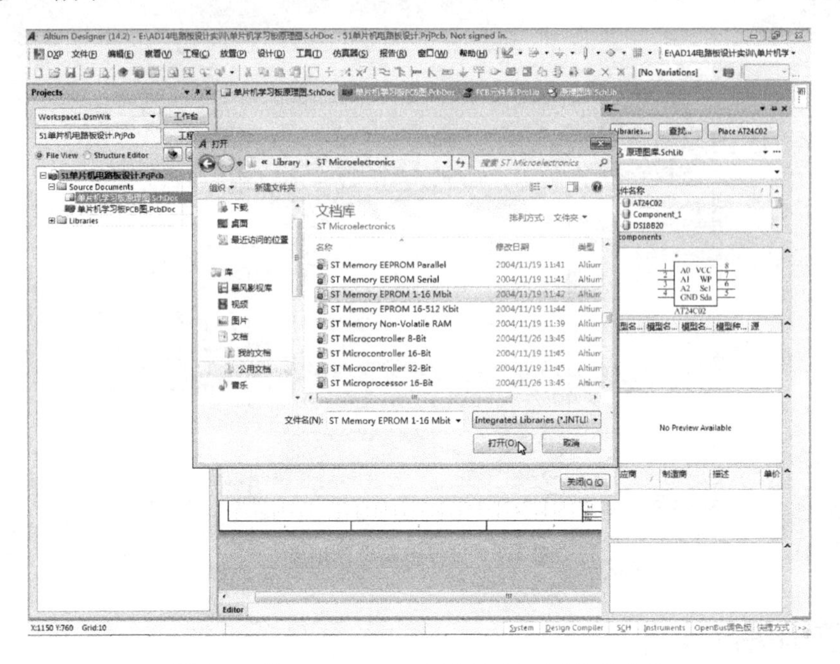

图 4-9 “ST Memery EPROM 1-16 Mbit”库文件

在图 4-9 中，单击【打开】按钮，就完成了该库文件的安装，在“Installed”选项卡中就增加了该库文件，再继续单击【安装】按钮，用同样的方法，找到“ST Microeletronics”文件夹中的“ST Logic Counter”文件并打开，如图 4-10 所示。

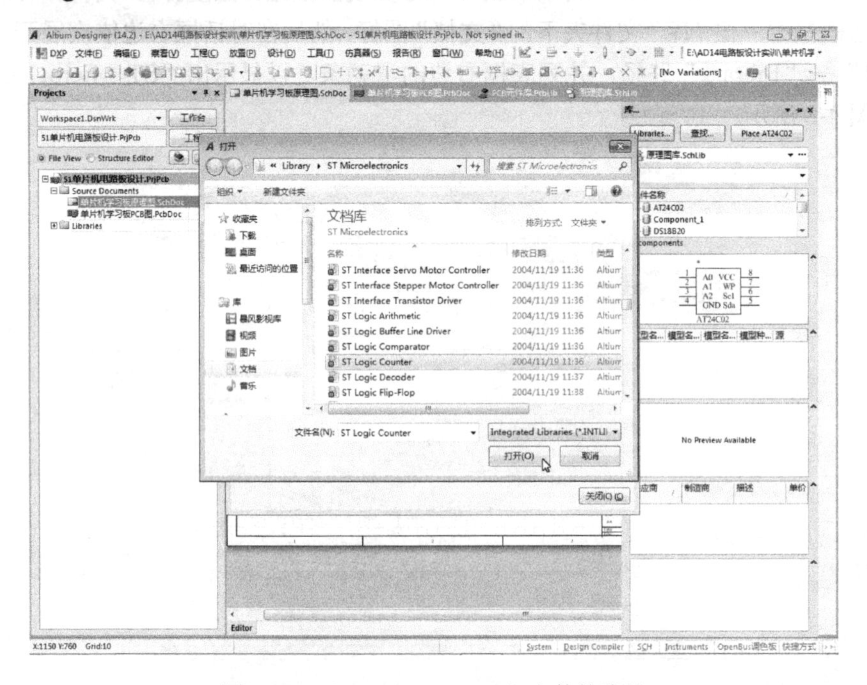

图 4-10 “ST Logic Counter”文件的路径

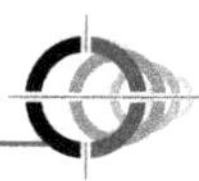

在图 4-10 中，单击【打开】按钮，同样就完成了这一库文件的安装，在“Installed”选项卡中又增加了这一库文件，再次单击【安装】按钮，以安装晶振元件封装库，用与刚才相同的方法，先打开 AD14 库中的 Pcb 文件夹，并选择文件类型为“.PCBLIB”，如图 4-11 所示。

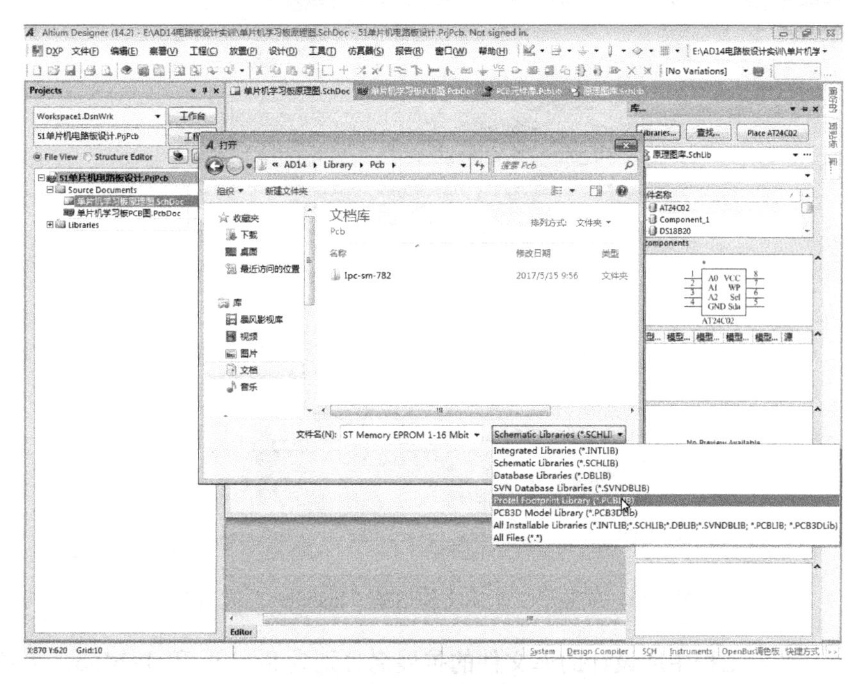

图 4-11　.PCBLIB 封装文件的选择

接下来，从文件列表中找出“Crystal Oscillator”文件并打开，如图 4-12 所示。

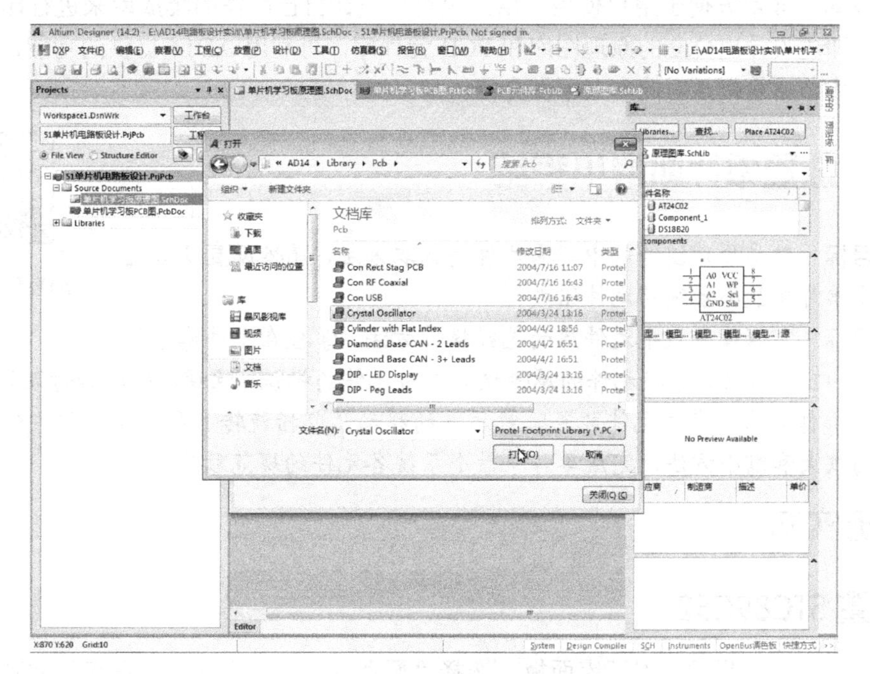

图 4-12　晶振元件封装库文件

单击【打开】按钮后，“可用库”对话框的“Installed”选项卡如图 4-13 所示。

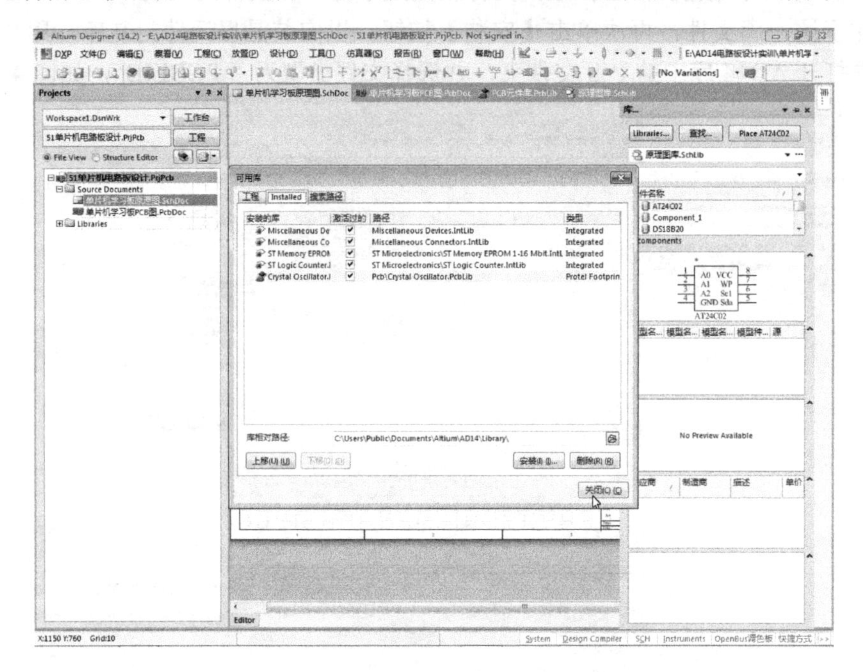

图 4-13　安装了三个库文件后的“Installed”选项卡

从图 4-4 可知，工程中所设计的库文件的扩展名分别为.SchLib 和. PcbLib，两者都为分立库。新安装的三库文件中，有两个扩展名为.IntLib。库文件扩展名为.IntLib 的库称为集成库。集成库中的每个元件，既有它的原理图模型，也有它的封装图模型。Altium Designer 提供的库默认为集成库，非常方便于用户使用。用户也可以设计自己所需的集成库来进行印制电路板产品开发，即先设计出分立的原理图库和 PCB 元件库，再利用 AD14 提供的功能，将其整合为集成库，为节省篇幅，对此本书不做介绍。

任务 9　放置单片机最小系统

本任务微课视频

知识目标　熟悉原理图绘制中所需元件的选取方法、属性设置及放置操作，熟悉单片机最小系统的元件组成。

能力目标　掌握库面板中元件库的选择操作方法，掌握在元件库中找到所需元件的操作方法，掌握元件的属性设置中对元件的标识、注释、标值和封装的确定（特别是添加）操作方法，掌握元件放置时对元件的移动（包括旋转）和定位操作方法，掌握原理图显示的放大和缩小方法，完成单片机最小系统各元件的规范放置。

任务实施

9.1　放置 STC89C52

进入原理图设计界面，展开库面板，选择“原理图库”库文件后，在库元件列表中选取

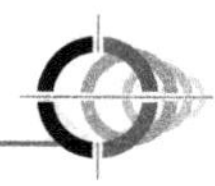

STC89C52，然后单击【Place STC89C52】按钮，如图 4-14 所示。

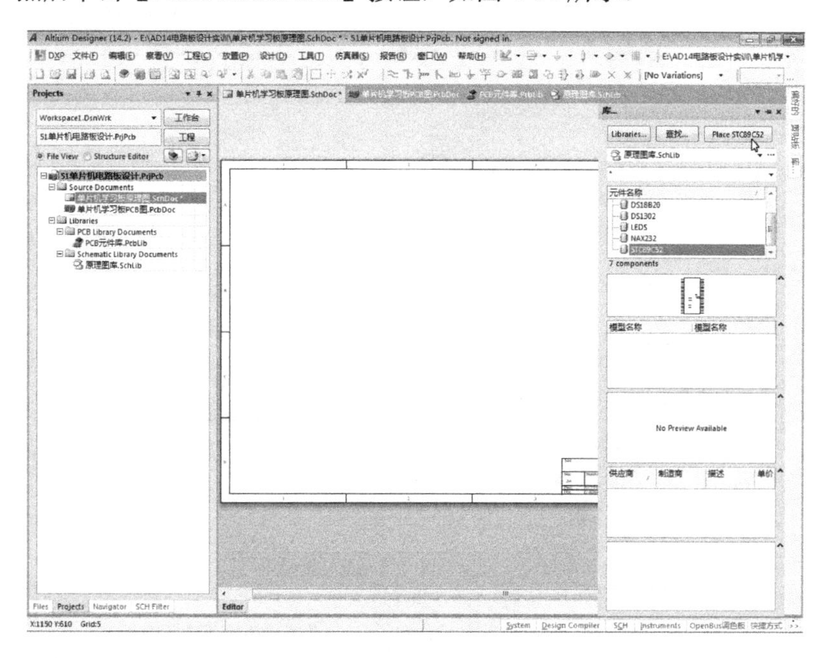

图 4-14　STC89C52 的选取

单击【Place STC89C52】按钮后，按 Tab 键，系统弹出“Properties for Schematic Component in Sheet”（为行文方便，以下称为“元件属性”）对话框，如图 4-15 所示。

在元件属性对话框中，第一要处理第一栏“Designator”，为元件指定标识（这里我们指定标识为 U1），各元件的标识不能相同；第二是处理第二栏“Comment”，为元件标示注释，这里要显示“STC89C52”；第三要处理“Models”栏中的封装，单击【Add】按钮来添加。

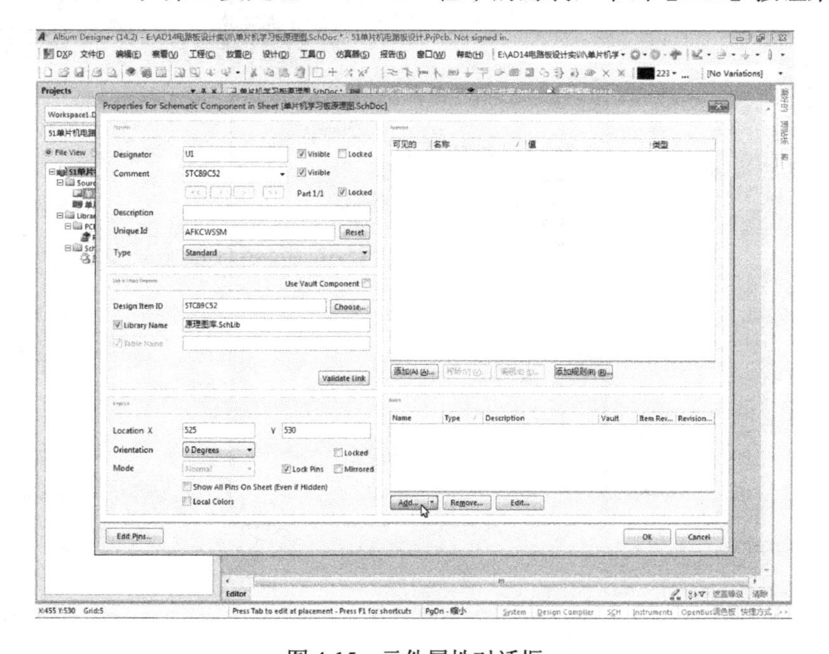

图 4-15　元件属性对话框

单击后系统弹出“添加新模型”对话框，如图 4-16 所示。

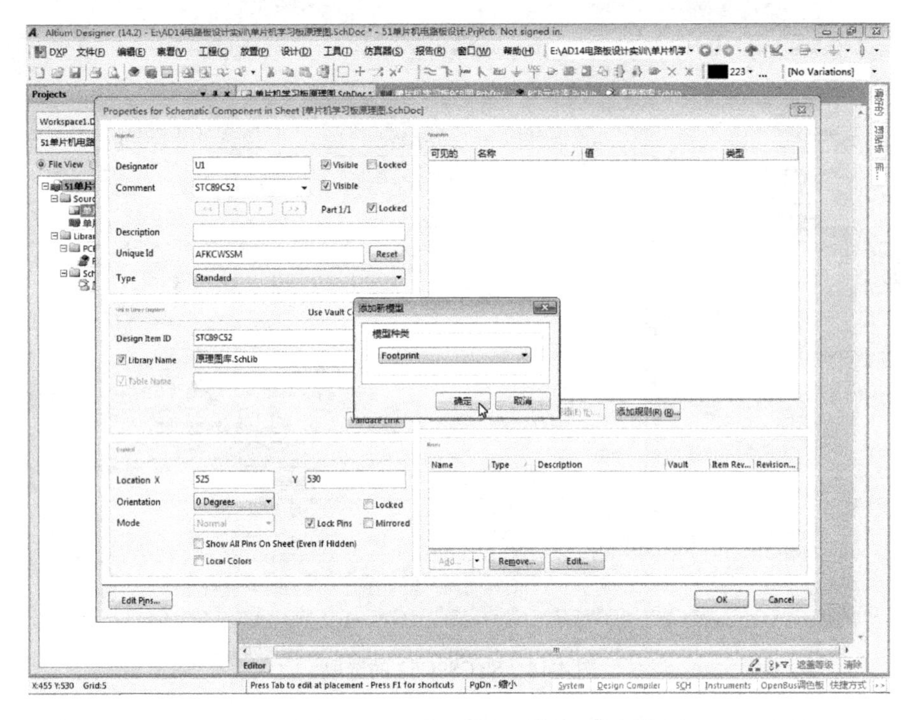

图 4-16　更换封装的操作步骤 1

如图 4-16 所示，在其“模型种类”列表中选取“Footprint”并单击【确定】按钮，系统弹出“PCB 模型”对话框，如图 4-17 所示，再单击“PCB 模型”中的【浏览】按钮。

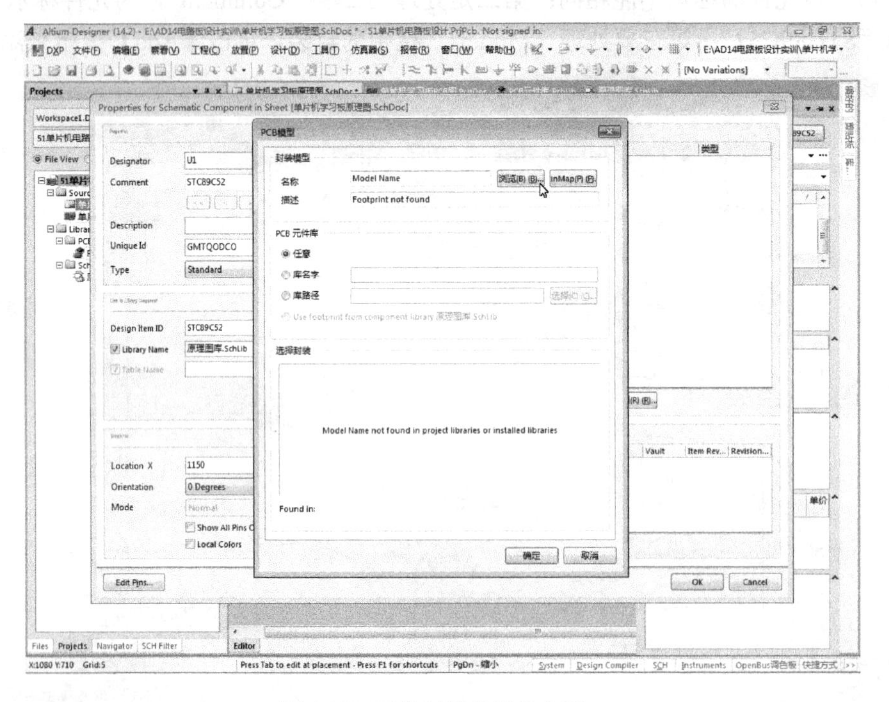

图 4-17　更换封装的操作步骤 2

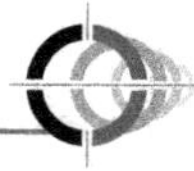

系统弹出“浏览库”对话框，如图 4-18 所示，单击“库”的列表展开按钮。

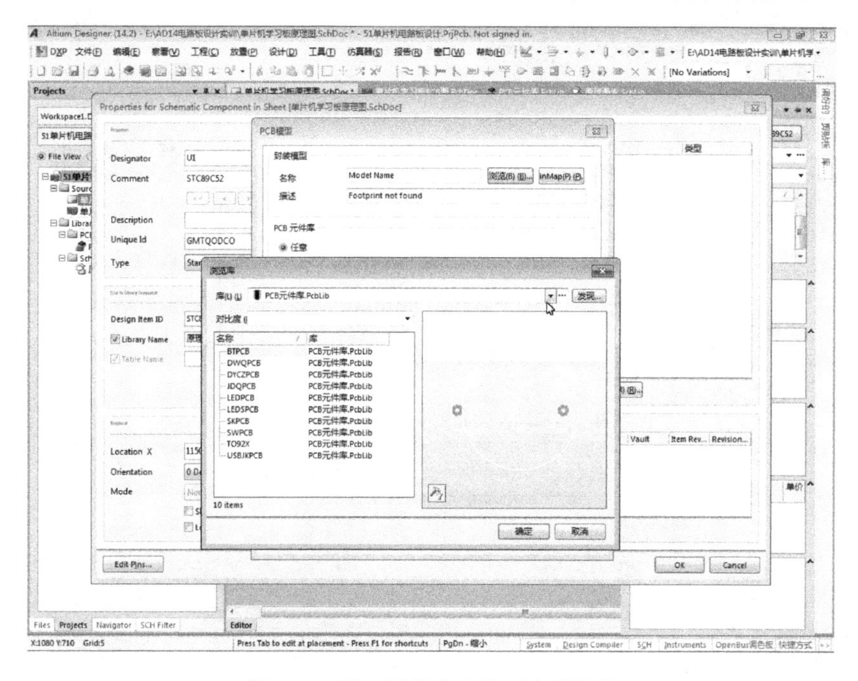

图 4-18　展开封装库文件列表的操作

从展开的库文件列表中单击“ST Memory EPROM 1-16 Mbit ”库文件，如图 4-19 所示。

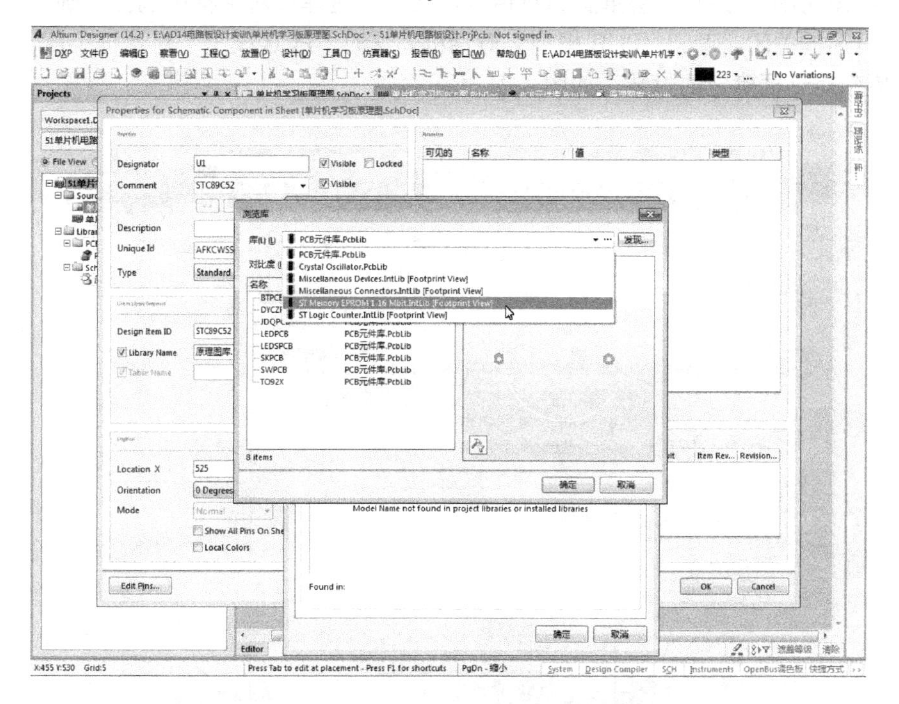

图 4-19　选取库文件

选取“ST Memory EPROM 1-16 Mbit ”库文件后系统展开相应文件中的封装列表，如图

4-20 所示，从列表中选取“PDIP40”封装名称并确定。

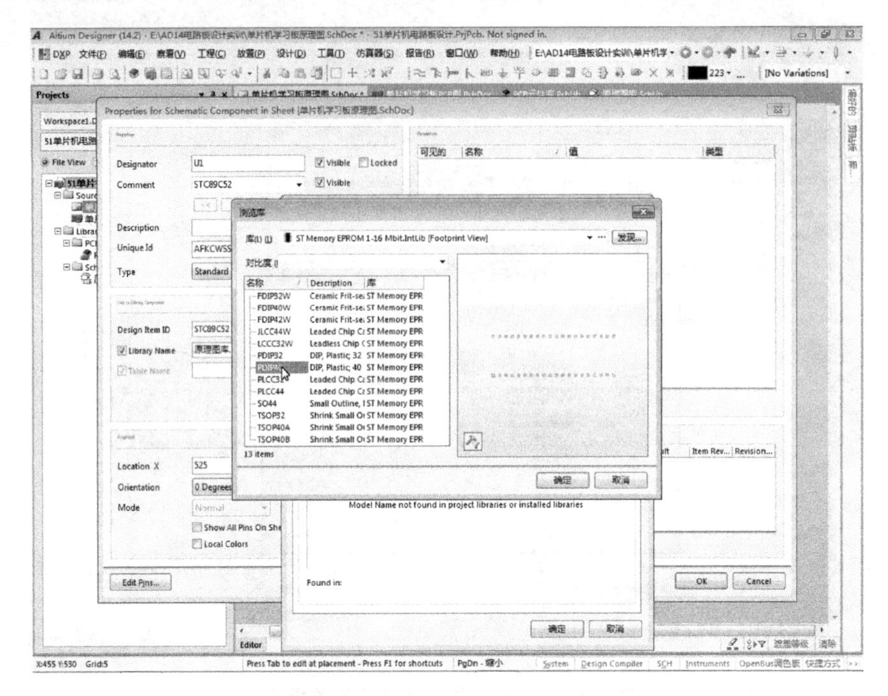

图 4-20　选择 PDIP40 封装

如图 4-20 所示，共有三层重叠的对话框，在“浏览库”对话框中选择并确定封装名后，“浏览库”对话框关闭，返回“PCB 模型”对话框，这时“PCB 模型”对话框中就显示出刚才由“浏览库”对话框确定的封装，如图 4-21 所示。

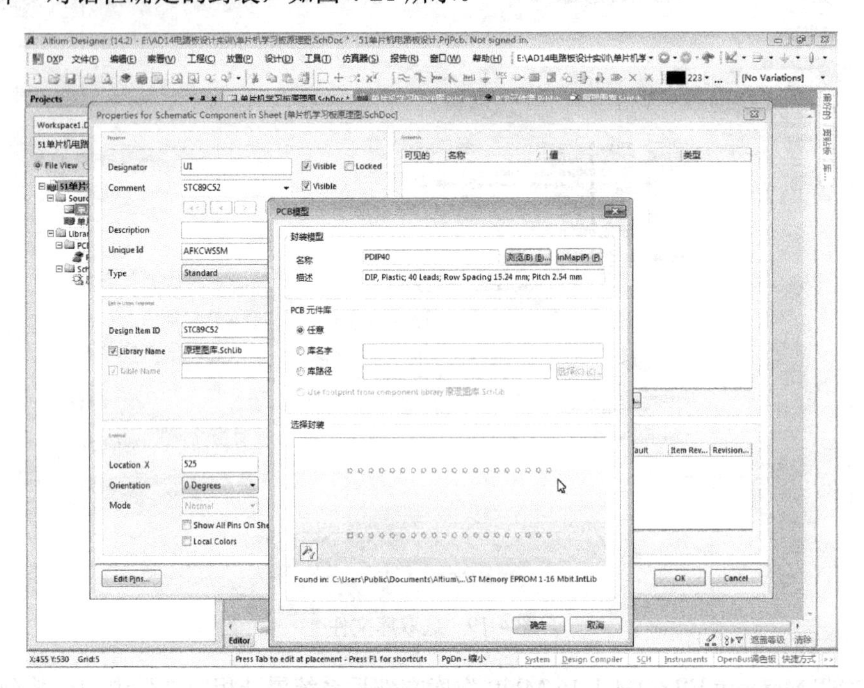

图 4-21　“PCB 模型”对话框中有了“浏览库”对话框确定的封装

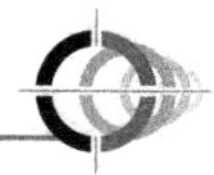

在“PCB 模型”对话框中，单击【确定】按钮，“PCB 模型”对话框关闭，返回元件属性对话框，元件属性对话框中的元件封装名称更新，如图 4-22 所示。

Altium Designer (14.2) - E:\AD14电路板设计实训\单片机学习板原理图.SchDoc * - 51单片机电路板设计.PrjPcb. Not signed in.
DXP　文件(F)　编辑(E)　察看(V)　工程(C)　放置(P)　设计(D)　工具(T)　仿真器(S)　报告(R)　窗口(W)　帮助(H)　E:\AD14电路板设计实训\单片机学
223　[No Variations]
Projects
Workspace1.D
File View
Properties for Schematic Component in Sheet [单片机学习板原理图.SchDoc]
Designator　U1　Visible　Locked
Comment　STC89C52　Visible
Part 1/1　Locked
Description
Unique Id　AFKCWSSM　Reset
Type　Standard
Use Vault Component
Design Item ID　STC89C52　Choose...
Library Name　原理图库.SchLib
Table Name
Validate Link
Location X　525　Y　530
Orientation　0 Degrees　Locked
Mode　Normal　Lock Pins　Mirrored
Show All Pins On Sheet (Even if Hidden)
Local Colors
可见的　名称　值　类型
添加(A) (A)...　添加规则(R) (R)...
Name　Type　Description　Vault　Item Rev...　Revision...
PDIP40　Footprint　DIP, Plastic, 40 Leads; Row Spacin　[Unknown]
Add...　Remove...　Edit...
Edit Pins...　OK　Cancel
Editor
X:455 Y:530　Grid:5　Press Tab to edit at placement - Press F1 for shortcuts　PgDn - 缩小
System　Design Compiler　SCH　Instruments　OpenBus调色板　快捷方式

图 4-22　确定了元件的标识、注释、封装后的元件属性对话框

元件属性确定后，关闭元件属性对话框，返回位元件放置状态，如图 4-23 所示，将元件移动到所需位置上单击鼠标，一个 STC89C52 元件就被放置了，此时系统处于继续放置下一个 STC89C52 元件状态，由于只需要放置 1 个 STC89C52，因此单击鼠标右键退出放置操作。

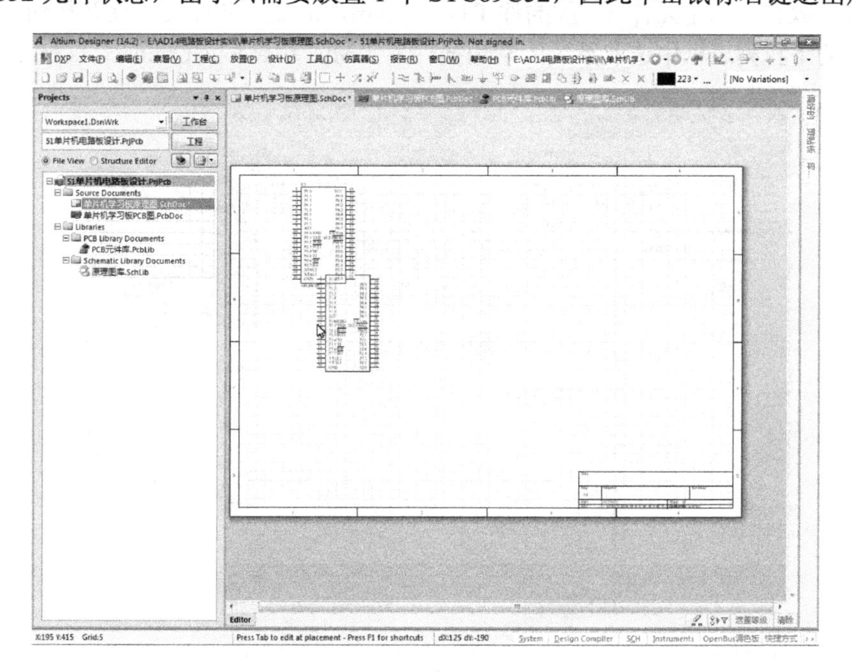

图 4-23　系统处于继续放置下一个 STC89C52 元件状态

在此，说明两点：①一个原理图元件放置确定后，如将鼠标光标指在该元件上双击鼠标左键，就能打开其元件属性对话框，从而可重新设定或修改其元件属性：②一个已经放置好的原理图元件位置需要调整时，可将鼠标光标移到该元件上，按下鼠标左键不放松，如图 4-24 所示，鼠标光标显示为移动状态，此时就可重新移动元件到另一个位置。

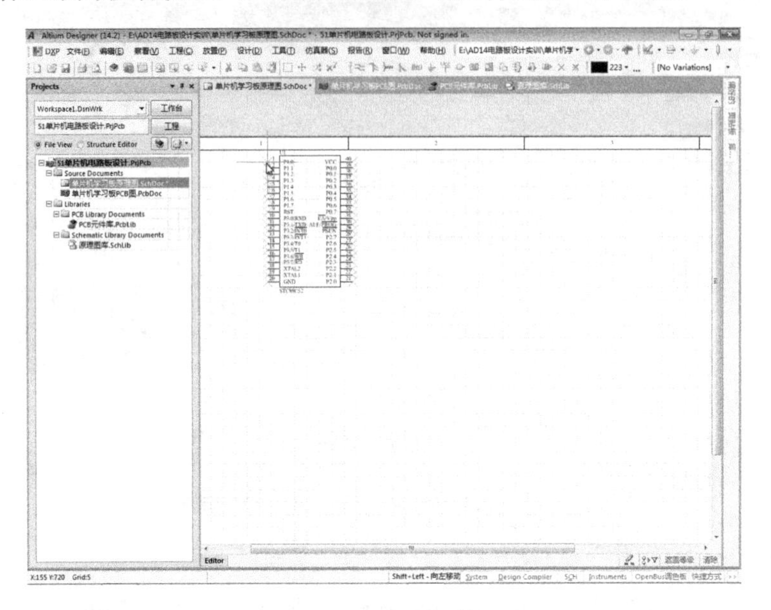

图 4-24 重新调整元件位置

9.2 放置接口插件 P1、P2

接下来，放置第二个元件 17 脚插件 P1，先单击库面板上的库文件展开按钮，如图 4-25 所示，在库的下拉列表框中选取系统的常用插件库“Miscellaneous Connectors.InrLib”。

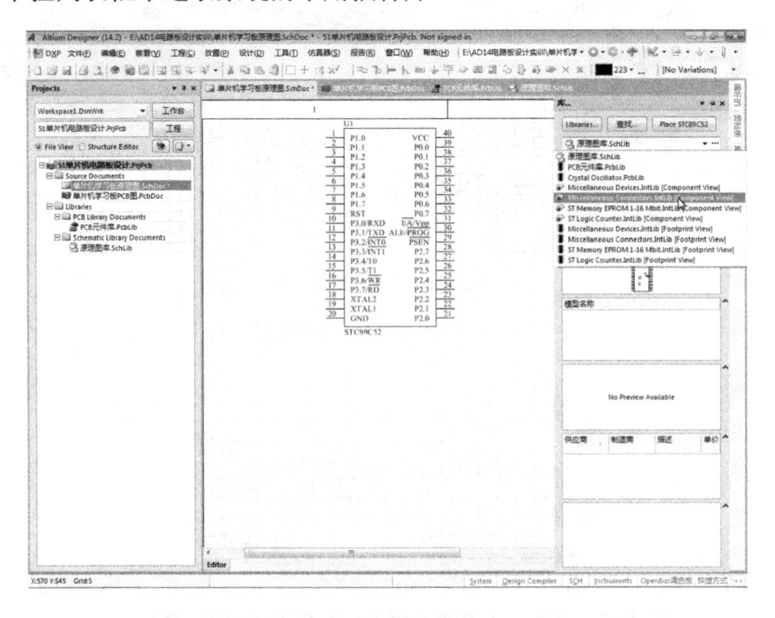

图 4-25 选取系统的常用插件库“Miscellaneous Connectors.InrLib”

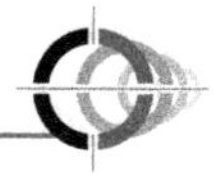

选定了常用插件库后，再选取该库中的“Header 17”元件，如图 4-26 所示。

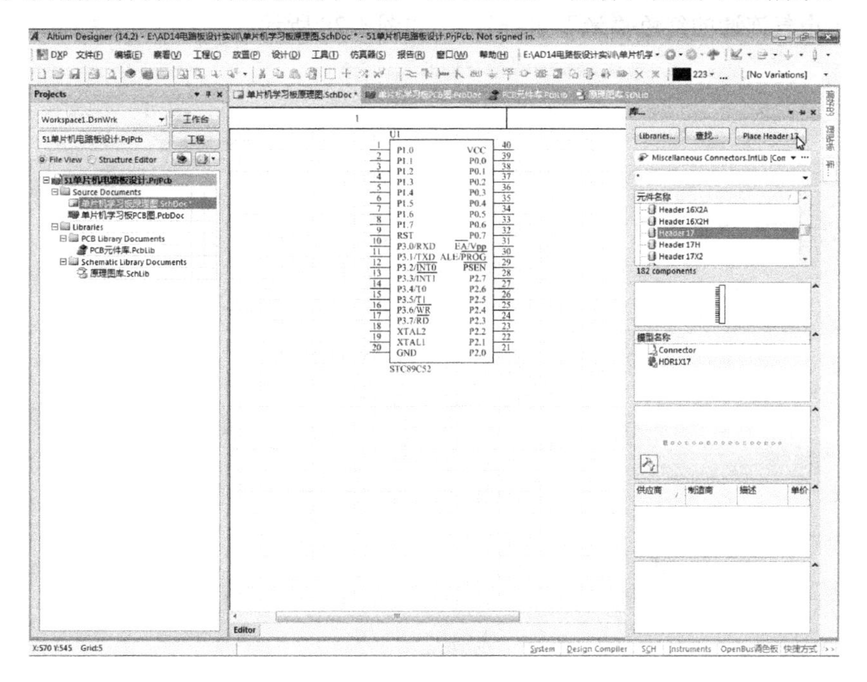

图 4-26　选取库中的“Header 17”元件

单击【Place Header 17】按钮后，在将鼠标移向绘图区时按 Tab 键，系统弹出其元件属性对话框，如图 4-27 所示。

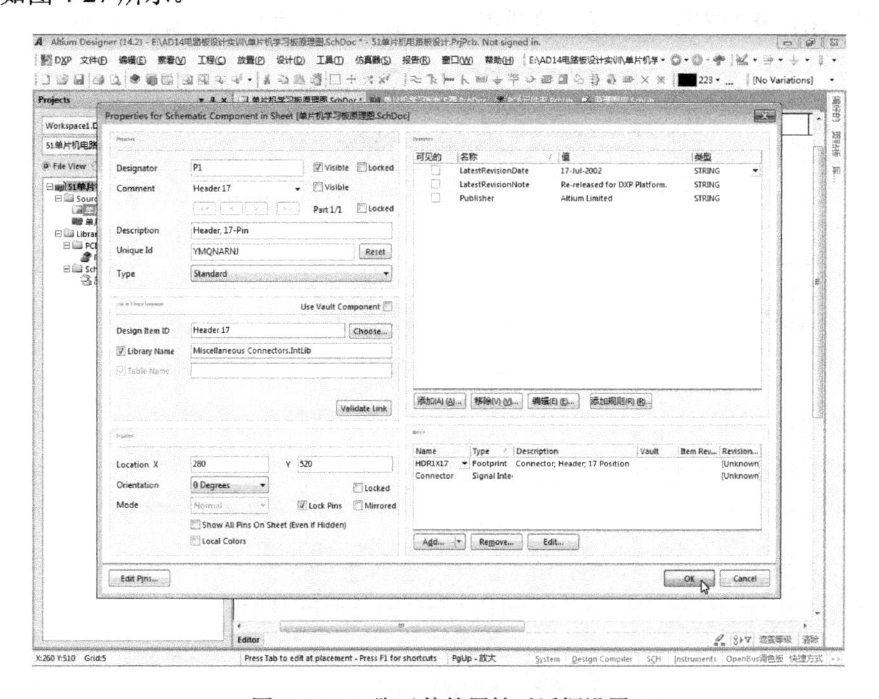

图 4-27　17 脚元件的属性对话框设置

这个插接元件属性设置的要点是：标识为 P1，注释取消，封装不变（用集成库所配的默认封装）。属性设置确定后，再将该元件旋转方向后与 U1 引脚一一对接（即每对引脚的连接点上同时显示电气连通的红色“米”字符号），如图 4-28 所示。

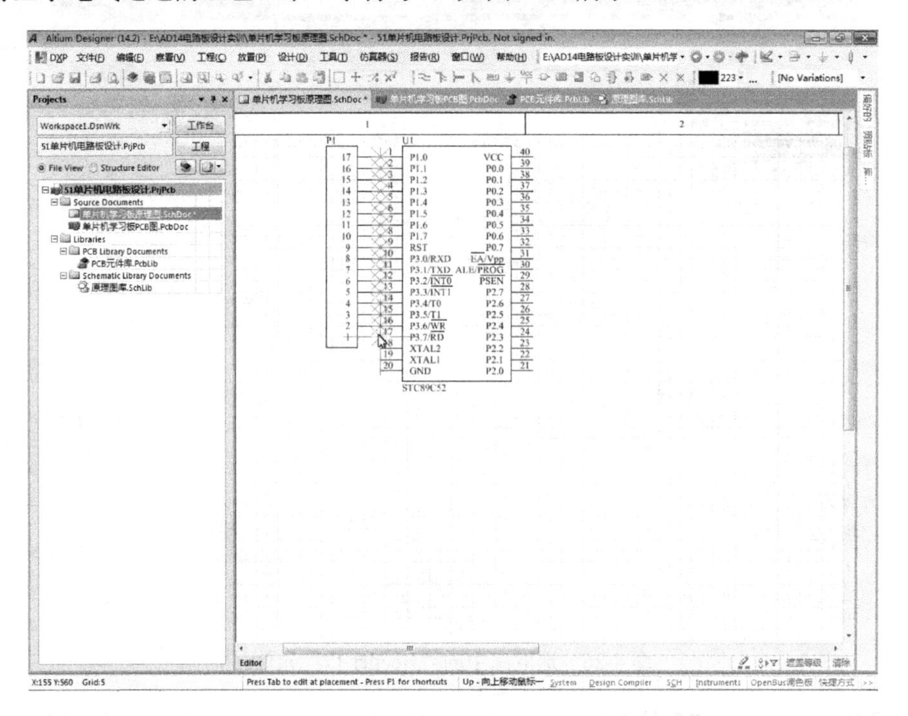

图 4-28　每对引脚的连接点上同时显示电气连通的红色“米”字符号

接下来，用同样的方法，设置和放置第三个元件 20 脚插件 P2，如图 4-29 所示。

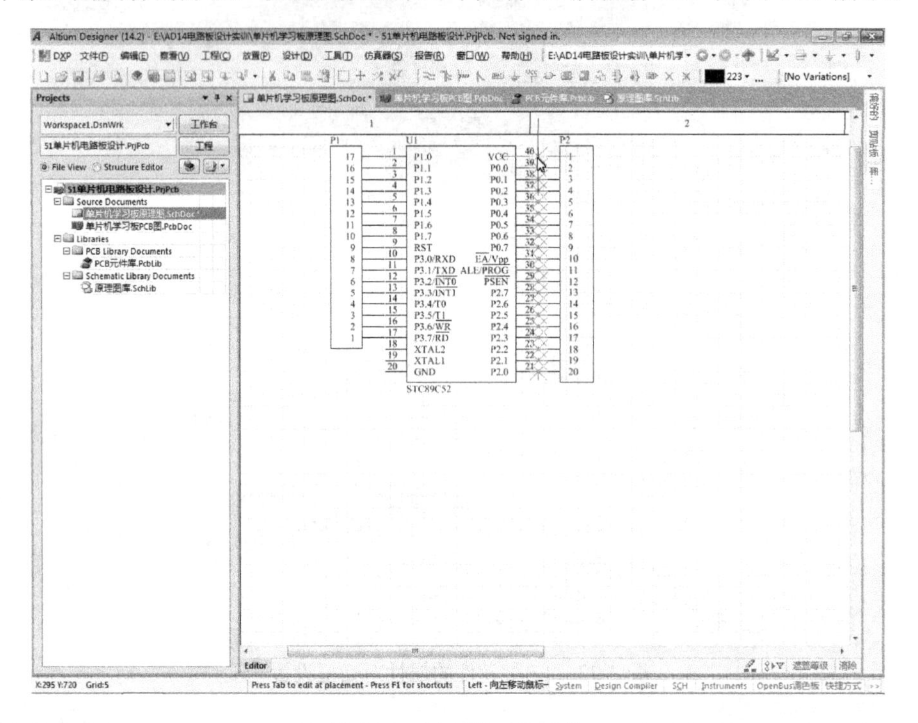

图 4-29　放置第三个元件

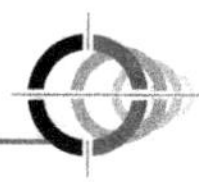

9.3　放置排阻 PR1

接下来用同样方法，放置第四个元件排阻 PR1。在插件库中选定“Header 9”后单击【Place Header 9】按钮，再按 Tab 键，设置如图 4-30 所示，元件标识为 PR1，注释为“10K*8”，用集成封装。

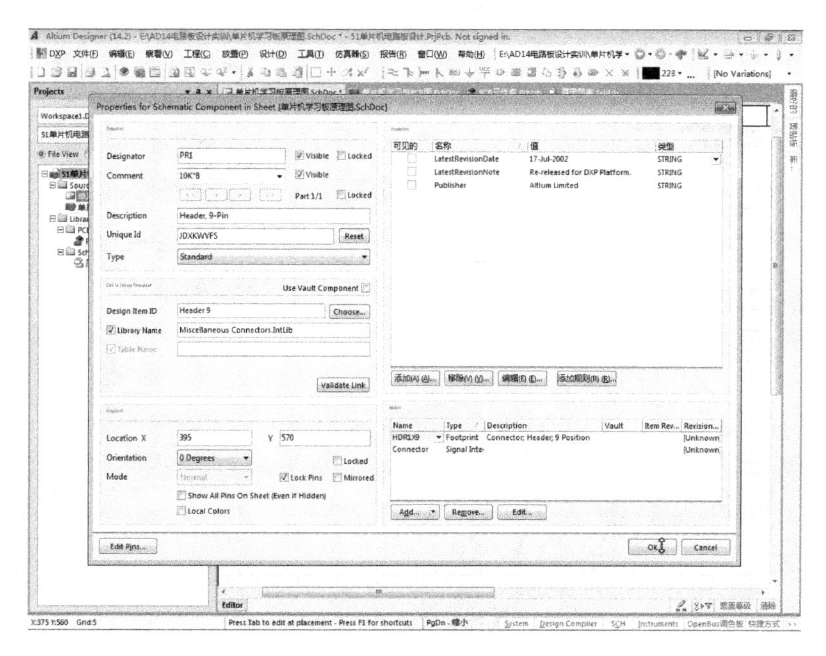

图 4-30　排阻 PR1 的属性设置

排阻 PR1 的属性确定后，参照图 4-31 进行放置。

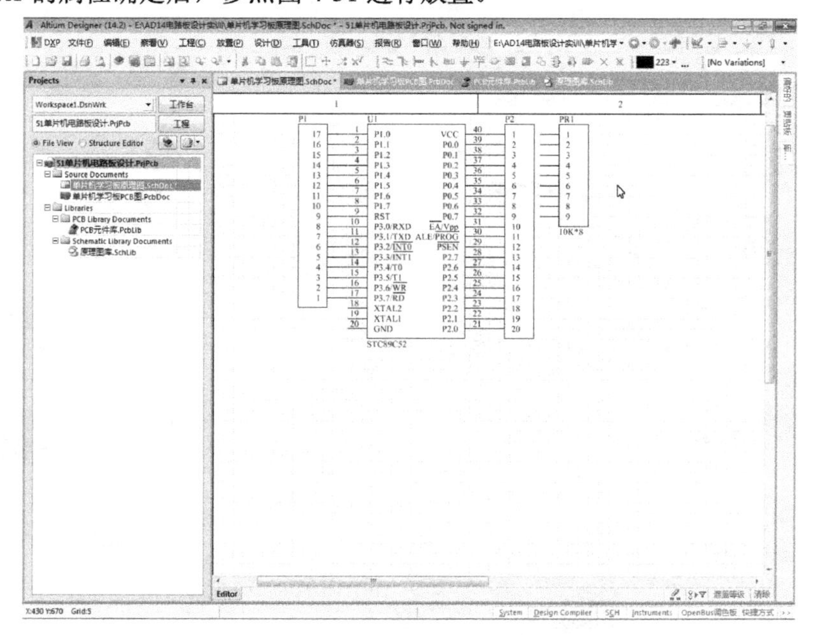

图 4-31　排阻 PR1 的放置

9.4 放置系统复位开关 S1

接下来，放置系统的复位按键。先选择系统的常用元件库“Miscellaneous Devices.IntLib”，从该库中选择“SW-PB”元件，单击【Place SW-PB】按钮，如图 4-32 所示。

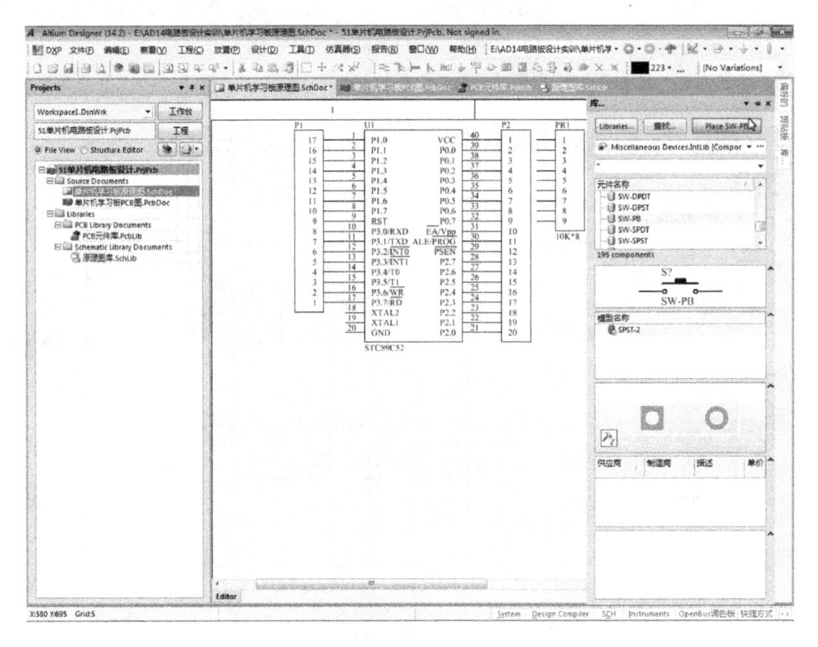

图 4-32 选择并放置“SW-PB”元件

放置时按 Tab 键，如图 4-33 所示，在弹出的属性对话框中，将元件标识设为 S1，取消注释勾选，将封装修改为“PCB 元件库”中的“SWPCB”封装。

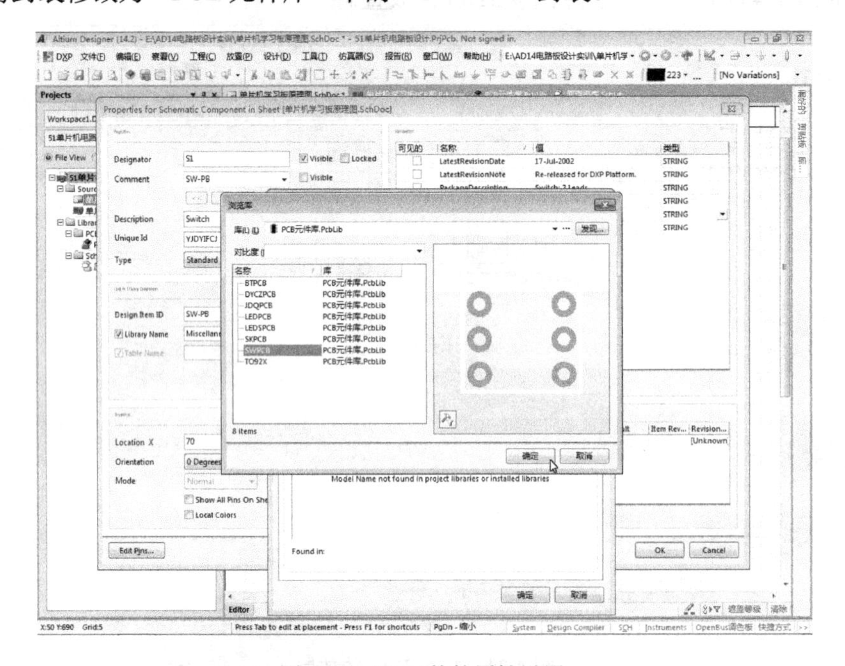

图 4-33 S1 元件的属性设置

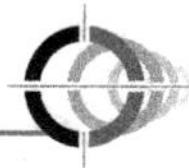

S1 的属性设置完成后，如图 4-34 所示，完成其定位放置。

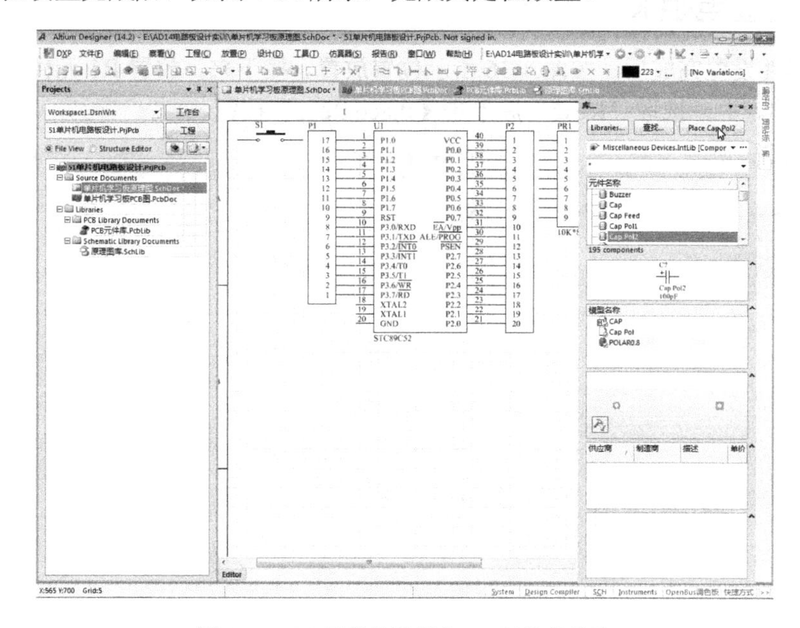

图 4-34 S1 元件的放置和 E1 元件的选取

9.5 放置复位电容 E1

接下来，放置电容 E1，如图 4-34 所示，在系统的常用元件库中，先选择“Cap Pol2”元件，再单击【Place Cap Pol 2】按钮。然后按 Tab 键，如图 4-35 所示，在属性对话框中设定：元件标识为 E1，取消注释，“Value”值改为 4.7μ，封装修改为常用元件封装库中的“CAPR5-4×5”封装。

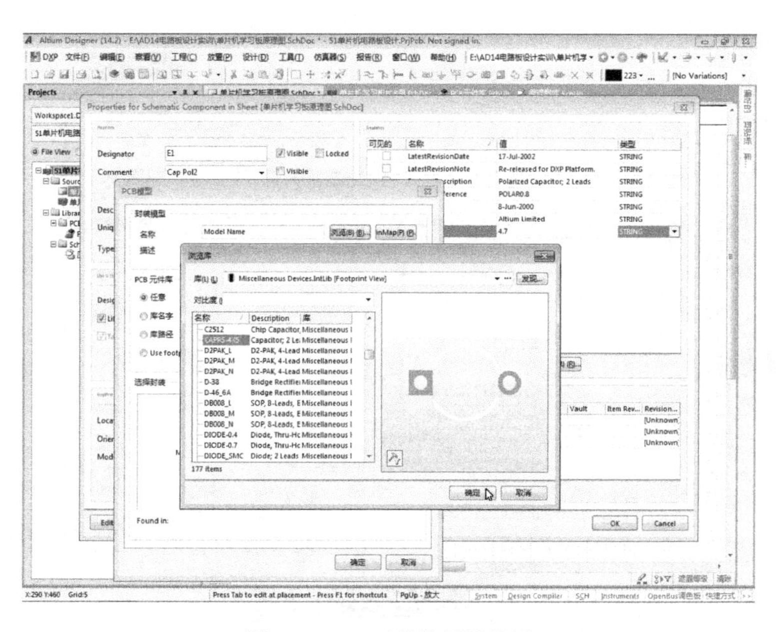

图 4-35 E1 元件的属性设置

9.6 放置复位电阻 R1

E1 元件属性设置完成后，按图 4-36 所示位置放置。接下来，放置 R1 元件。如图 4-36 所示，在常用元件库中，选取“Res2”后单击【Place Res2】按钮。

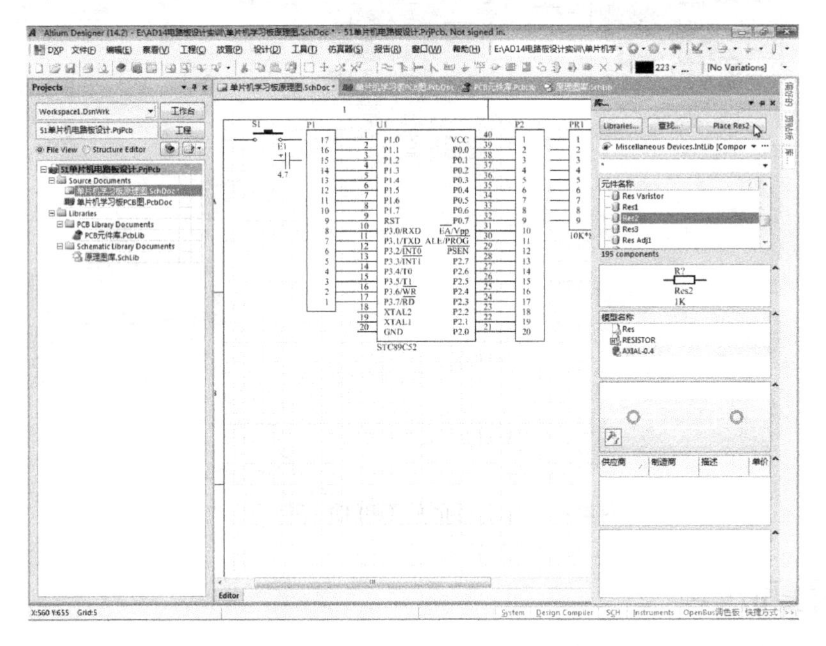

图 4-36　E1 元件的位置及 Res2 元件的选取

按 Tab 键，如图 4-37 所示，在弹出的属性对话框中设置：标识为 R1，取消注释，Value 值为“5.1k”，封装改为常用元件库中的“AXIAL-0.3”。

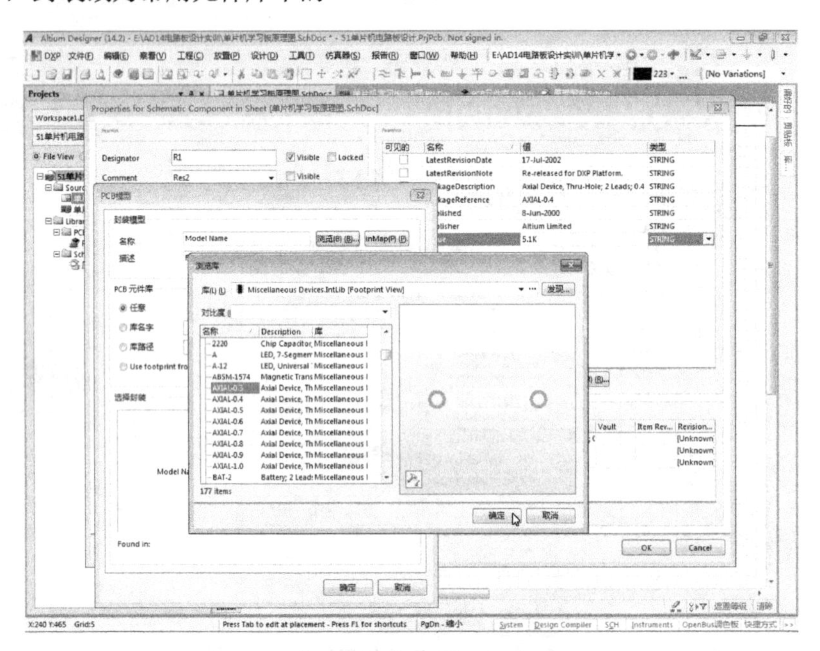

图 4-37　R1 的属性设置

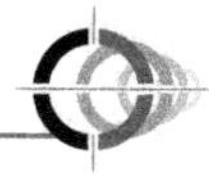

R1 属性设定后按图 4-38 中的位置放置。

9.7　放置晶振 Y1

接下来，放置晶振元件 Y1，如图 4-38 所示，从常用元件库中选取 XTAL 元件后，单击【Place XTAL】按钮。

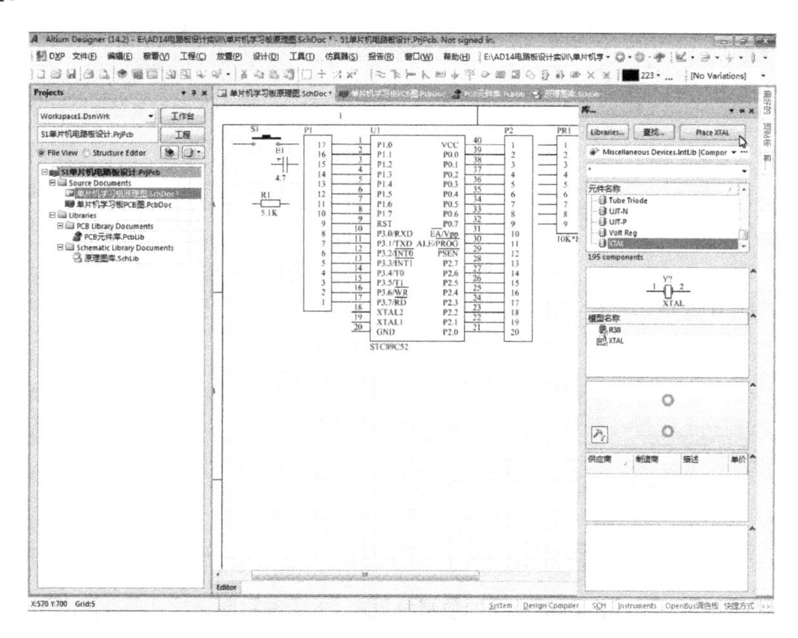

图 4-38　R1 的位置及 XTAL 元件的选取

放置 Y1 时按 Tab 键，如图 4-39 所示，在弹出的对话框中设置：标识为 Y1，注释为 12M，封装改为封装库“Crystal Oscillator”中的“BCY-W2/E4.7”PCB 元件。

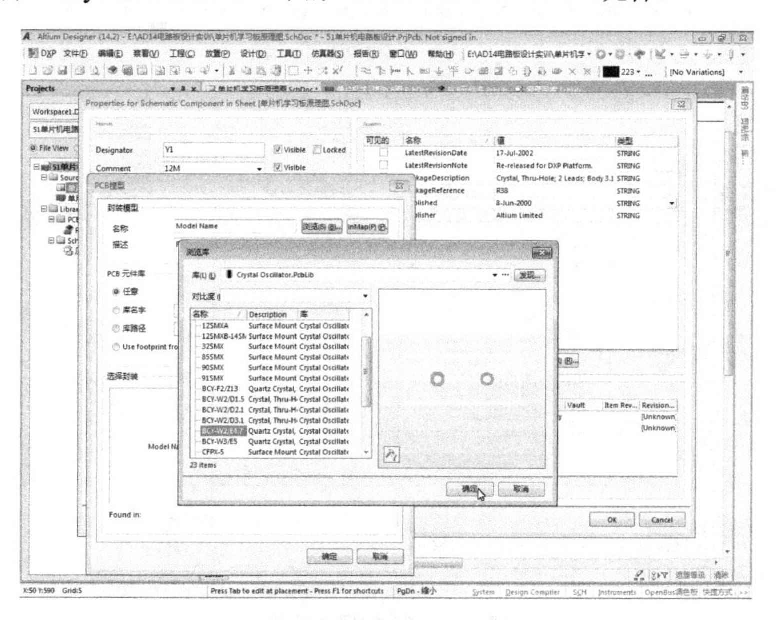

图 4-39　晶振 Y1 的属性设置

Y1 属性设定后按图 4-40 中的位置放置。

9.8 放置晶振电路电容 C1、C2

接下来，如图 4-40 所示，从常用库中选择“Cap”后单击【Place Cap】按钮。

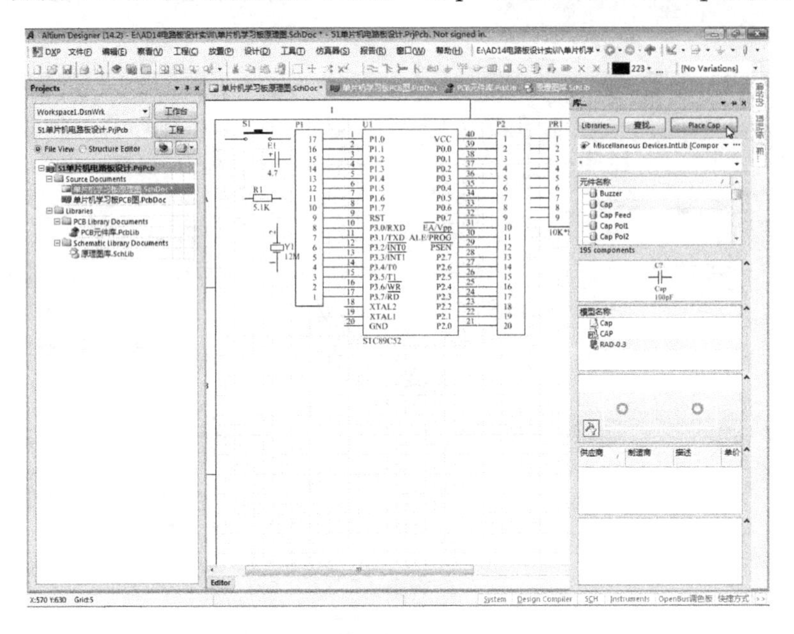

图 4-40 Y1 的放置位置和 C1 的选取图示

放置 C1 前按 Tab 键，在弹出的对话框中，如图 4-41 所示，设置 C1 的属性：标识为 C1，取消注释，取 Value 值为 30p，封装改为常用元件库中的“RAD-0.1”。

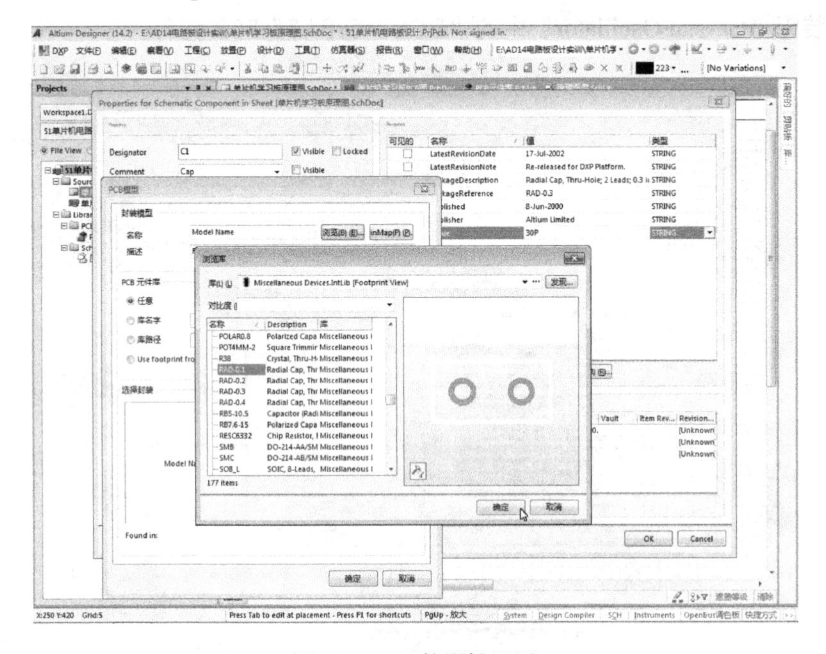

图 4-41 C1 的属性设置

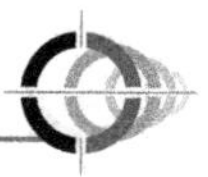

C1 属性确定后，要连续放置 C1 和 C2，放置时 C1、C2 的右端要与 Y1 的上下端自然对接，如图 4-42 所示。

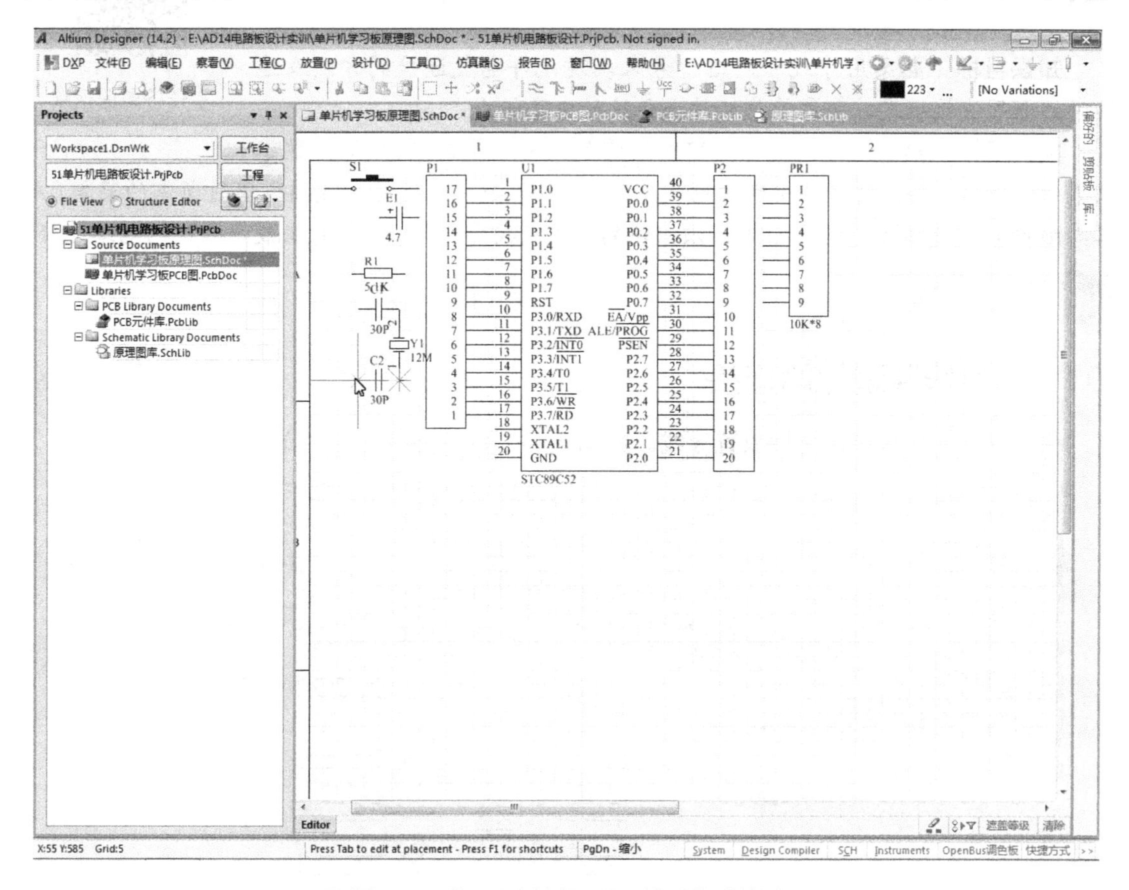

图 4-42 待 C2 右端与 Y1 下端对接时放置

至此，单片机最小系统的元件放置全部完成了。

元件放置小结：

要放置的元件都从库面板中选取，选取步骤如下。

① 展开库文件列表；

② 从库文件列表中选择所需的库文件；

③ 从库文件的元件列表中选择所需库元件；

④ 单击库面板上的【Place】按钮确认选取。

元件选取后都要按 Tab 键设置元件的属性对话框。

① 处理元件的标识，注意各元件标识不能相同；

② 处理元件的注释（取消、保留或修改）；

③ 处理元件的封装（默认封装或修改封装）；

④ 处理阻容元件的标称值。

任务 10　连接单片机最小系统

本任务微课视频

知识目标　熟悉用导线和网络标号来实现元件电气连接的方法及连接时的电气连接标志，熟悉单片机最小系统的电路组成。

能力目标　熟悉用导线连接电路时所需的菜单（或工具图标），熟悉放置导线的起点终点时必须出现的电气连接标志；熟悉用网络标号连接电路时所需的菜单（或工具图标），熟悉放置网络标号时必须出现的电气连接标志，完成单片机最小系统的电路连接。

任务实施

10.1　用导线实现电路连接

接下来，为实现电路连接放置导线。如图 4-43 所示，单击菜单“放置”→“线”。

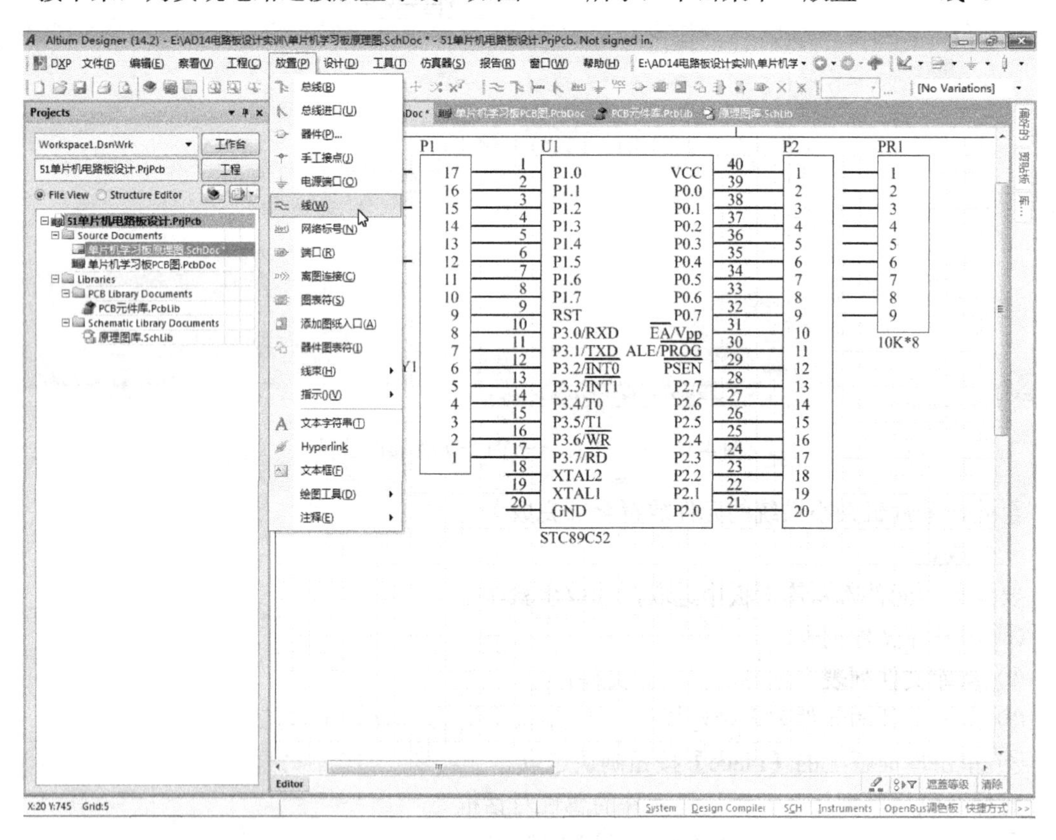

图 4-43　放置导线的菜单操作

单击后鼠标箭头出现×字光标，将×字光标的中心移在 E1 左端，待出现红色“米”字符（电气连接符）时单击左键确定导线起点，再向左向上移动至 S1 左端出现红色的电气连接符时单击左键，这就确定了导线的终点，如图 4-44 所示。

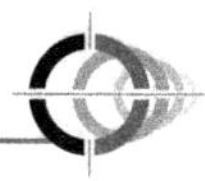

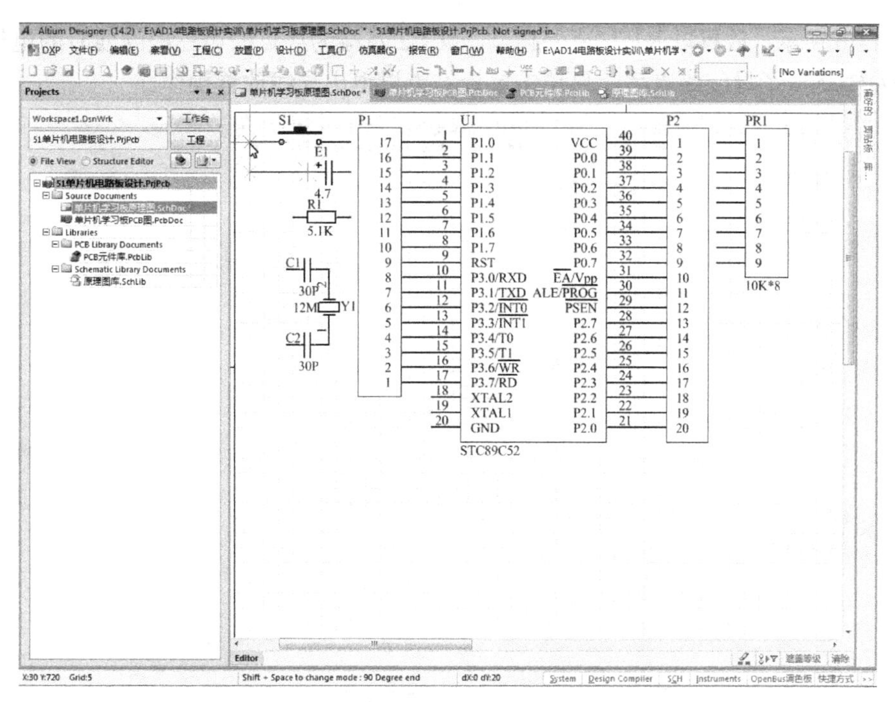

图 4-44　放置导线时必须保证的电气连接图示 1

在确定了导线的终点后单击鼠标右键，以退出第一根导线的放置状态，此时系统仍处于导线放置状态，如图 4-45 所示放置的是以 S1 右端为起点的第二根导线，注意起点及另外两元件引脚接点和终点上的电气连接符。

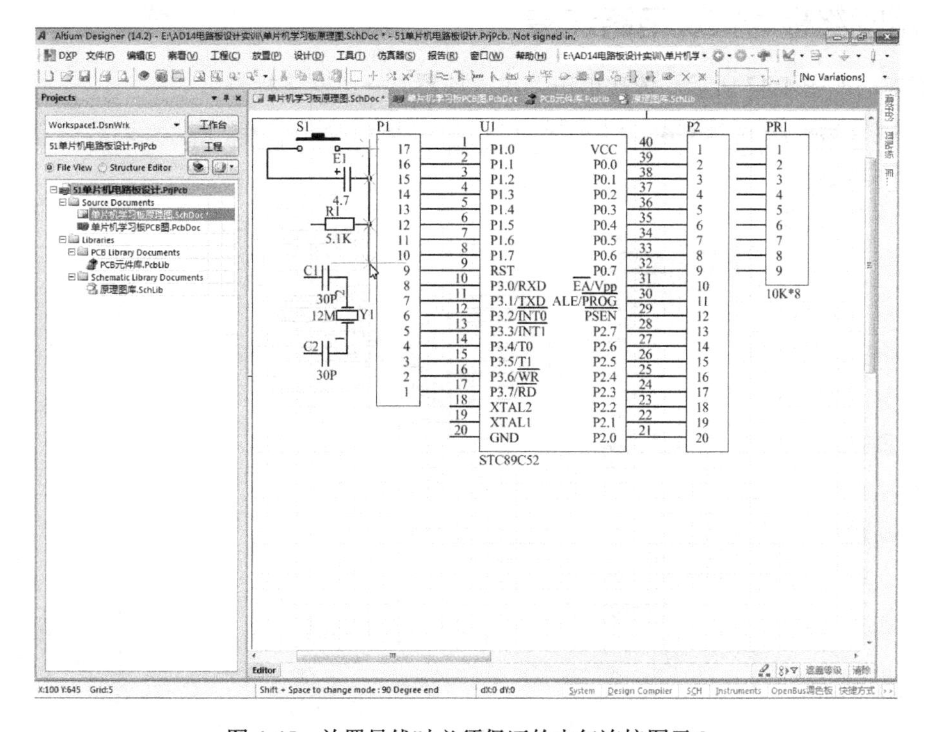

图 4-45　放置导线时必须保证的电气连接图示 2

如图 4-46 所示，放置以 R1 左端为起点，以 C2 左端为终点的第三根导线时的电气连接要求。单击左键确定了导线终点后，再单击鼠标右键以退出导线放置操作。

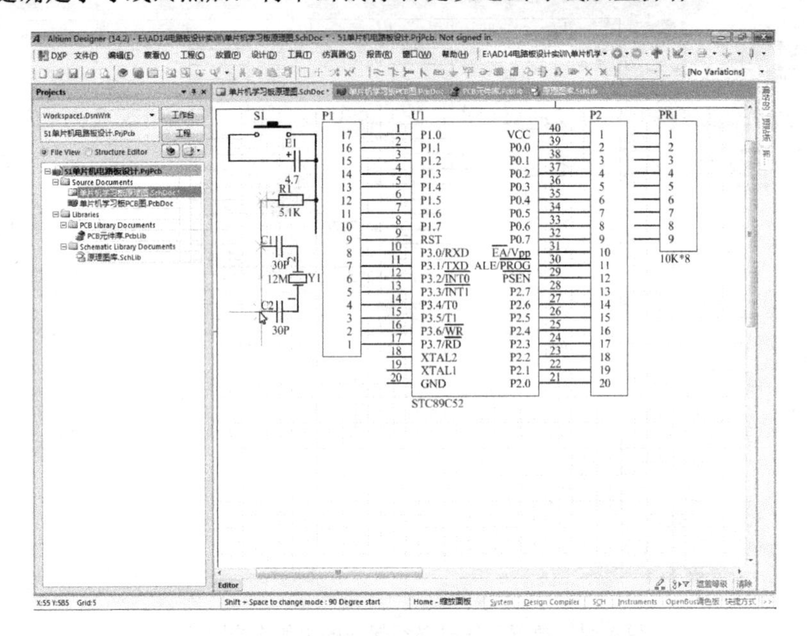

图 4-46　放置导线时必须保证的电气连接图示 3

退出导线放置后，若需要修改，可用鼠标单击菜单“编辑”→“删除”，再用其十字光标移到该导线上，单击鼠标左键予以删除，单击右键退出删除操作后重画。

10.2　用网络标号实现电路连接

接下来，如图 4-47 所示，依次单击菜单“放置”→“网络标号”。

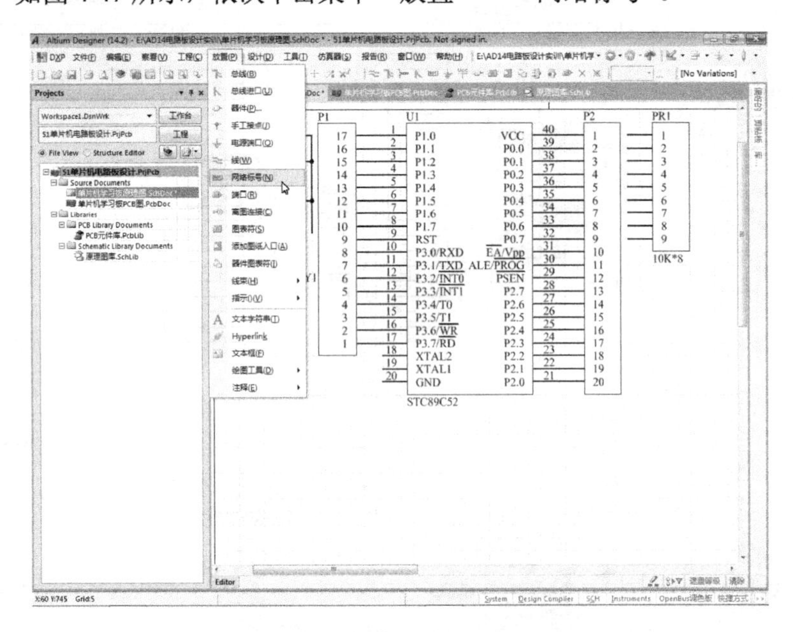

图 4-47　放置网络标号的菜单操作

按 Tab 键，系统弹出“网络标签”对话框，如图 4-48 所示，在“网络”文本框中输入“RST”。

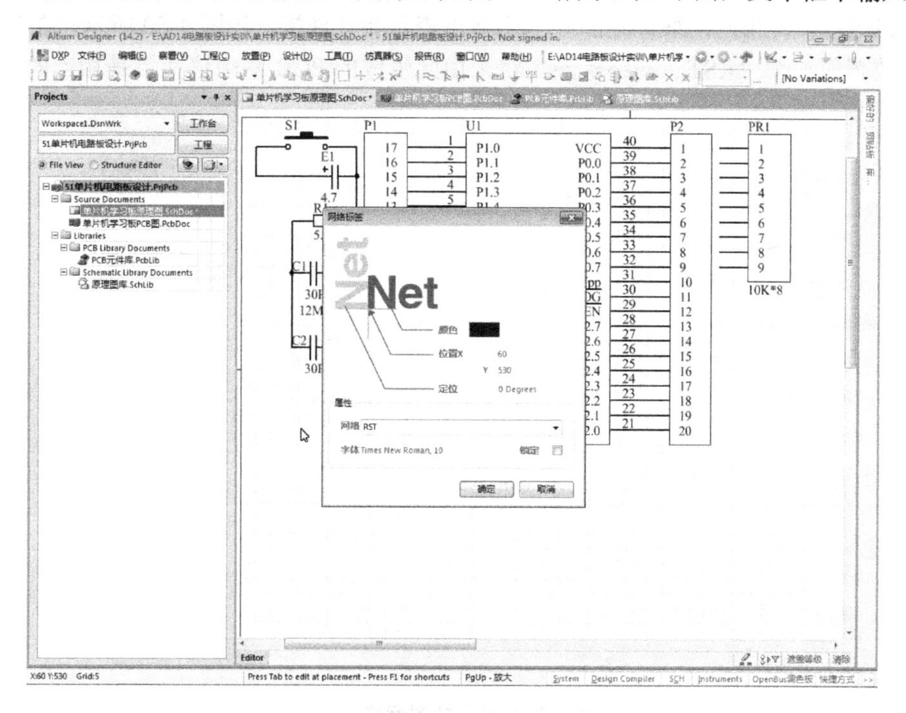

图 4-48　“RST”网络标签的设置

网络标签设定后，如图 4-49 所示，将带有“RST”网络标签的光标移至导线端点，待光标上出现电气连接符时单击左键，就完成了这个网络标签的放置。

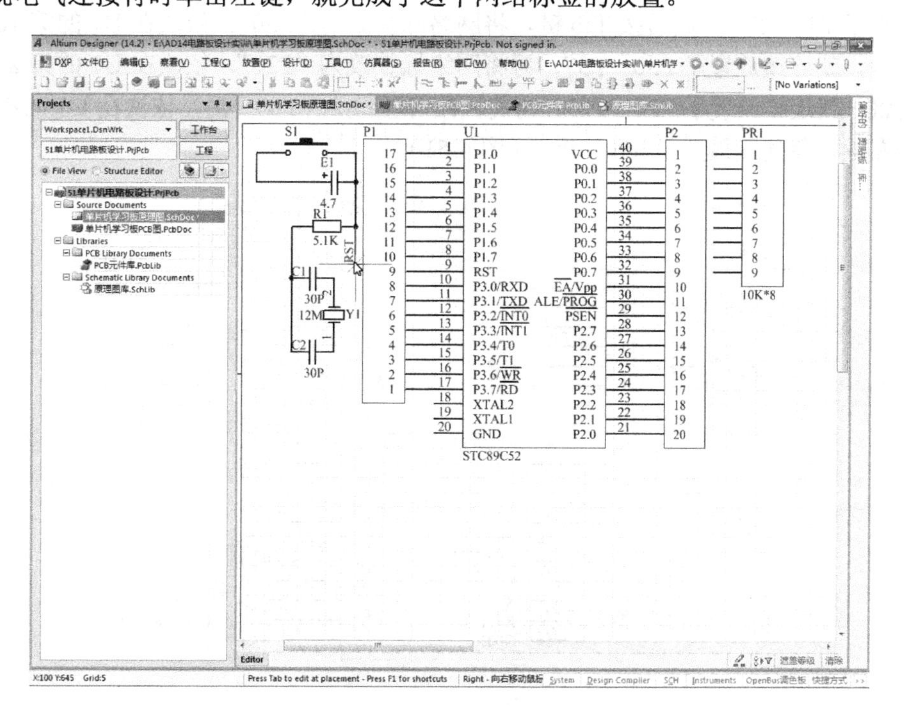

图 4-49　放置网络标签时的电气连接符

放置网络标签时，一定要在出现电气连接符时再单击鼠标左键，只有这样才能保证电路连通。电路图中，有相同网络标签的各电路节点表示相互连接。如图 4-50 所示，在 U2 的第 9 脚端点上放置第二个“RST”网络标签，将来由此生成的 PCB 图中这两点是相连的。

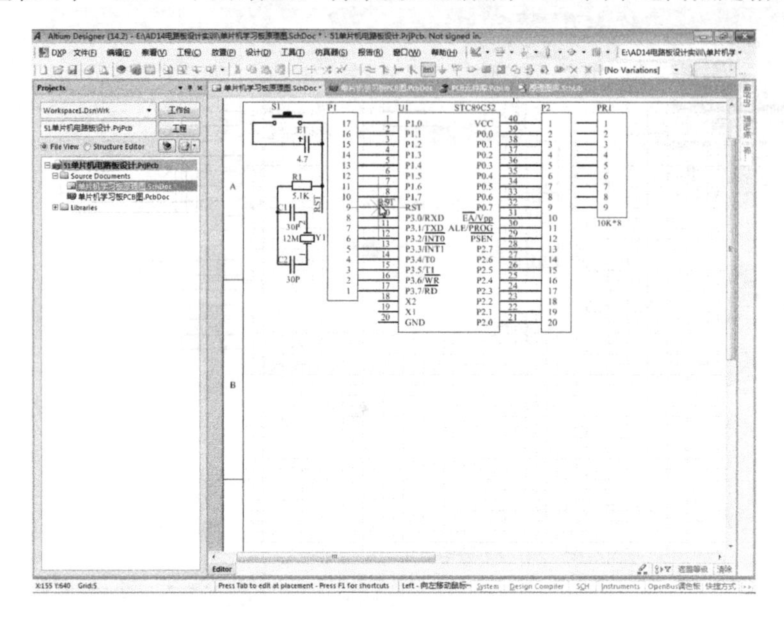

图 4-50　在两引脚对接节点上放置网络标签时的电气连接符

需要说明，以下在放置网络标签时，都必须在保持有红色“米”字符显示时单击左键才有效。接下来，按 Tab 键，将网络标签改为“P10”后，依次在 U1 的第 1～8 脚上单击左键，就连续放置了 P10～P17，此后按 Tab 键，将网络标签改为“P30”，依次在 U1 的第 10～17 脚上单击左键，就连续放置了 P30～P37，再将网络标签改为“P20”，依次在 U1 的第 21～28 脚上单击左键，就连续放置了 P20～P27，再将网络标签改为“P00”后，依次在 U1 的第 39～32 脚上单击左键，就连续放置了 P00～P07（图 4-51）。

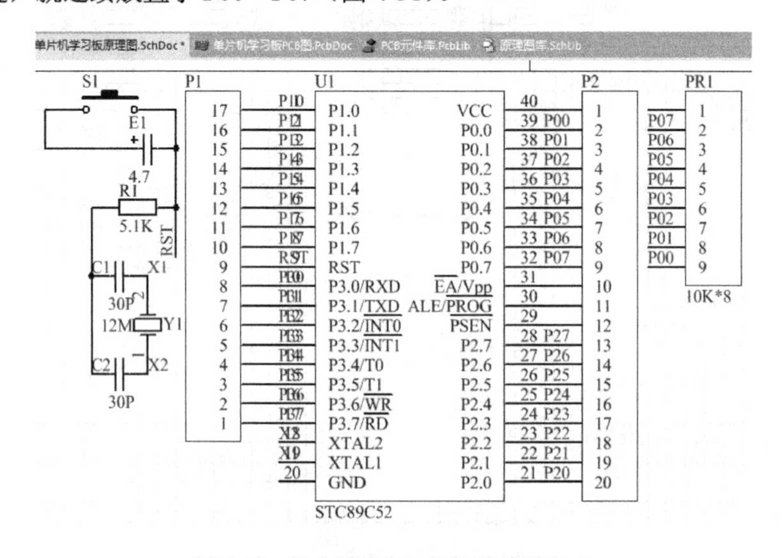

图 4-51　最小系统中网络标签放置完成

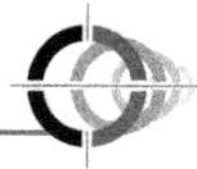

10.3 放置电源端口

接下来，为电路图放置电源端口。如图 4-52 所示，单击工具栏上的“GND 端口”按钮。

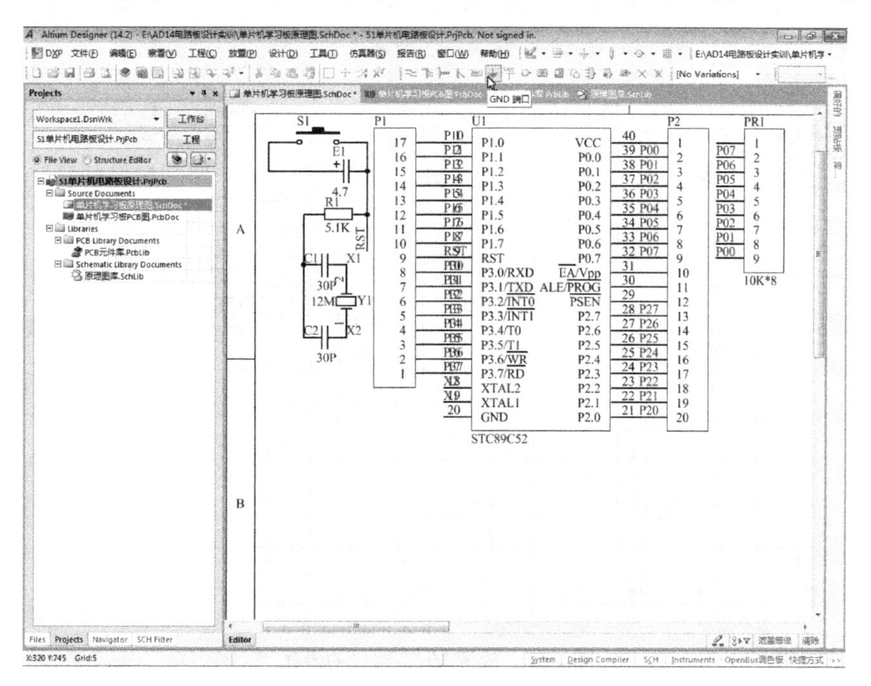

图 4-52 GND 端口的放置操作

放置电源端口时，如图 4-53 所示，也必须在有红色“米”字符显示时单击左键才有效。

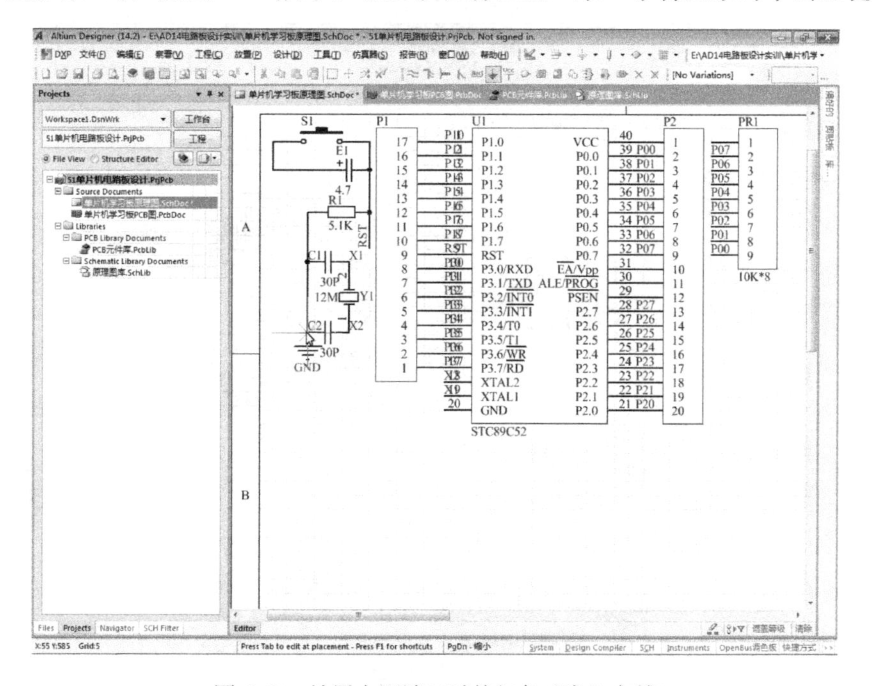

图 4-53 放置电源端口时的红色“米”字符

两个 GND 端口放置完毕后，接下来是放置 VCC 端口。如图 4-54 所示，单击“VCC 电源端口”按钮。

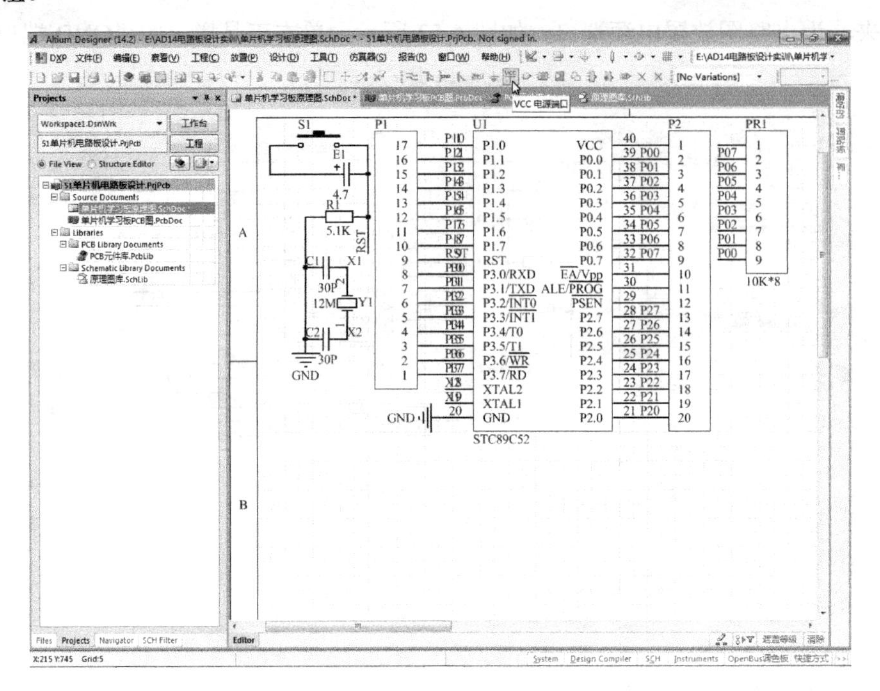

图 4-54　放置 VCC 端口的操作

注意，同前面一样，放置 VCC 端口时，如图 4-55 所示，也必须在有红色“米”字符显示时单击左键才有效。

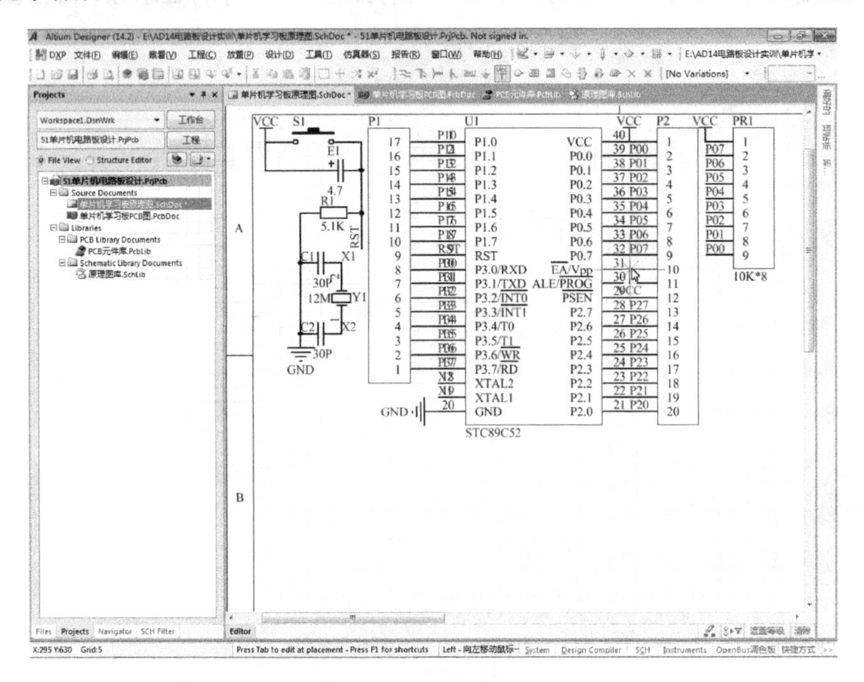

图 4-55　放置 VCC 端口时的红色“米”字符

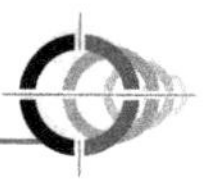

这四个 VCC 电源端口放置完毕后，51 单片机最小系统的电路绘制就全部完成了。

10.4 画模块单元分界线

接下来，为单片机学习板原理图各板块划设分界线。如图 4-56 所示，依次单击菜单“放置”→“绘图工具”→“线”。

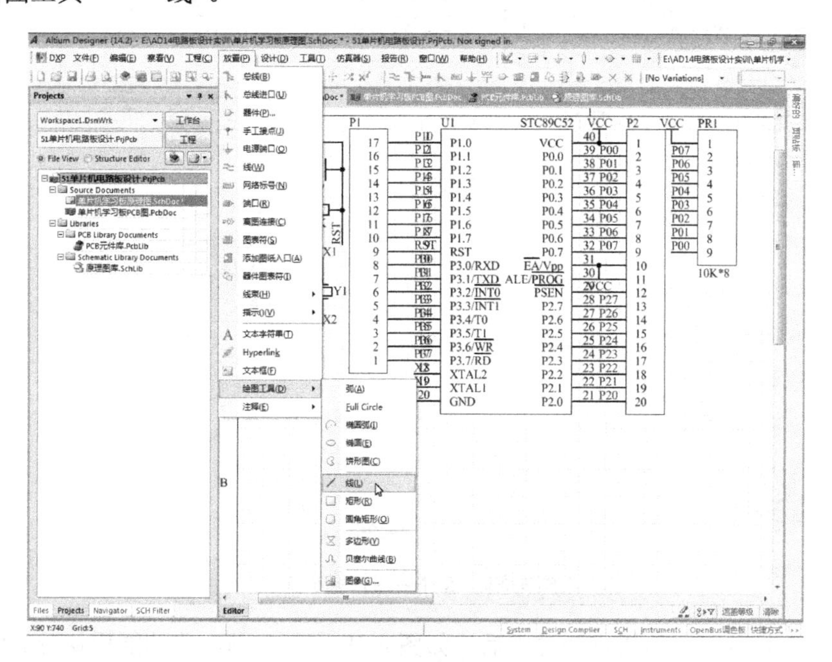

图 4-56 画模块分界线的菜单操作

按 Tab 键，如图 4-57 所示，在弹出的对话框中选择第二种线宽。

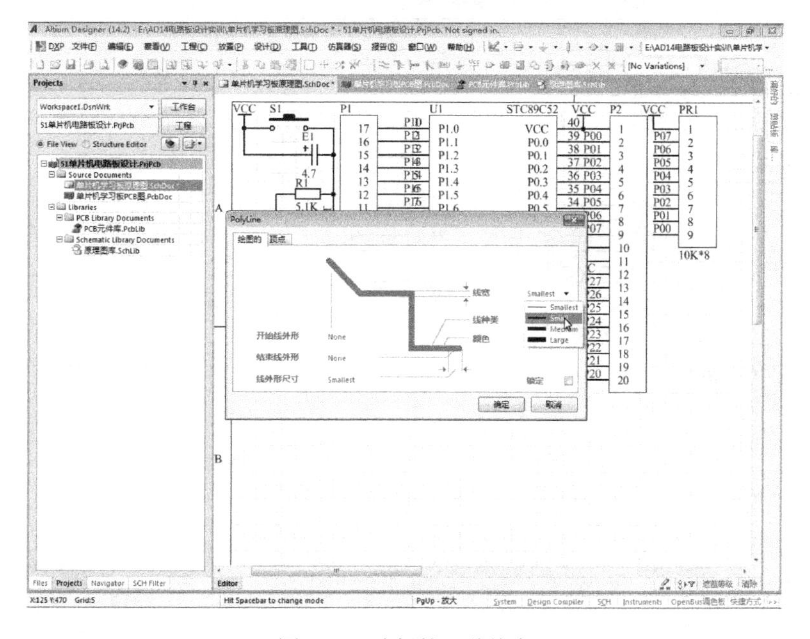

图 4-57 选择第二种线宽

选择线宽后，还要选择线种类，如图 4-58 所示，选择第四种线种类。

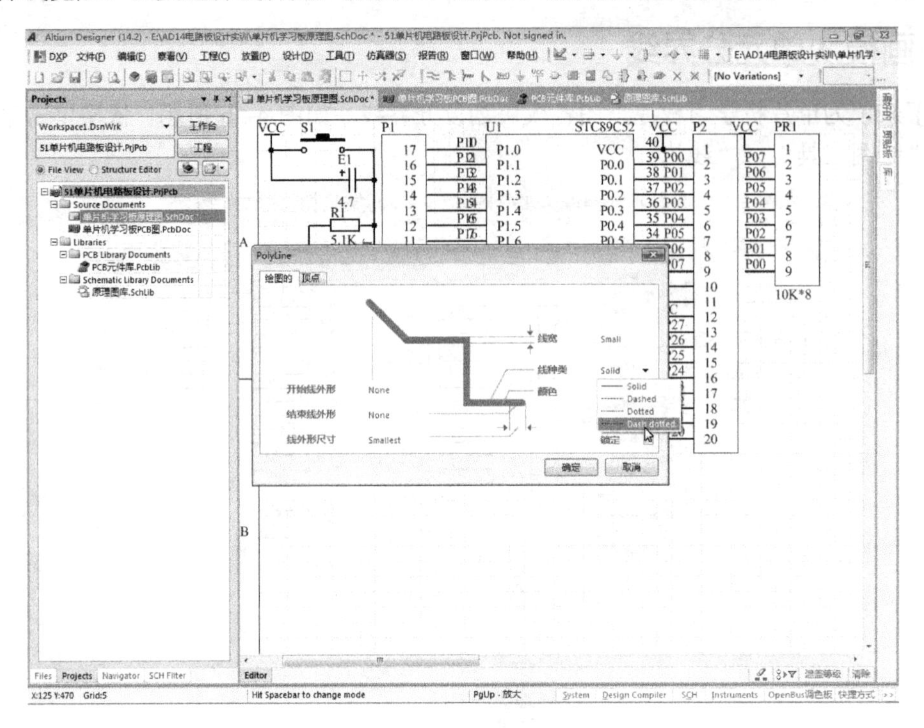

图 4-58　选择第四种线种类

确定电路板块分界线的线宽和种类后，如图 4-59 所示，画电路功能模块分界线。

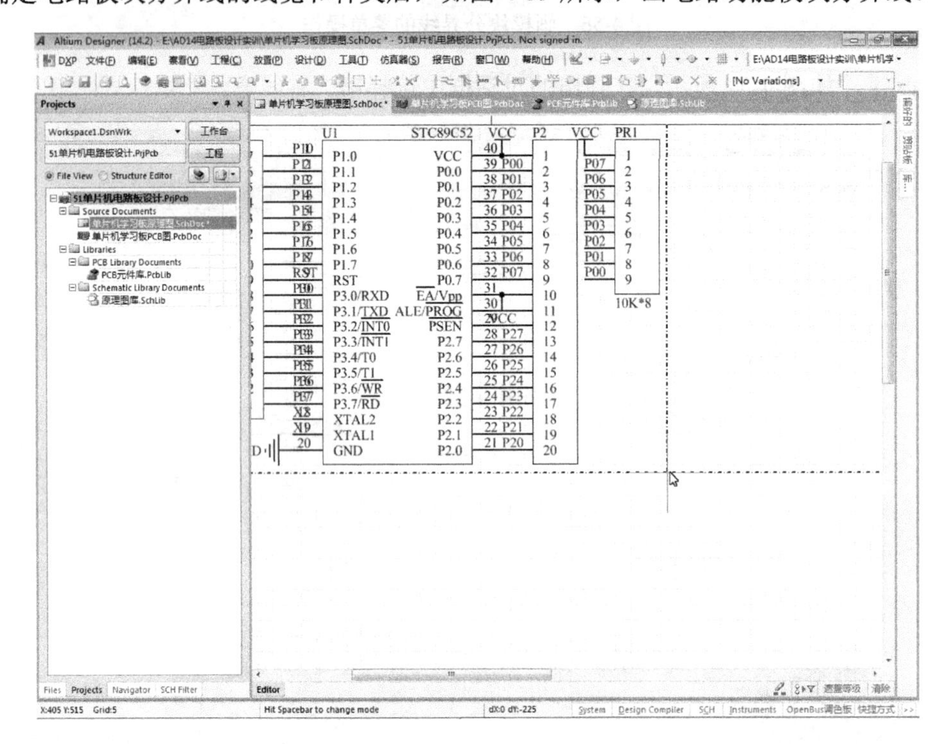

图 4-59　绘制电路图中的功能块分界线

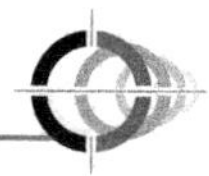

10.5 为模块命名

接下来，为电路功能块标示注释。如图 4-60 所示，单击菜单“放置”→“文本字符串”。

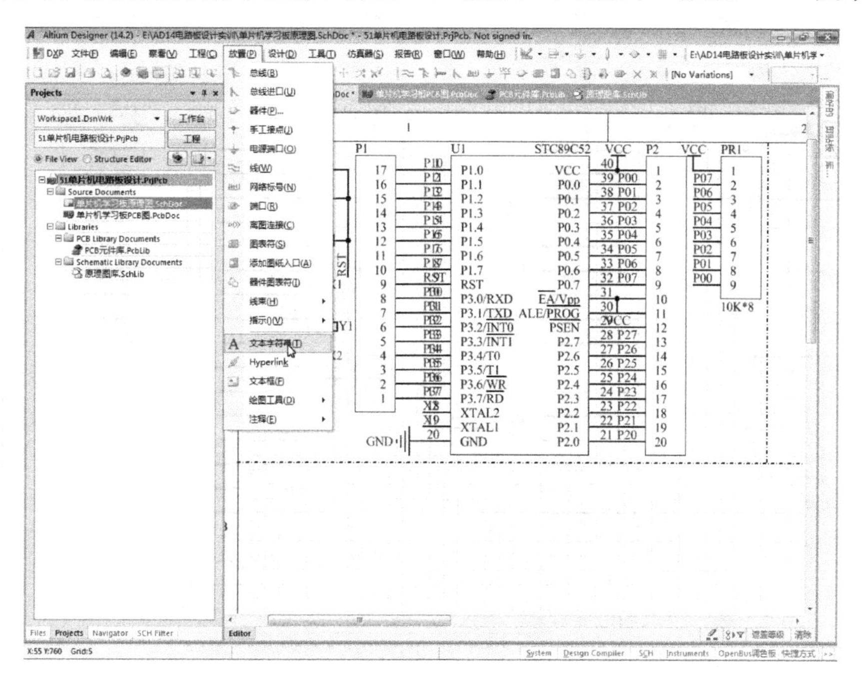

图 4-60 放置注释的菜单操作

按 Tab 键，如图 4-61 所示，在对话框的文本框中，输入文字“51 单片机最小系统”。

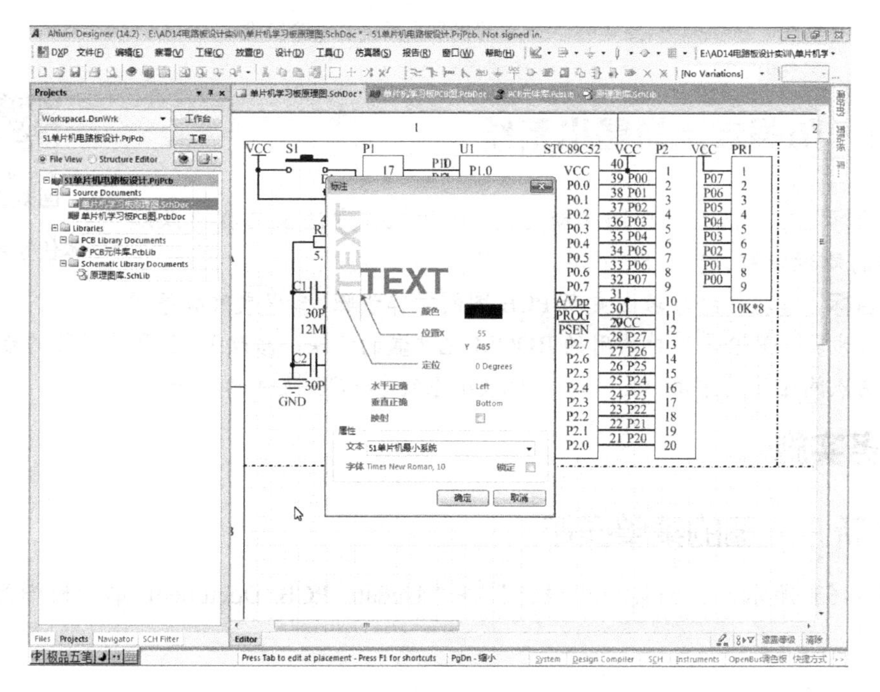

图 4-61 电路图中的中文标识

确定文字内容后，如图 4-62 所示，将说明文字放置到所需位置。至此，51 单片机最小系统的绘制全部完成。

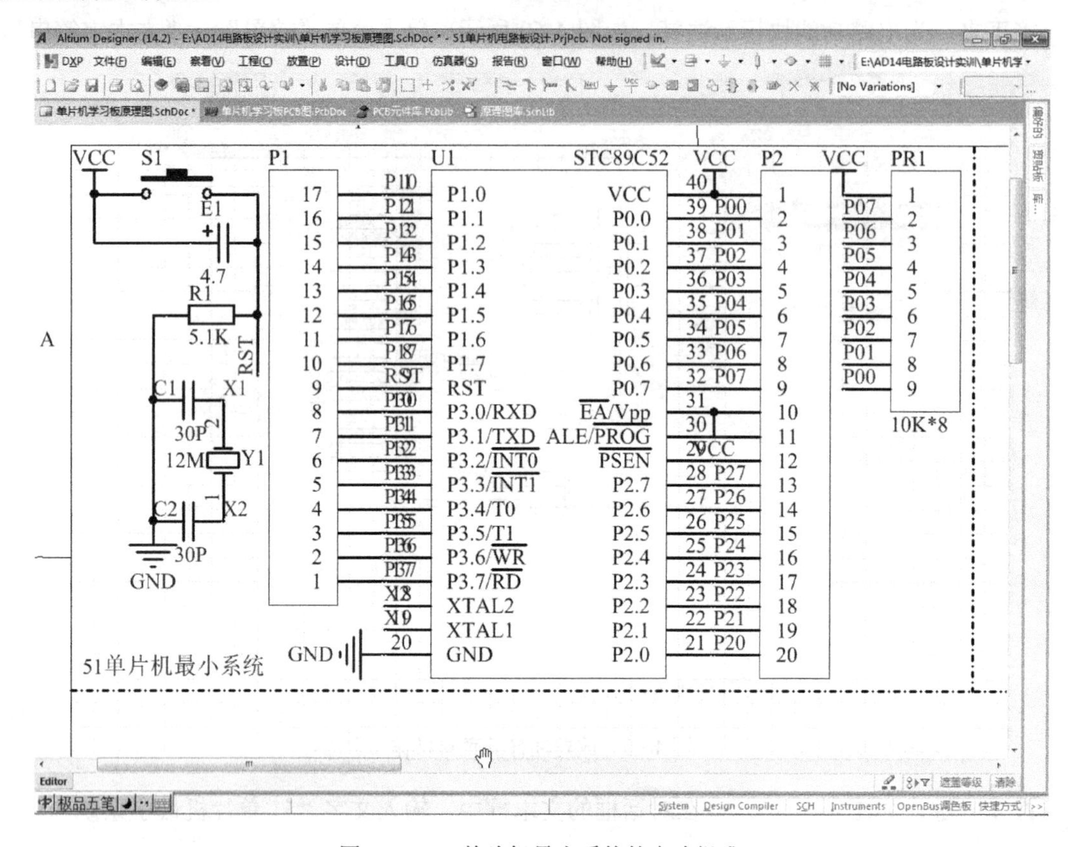

图 4-62　51 单片机最小系统的电路组成

任务 11　布局单片机最小系统

本任务微课视频

知识目标　熟悉根据原理图更新 PCB 图的操作方法及工程更改顺序对话框的处理流程。

能力目标　掌握根据原理图更新 PCB 图的操作步骤，工程更改顺序对话框的处理步骤，删除导入封装用的 ROOM 元件盒的方法，修改 PCB 元件封装的步骤，PCB 图中测量两点间距离的方法。完成单片机最小系统各 PCB 元件的布局。

任务实施

11.1　更新 PCB 图的菜单操作

如图 4-63 所示，单击菜单“设计”→“Update PCB Document 单片机学习板 PCB 图.PcbDoc”。

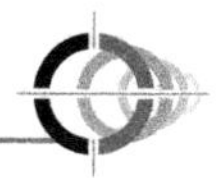

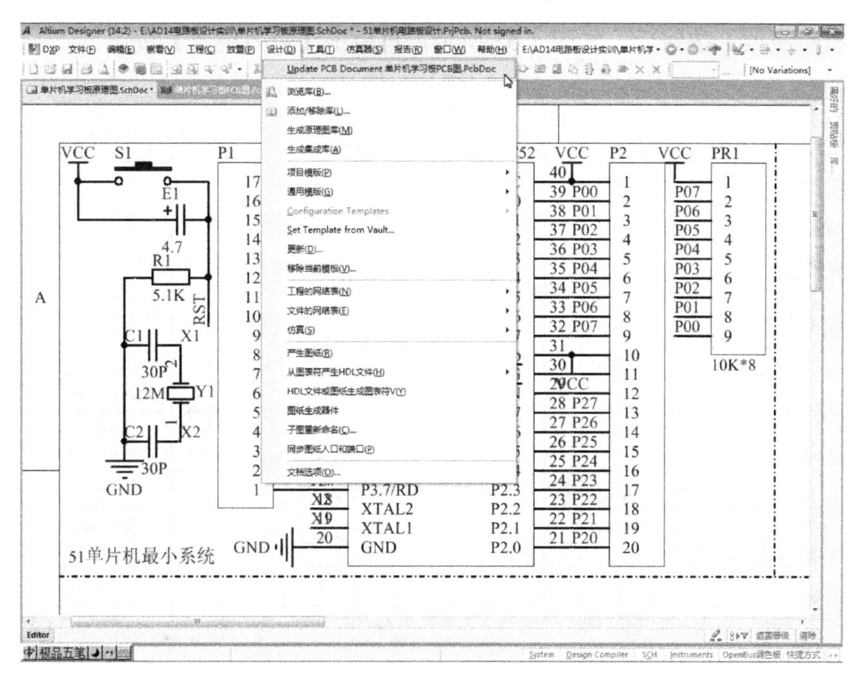

图 4-63　根据原理图更新 PCB 图

11.2　工程更改顺序对话框的操作步骤

上述操作后，系统弹出“工程更改顺序”对话框，如图 4-64 所示，单击【执行更改】按钮。

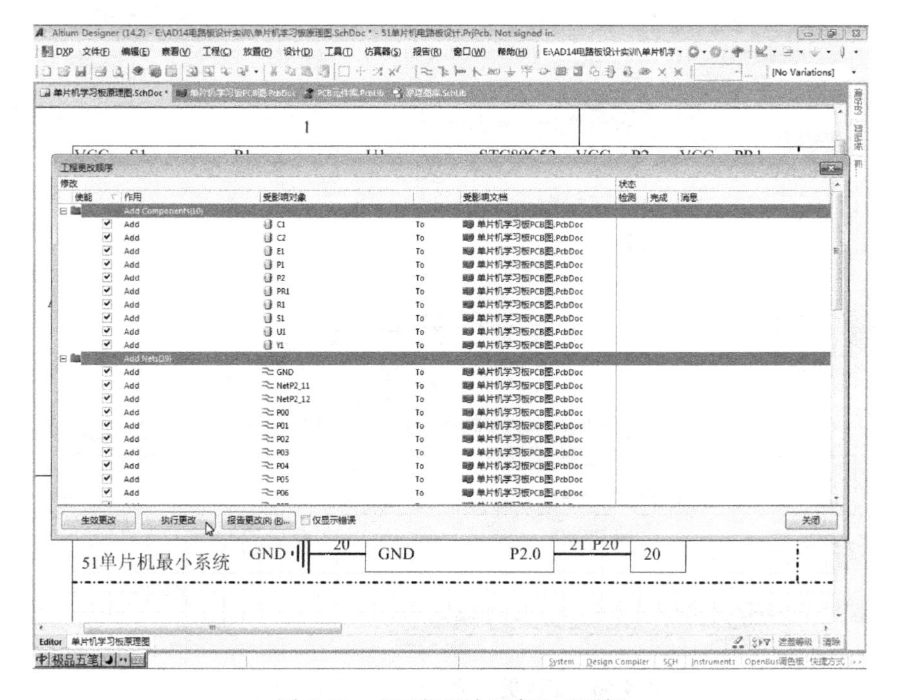

图 4-64　“工程更改顺序”对话框

单击【执行更改】按钮后，如图 4-65 所示，再单击【生效更改】按钮。

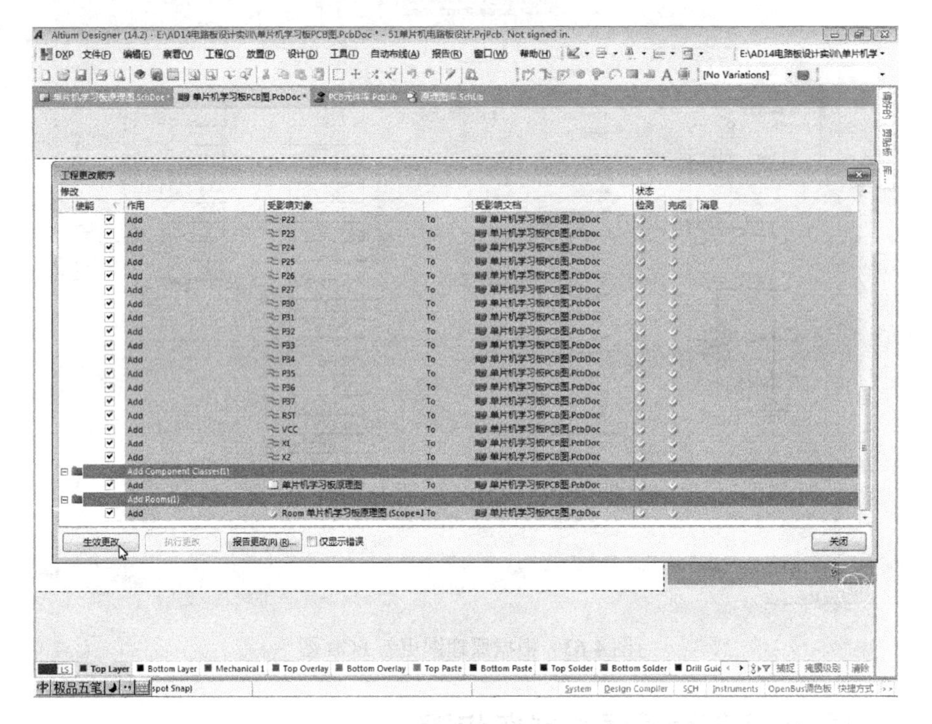

图 4-65　“工程更改顺序”对话框的设置

单击【生效更改】按钮后，如图 4-66 所示，再单击【关闭】按钮。

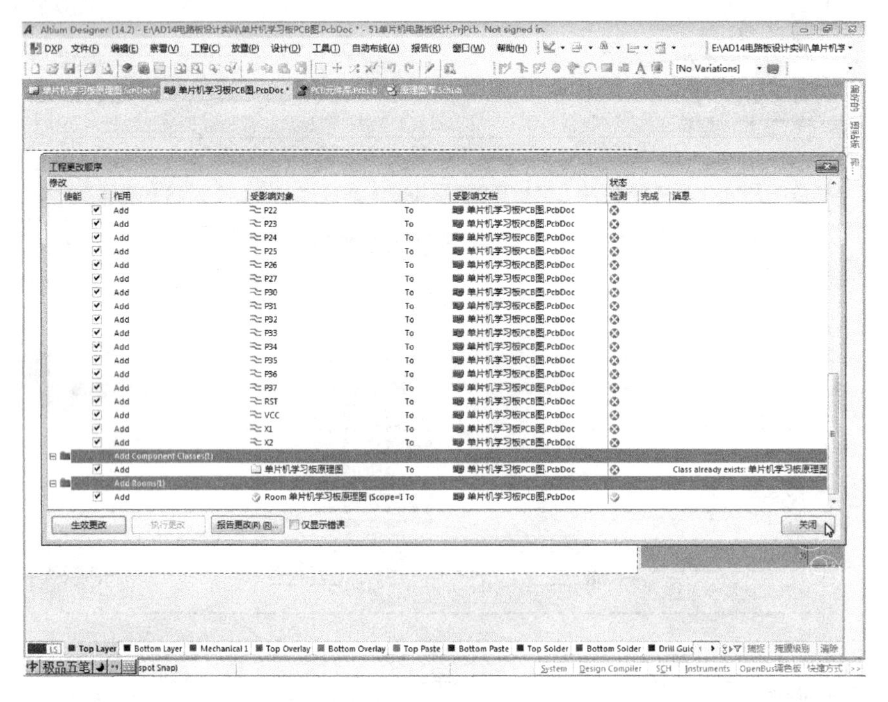

图 4-66　工程更改顺序对话框的处理图示

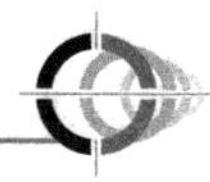

11.3 封装元件盒的删除操作

关闭“工程更改顺序”对话框后，就完整显示出PCB设计界面。如图4-67所示，最小系统电路图中的所有元件位于PCB绘图区外边的“元件盒”中。单击菜单“编辑”→“删除”，鼠标光标变成十字状。

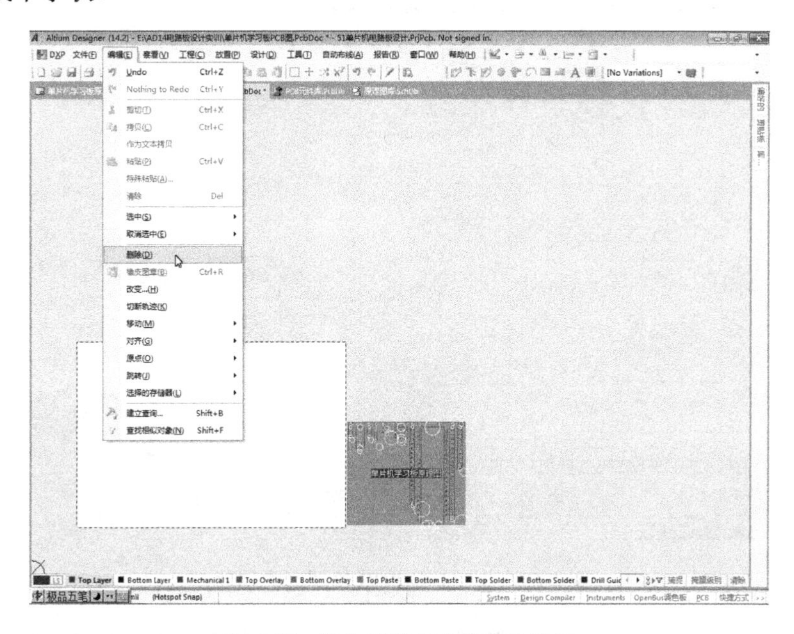

图4-67 进入删除状态的菜单操作

如图4-68所示，用带有十字的鼠标光标单击橙色元件盒的空白处，橙色盒子消失，就删除了该元件盒，这样才能进行元件盒内那些PCB元件的布局操作。

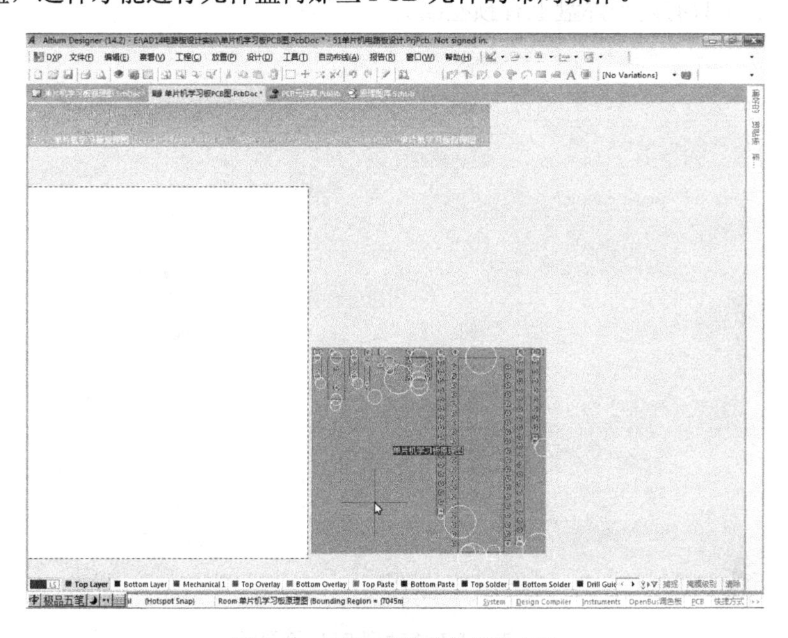

图4-68 PCB元件盒的删除方法

11.4 元件封装的布局

删除后单击鼠标右键以退出删除状态。如图 4-69 所示，将鼠标光标移到 U1 元件上后按下鼠标左键不放，光标出现十字符，将 U1 向 PCB 绘图区中移动。

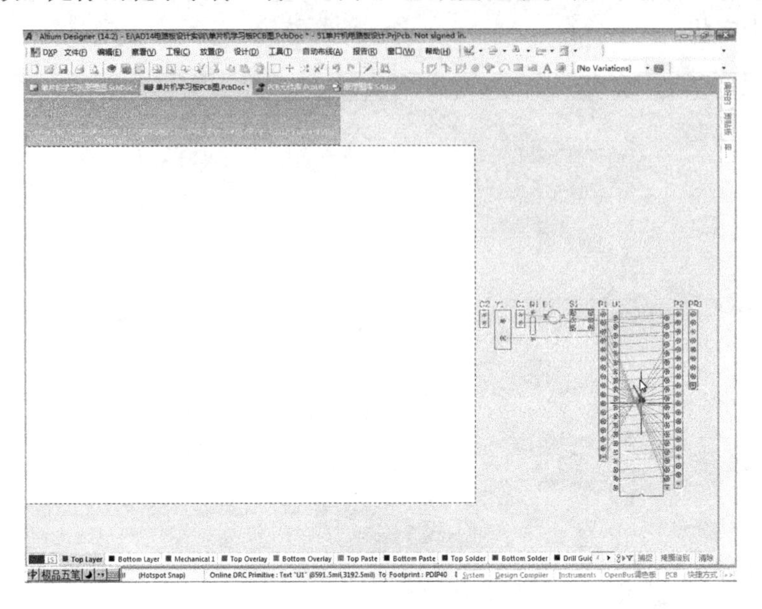

图 4-69 把 U1 向 PCB 绘图区中移动

如图 4-70 所示，移动中按两次空格键。由图可看见每个元件的各焊盘，与其他元件相应焊盘间有表示连接的预拉线。如果某焊盘上没有预拉线出现，则说明该焊盘的电气连接有问题，应返回原理图进行检查，修改后重新更新 PCB 图。另外要说明，由于 S1 在原理图上只有两只引脚，所以 S1 只有两个焊盘上有预拉线。

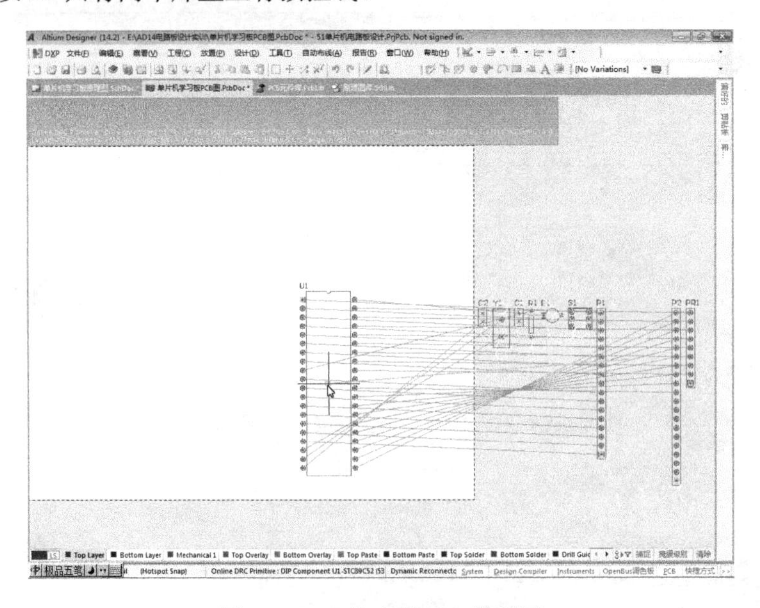

图 4-70 U1 移动到 PCB 绘图区

放开左键后，双击 U1，系统弹出元件 U1 的属性对话框，如图 4-71 所示。

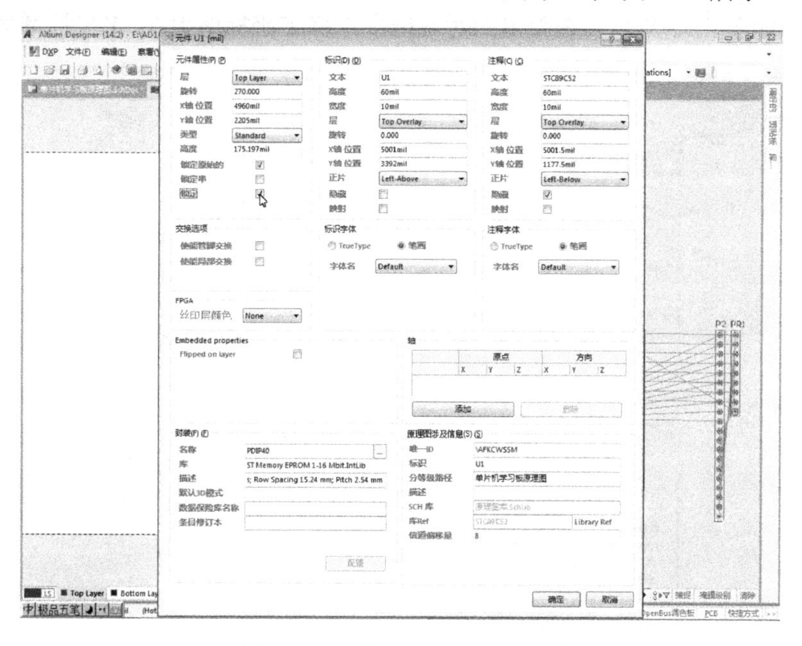

图 4-71 元件 U1 的属性对话框

在图 4-71 中，把它的 X 坐标修改为 4960，Y 坐标修改为 2205，选择“锁定”，并确定。再用同样的方法，把 P1 移到 U1 左边，把 P2 移到 U1 右边，且预拉线呈水平状，按 Ctrl+M 组合键，光标呈十字状，将光标移到 P1 最上端焊盘上，当光标显示为八边形时单击左键，再将光标移到 U1 的 1 号焊盘且为八边形时单击鼠标，系统就弹出这两点间的水平间距和垂直间距测量结果，如图 4-72 所示。

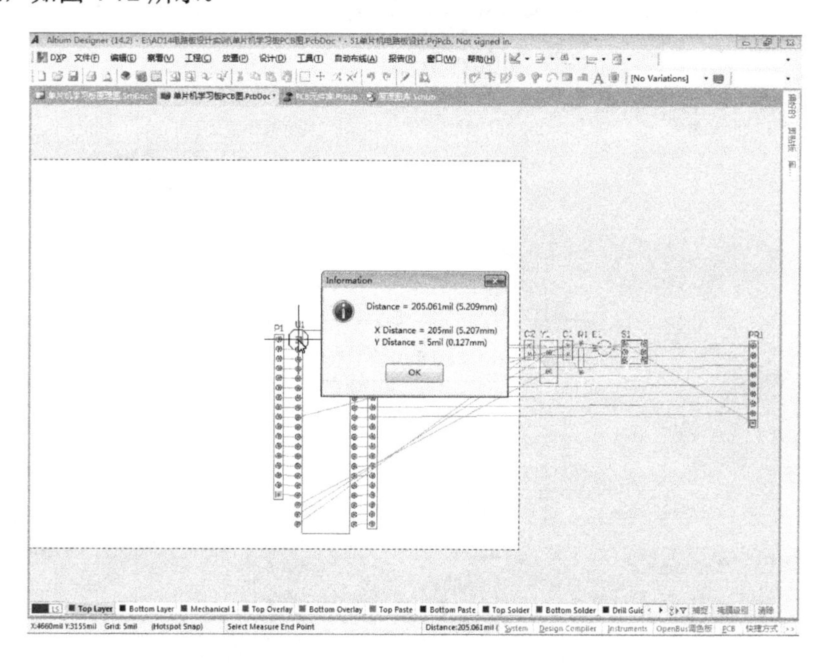

图 4-72 P1 第 17 号焊盘与 U1 第 1 号焊盘间的距离测量结果

测量结果 *X* 距离为 205mil（应为 200mil），*Y* 距离为 5mil（应为 0）。双击 P1（注意不能双击其焊盘），如图 4-73 所示，在弹出的对话框中，将 *X* 坐标增大 5，*Y* 坐标增大 5。

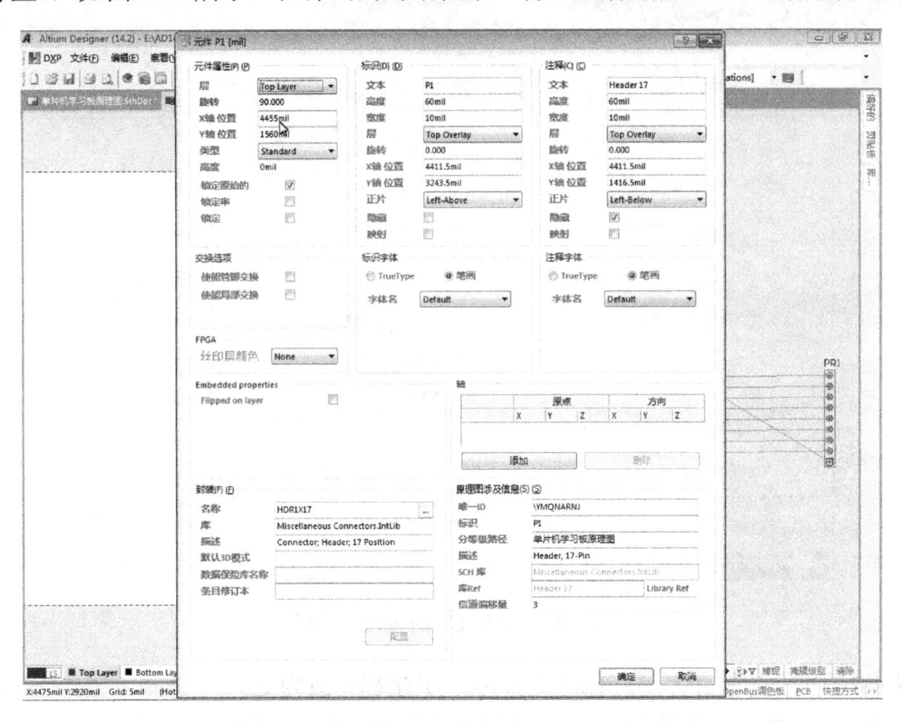

图 4-73　修改 P1 的坐标

重新测量两个焊盘的间距，如图 4-74 所示，其 *X* 距为 200mil，*Y* 距为 0，符合要求。

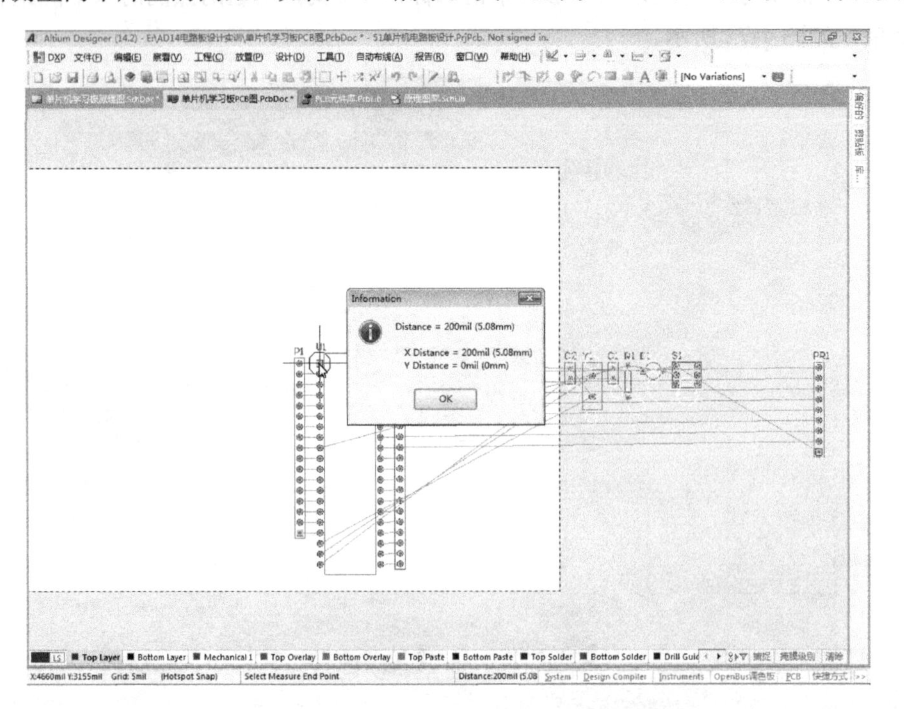

图 4-74　修改 *XY* 坐标后的距离测量结果

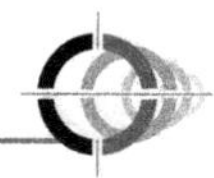

接下来，如图 4-75 所示，把其他元件 Y2、C1、C2、S1、R1、E1 移动到与已布局元件紧邻处（贴近而不挤碰）放置。

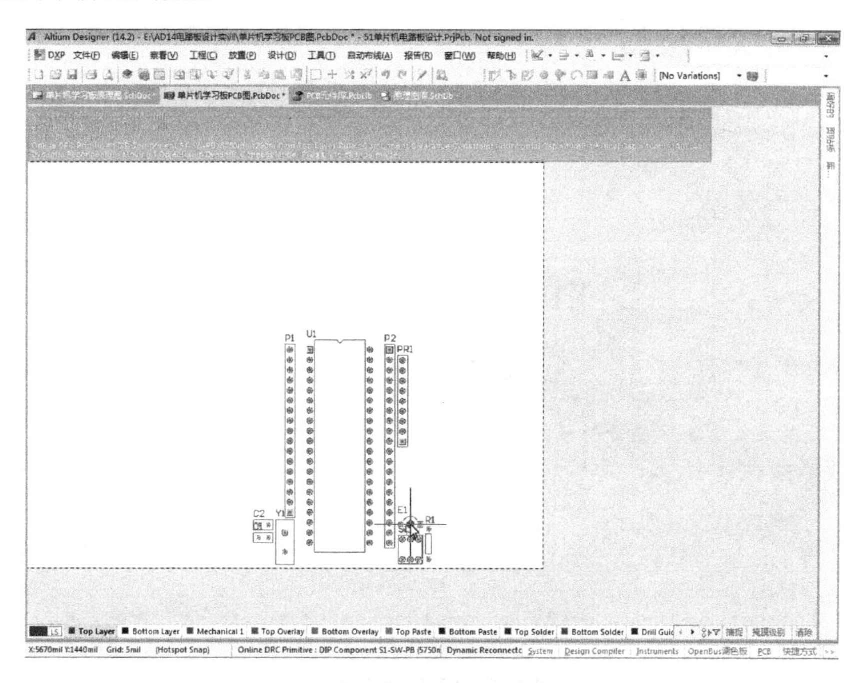

图 4-75　其余元件的布局位置

从图 4-75 可以看到，E1 两焊盘间距太大，应缩小。双击 E1，在弹出的 E1 属性对话框中，如图 4-76 所示，取消“锁定原始的”勾选标记，并确定。

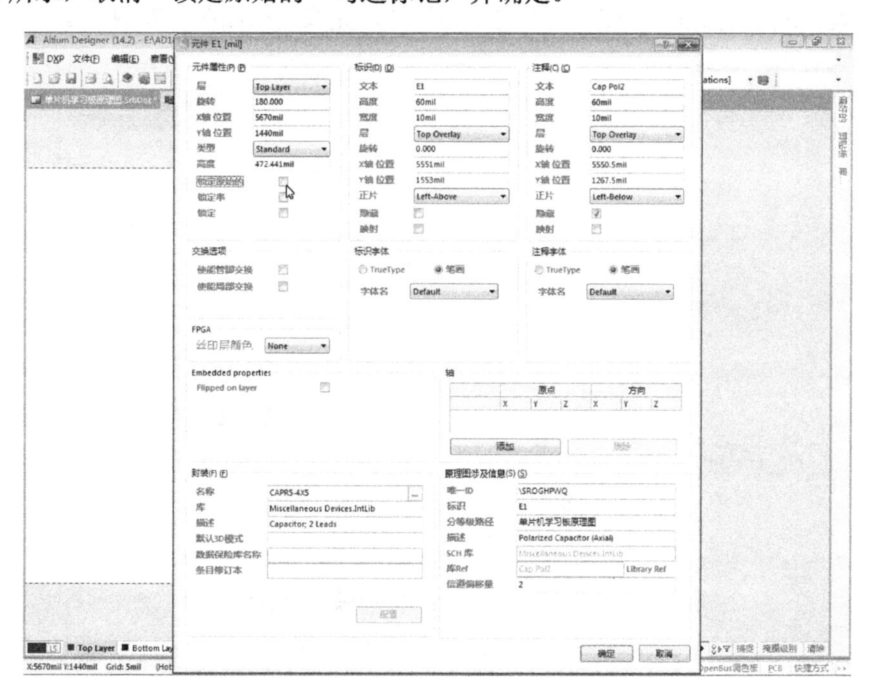

图 4-76　取消 E1 属性中“锁定原始的”勾选标记

对E1的封装进行修改，如图4-77所示，把E1的两个焊盘、两条圆弧都向其中心移动，从而减小其所占面积。

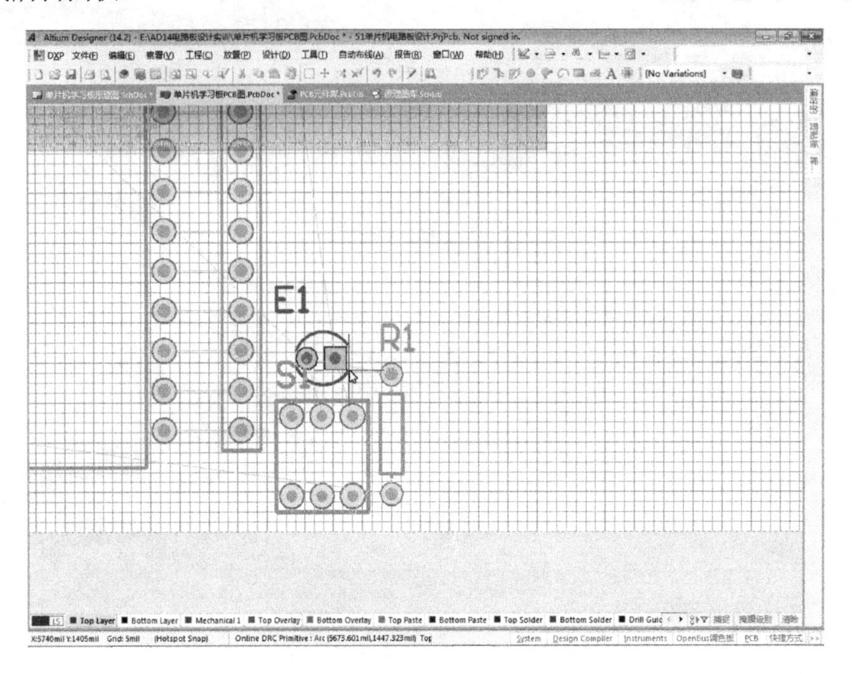

图4-77 E1封装的修改

E1封装修改完毕后，再双击修改后的E1，在弹出的对话框中，恢复E1属性中“锁定原始的”勾选标记，确定后再将其微调到所需位置。

到此，就完成了最小系统PCB元件的布局设计，完成结果如图4-78所示。

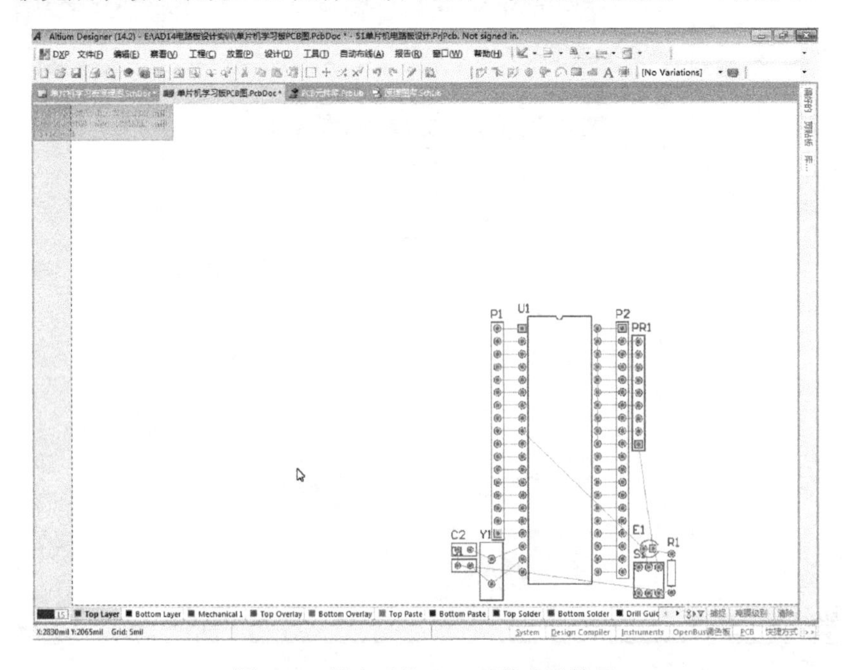

图4-78 最小系统PCB元件布局结果

说明：现在的布局是分模块进行的，只考虑了对元件封装的定位放置，对元件标识是顺其自然、暂不处理，到全部模块布局完成后再进行所有标识的大小和位置调整。

任务 12　绘制数码管模块

本任务微课视频

知识目标　熟悉数码管模块的原理图构成。

能力目标　熟练掌握设计原理图时，对各元件属性的标识、注释、标值和封装的设定要点，完成数码管模块中各元件的规范放置和电气连接。

12.1　放置 LEDS 元件

单击“单片机学习板原理图.SchDoc”选项卡，工作区切换为原理图绘制界面，展开库面板，如图 4-79 所示，从原理图库中选取“LEDS”元件。

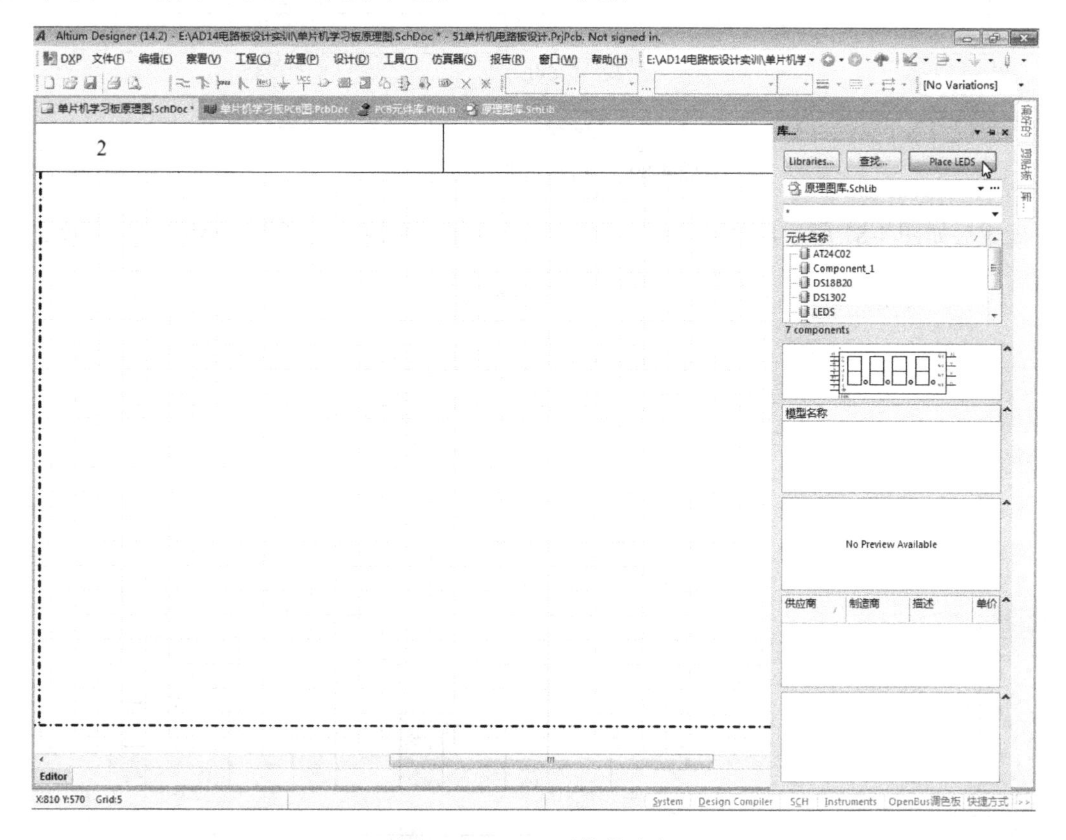

图 4-79　LEDS 元件的选取

单击【Place LEDS】按钮后按 Tab 键，如图 4-80 所示，在弹出的元件属性对话框中，标识设为 LEDS，取消注释，追加封装为“PCB 元件库”中的 LEDSPCB 元件。

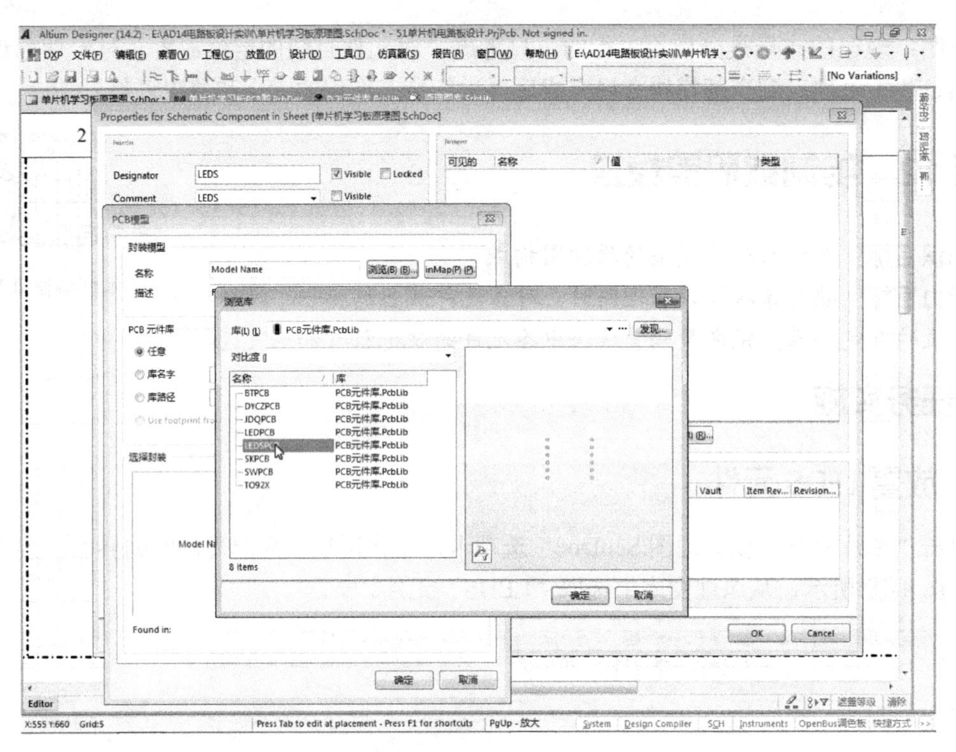

图 4-80　LEDS 元件的属性设置

确定后如图 4-81 所示，鼠标光标移到 11 脚外端按下左键移动到点（540,625）上放置。

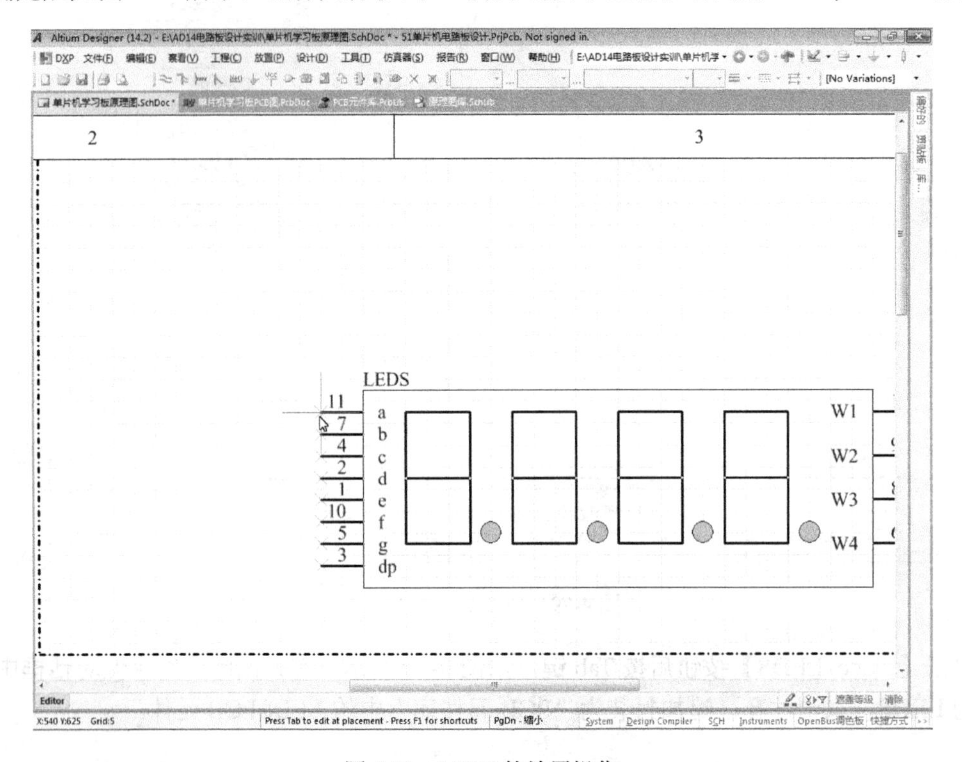

图 4-81　LEDS 的放置操作

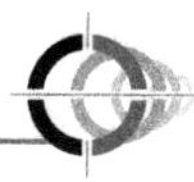

12.2　放置 PNP 三极管 Q1～Q4

接下来，如图 4-82 所示，在常用元件库中，选择“2N3906”元件后单击【Place2N3906】按钮。

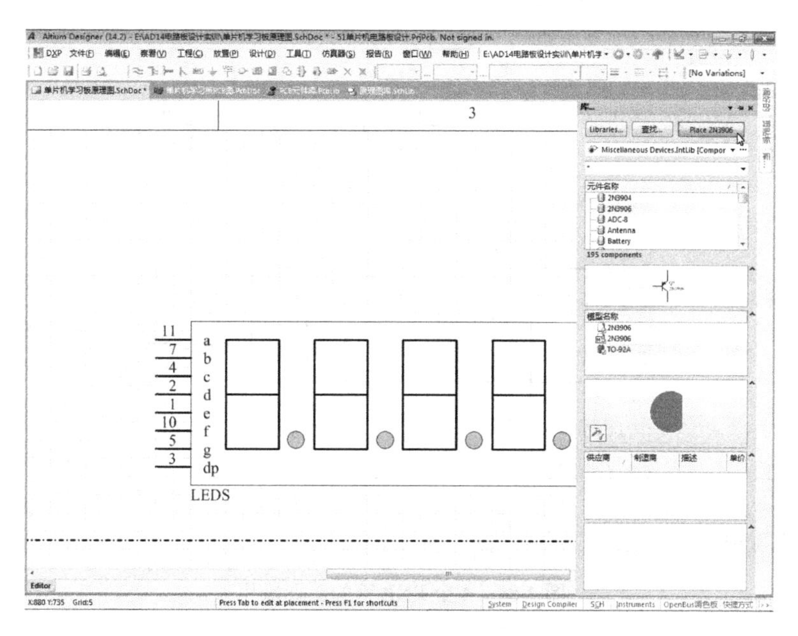

图 4-82　PNP 三极管的选取

按 Tab 键，如图 4-83 所示，在弹出的元件属性对话框中，标识设为 Q1，注释设为 S8550，封装修改为 PCB 元件库中的“TO92X”元件。

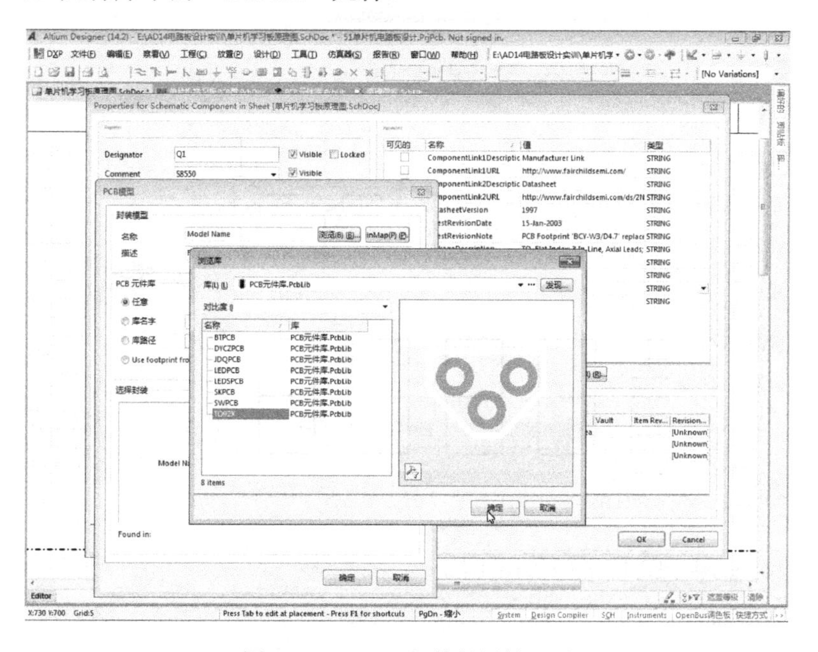

图 4-83　PNP 三极管的属性设置

Q1 的属性设置确定后，如图 4-84 所示位置，鼠标单击 4 次，完成 4 个 PNP 管的放置，然后单击鼠标右键，退出放置操作。

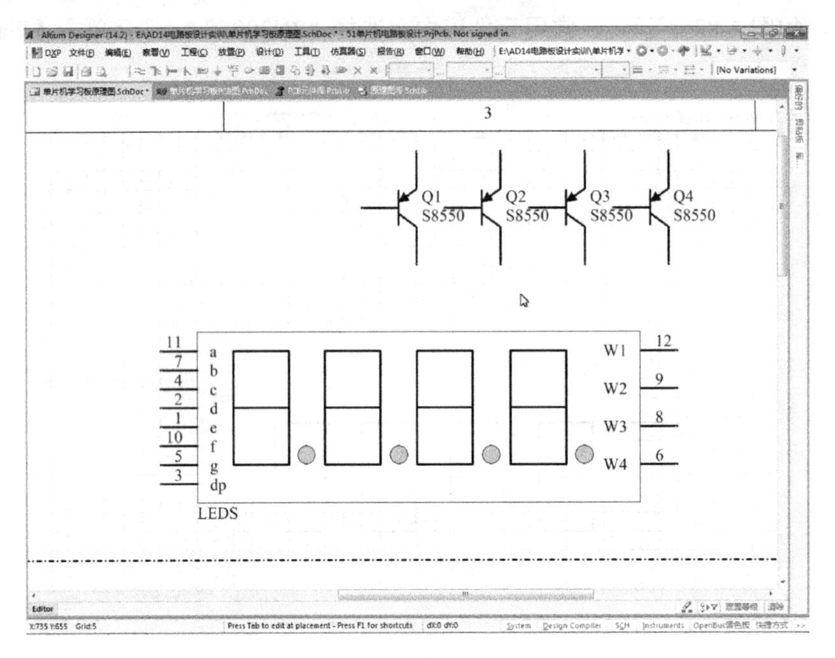

图 4-84　4 个 PNP 管的放置操作

12.3　放置限流电阻 R2～R13

接下来，如图 4-85 所示，在常用元件库中选取“Res2”元件。

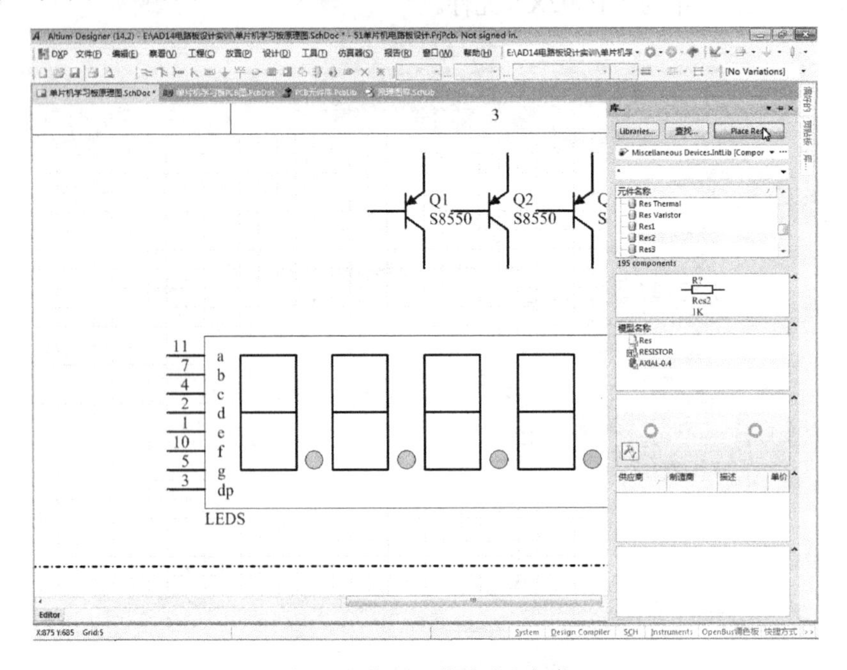

图 4-85　电阻元件的选取操作

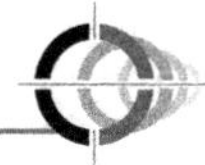

单击【PlaceRes2】按钮后按 Tab 键，如图 4-86 所示，在弹出的对话框中，标识设为 R2，取消注释，标值设为 1K，修改封装为常用元件库中的“AXIAL-0.3”。

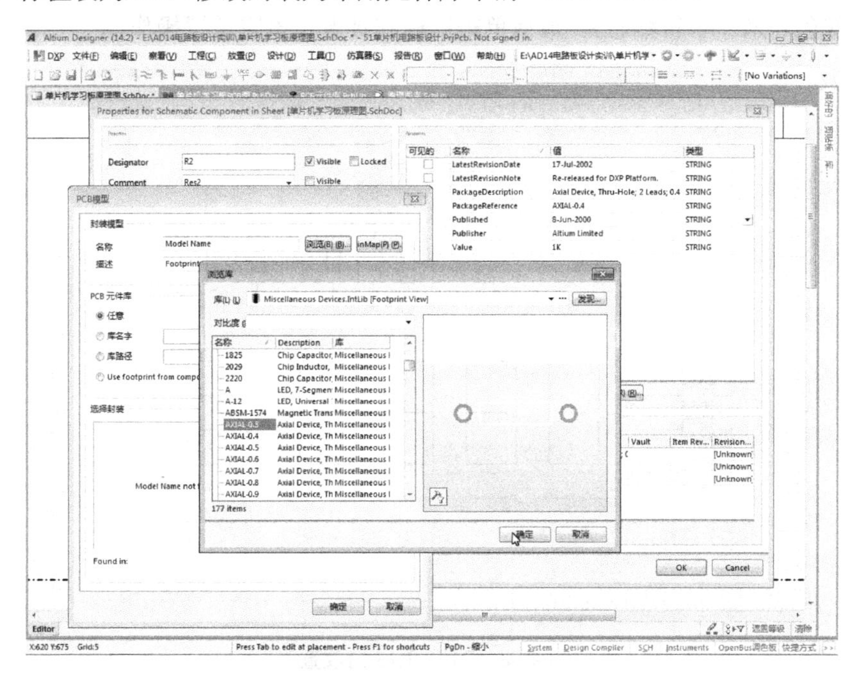

图 4-86　电阻元件的属性设置

电阻元件属性设置确定后，如图 4-87 所示，依次将 R2～R9 的引脚右端与 LEDS 各引脚左端相对接（鼠标单击时都必须有红色“米”字符）。

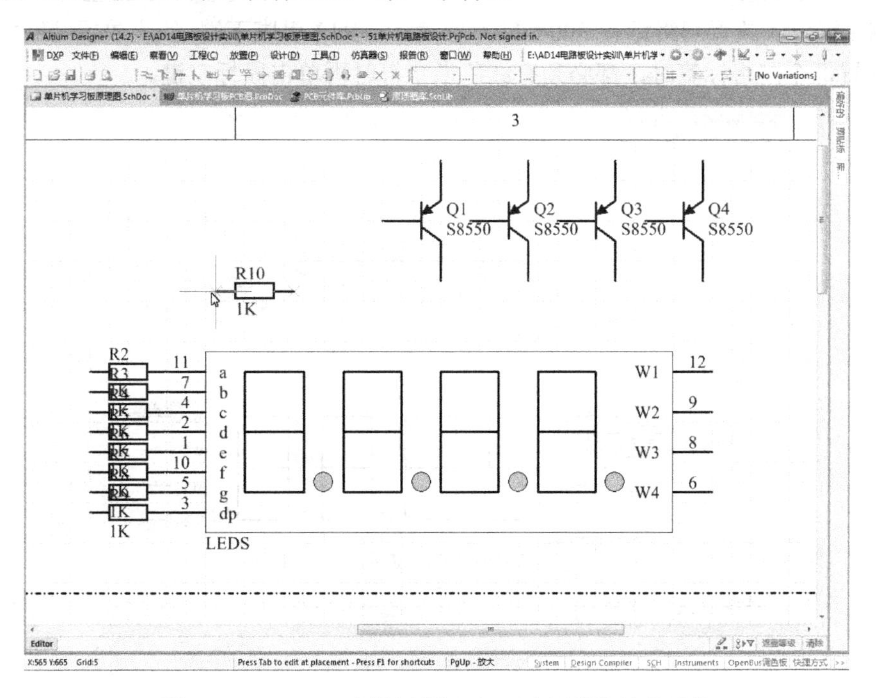

图 4-87　R2～R9 引脚右端与 LEDS 各引脚左端的对接

放置了 R9 后，系统仍处于 R 元件的放置状态，按 Tab 键，在弹出的对话框中，仅将标值改为“5.1K”，确定后如图 4-88 所示，将 R10～R13 引脚的上端与 Q1～Q4 基极对接放置（注意对接时的红色“米”字符标志）。最后单击鼠标右键退出电阻放置操作。

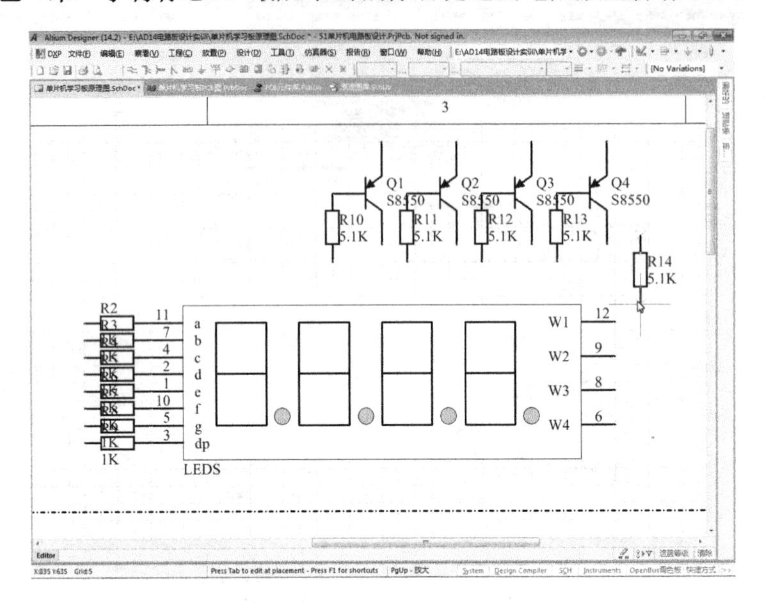

图 4-88　R10～R13 的放置

12.4　放置网络标签、连接导线及电源端口

所需元件放置完成后，如图 4-89 所示，将有关标识、注释、标值进行位置调整，并在 R2～R9 的引脚左端依次放置网络标签 P00～P07，在 R10～R13 引脚下端，依次放置网络标签 P20～P23，在放置每个网络标签时，都必须有红色米字符时再单击鼠标左键。

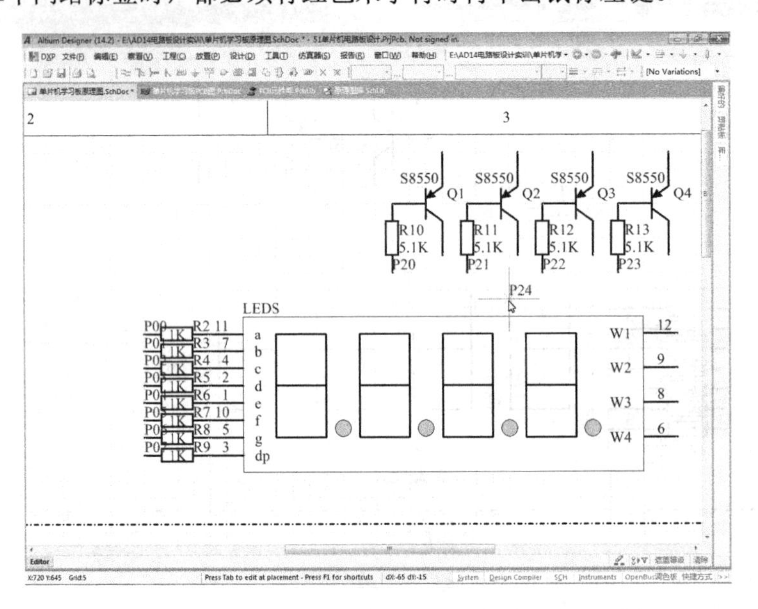

图 4-89　标识、注释、标值的位置调整及网络标签放置

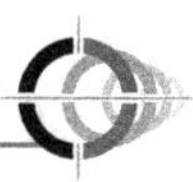

接下来，参照前面的相关操作，如图 4-90 所示，完成导线连接、放置 VCC 电源端口，放置分界线、放置模块名称等绘图工序。这样就完成了数码管模块原理图的全部绘制工作。

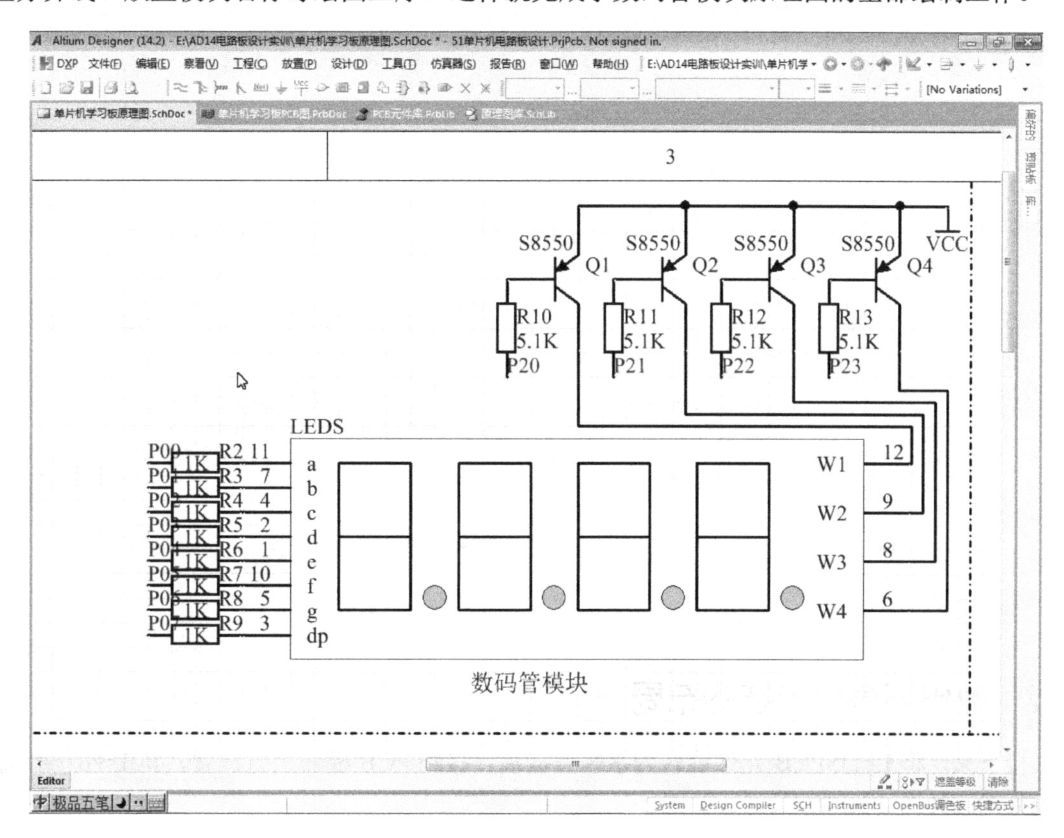

图 4-90　绘制完毕的数码管模块原理图

任务 13　布局数码管模块

本任务微课视频

知识目标　熟悉数码管模块布局的步骤和方法。

能力目标　掌握 PCB 图中多元件的“对齐”操作方法，完成 LEDSPCB、Q1～Q4，R10～R13 等元件的布局。

任务实施

13.1　导入数码管模块封装

在原理图界面，参照前面最小系统更新 PCB 图的菜单操作和工程更改顺序对话框的操作，进入 PCB 图绘制界面。如图 4-91 所示，可以看到，最小系统所有 PCB 元件在 PCB 板上的布局没有变化，新增数码管模块的所有 PCB 元件，全部都在 PCB 板右边的元件盒中。单击菜单“编辑”→“删除”，然后将十字光标中心移到元件盒内的空白处单击左键。

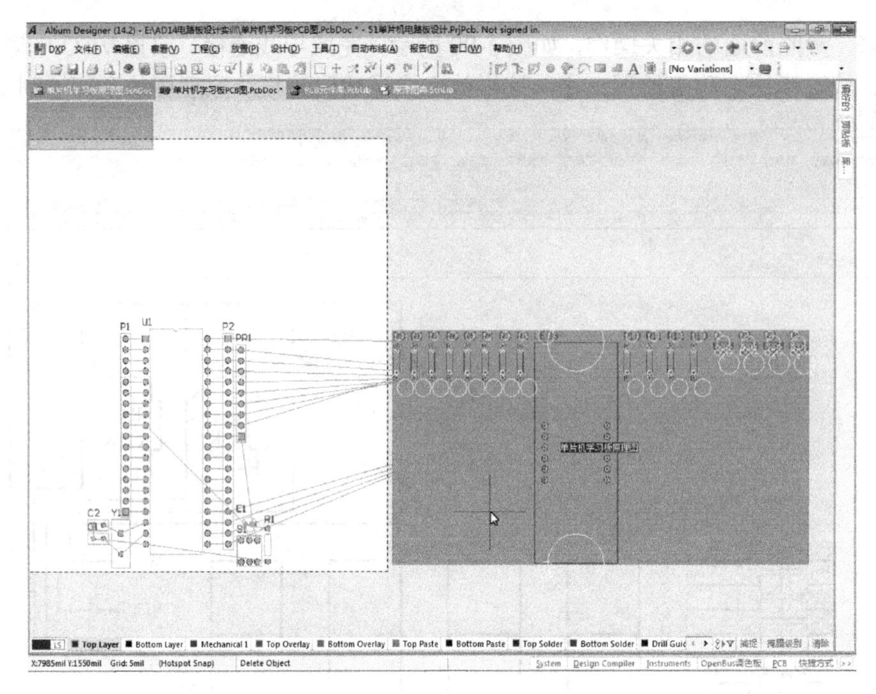

图 4-91　删除 PCB 板右边外面的元件盒

13.2　数码管模块封装的布局

接下来，将 LEDSPCB 元件旋转为水平方向后，移到 PCB 板右上方放置，其 1～6 号焊盘排列方向应如图 4-92 所示。

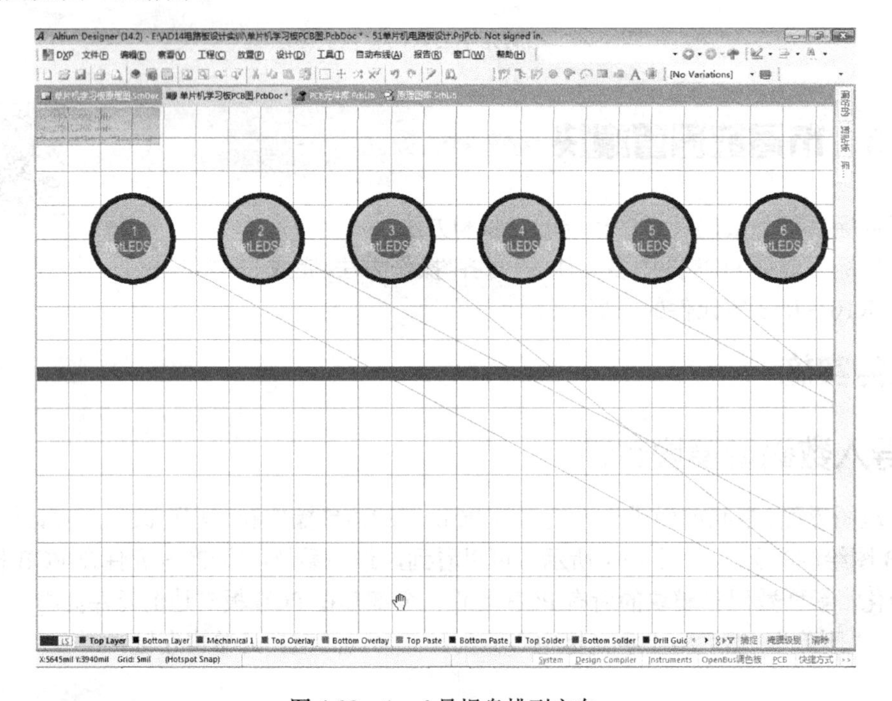

图 4-92　1～6 号焊盘排列方向

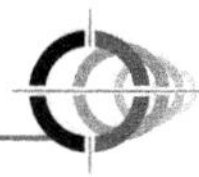

此后双击 LEDSPCB 元件，如图 4-93 所示，在弹出的对话框中，将 X 坐标设为 5505，Y 坐标设为 4220，选择“锁定”，并确定。

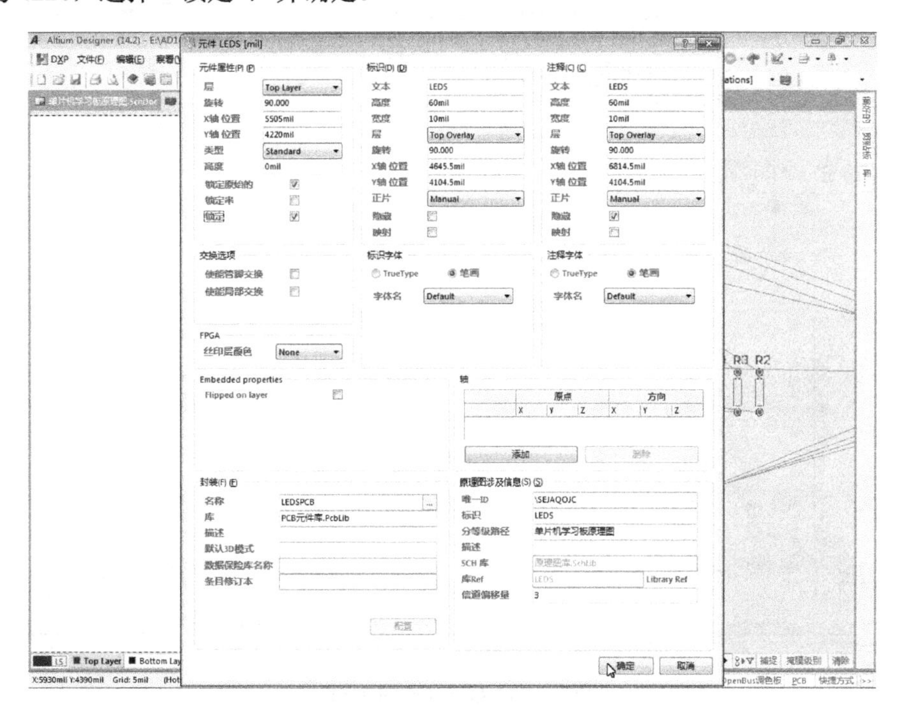

图 4-93　确定 LEDSPCB 的布局位置

接下来，如图 4-94 所示，选择 Q1～Q4 后将其整体向数码管左下方移动。

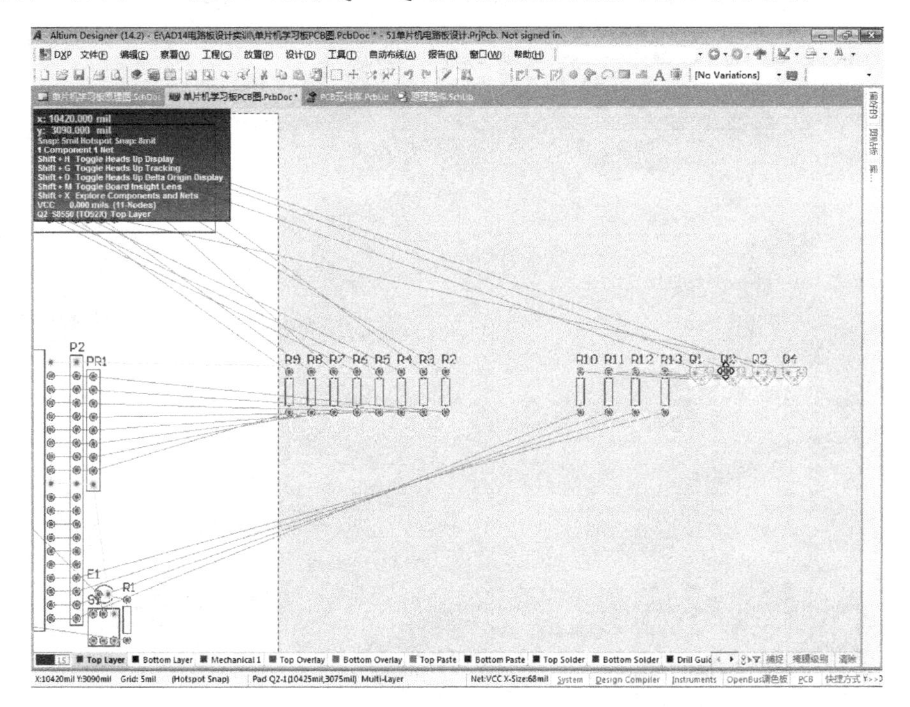

图 4-94　Q1～Q4 整体向数码管左下方移动

接下来，如图 4-95 所示，把 Q1～Q4 尽量贴近数码管左下方的边线放置。

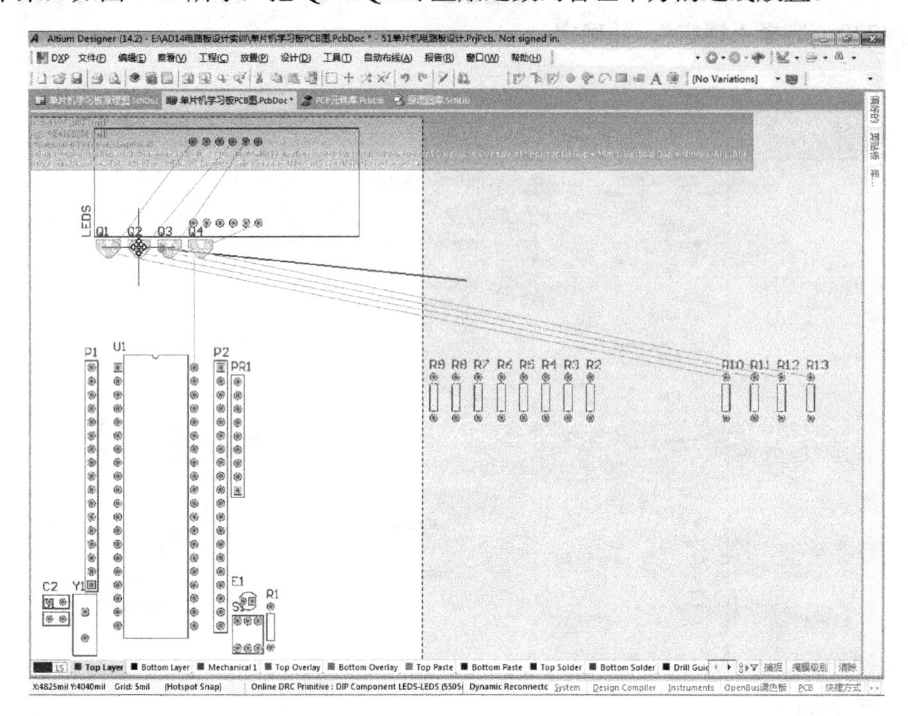

图 4-95　Q1～Q4 的布局

Q1～Q4 的整体移动定位完成后，把 Q2、Q3、Q4 依次向左水平移动并呈水平等距分布，再把 R10～R13 整体移动到 Q1～Q4 下方，其布局位置如图 4-96 所示。

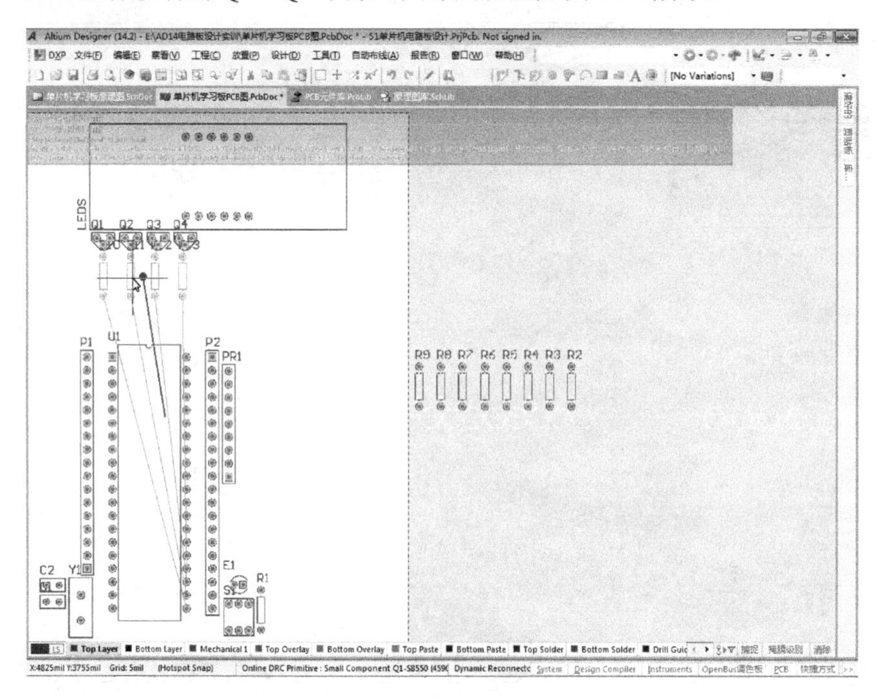

图 4-96　R10～R13 的布局

接下来，以 R4 为中心，如图 4-97 所示，把两旁的电阻向中移动后，按 Ctrl+M 组合键，测量左右两端电阻的水平距离。

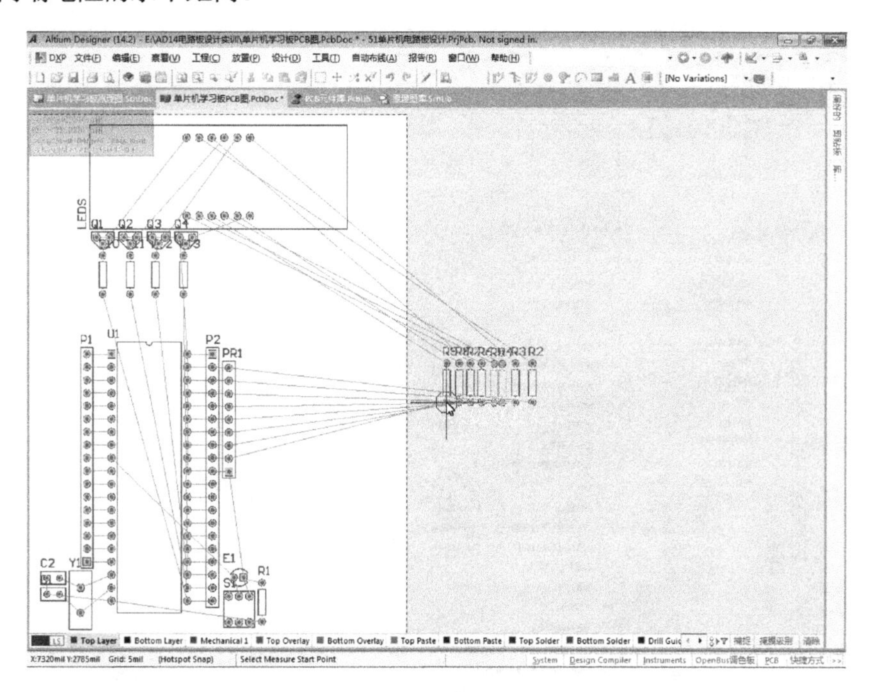

图 4-97　把十字光标移至 R9 下端引脚上

如图 4-97 所示，当光标在 R9 下引脚端呈八边形时单击左键，然后把十字光标移到 R2 下引脚端呈八边形时再单击鼠标左键，系统弹出测量结果对话框，如图 4-98 所示。

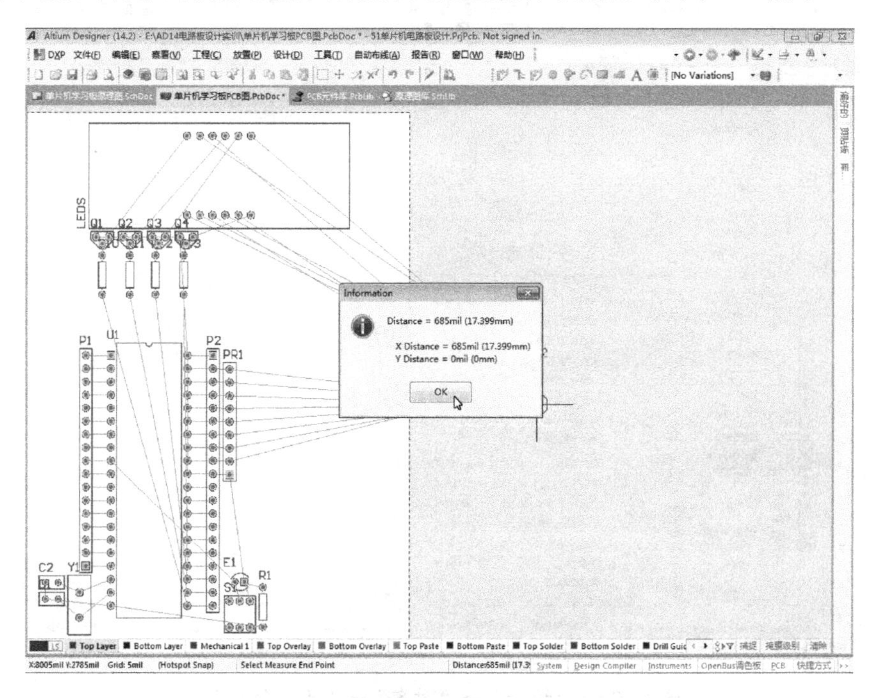

图 4-98　R9 与 R2 间的距离测量结果

测量结果为 685mil，正好满足要求。接下来先框选 R9～R2 这 8 个元件，然后如图 4-99 所示，单击菜单“编辑”→“对齐”→“顶对齐”。

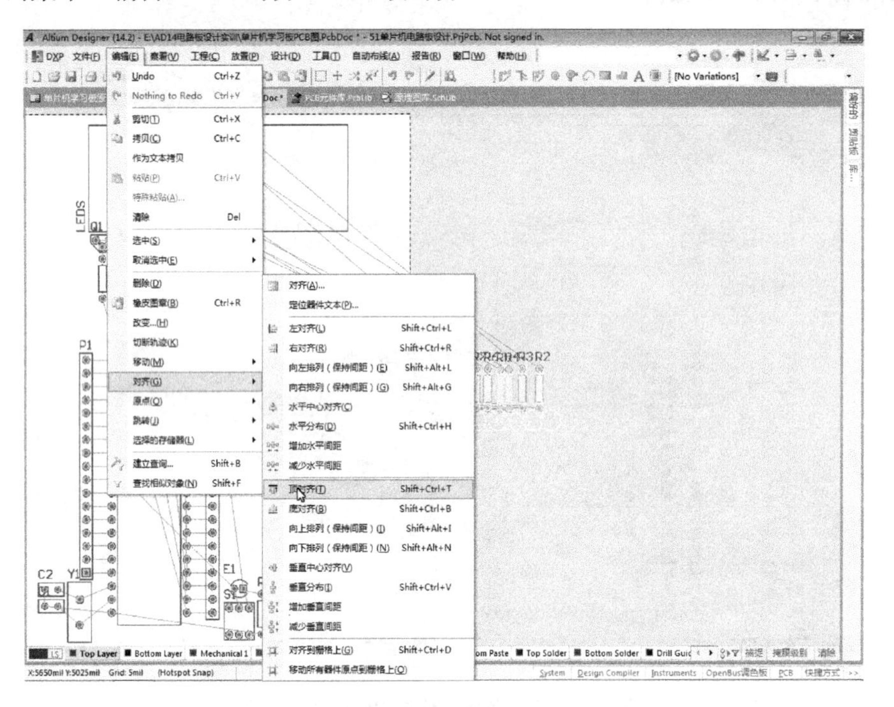

图 4-99 “编辑”→“对齐”→“顶对齐”

接下来，如图 4-100 所示，单击菜单“编辑”→“对齐”→“水平分布”。

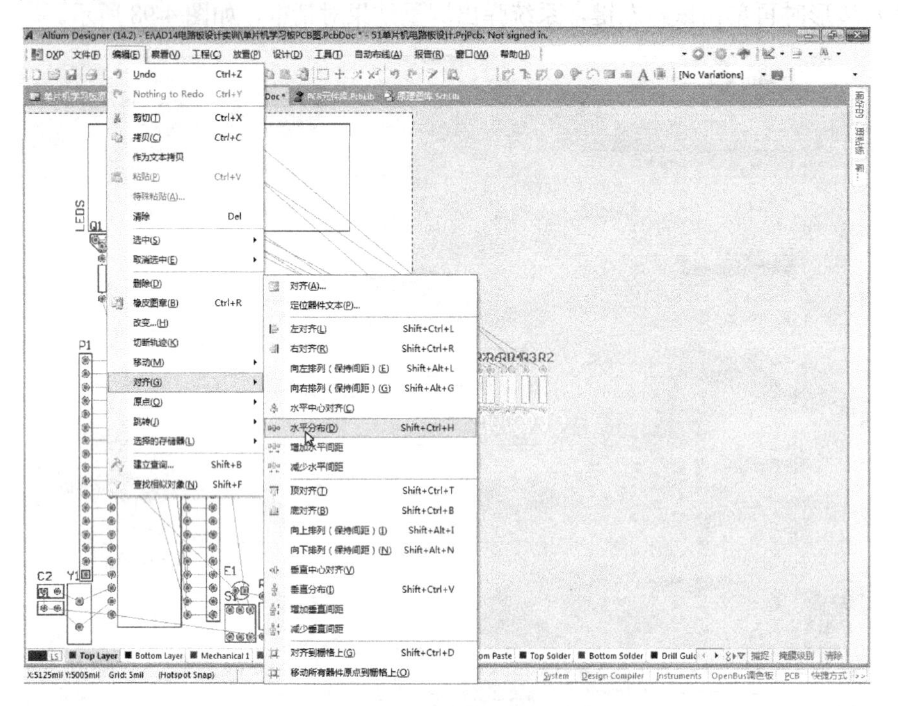

图 4-100 “编辑”→“对齐”→“水平分布”

接下来，将光标移到仍处于选中状态的电阻上，当光标切换为四箭头样式的移动状态时，按下鼠标左键并向数码管下方移动，同时按两次空格键以颠倒放置，如图 4-101 所示。

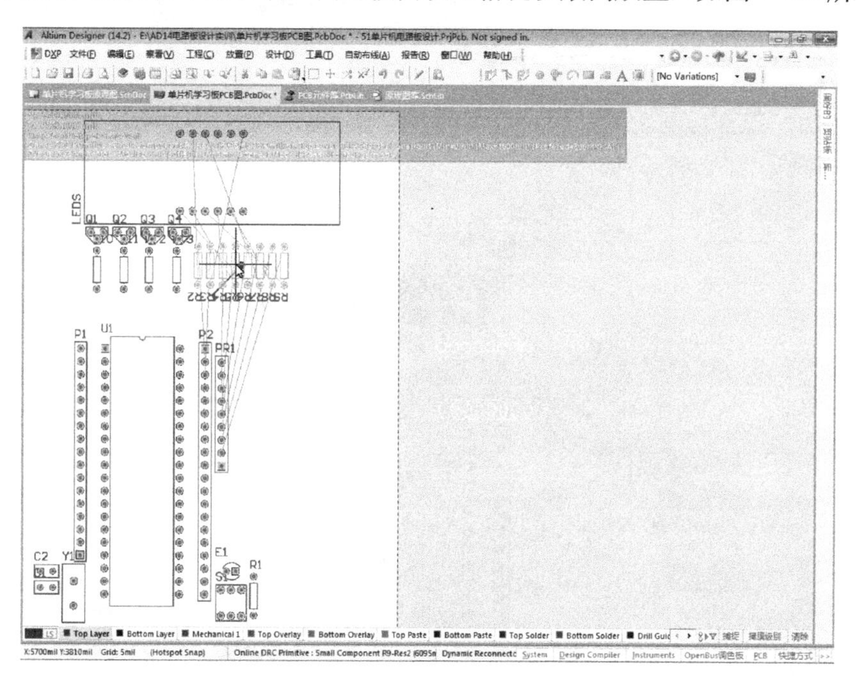

图 4-101　把 R9～R2 上下颠倒放置

R9～R2 上下颠倒放置后，左端为 R2，右端为 R9，接下来，还要把 R2～R9 全部再颠倒放置，如图 4-102 所示，把光标放在 R2 上，当光标变成十字状时，按空格键旋转 R2。

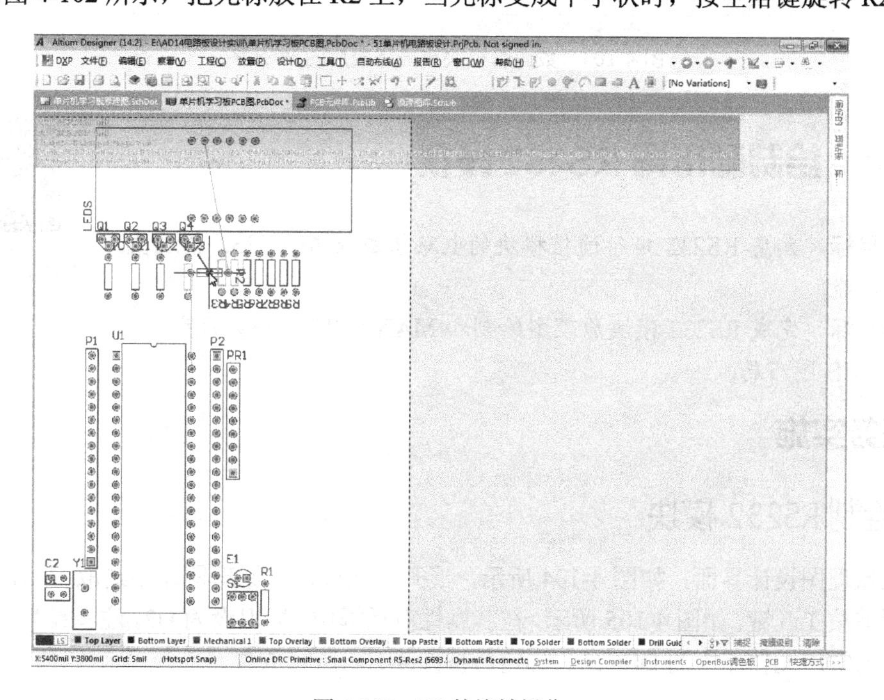

图 4-102　R2 的旋转操作

按两次空格键后，R2 的上下颠倒操作完成。以此类似，完成其余 7 个电阻的颠倒操作。至此，就完成了整个数码管模块的元件布局操作，完成结果如图 4-103 所示。

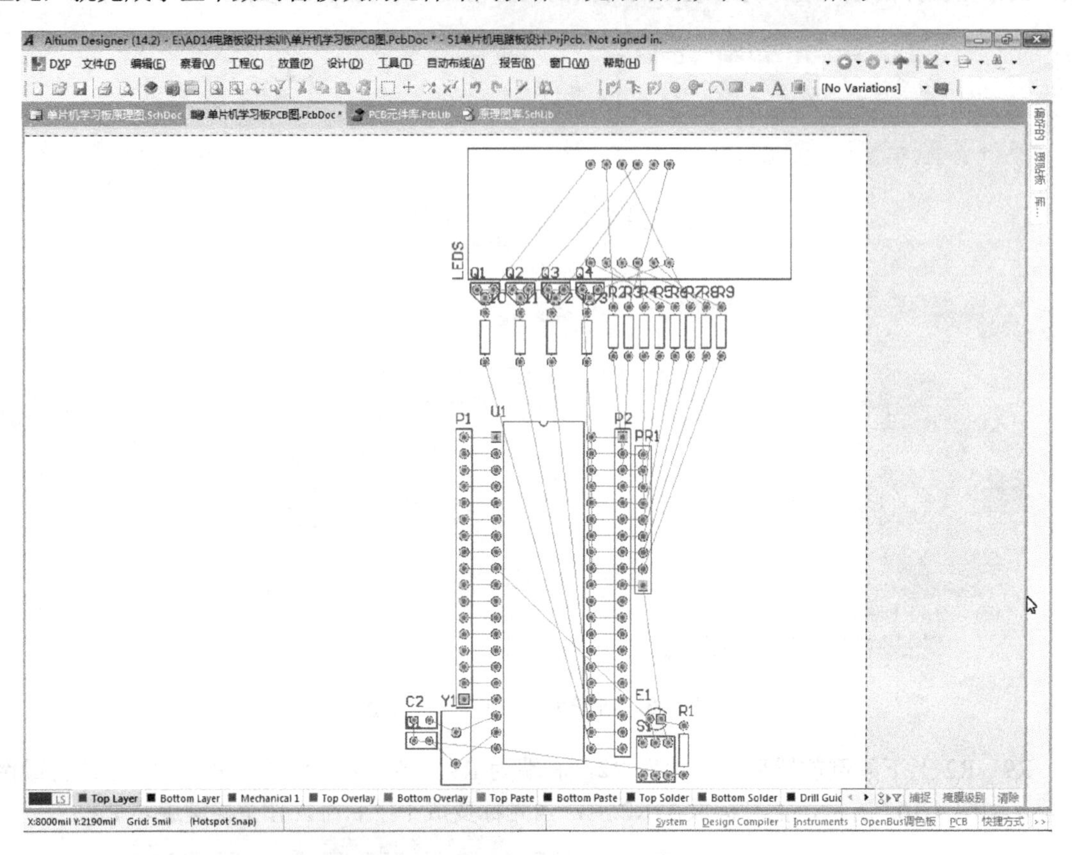

图 4-103　数码管模块布局完成后的 PCB 图

任务 14　绘制和布局 RS232 模块

本任务微课视频

知识目标　熟悉 RS232 串行通信模块的电路组成及 MAX232 集成块等元件的功能。

能力目标　完成 RS232 模块原理图绘制和 MAX232IC、DB9 插座和 5 个电容的 PCB 图布局。

任务实施

14.1　绘制 RS232 模块

进入原理图设计界面，如图 4-104 所示，展开库面板，从原理图库中选取 NAX232 元件。

放置前按 Tab 键，如图 4-105 所示，在其属性对话框中，标识设为 U2，注释设为 MAX232，封装追加为常用元件库中的 DIP-16。确定后按图 4-106 所示放置。

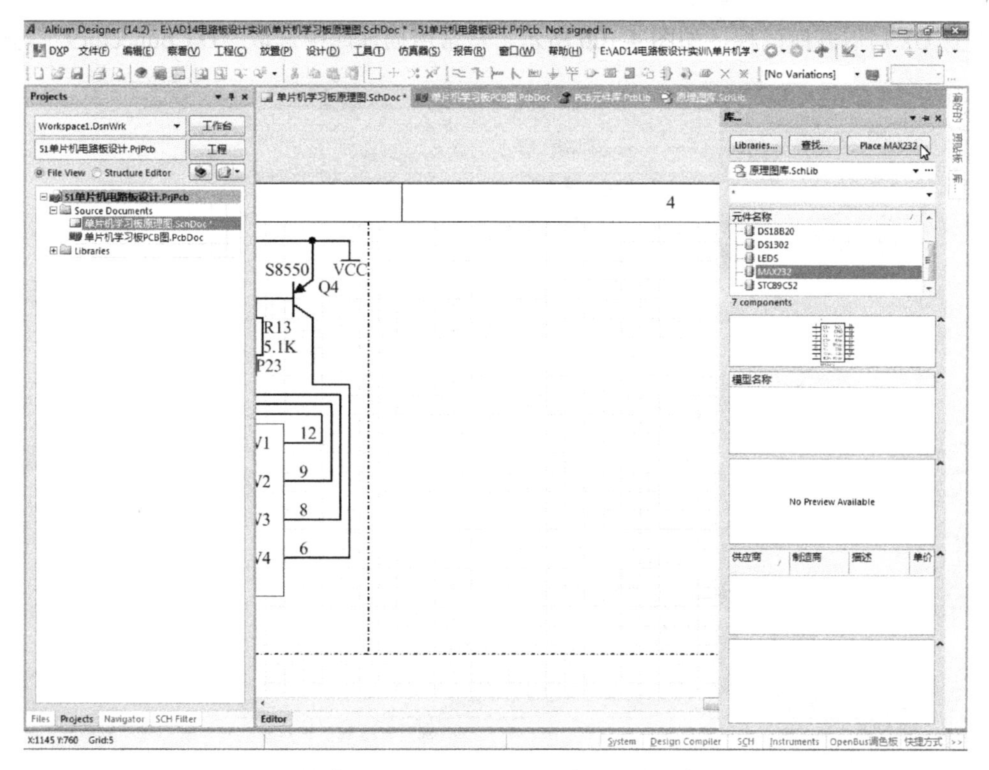

图 4-104　选择和放置 MAX232 元件

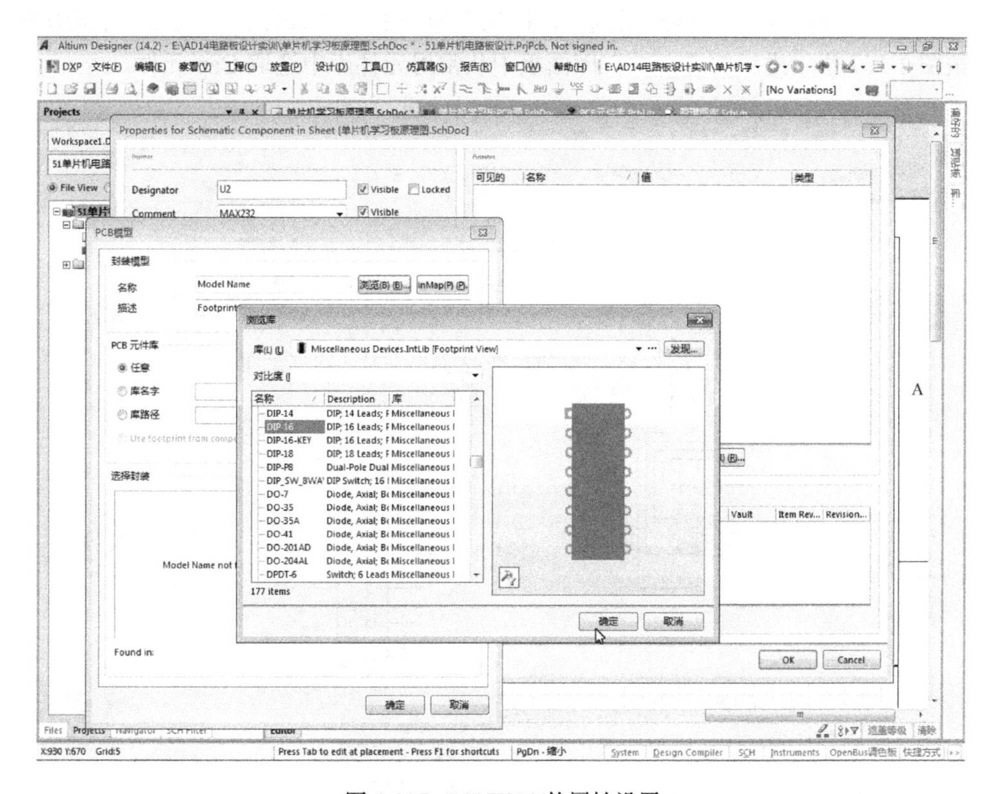

图 4-105　MAX232 的属性设置

放置 U2 后展开库面板，如图 4-106 所示，从常用插件库中选取“D Connector9”元件。

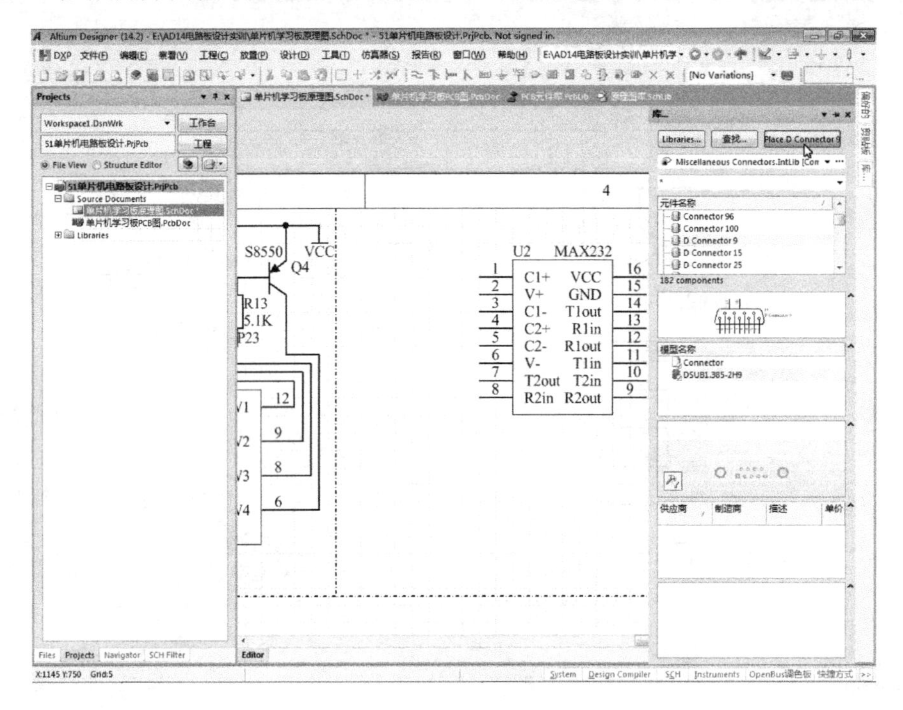

图 4-106　“D Connector9”元件的选取

选取后按 Tab 键，在其属性对话框中，标识设为 DB9，注释设为 RS232，用默认封装。确定后按图 4-107 所示进行放置，并在库面板中从常用元件库中选取 Cap 元件。

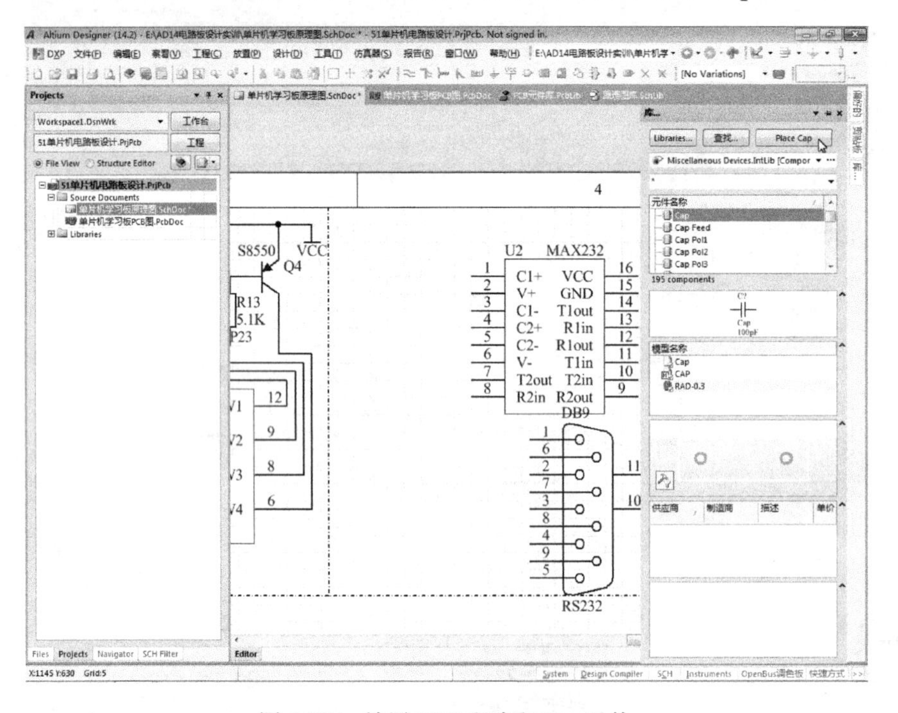

图 4-107　放置 DB9 和选取 Cap 元件

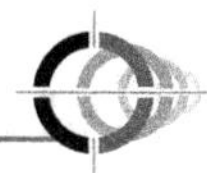

选取 Cap 后按 Tab 键，如图 4-108 所示，在其属性对话框中，标识设为 C3，取消注释，标值改为 0.1，封装修改为常用元件库中的“RAD-0.1”。

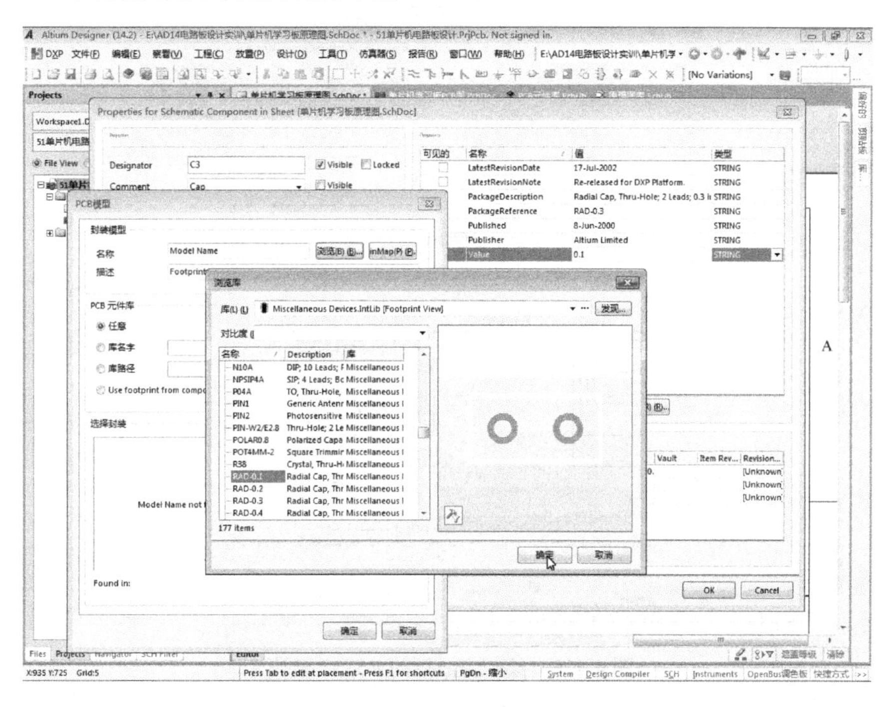

图 4-108　C3 元件的属性设置

确定属性后，如图 4-109 所示，连续 5 次单击左键，放置这 5 个电容元件。

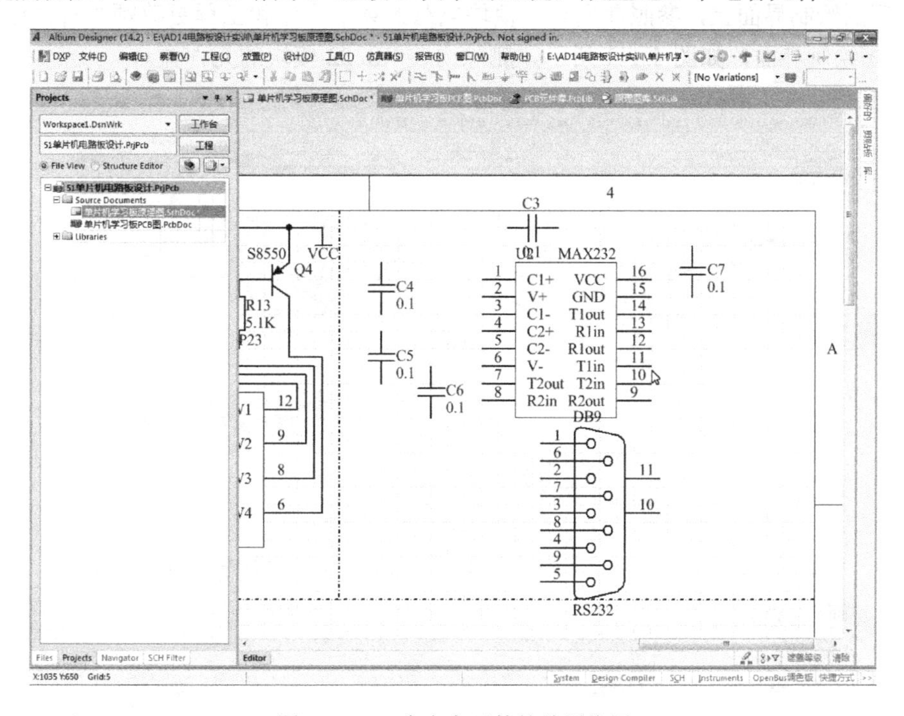

图 4-109　5 个电容元件的放置位置

接下来，按前面放置导线和网络标签的对接要求，如图 4-110 所示，完成 RS232 模块的电路连接，并标注模块名称。

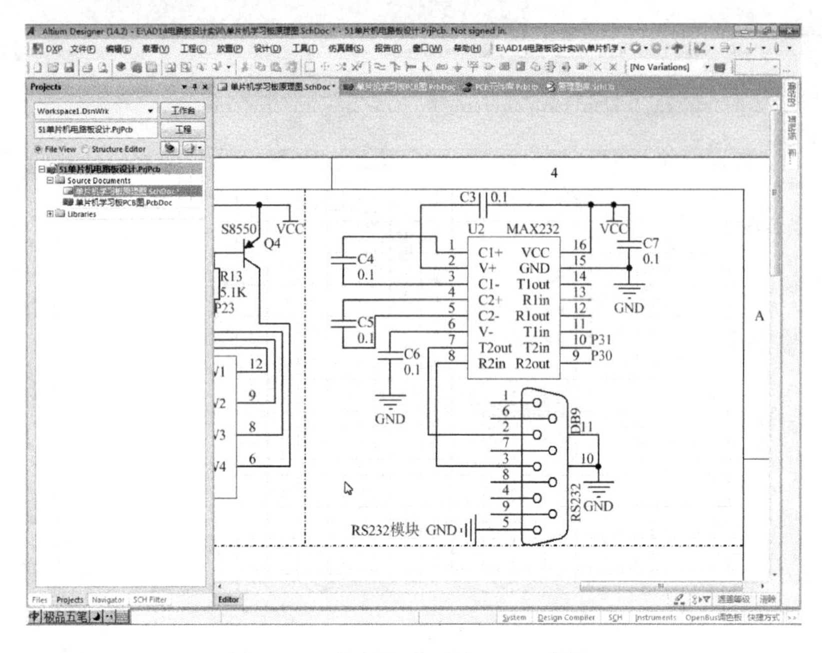

图 4-110　绘制完成后的 RS232 模块

14.2　布局 RS232 模块

在原理图绘制界面上，参照前面导入模块电路的菜单操作和工程更改顺序对话框的操作，进入 PCB 图绘制界面，如图 4-111 所示，删除内装 RS232 模块的元件盒。

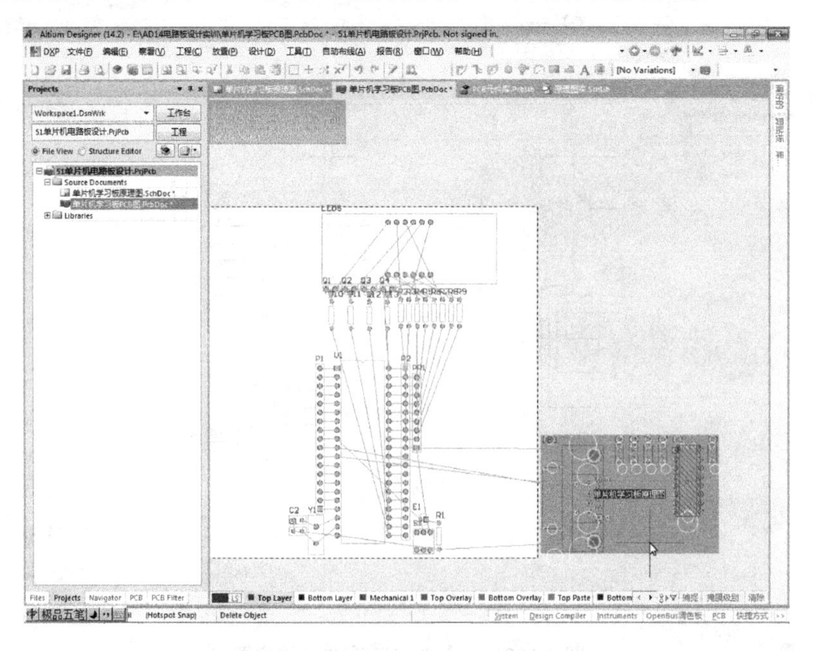

图 4-111　删除内装 RS232 模块的元件盒

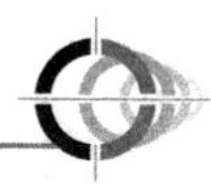

删除后单击右键退出删除操作，如图 4-112 所示，把 DB9 元件移动到 PCB 板上。

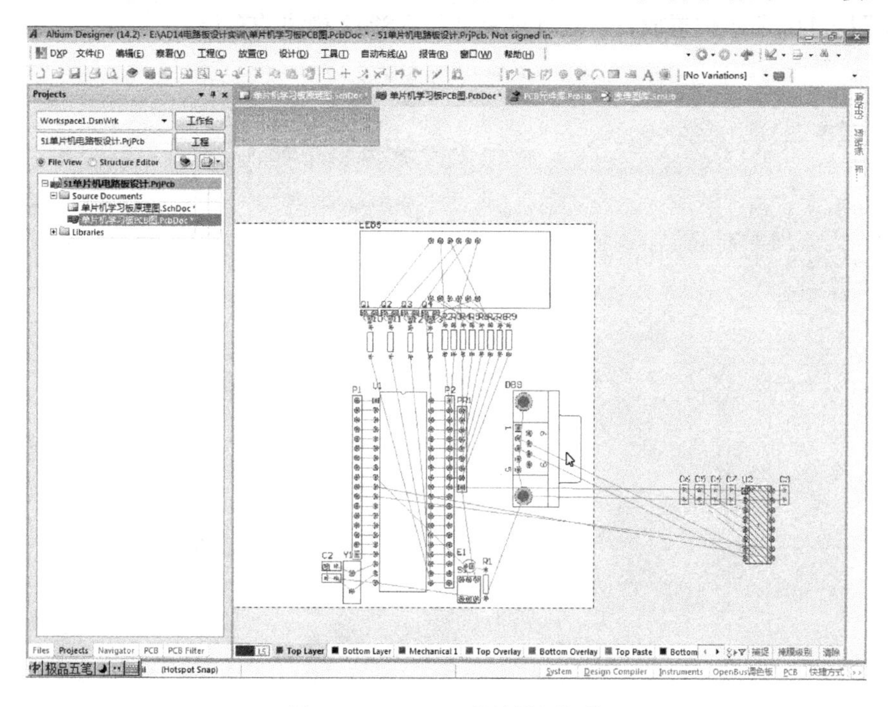

图 4-112 DB9 元件的放置操作

放置后双击 DB9 元件，在其属性对话框中，将其 *X* 坐标设为 6860，*Y* 坐标设为 2655，确定后再将 U2 移放到 PCB 板上，如图 4-113 所示。

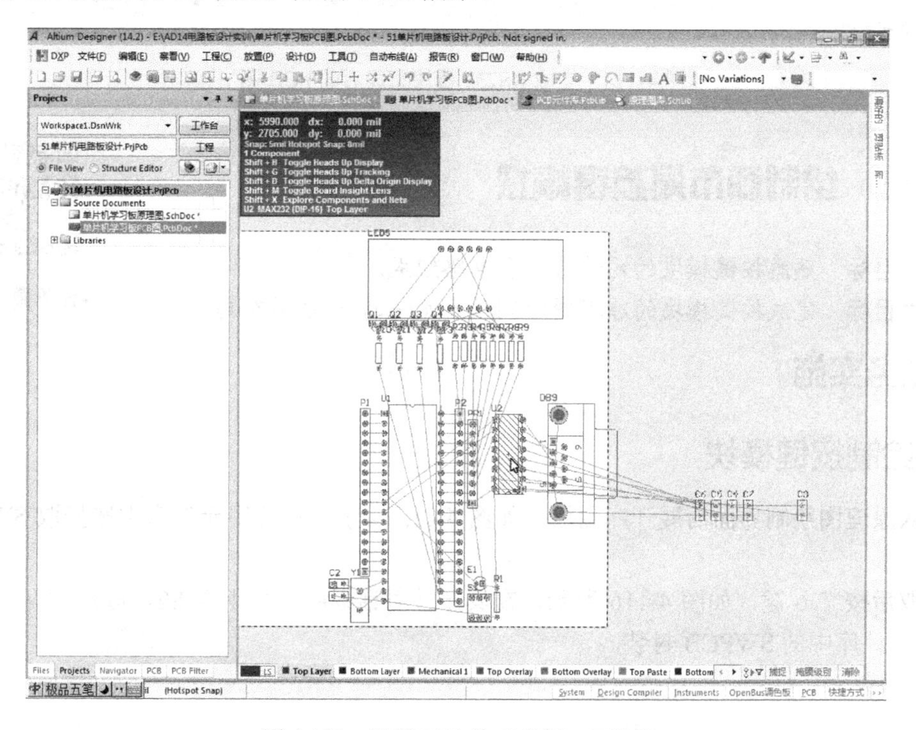

图 4-113 设置 DB9 的 *X* 坐标、*Y* 坐标

接下来双击 U2，在其属性对话框中，指定 *X* 坐标为 5950，*Y* 坐标为 2860，确定后再将 C3～C7 按图 4-114 所示位置放置，这样就完成了 RS232 模块的布局。

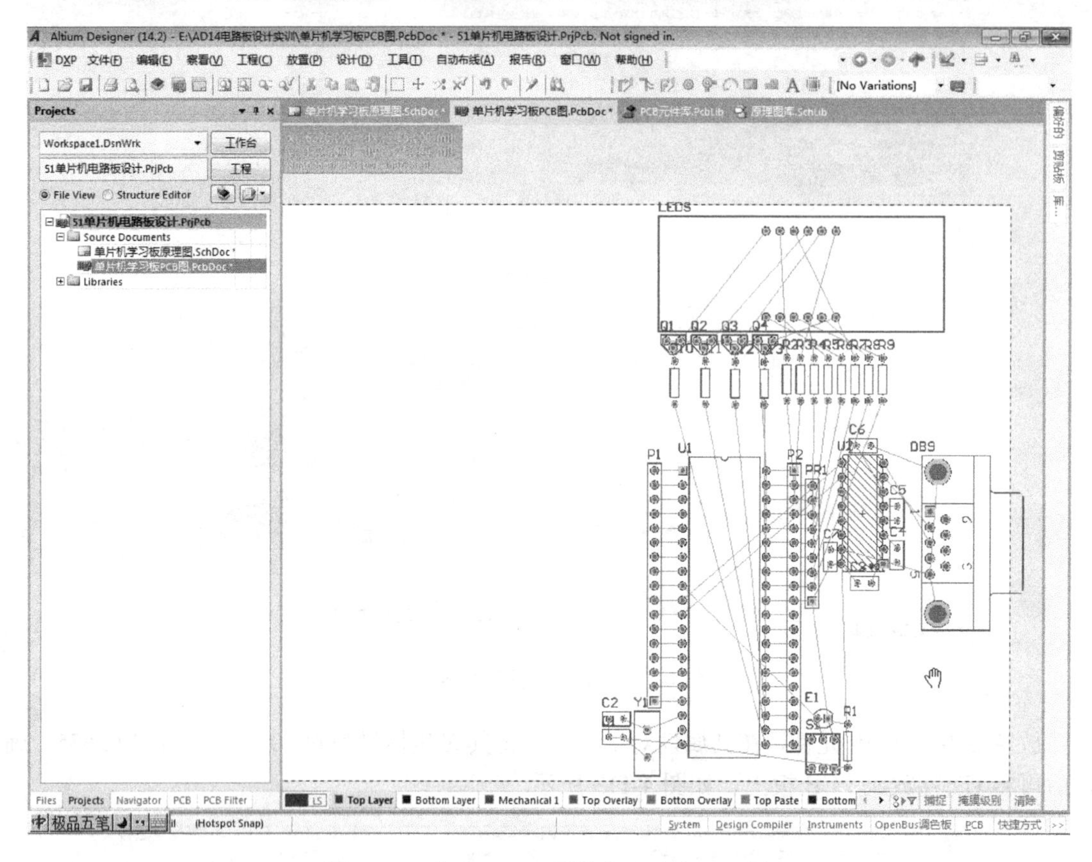

图 4-114　完成 RS232 模块布局后的 PCB 图

任务 15　绘制和布局按键模块

本任务微课视频

知识目标　熟悉按键模块的元件选取和电路组成。

能力目标　完成按键模块的原理图绘制及各元件的 PCB 图布局。

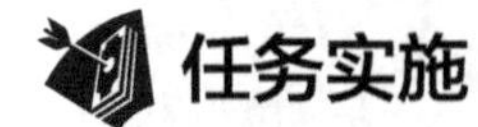

任务实施

15.1　绘制按键模块

进入原理图绘制界面后展开库面板，如图 4-115 所示，从常用元件库中选择取 SW-PB 元件。

选取后按 Tab 键，如图 4-116 所示，在其属性对话框中，标识为 S2，取消注释，封装改为 PCB 元件库中的 SWPCB 封装。

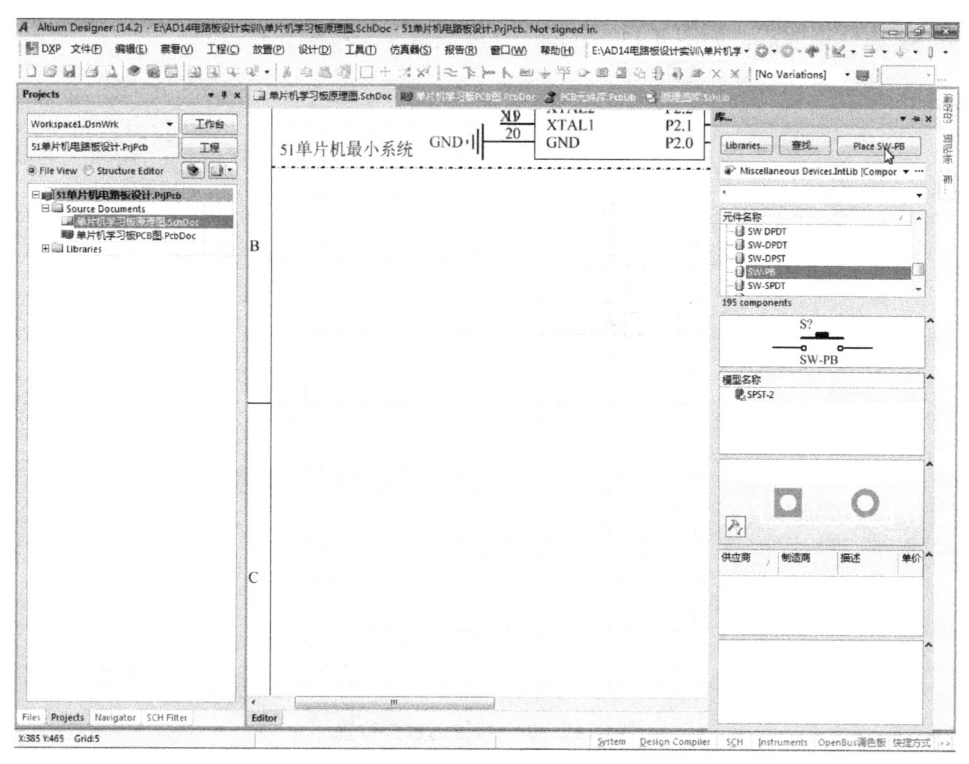

图 4-115 按键元件的选取

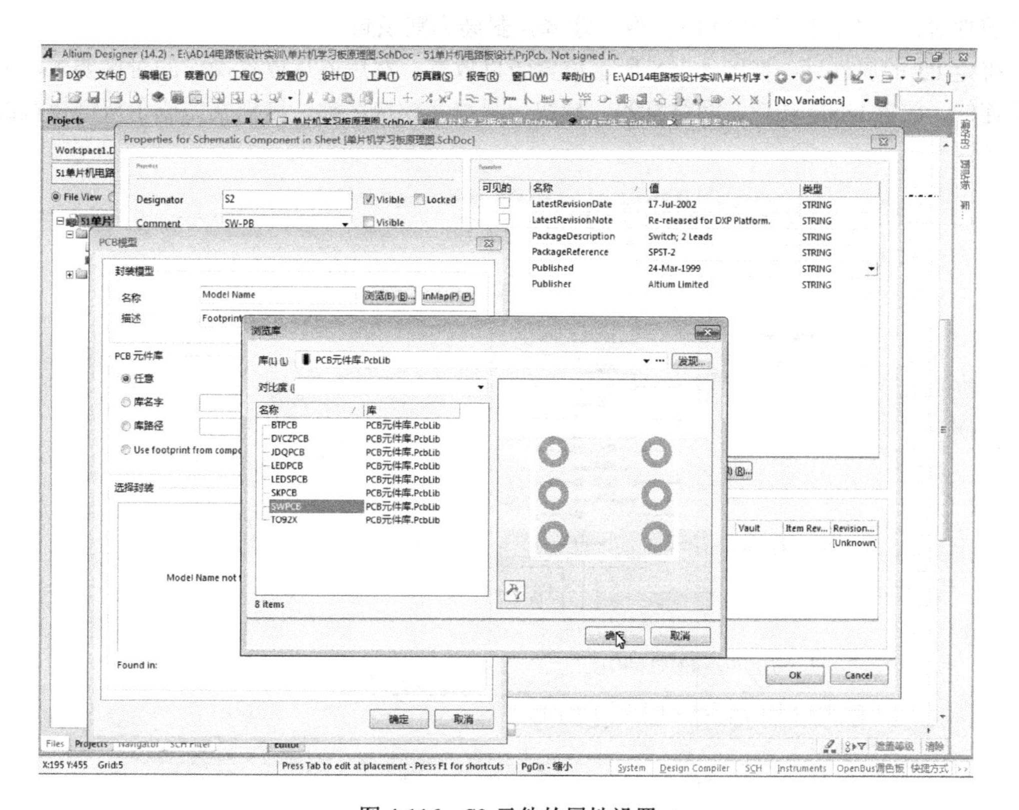

图 4-116 S2 元件的属性设置

确定 S2 属性设置后，如图 4-117 所示，连续放置 7 个按键元件。

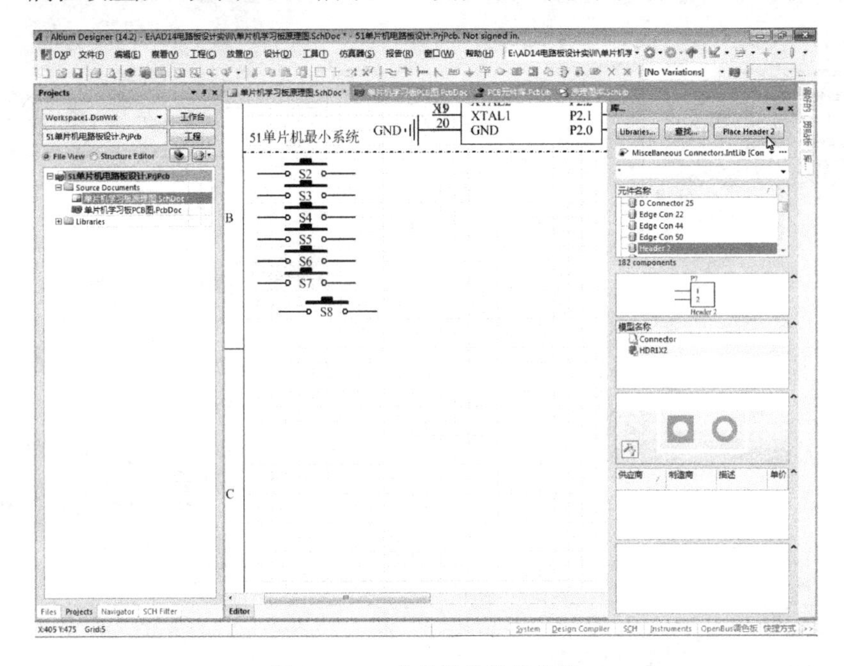

图 4-117　7 个按键的放置位置

7 个按键放置后，从库面板上的常用插件库中选取“Header2”元件。选取后按 Tab 键，在其属性对话框中，标识设为 P3，取消注释，封装为默识封装。

确定 P3 的属性后，按图 4-118 所示位置予以放置，然后遵从放置操作的对接要求，放置电路连线，放置 GND 端口、网络标签、模块分界线和模块名称。这样就完成了按键模块的绘制任务。

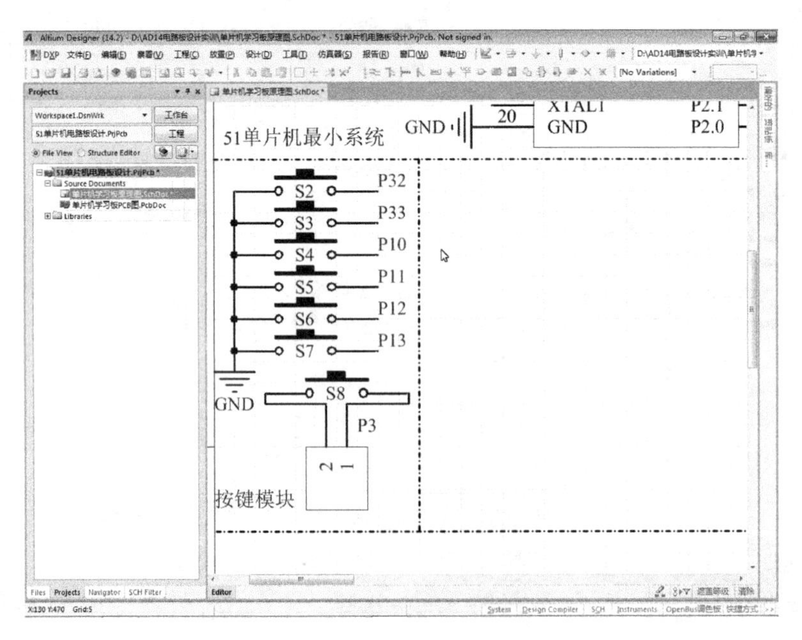

图 4-118　绘制完成后的按键模块

15.2　布局按键模块

在原理图绘制界面上，参照前面导入模块电路的菜单操作和工程更改顺序对话框的操作，进入 PCB 图绘制界面，如图 4-119 所示，删除内装按键模块的元件盒。

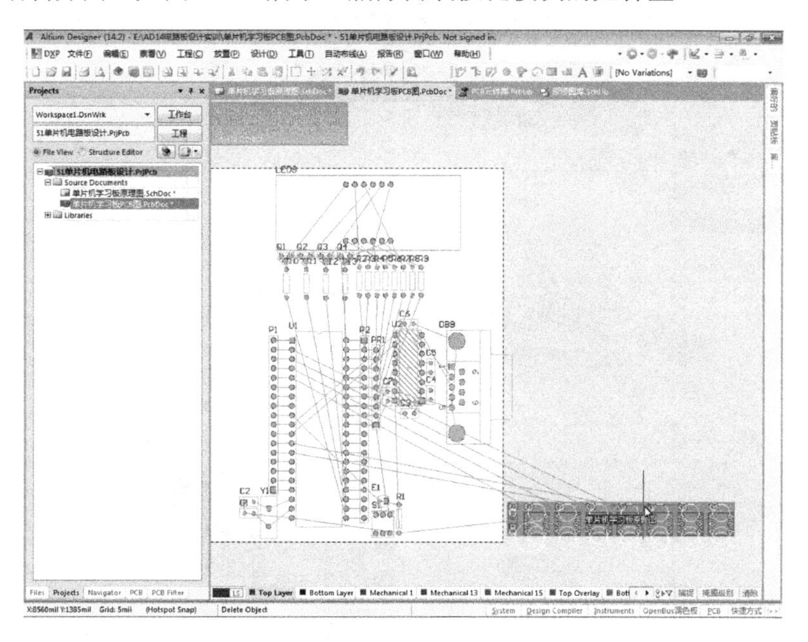

图 4-119　删除内装按键模块的元件盒

删除按键模块的元件盒后，如图 4-120 所示，将 S4 移放到 P1 的左边，注意，两连线焊盘须位于其左下角。

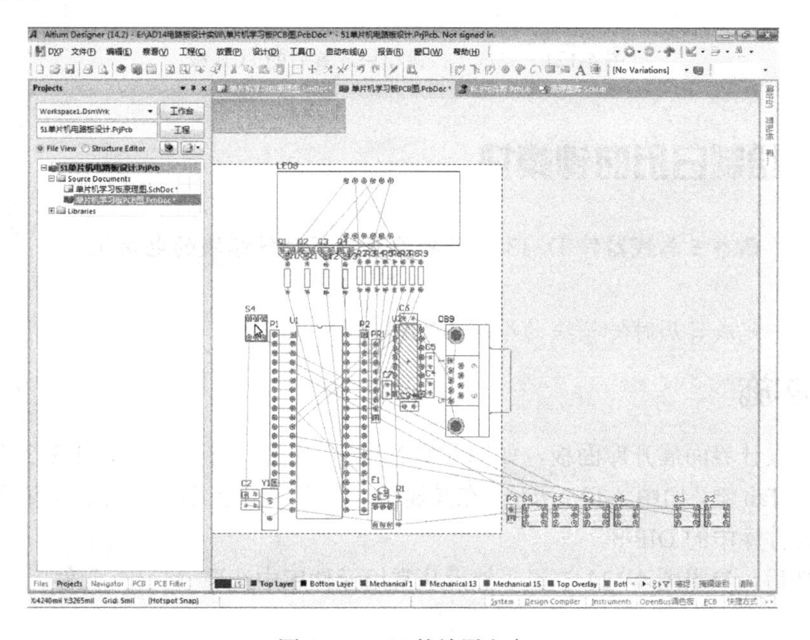

图 4-120　S4 的放置方向

放置了 S4 后，再双击 S4，在 S4 的属性对话框中，将 *X* 坐标值改为 4190，*Y* 坐标值改为 3075 并确定。接下来，依次将 S5 向上对齐 S4，S6 向上对齐 S5，S7 向上对齐 S6，S2 向上对齐 S7，S3 向上对齐 S2，另把 S8、P3 移放到 LEDS 右边，完成后如图 4-121 所示。

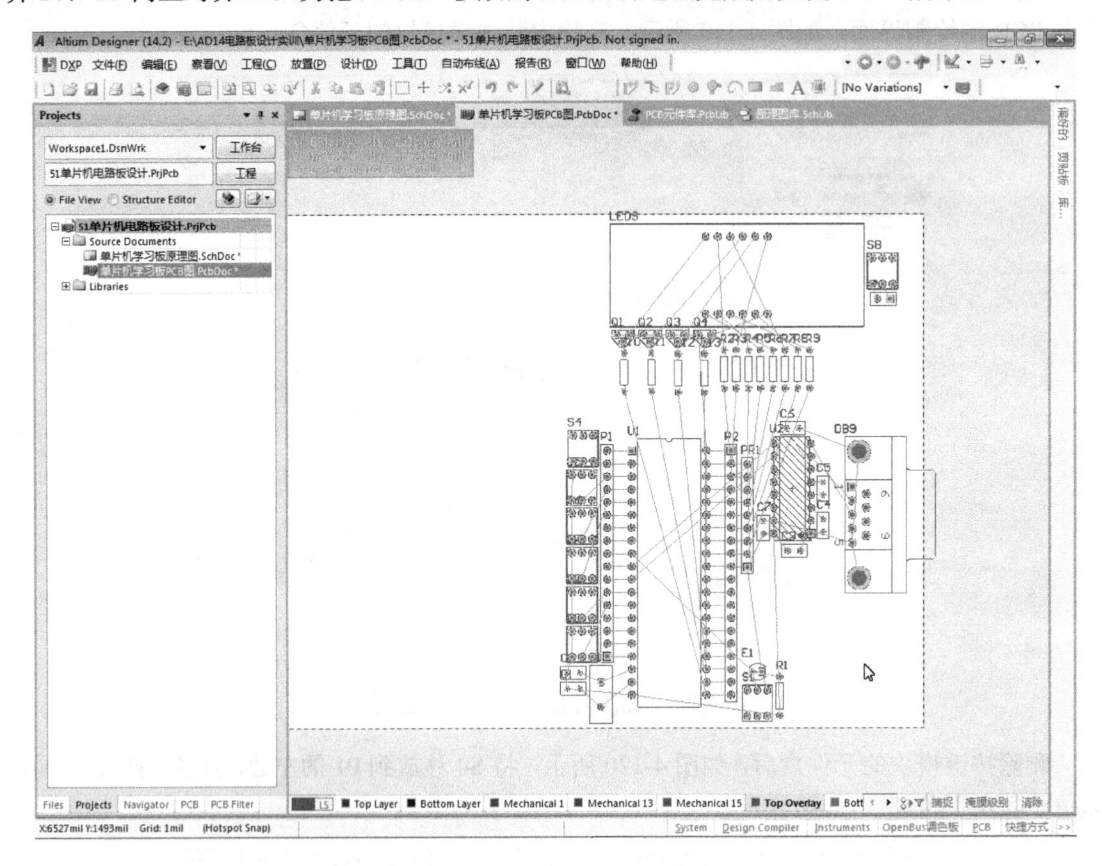

图 4-121　完成了按键模块放置后的 PCB 板

任务 16　绘制日历时钟模块

本任务微课视频

知识目标　熟悉三总线器件 DS1302 的功能和日历时钟模块的电路组成。

能力目标　完成日历时钟模块的原理图绘制。

任务实施

在原理图设计界面展开库面板，如图 4-122 所示，从原理图库中选取 DS1302 元件。

选取后按 Tab 键，如图 4-123 所示，在其属性对话框中，标识设为 U3，注释设为 DS1302，封装为常用元件库中的 DIP-8。

确定属性后，参照图 4-124 放置，然后从常用元件库中选取 Battery 元件。

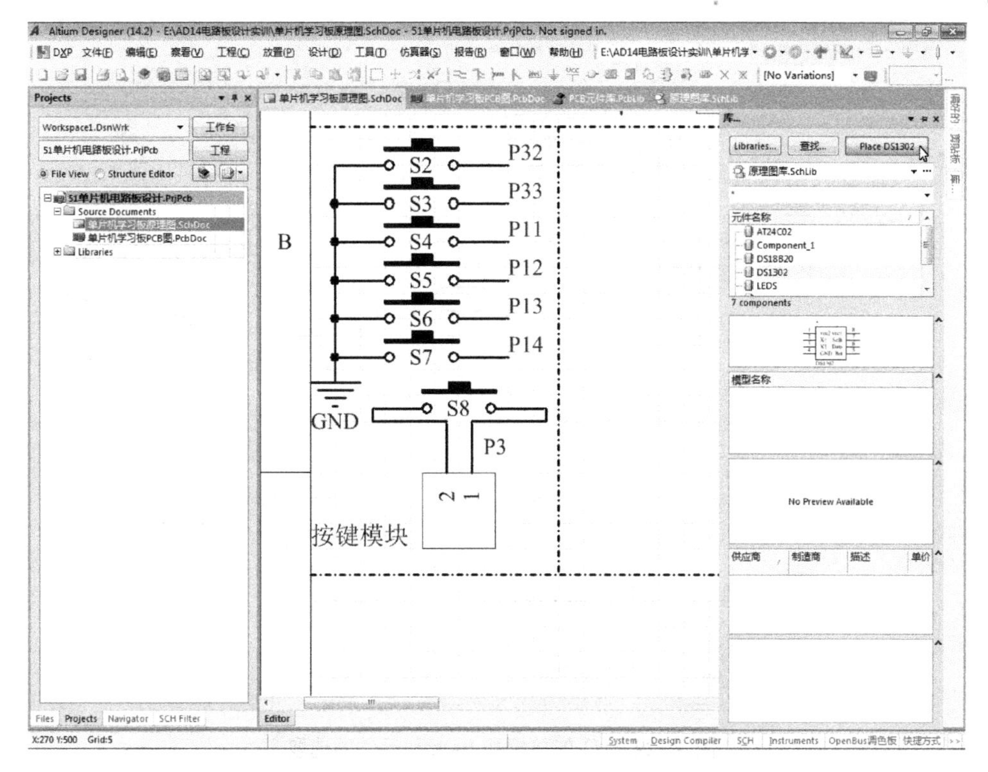

图 4-122　DS1302 的选取

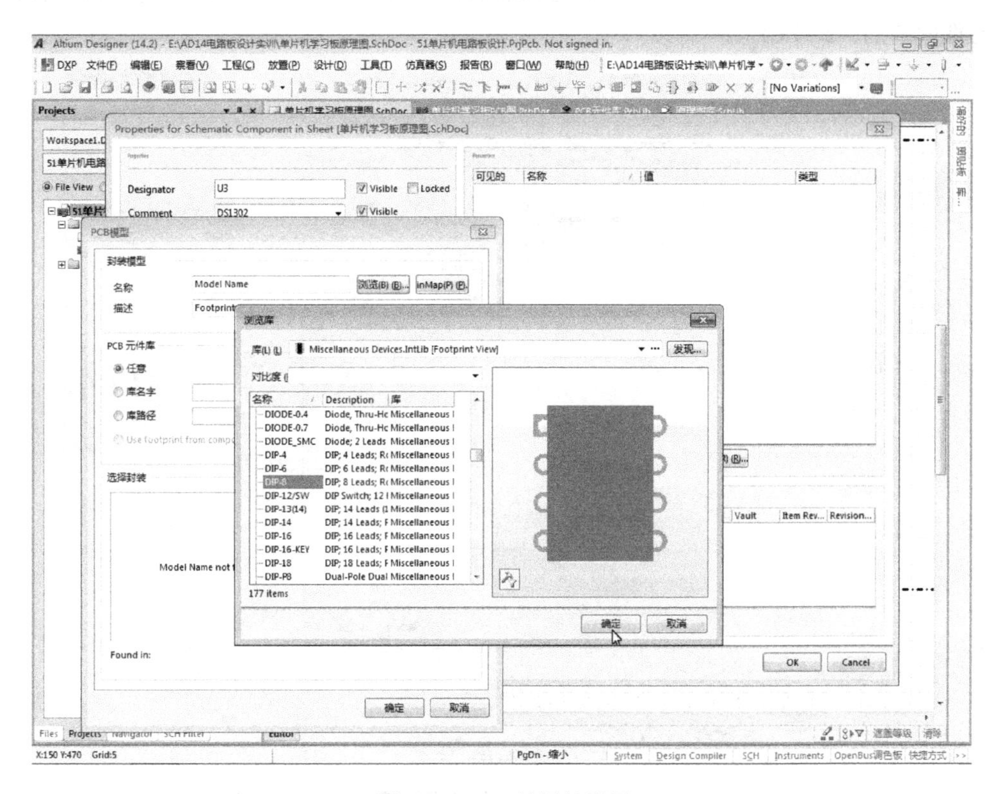

图 4-123　U3 的属性设置

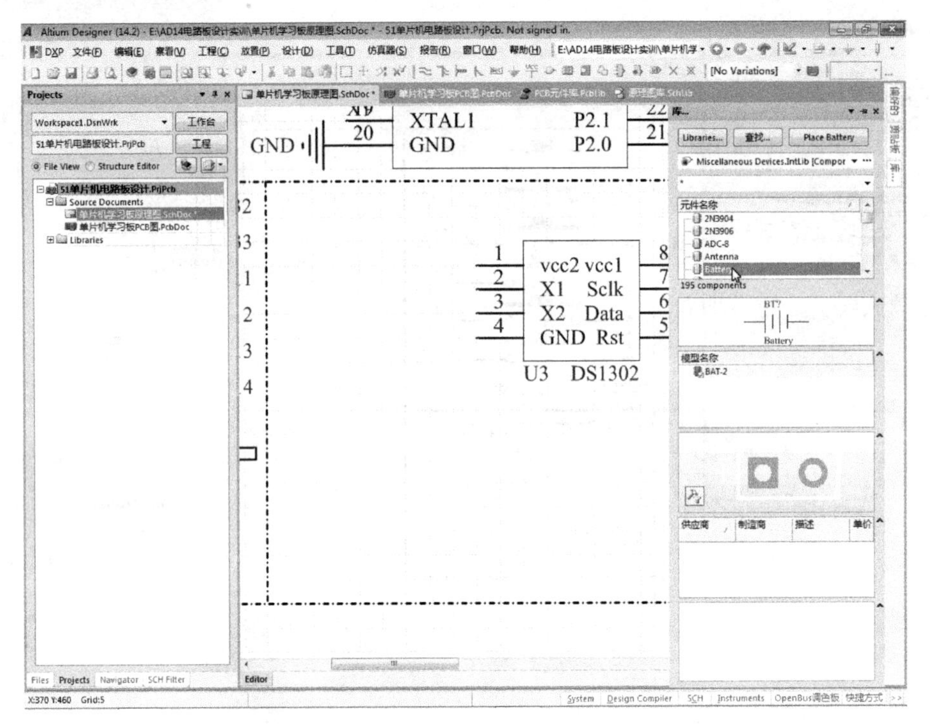

图 4-124　U3 的放置和 Battery 元件的选取

选取后按 Tab 键，如图 4-125 所示，其属性设定为：标识为 BT，注释为 3V，封装改用 PCB 元件库中的“BTPCB”。

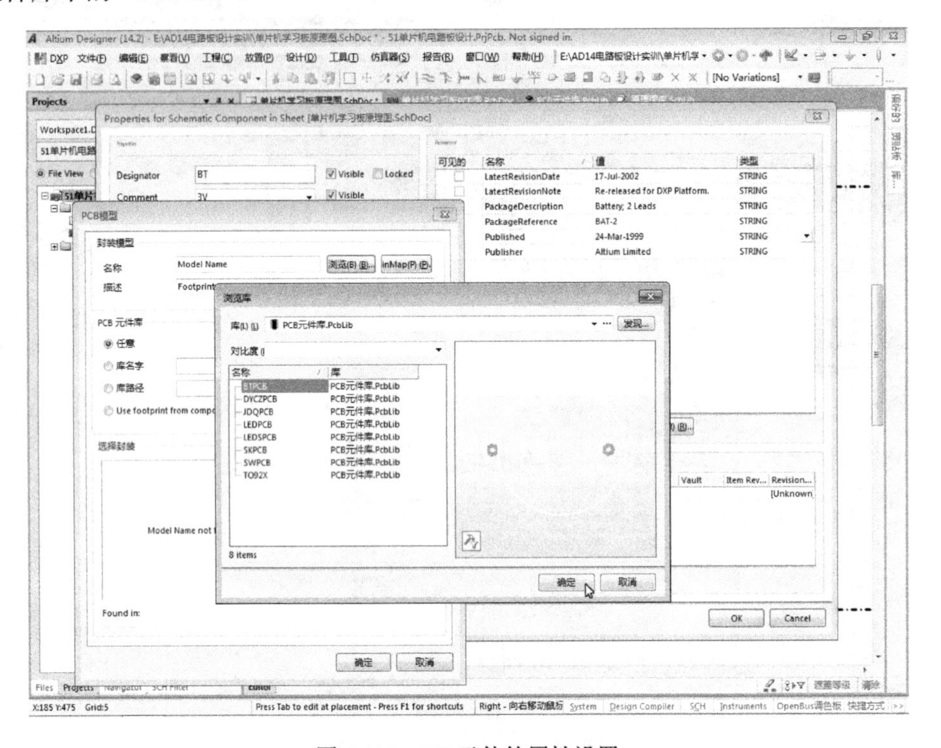

图 4-125　BT 元件的属性设置

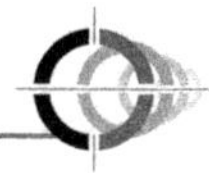

BT 的属性确定后按图 4-126 所示位置放置，然后在库面板中从常用元件库中选取 XTAL 元件。选取后按 Tab 键，在其元件属性对话框中，标识设为 Y2，注释设为 32768，封装用默认封装。

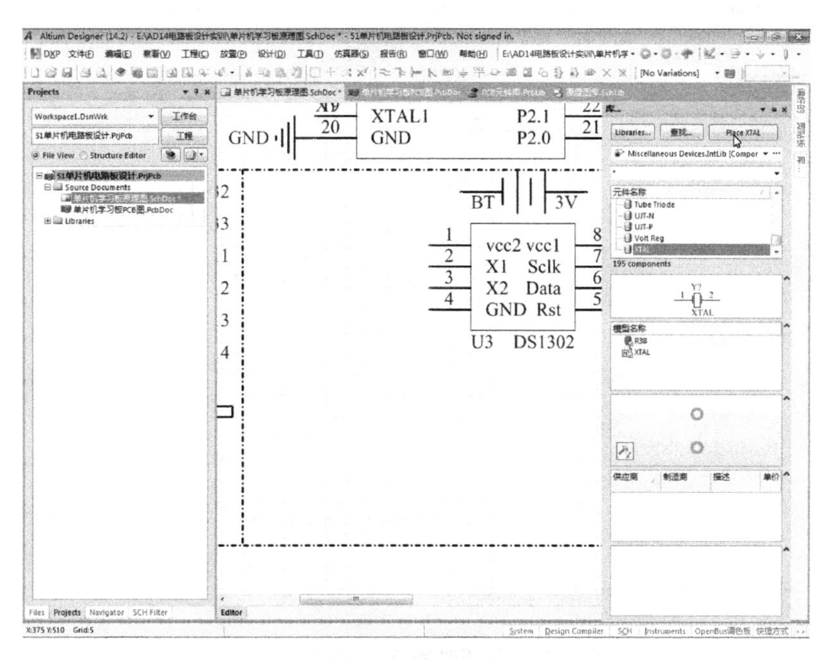

图 4-126 BT 元件的放置和 XTAL 元件的选取

确定 Y2 属性后，按照图 4-127 所示位置进行放置，然后在库面板中从常用元件库选取 Cap 元件。

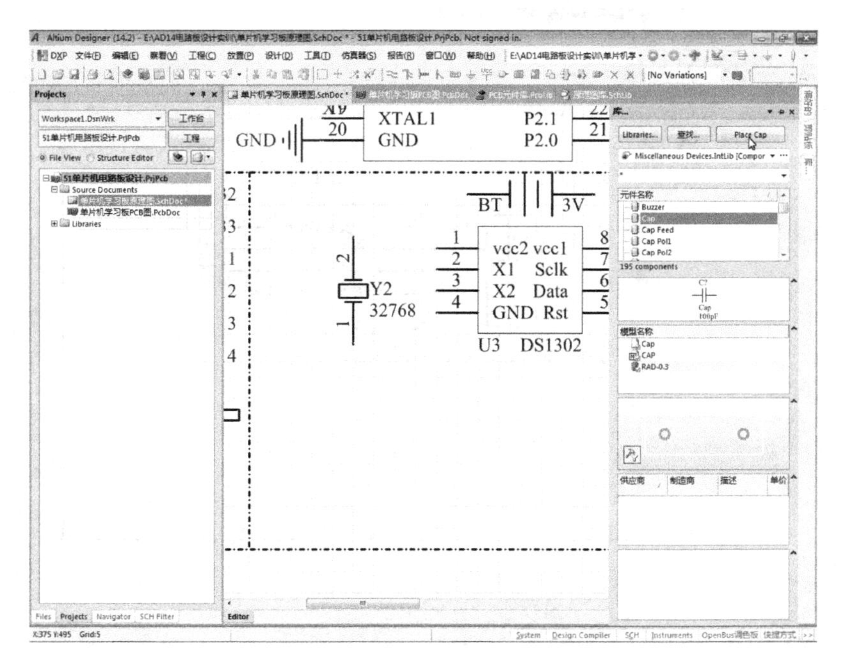

图 4-127 Y2 的放置和 Cap 的选取

选取后按 Tab 键，在其元件属性对话框中，标识设为 C8，取消注释，标值改为 15P，封装用 RAD-0.1（参考图 4-21）。确定设置后按图 4-128 所示连续放置两个电容并与 Y2 对接。

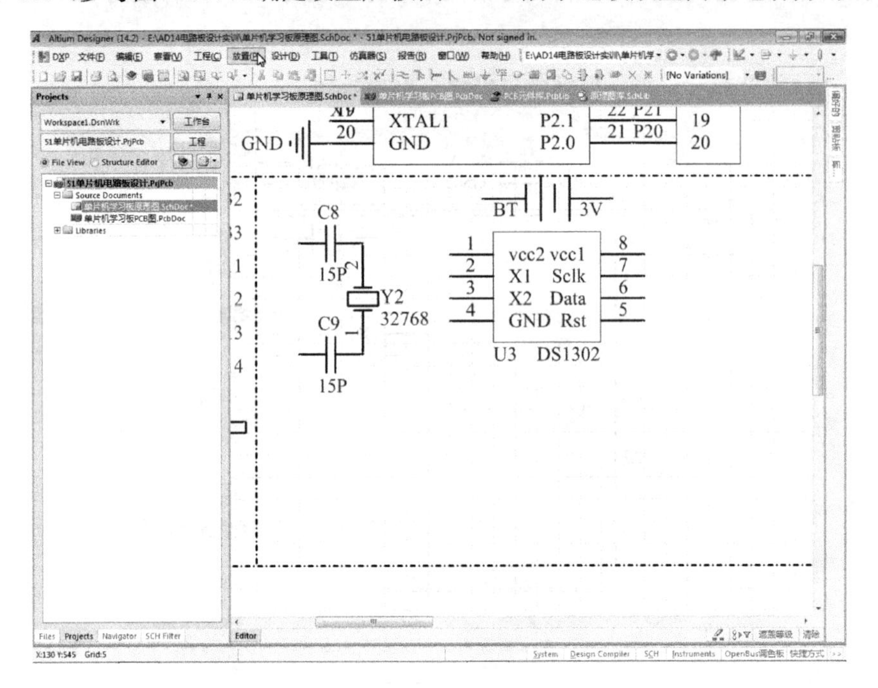

图 4-128　日历时钟模块各元件的放置

模块所需的各元件放置完成后，按电路连接中的对接要求，如图 4-129 所示，放置导线、VCC 端口、GND 端口、网络标签。至此，就完成了日历时钟模块原理图的绘制。

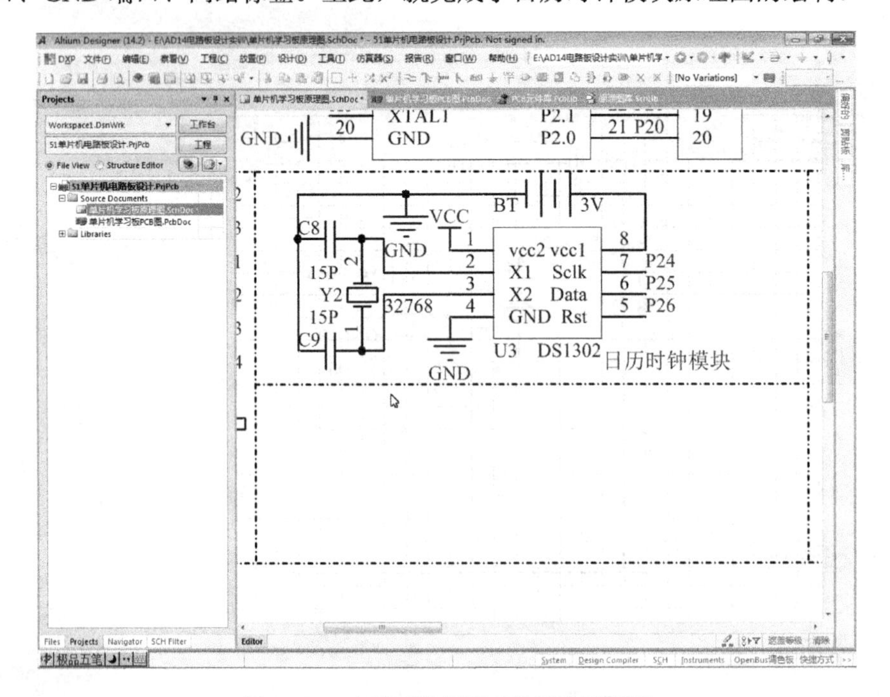

图 4-129　完成后的日历时钟模块原理图

任务 17 布局日历时钟模块

本任务微课视频

能力目标 完成 DS1302、时钟晶振、锂电池座等封装元件的 PCB 图布局。

任务实施

在原理图绘制界面上，参照前面导入模块电路的菜单操作和工程更改顺序对话框的操作，进入 PCB 图绘制界面，如图 4-130 所示，删除内装日历时钟模块元件的元件盒。

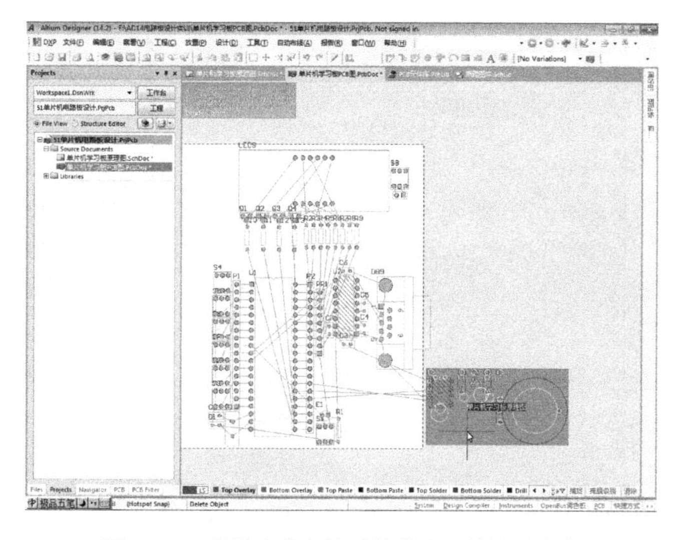

图 4-130 删除内装日历时钟模块元件的元件盒

删除元件盒后，将 U3 旋转 180° 后移到 PCB 板上，然后双击 U3，在弹出的属性对话框中，设置 X 坐标为 5695，Y 坐标为 1730，如图 4-131 所示。

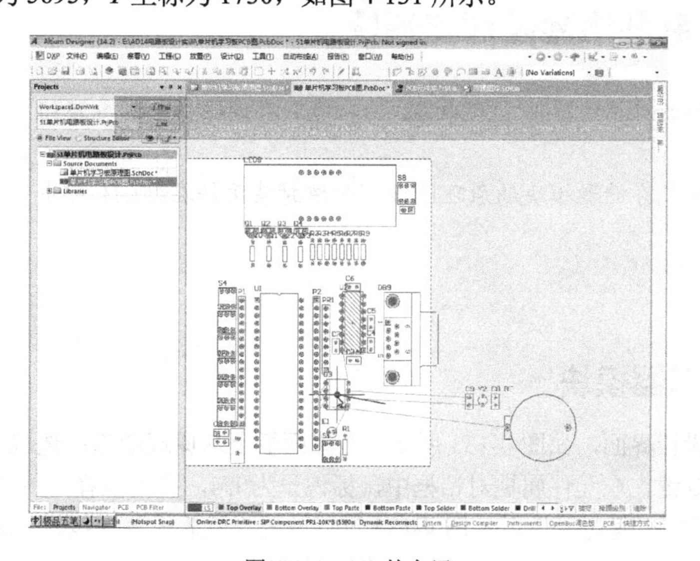

图 4-131 U3 的布局

将 BT 移到 PCB 板上并双击 BT，在弹出的属性对话框中，设置 *X* 坐标为 6350，*Y* 坐标为 1585。定位 BT 后，如图 4-132 所示，将 C8、C9、和 Y2 布局到相应位置。这样就完成了日历时钟模块的元件布局。

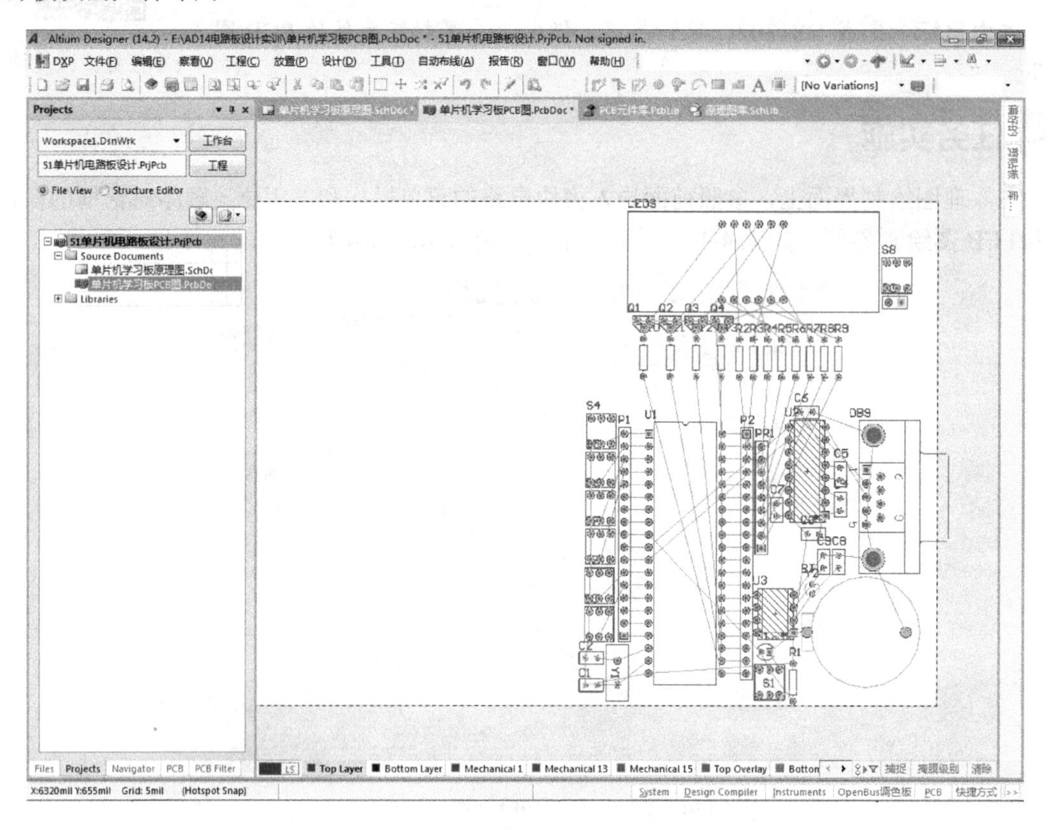

图 4-132　日历时钟模块布局完成后的 PCB 板

任务 18　绘制和布局存储器模块

本任务微课视频

知识目标　熟悉双总线器件 AT24C02 的功能和存储器模块的电路组成。

能力目标　完成存储器模块的原理图绘制和该封装元件在 PCB 图中的布局。

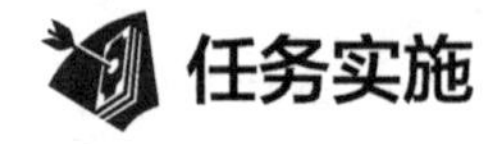

任务实施

18.1　绘制存储器模块

进入原理图设计界面，如图 4-133 所示，在库面板上从原理图库中选取 AT24C02 元件。

选取后按 Tab 键，在元件属性对话框中，标识设为 U4，启用注释，封装用常用元件库中的 DIP-8（图 4-123）。确定属性后按图 4-134 进行放置，然后放置导线、VCC 端口、GND 端口、网络标签。这样就完成了存储器模块的原理图绘制。

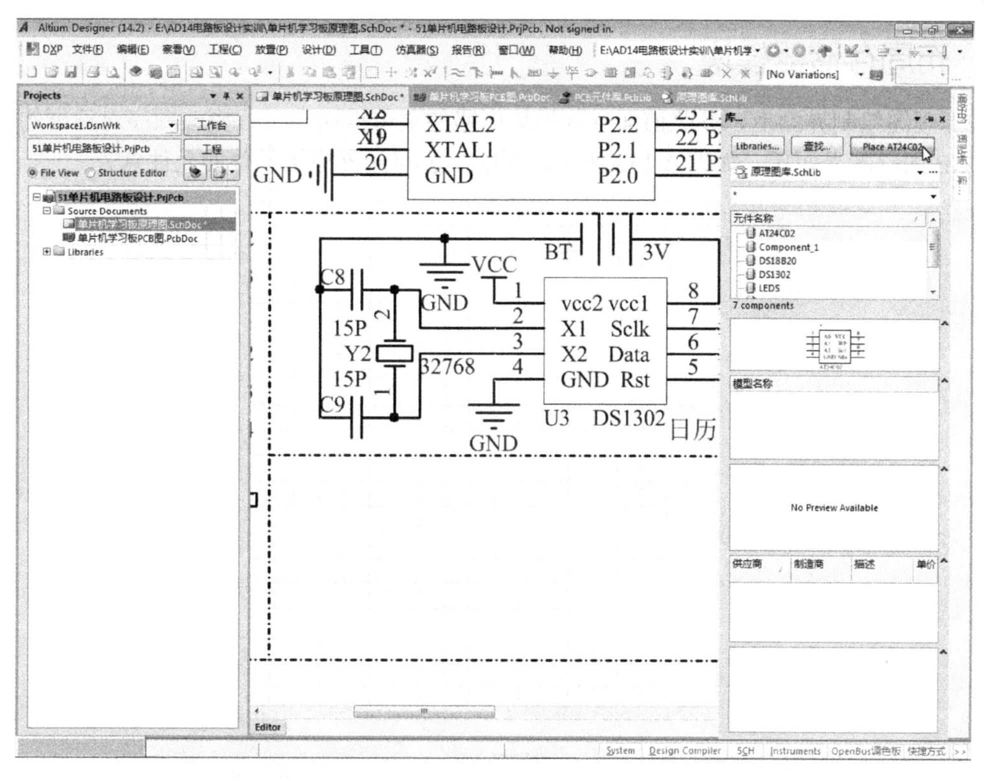

图 4-133　AT24C02 的选取

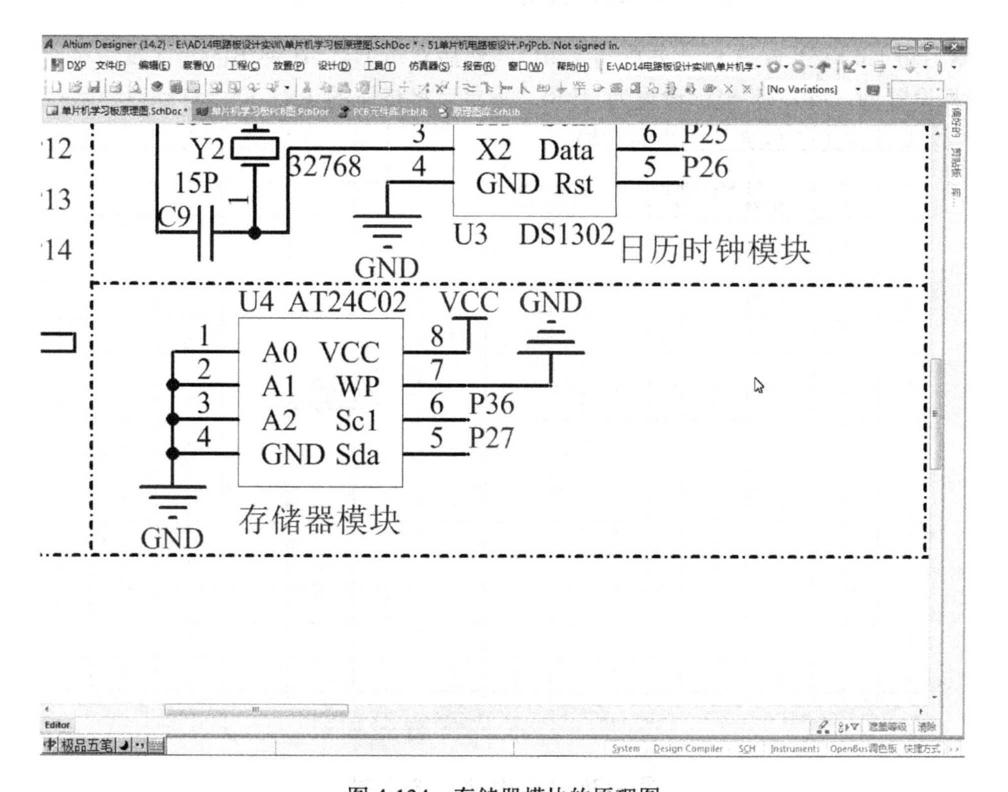

图 4-134　存储器模块的原理图

18.2 布局存储器模块

在原理图绘制界面上，参照前面导入模块电路的菜单操作和工程更改顺序对话框的操作，进入 PCB 图绘制界面后，如图 4-135 所示，删除内装存储器模块元件的元件盒。

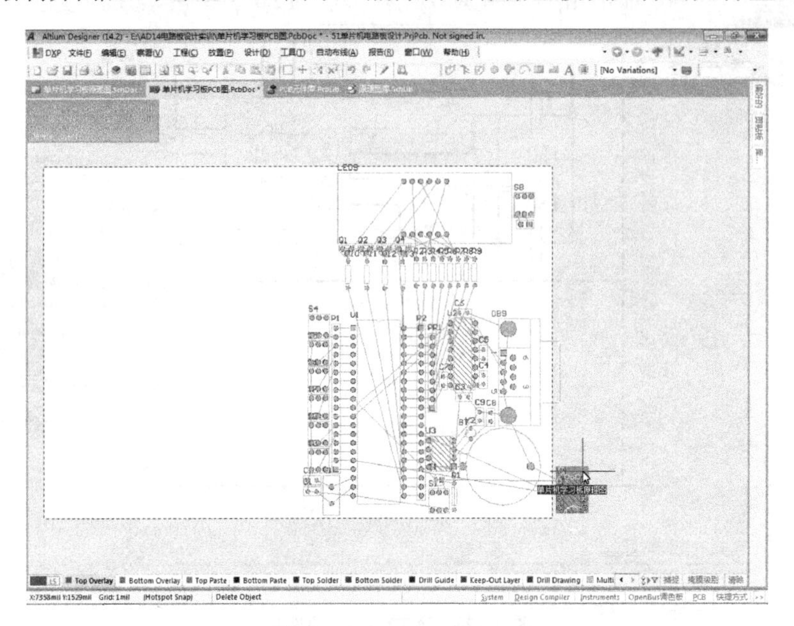

图 4-135 删除内装存储器模块元件的元件盒

删除后将 U4 移到 PCB 板上并旋转 270°，然后双击 U4，在弹出的元件属性对话框中，将 *X* 坐标设置为 5740，*Y* 坐标设置为 2140，确定后将挤压的 PR1 向上移动以消除挤压（图 4-136），这样就完成了存储器模块的布局。

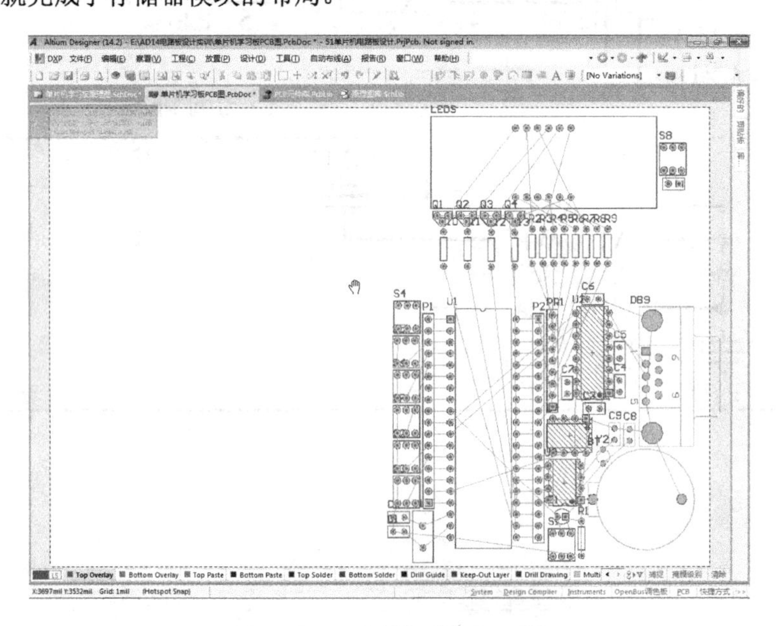

图 4-136 U4 定位后的 PCB 图

任务 19　绘制继电器模块

本任务微课视频

知识目标　熟悉继电器模块的电路组成。

能力目标　完成继电器模块的原理图绘制。

任务实施

进入原理图设计界面，如图 4-137 所示，在库面板上从常用元件库中选取 2N3906 元件。

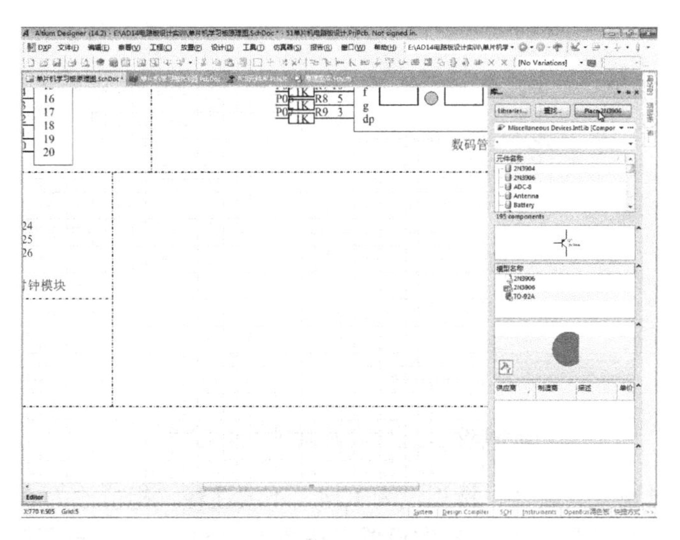

图 4-137　PNP 三极管的选取

选取后按 Tab 键设置其属性，标识设为 U5，注释设为 S8550，封装用 PCB 元件库中的 TO92X（图 4-83）。确定属性后，按图 4-138 所示位置连续放置。接下来在库面板上从常用元件库中选取 1N4148 二极管。

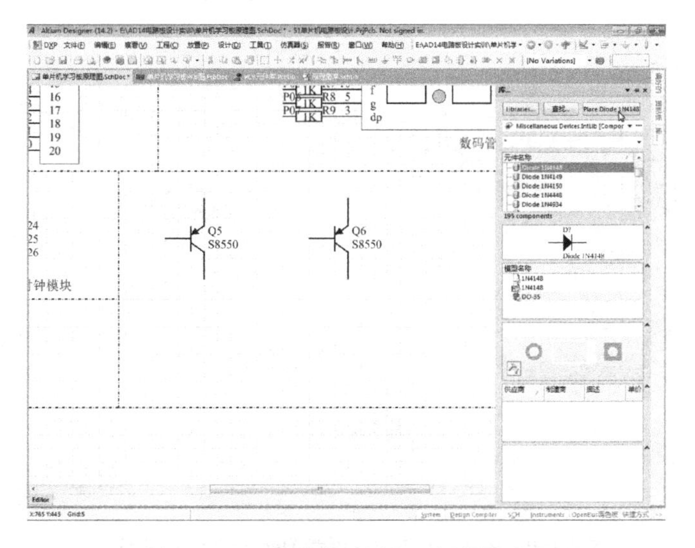

图 4-138　三极管的放置和二极管的选取

选取后按 Tab 键设置其属性，标识设为 D1，注释设为 1N4148，用默认封装。确定设置后按图 4-139 所示连续放置两个，接下来在库面板上从常用元件库中选取 Res2。

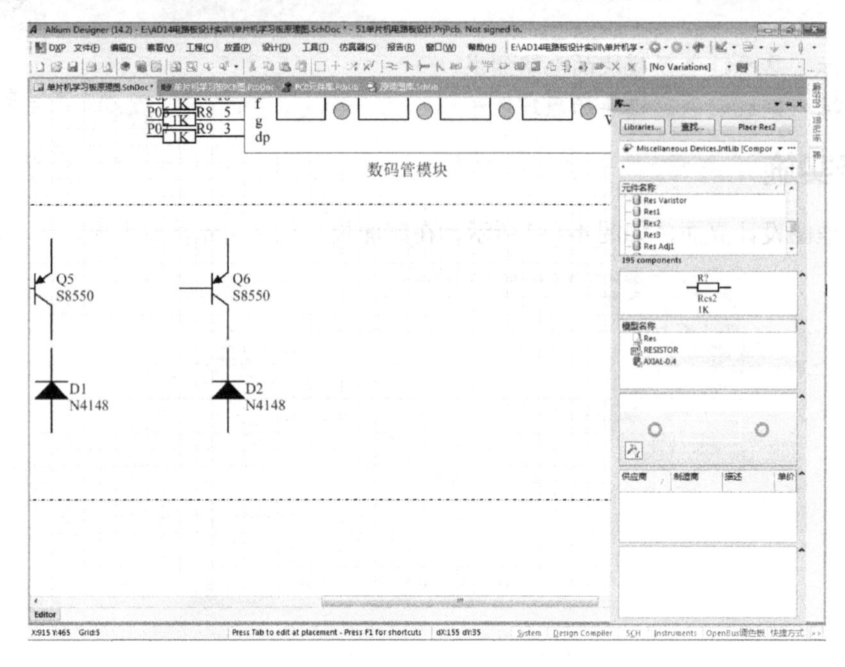

图 4-139　二极管的放置和 Res2 的选取

选取后按 Tab 键设置其属性，标识设为 R14，不要注释，标值改为 5.1K，封装用常用元件库中的“AXIAL-0.3”（图 4-37）。确定设置后按图 4-140 所示连续放置两个。接下来在库面板上从常用元件库中选取 Header 5 元件。

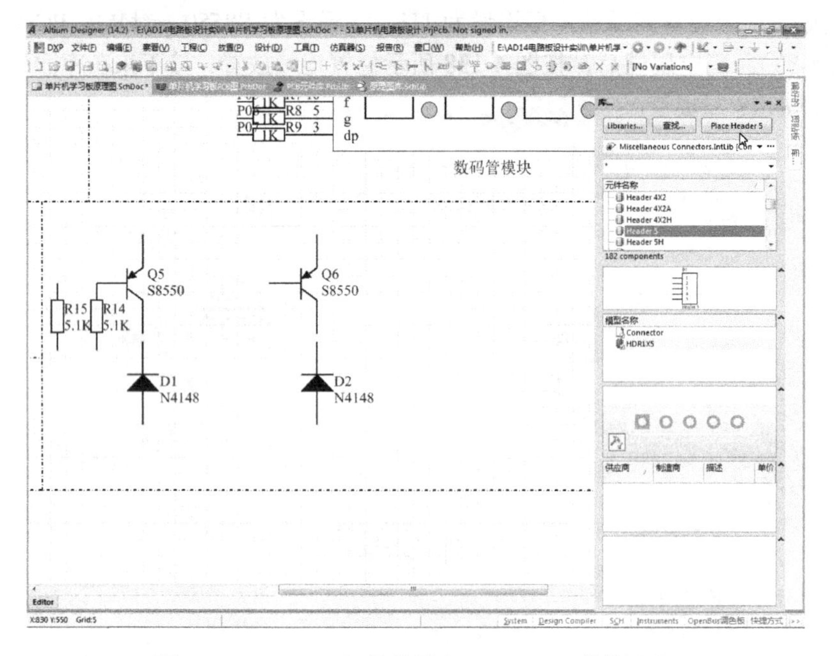

图 4-140　R14、R15 的放置和 Header 5 元件的选取

选取后按Tab键设置其属性，标识设为JDQ1，不要注释，封装用PCB元件库中的JDQPCB。属性设置如图4-141所示。

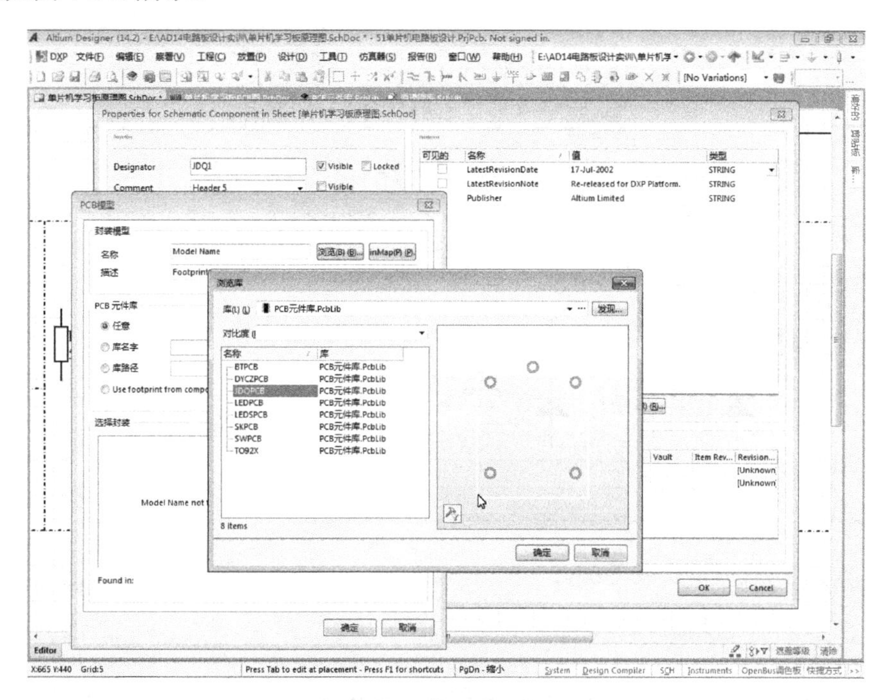

图4-141 继电器的属性设置

确定属性后按图4-142所示连续放置两个。接下来在库面板上从常用插件库中选取Header 3元件。

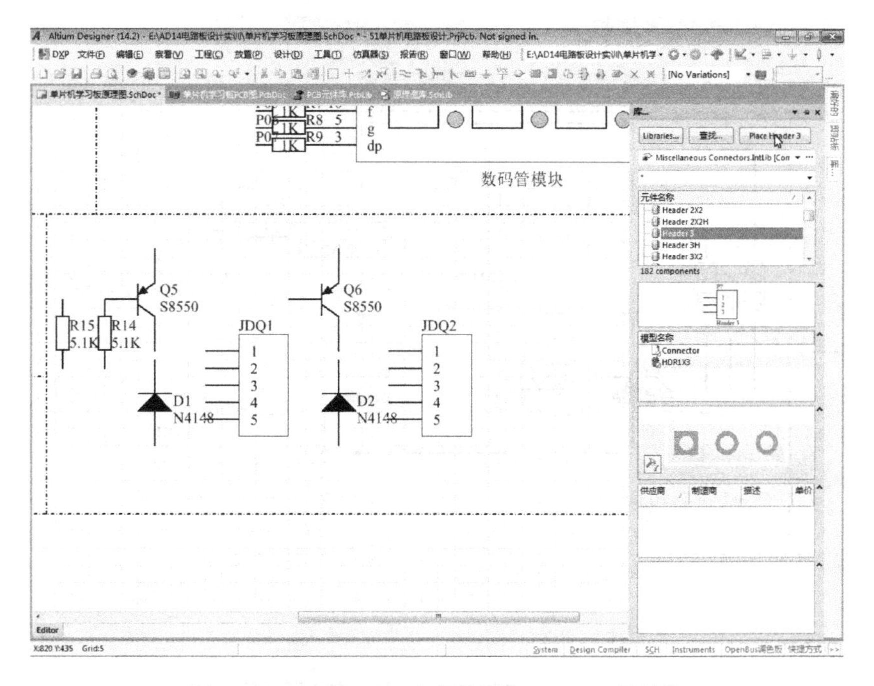

图4-142 JDQ1、JDQ2的放置和Header3的选取

选取后按Tab键设置其属性，标识为P4，不要注释，用默认封装。确定属性后按图4-143所示连续放置三个。

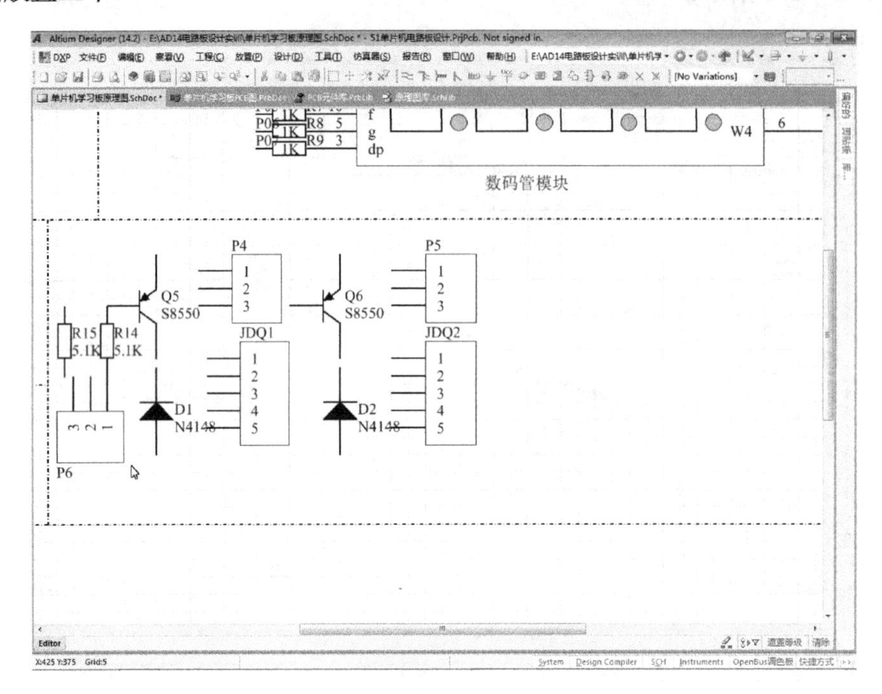

图4-143　P4、P5、P6的放置

完成继电器模块所需的各元件放置，按电路连接中的对接要求，如图4-144所示，放置导线、VCC端口、GND端口、网络标签。至此，就完成了继电器模块原理图的绘制。

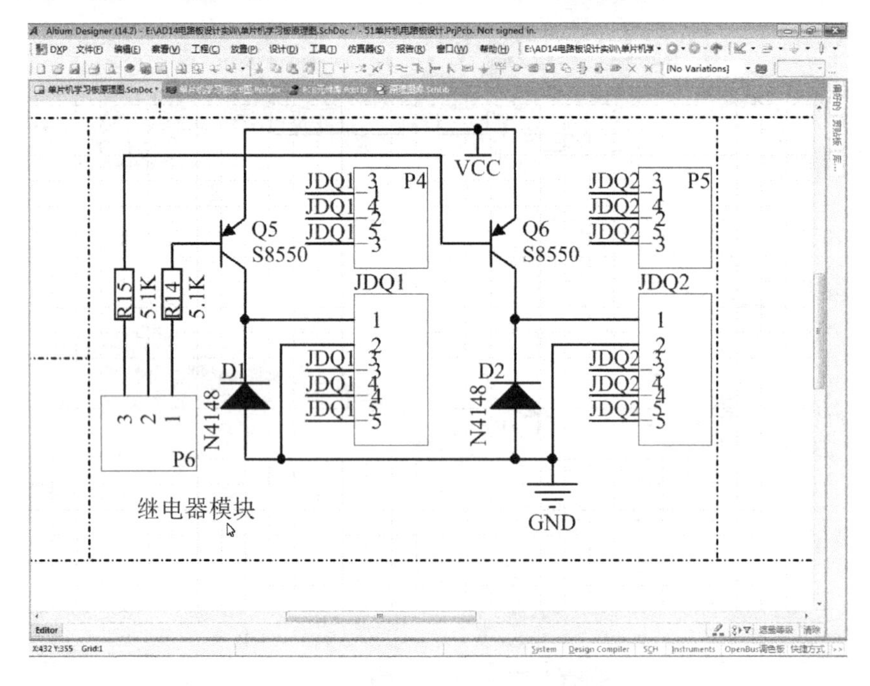

图4-144　绘制完成的继电器模块原理图

任务 20 布局继电器模块

本任务微课视频

能力目标 完成继电器模块各封装元件在 PCB 图中的布局。

任务实施

在原理图绘制界面上，参照前面导入模块电路的菜单操作和工程更改顺序对话框的操作，进入 PCB 图绘制界面后，如图 4-145 所示，删除内装继电器模块元件的元件盒。

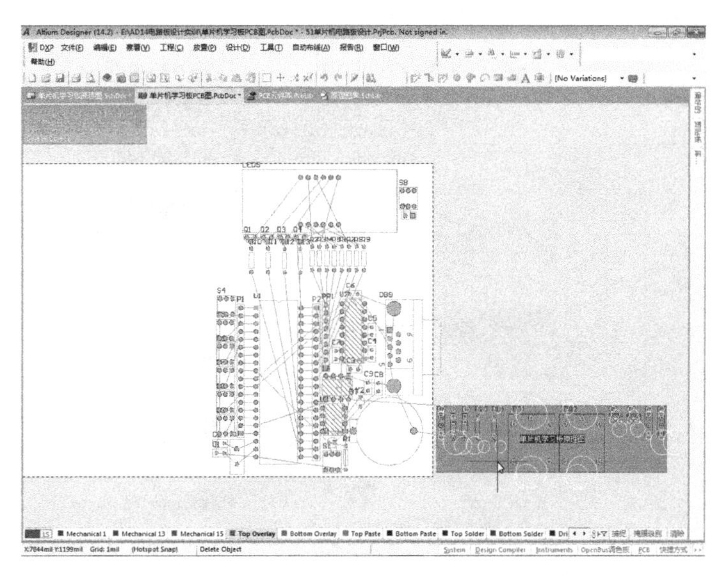

图 4-145 删除内装继电器模块元件的元件盒

删除后将 JDQ2 旋转 180° 后放置到图 4-146 所示位置。

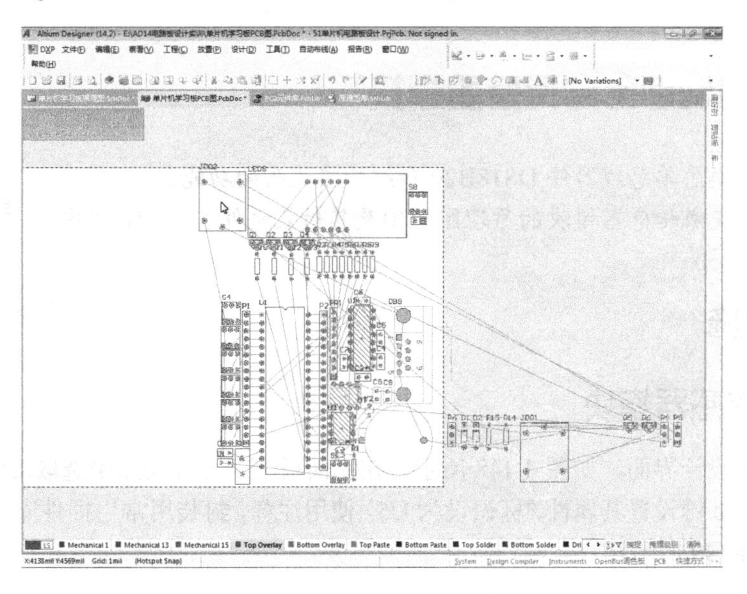

图 4-146 颠倒 JDQ2 后放置

再双击图 4-146 中的 JDQ2 元件，然后在其属性对话框中将 *X* 坐标改为 4155，*Y* 坐标改为 4625，如图 4-147 所示，再把继电器模块的其余元件布局到 JDQ2 的左、下两边，这样就完成了继电器模块的元件布局。

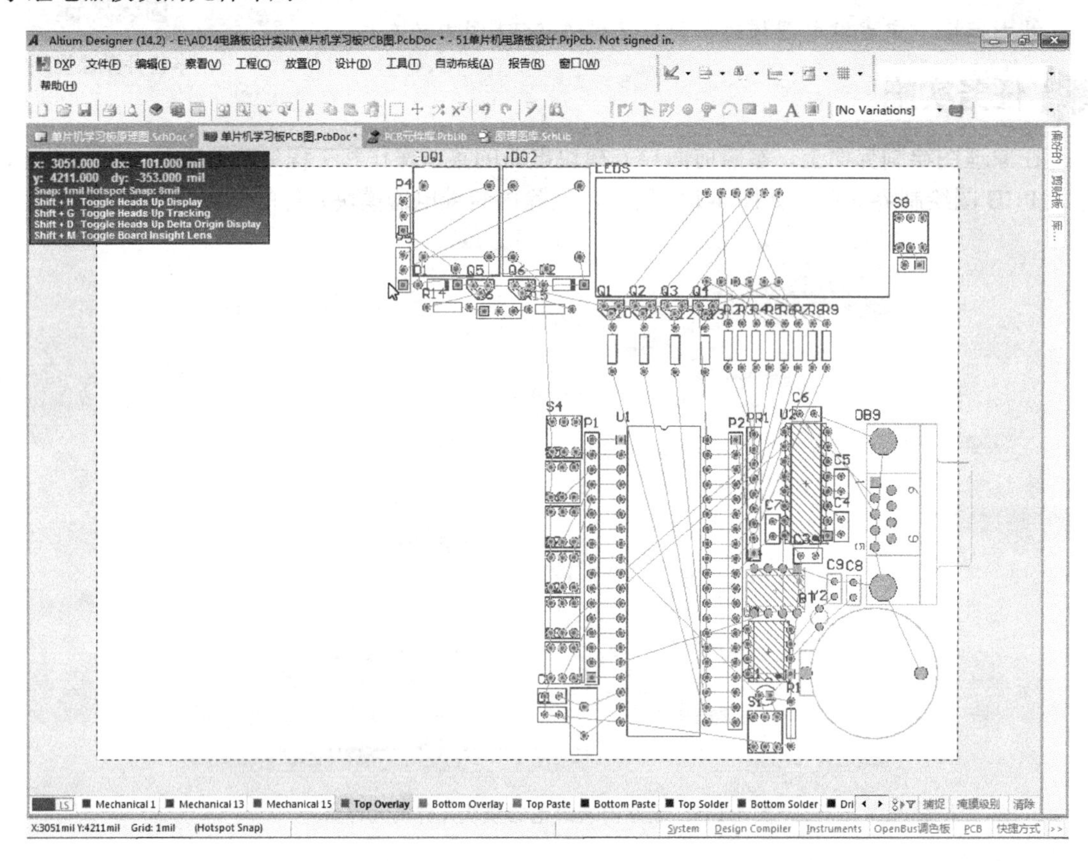

图 4-147　继电器模块布局完成后的 PCB 图

任务 21　绘制和布局传感器模块

本任务微课视频

知识目标　熟悉单总线器件 DS18B20 和红外接收头的功能。

能力目标　完成传感器模块的原理图绘制及其封装元件在 PCB 图中的布局。

21.1　绘制传感器模块

进入原理图设计界面，如图 4-148 所示，在库面板上从原理图库中选取 DS18B20 元件。

选取后按 Tab 键设置其属性，标识设为 U5，使用注释，封装用常用插件库中的 HDR1×3。属性设置如图 4-149 所示。

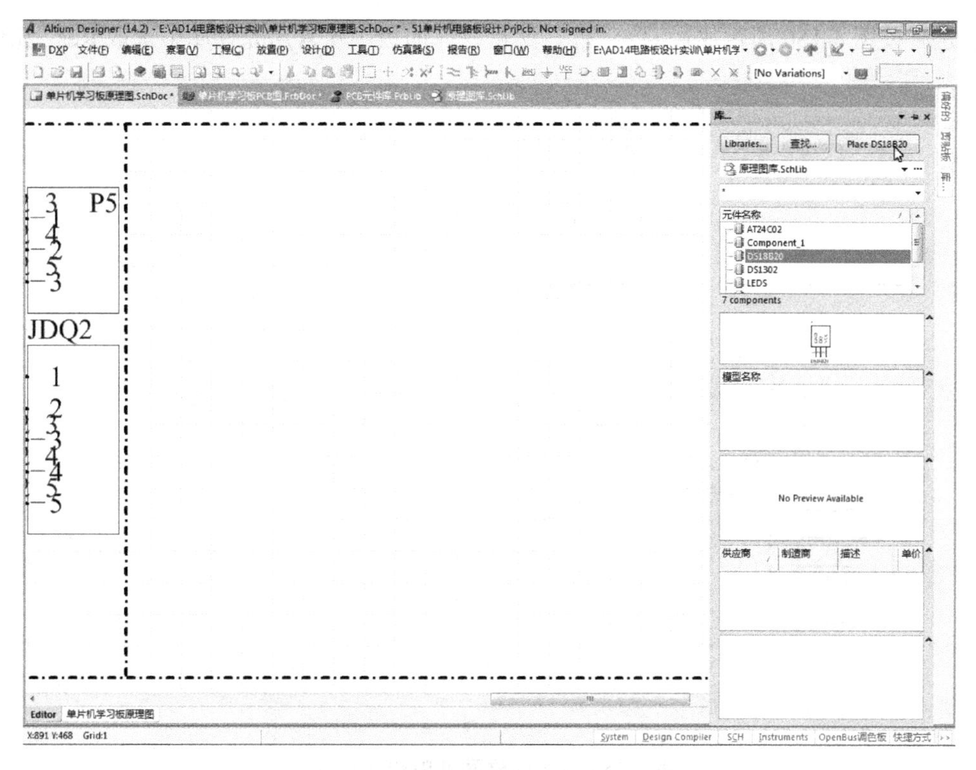

图 4-148 DS18B20 元件的选取

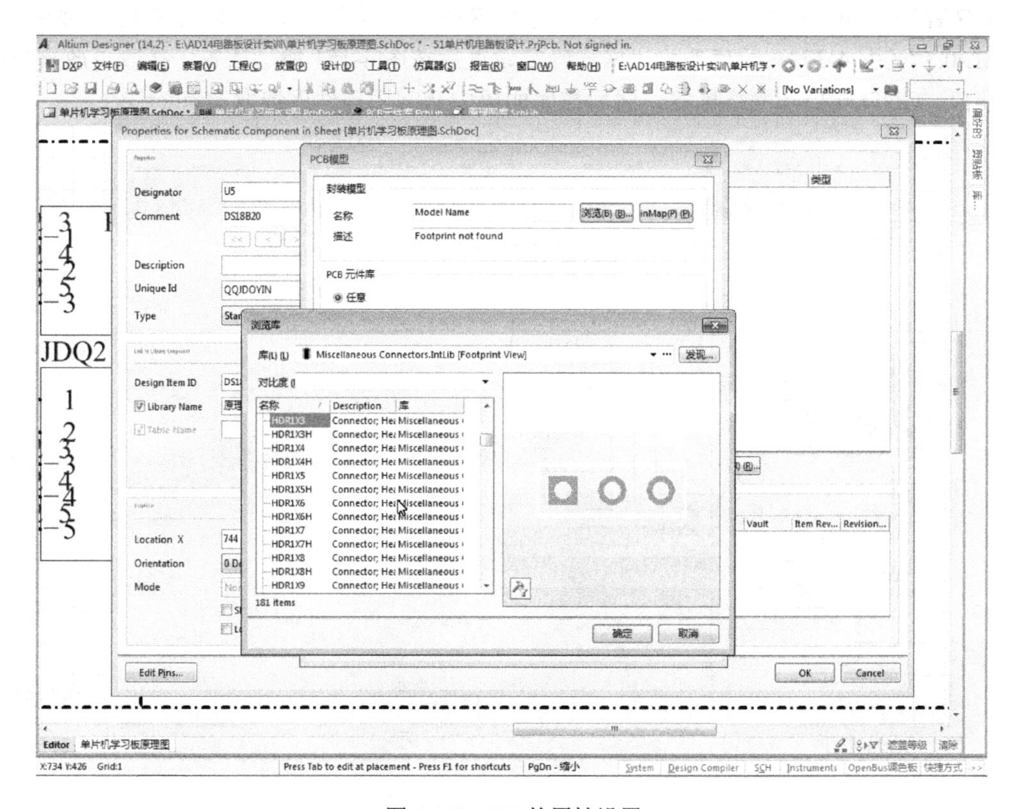

图 4-149 U5 的属性设置

确定后按图 4-150 所示放置 U5 元件，然后在库面板中从常用元件库中选取 Res2 元件。

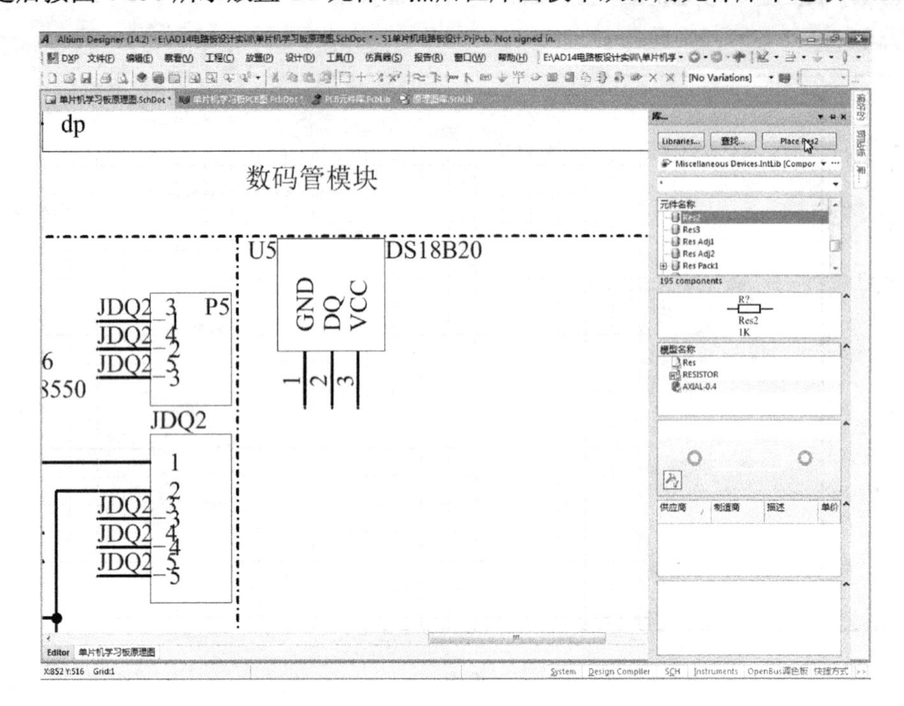

图 4-150 U5 的放置和 Res2 的选取

选取后按 Tab 键设置其属性，标识设为 R16，取消注释，封装用常用元件库中的“AXIAL-0.3”（图 4-37），标值改为 10K。确定设置后按图 4-151 所示放置，接着再放置导线、VCC 端口、GND 端口和网络标签，然后在库面板中从常用插件库选取 Header 3。

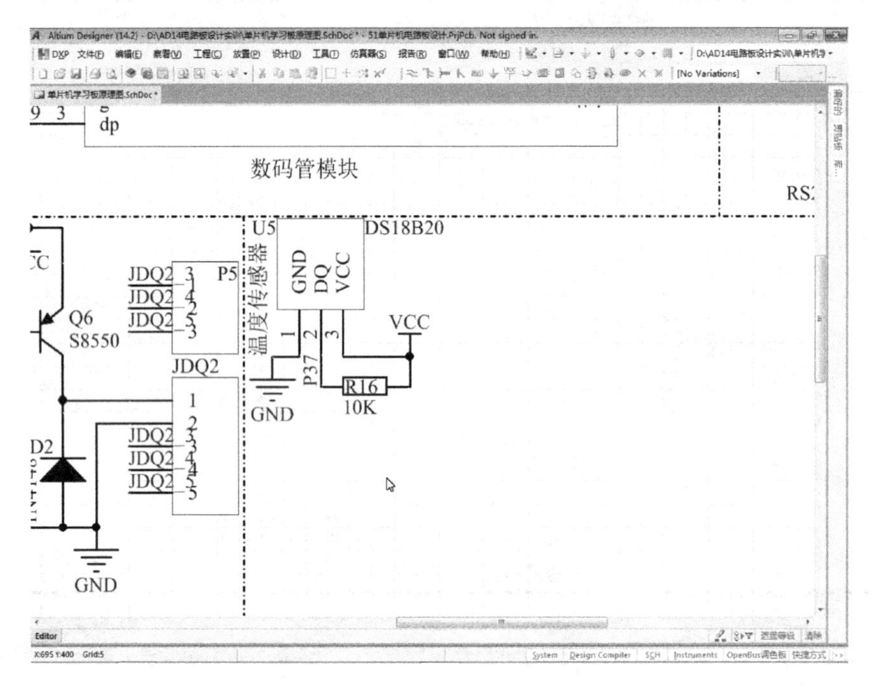

图 4-151 温度传感器的电路连接和 Header 3 的选取

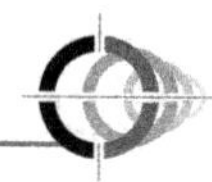

选取后按 Tab 键设置其属性，标识设为 HS，注释设为 HS0038，用默认封装。确定属性后按图 4-152 所示放置，然后放置 VCC 端口、GND 端口和网络标签。至此，就完成了传感器模块的原理图绘制。

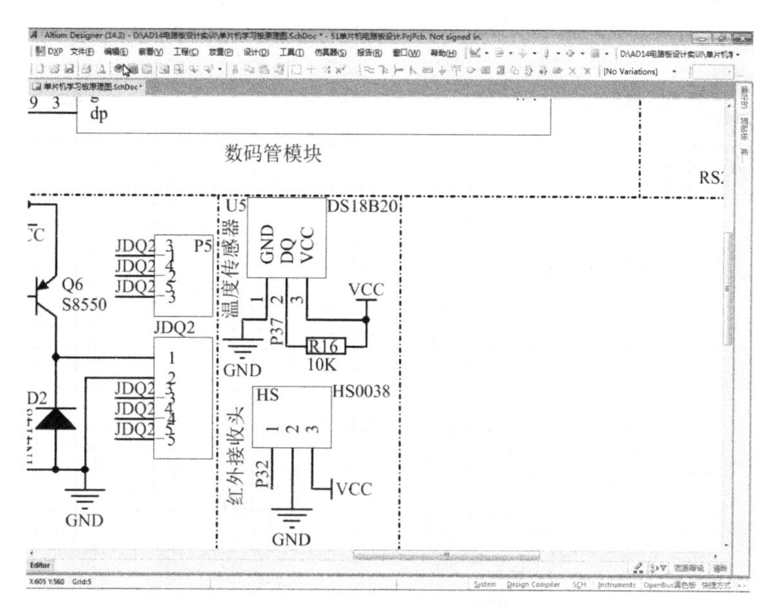

图 4-152　完成后的传感器模块原理图

21.2　布局传感器模块

在原理图绘制界面上，参照前面导入模块电路的菜单操作和工程更改顺序对话框的操作，进入 PCB 图绘制界面后，如图 4-153 所示，删除内装传感器模块元件的元件盒。

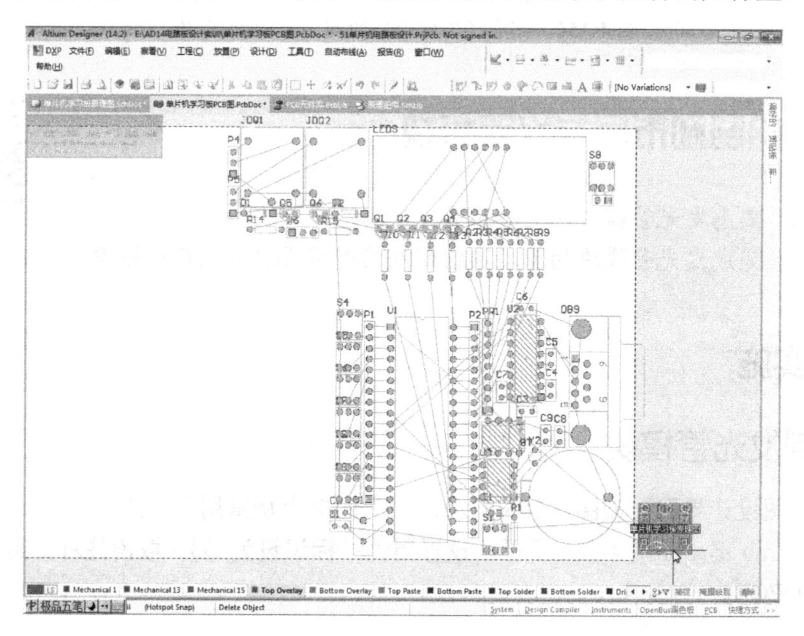

图 4-153　删除内装传感器模块元件的元件盒

删除后，按图 4-154 所示，把 U5、HS 和 R16 布局到位，这样就完成了传感器模块的布局。

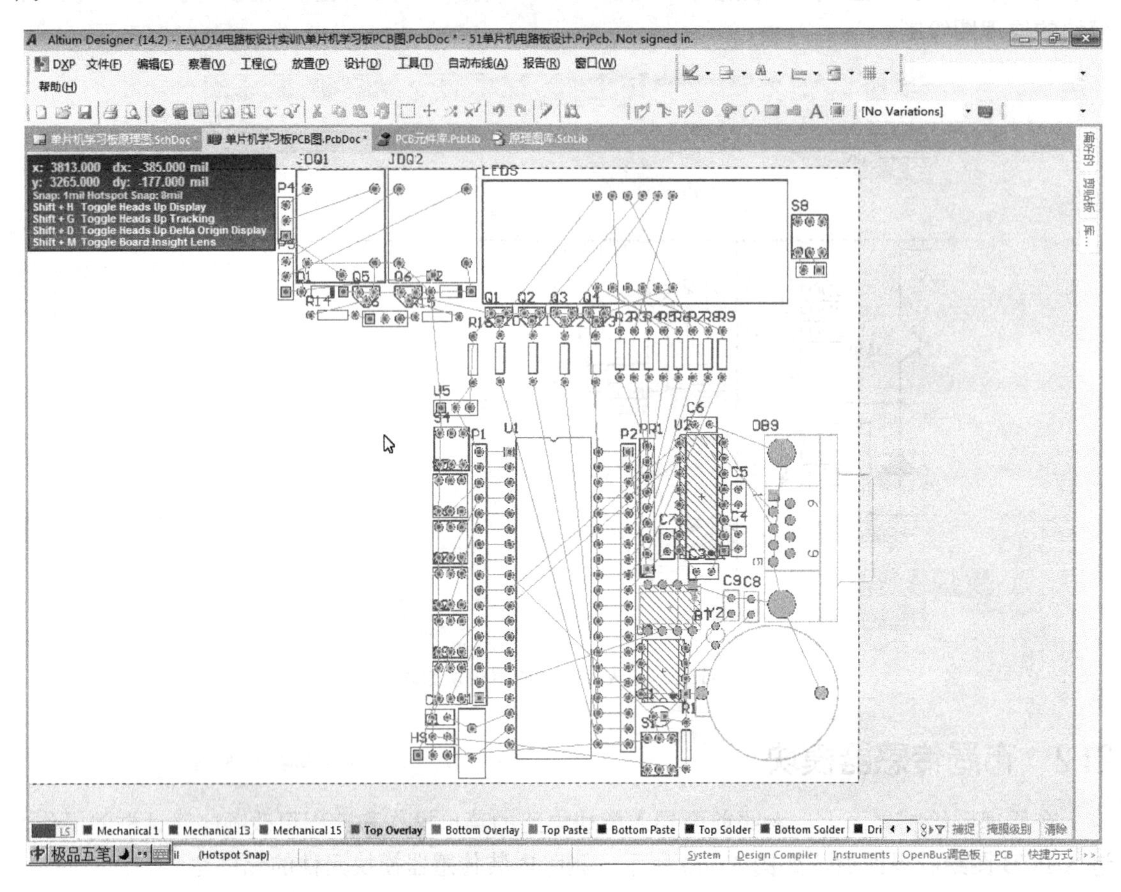

图 4-154　完成了传感器模块布局后的 PCB 图

任务 22　绘制和布局发光管模块

本任务微课视频

知识目标　熟悉发光管模块的电路组成。

能力目标　完成发光管模块的原理图绘制及其封装元件在 PCB 图中的布局。

22.1　绘制发光管模块

进入原理图设计界面，如图 4-155 所示，在库面板上从常用元件库中选取 LED0 元件。

选取后按 Tab 键，如图 4-156 所示，设置属性：标识设为 D3，取消注释，封装用 PCB 元件库中的 LEDPCB。

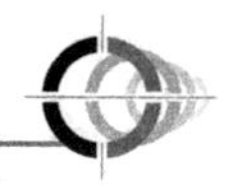

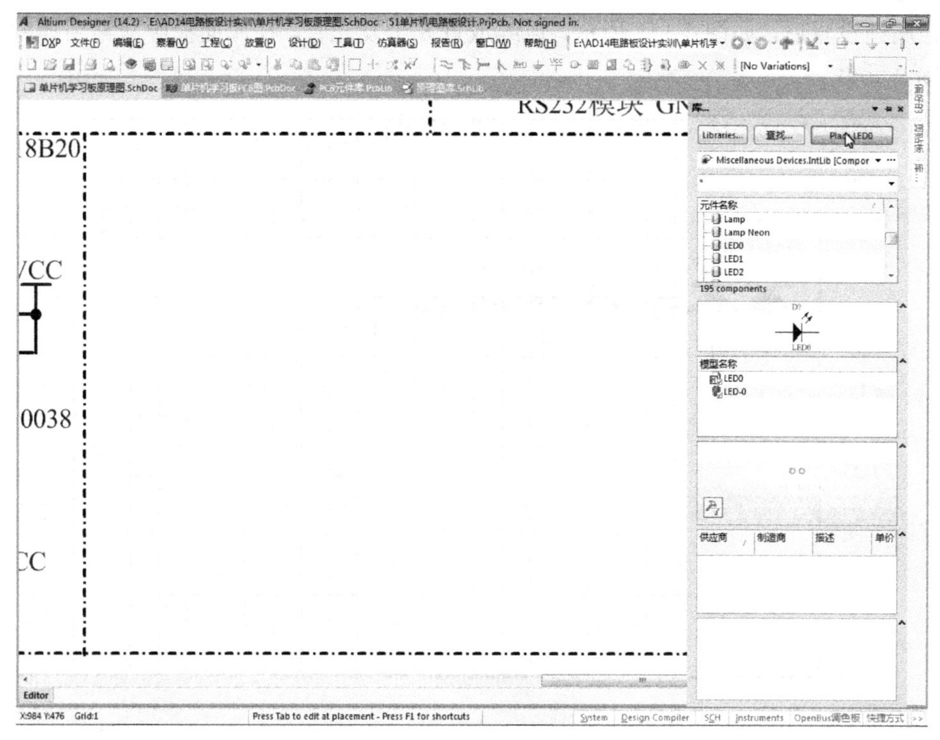

图 4-155　LED0 元件的选取

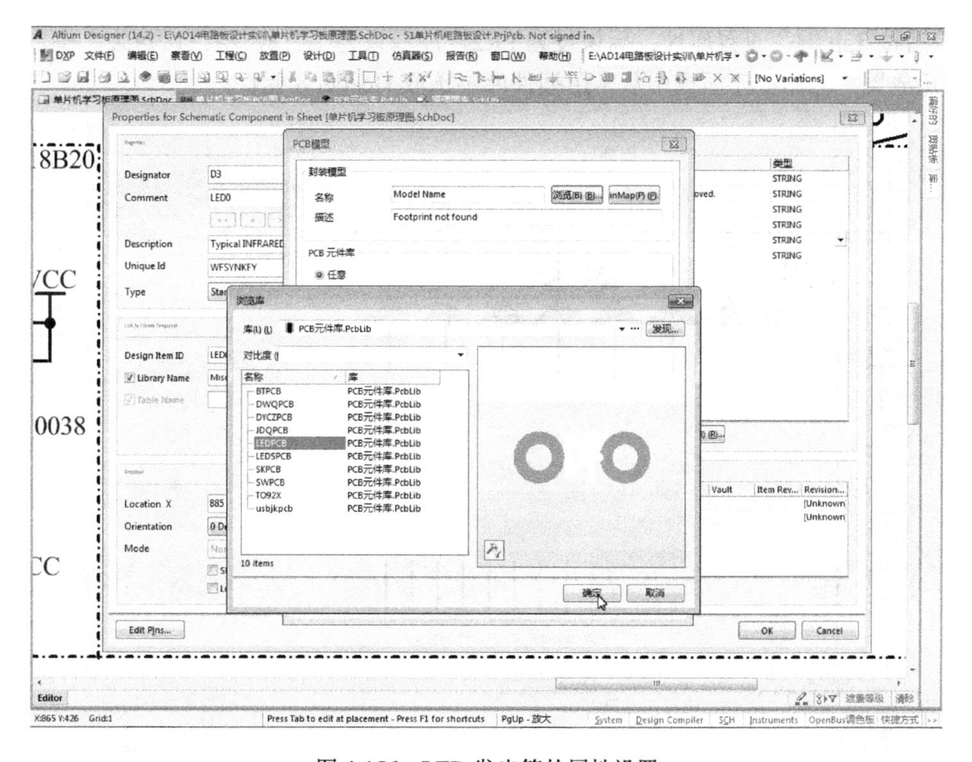

图 4-156　LED 发光管的属性设置

确定属性设置后，如图4-157所示，连续放置8个发光管，在库面板中从常用插件库中选取Header 9元件。

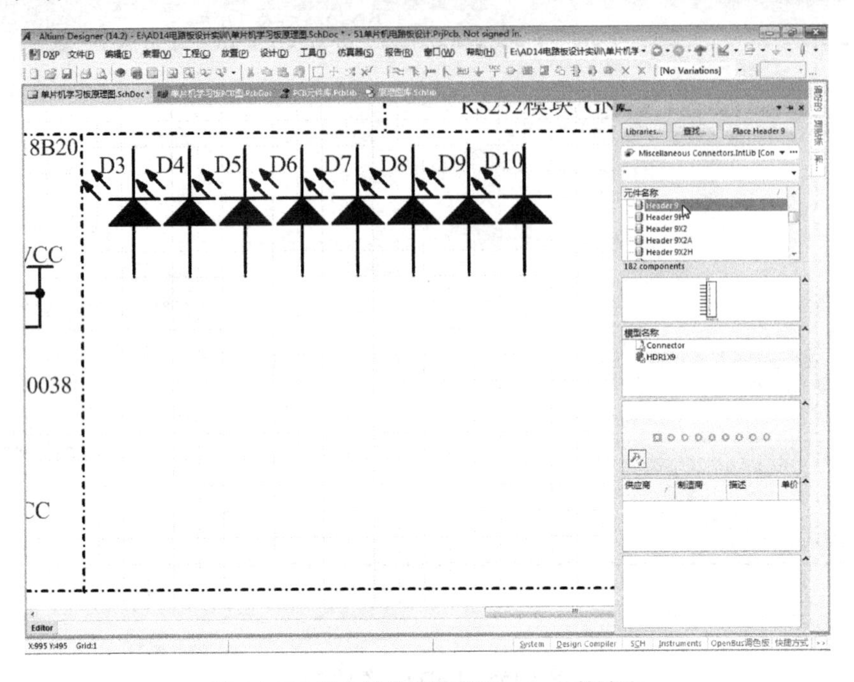

图4-157　发光管的放置和Header 9的选取

选取后按Tab键，设置属性：标识设为PR2，注释设为1K*8，用默认封装。确定后按图4-158所示放置，然后在库面板中从常用插件库中选取Header 8元件。

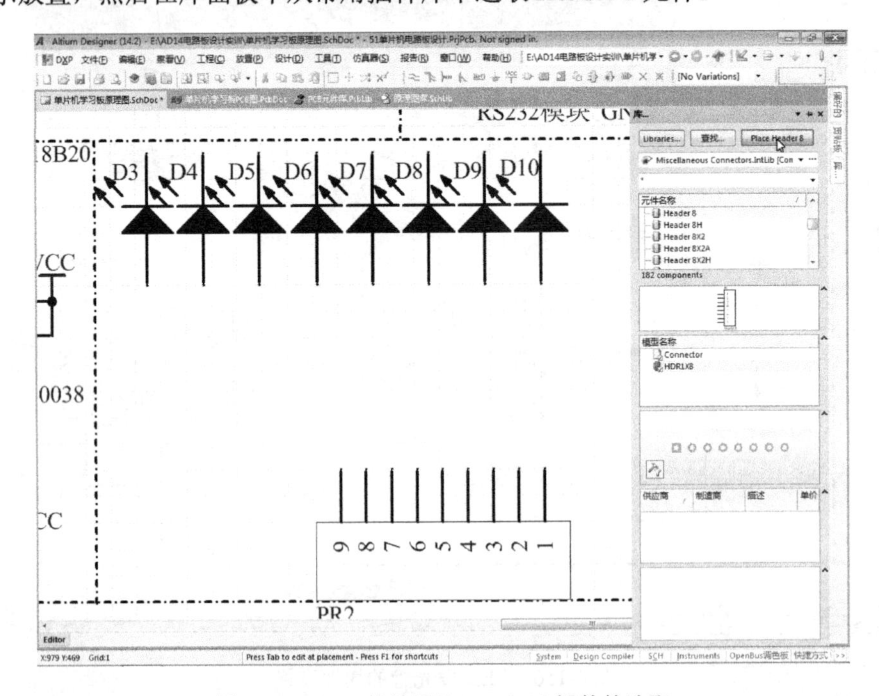

图4-158　PR2的放置和Header 8插件的选取

选取后按 Tab 键设置属性：标识设为 P7，取消注释，用默认封装。确定后按图 4-159 所示放置，然后在库面板中从常用插件库中选取 Header 2 元件。

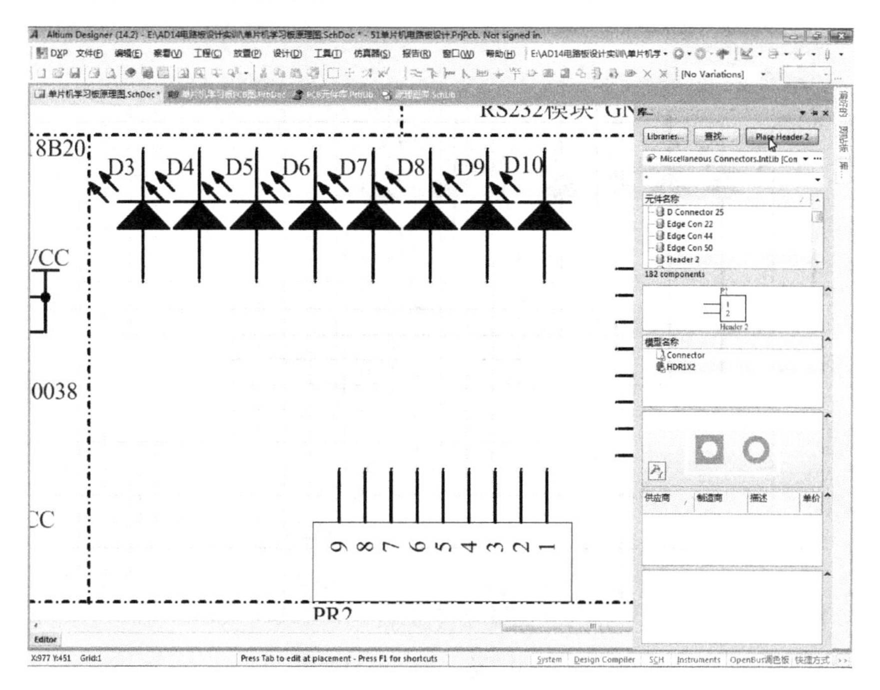

图 4-159　P7 的放置和 Header 2 的选取

选取后按 Tab 键设置属性：标识设为 LJ1，取消注释，用默认封装。确定后按图 4-160 所示放置。

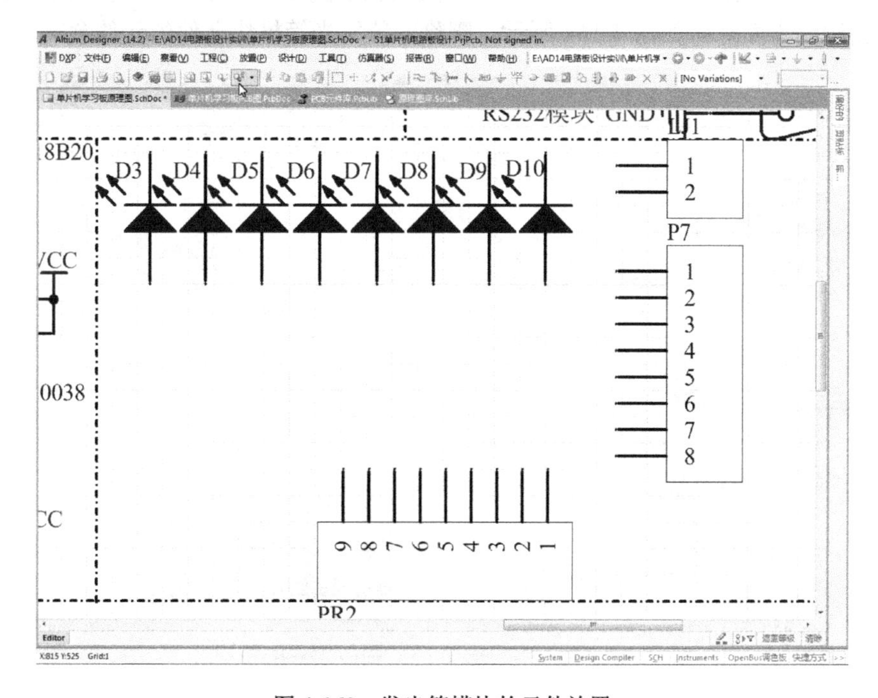

图 4-160　发光管模块的元件放置

接下来，按图 4-161 所示，放置导线、VCC 端口和 GND 端口，这样就完成了发光管模块原理图的绘制。

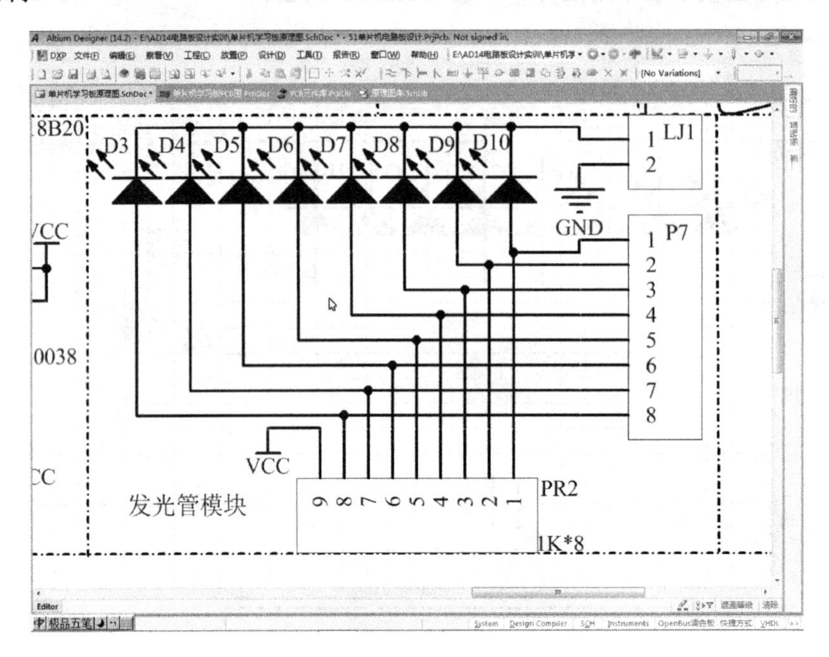

图 4-161　发光管模块原理图

22.2　布局发光管模块

在原理图绘制界面上，参照前面导入模块电路的菜单操作和工程更改顺序对话框的操作，进入 PCB 图绘制界面后，如图 4-162 所示，删除内装发光管模块元件的元件盒。

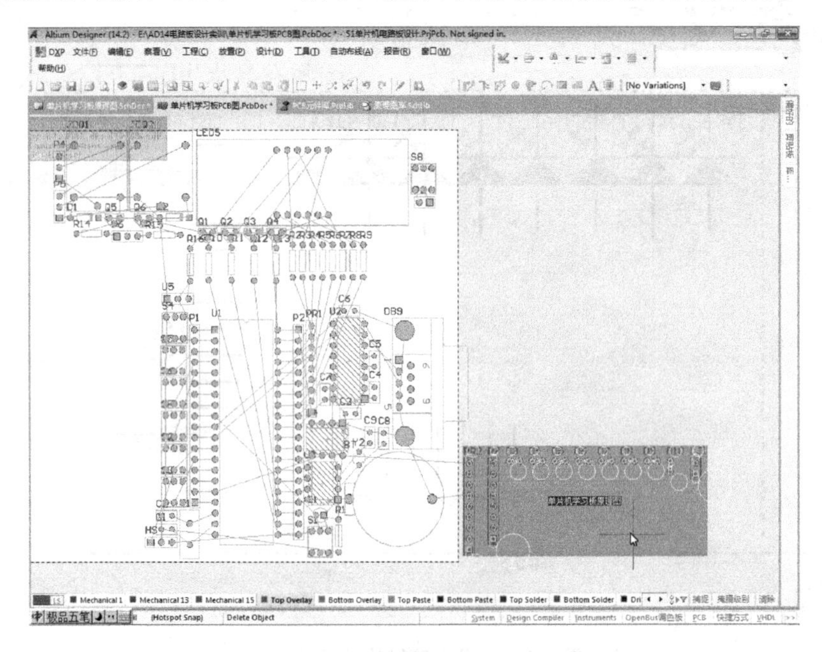

图 4-162　删除内装发光管模块元件的元件盒

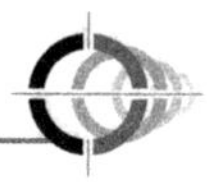

元件盒删除后，按图 4-163 所示，将 PR2、P7 和 LJ1 布局到位。

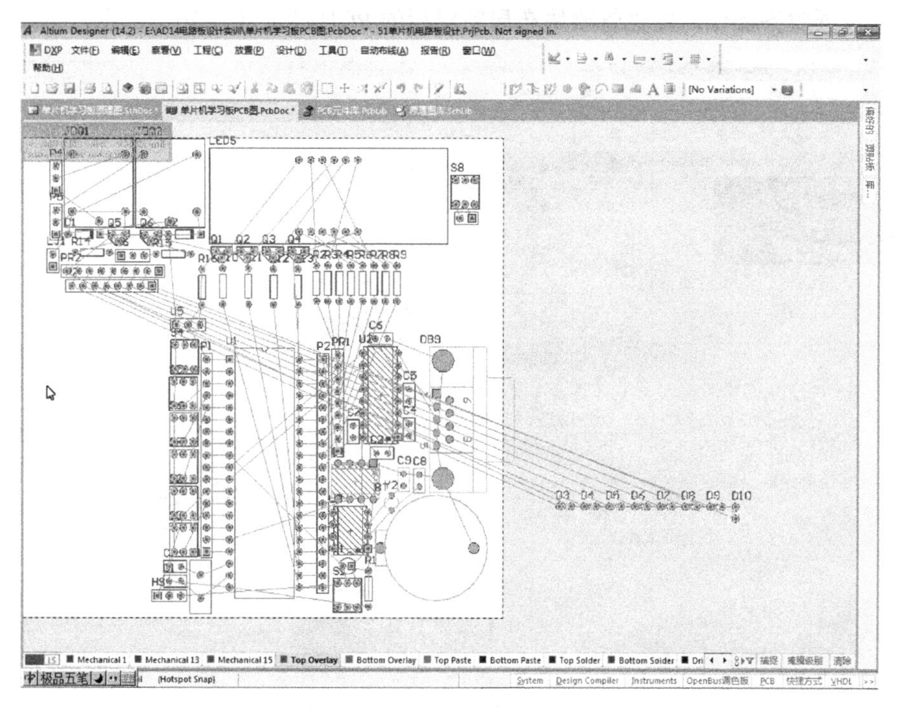

图 4-163 PR2、P7 和 LJ1 布局

接下来，如图 4-164 所示，将 PCB 板右边的 7 个发光管依次旋转 90° 并水平收缩，然后将 8 个发光管整体移向 P7 下方。

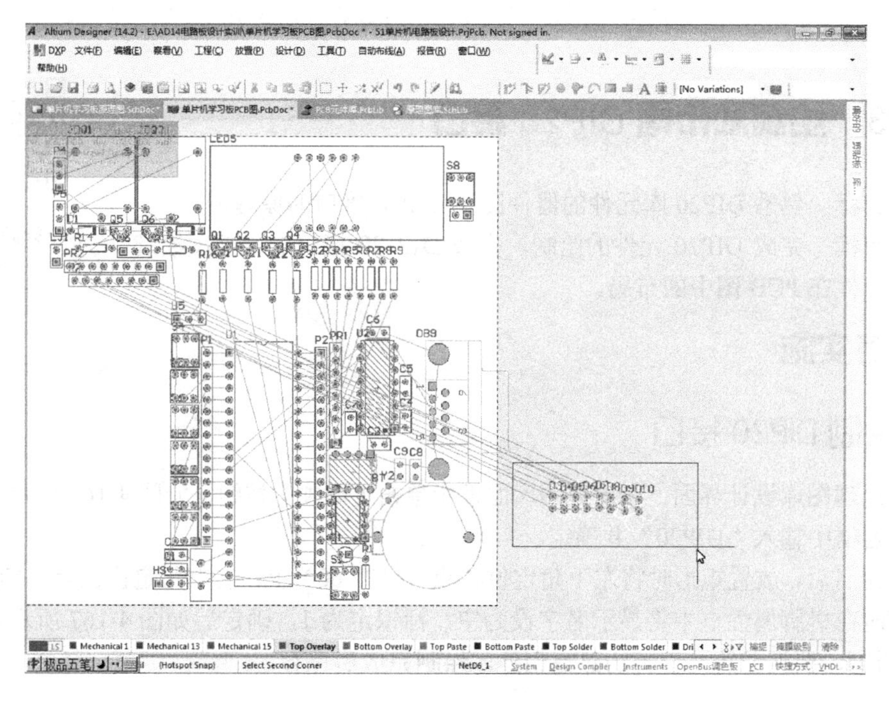

图 4-164 8 个发光管的选取

把 8 个发光管整体移到 P7 下方后，参见前面的图 4-99、图 4-100，进行水平宽度和水平分布的调节及顶对齐操作。发光管模块布局完成后的 PCB 图如图 4-165 所示。

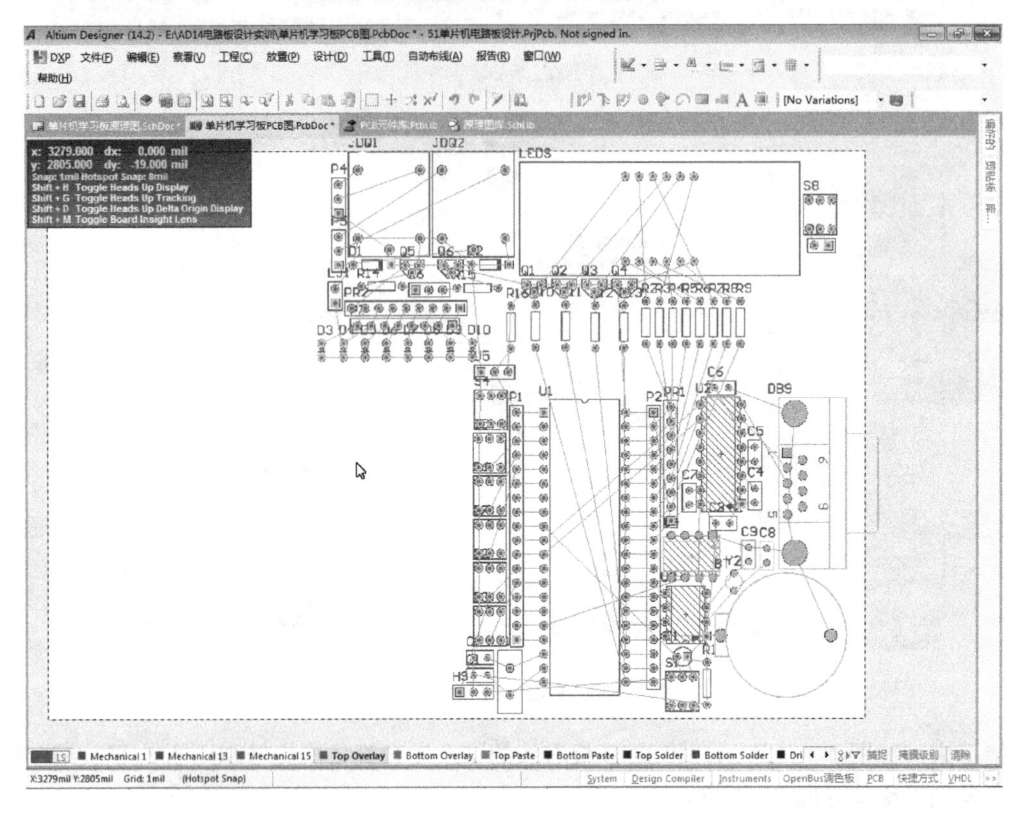

图 4-165 发光管模块布局完成后的 PCB 图

任务 23　绘制和布局 DIP20 接口

本任务微课视频

知识目标　熟悉 DIP20 库元件的器件图和 DIP20 接口的原理图。

能力目标　完成 DIP20 元件的绘制，完成 DIP 20 接口的原理图绘制及其封装元件在 PCB 图中的布局。

任务实施

23.1　绘制 DIP20 接口

进入原理图库设计界面，在原理图库面板中单击【添加】按钮，如图 4-166 所示，在弹出的元件命名框中输入“DIP20”并确定。

确定命名后，放置矩形时将左下角定位在点（-10,-60）上，右上角定位在点（10,50）上，放置引脚时在引脚属性框中将显示名字设为空，标识定为 1，确定后如图 4-167 所示，连续放置 20 只引脚，要保证每只引脚的热端朝外。绘制完成后保存。

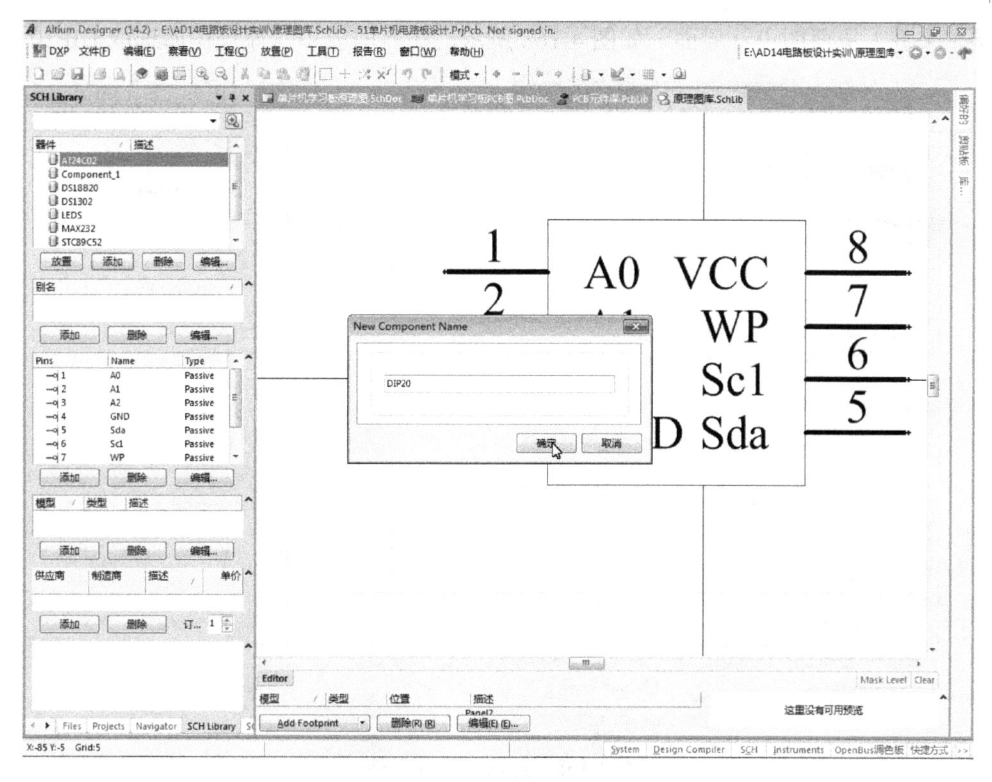

图 4-166　DIP20 元件的命名

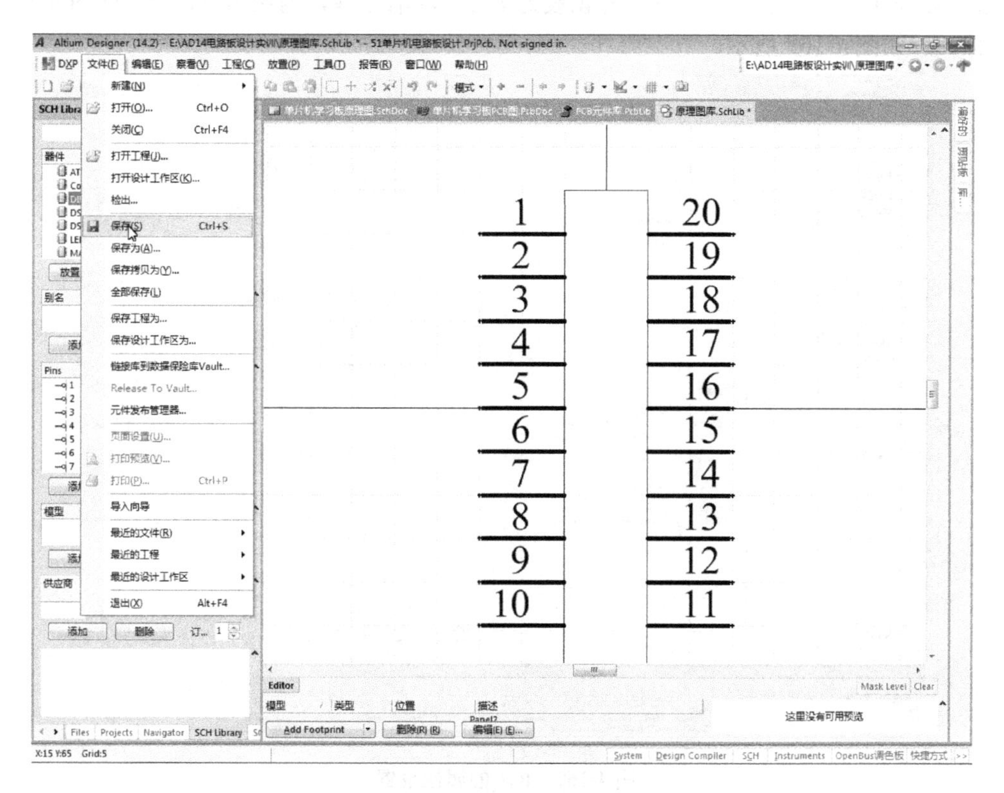

图 4-167　DIP20 元件的绘制

接下来进入原理图设计界面，如图 4-168 所示，在库面板中从原理图库选取 DIP20 元件。

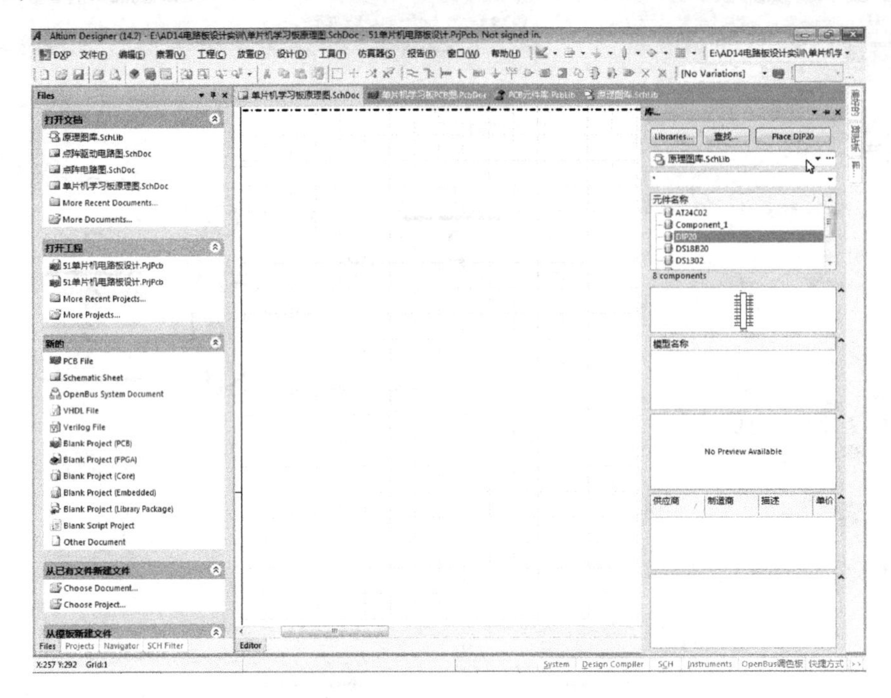

图 4-168　选取 DIP20 元件

选取后按 Tab 键设置元件属性：标识设为 IC1，取消注释，封装为 ST Logic Counter 库中的 PDIP20，如图 4-169 所示。

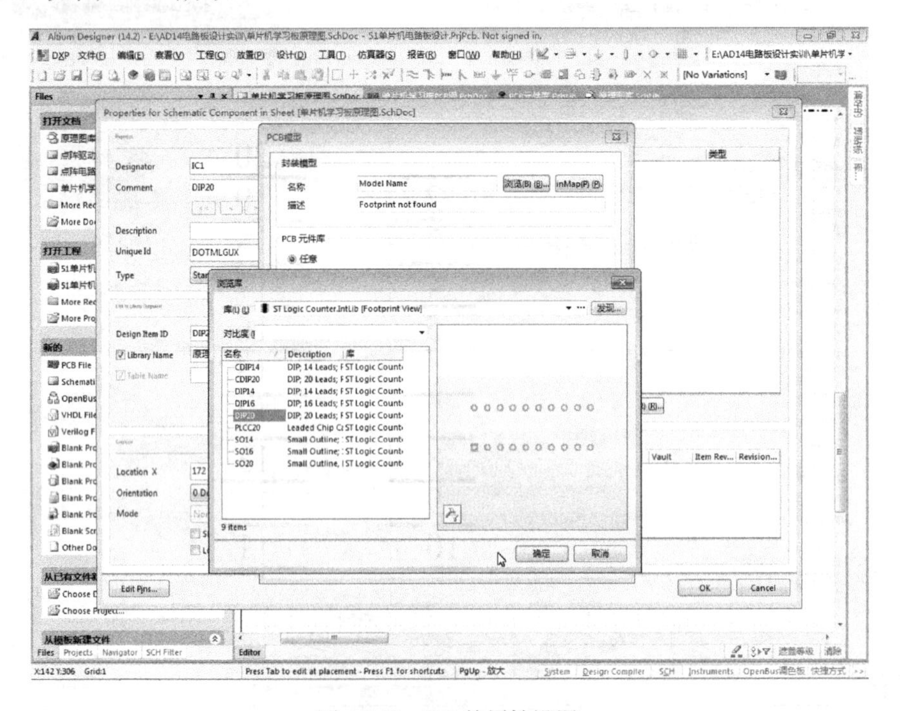

图 4-169　IC1 的属性设置

确定属性设置后，按图 4-170 所示放置，然后在库面板中从常用插件库中选取 Header 10。

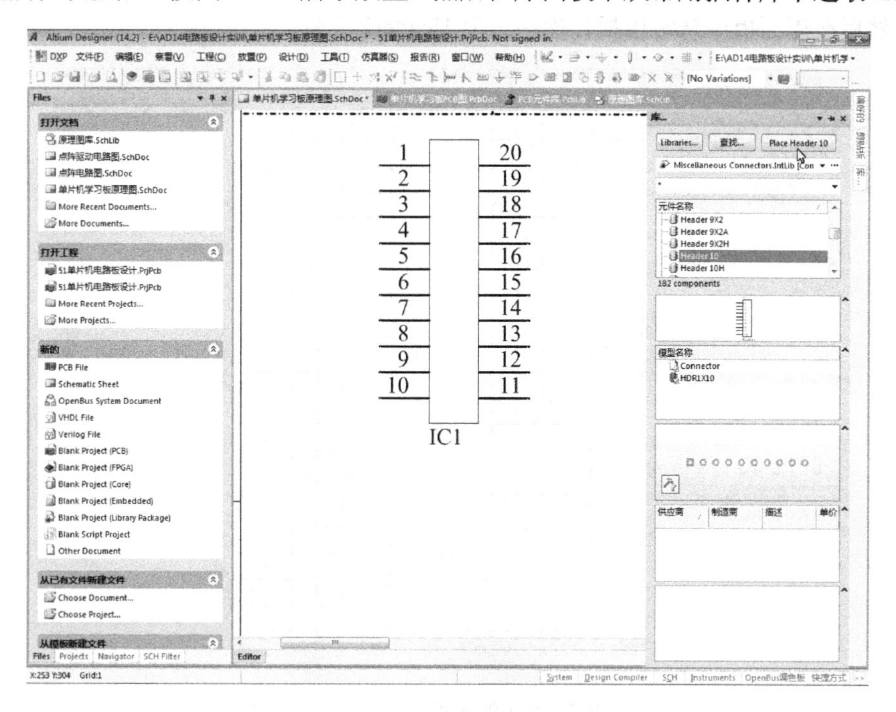

图 4-170 IC1 的放置和 Header 10 的选取

选择取后按 Tab 键设置属性：标识设为 P8，取消注释，用默认封装。确定后按图 4-171 所示放置，然后在库面板中从常用插件库中选取 Header 6 元件。

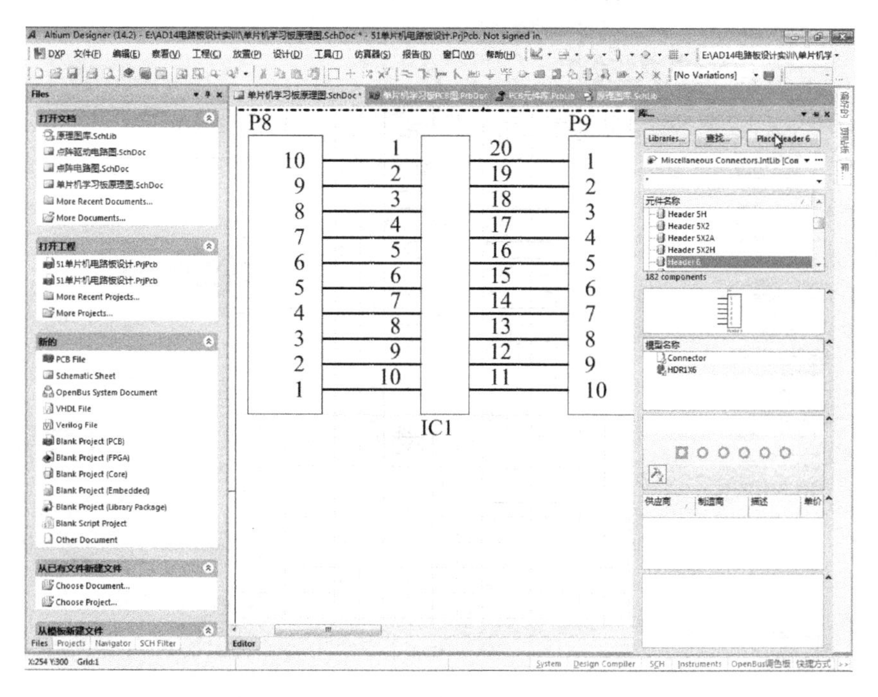

图 4-171 P8、P9 的放置和 Header 6 的选取

选取后按 Tab 键设置属性：标识设为 P10，取消注释，用默认封装。确定后按图 4-172 所示放置，然后在库面板中从常用插件库中选取 Header2 元件。

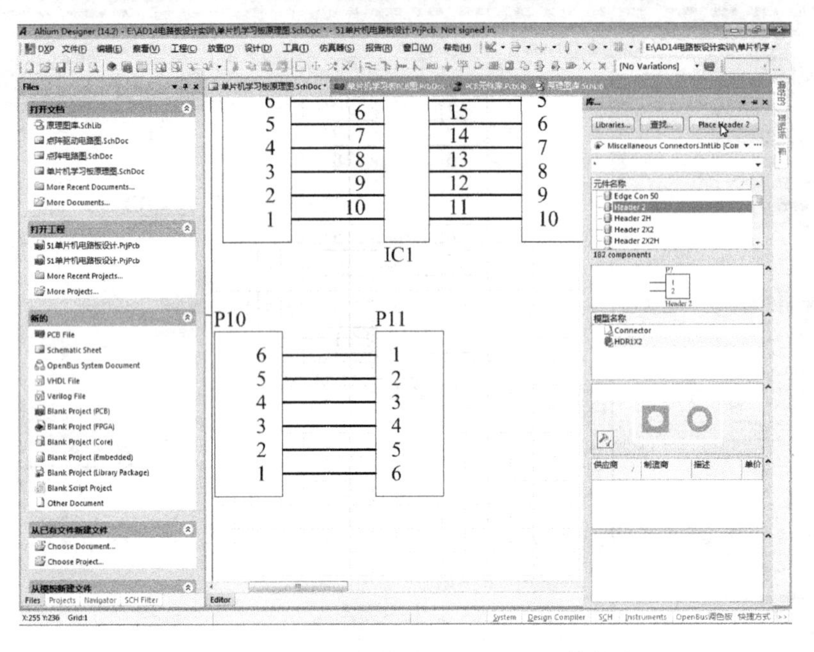

图 4-172　P10、P11 的放置和 Header 2 元件的选取

选取后按 Tab 键设置属性：标识设为 P12，取消注释，用默认封装。确定后按图 4-173 所示放置。接下来放置 VCC 端口、GND 端口和网络标号，这样就完成了 DIP20 接口原理图的绘制。

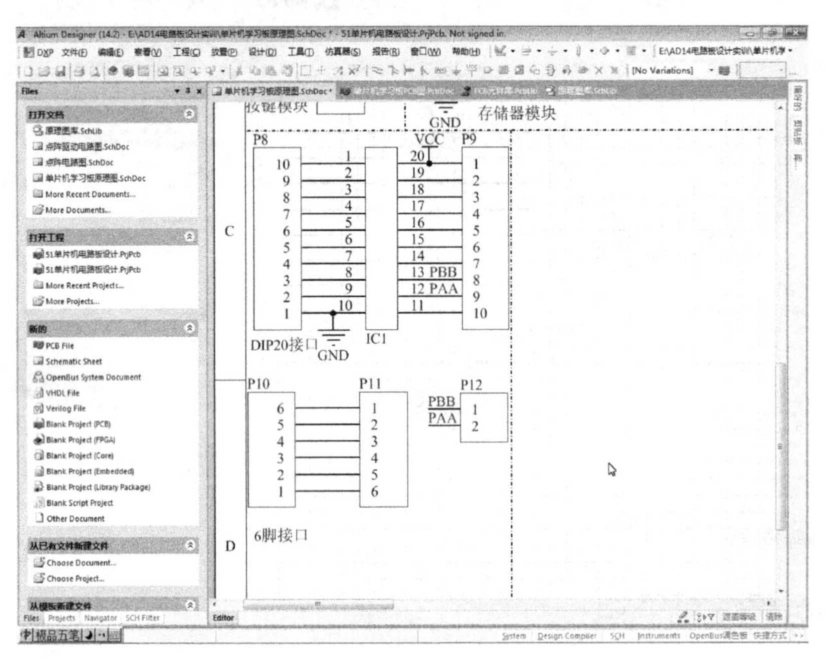

图 4-173　完成了的 DIP20 接口原理图

23.2 布局 DIP20 接口

在原理图绘制界面上，参照前面导入模块电路的菜单操作和工程更改顺序对话框的操作，进入 PCB 图绘制界面后，如图 4-174 所示，删除内装 DIP20 接口元件的元件盒。

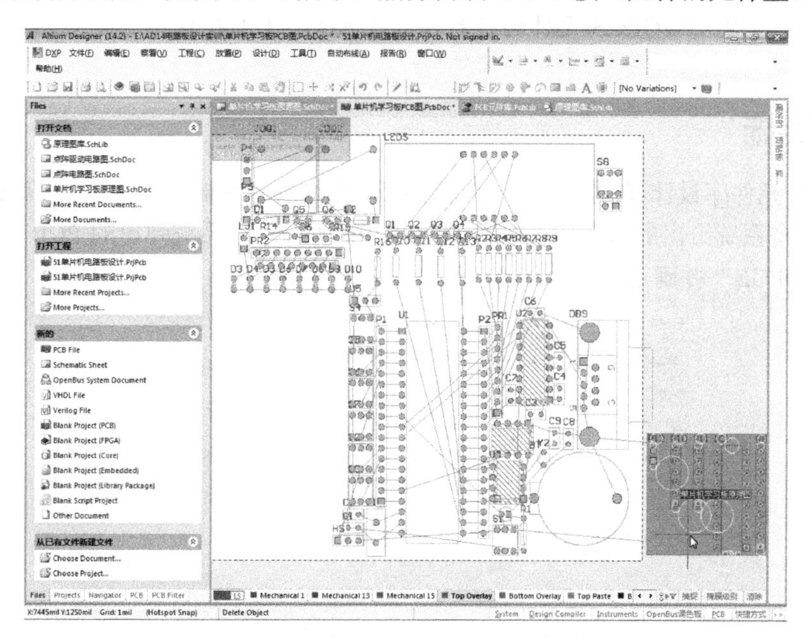

图 4-174 删除内装 DIP20 接口元件元件盒

删除元件盒后，依次将 P8、IC1、P9、P12、P10、P11 移动至如图 4-175 所示位置放置，这样就完成了 DIP20 接口的元件布局。

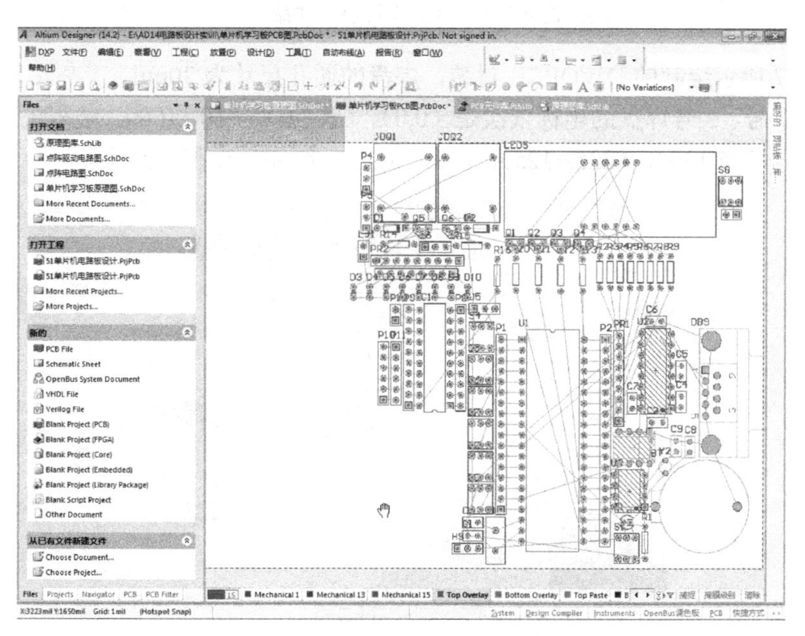

图 4-175 DIP20 接口布局完成后的 PCB 图

任务24　绘制AD与DA接口

本任务微课视频

知识目标　熟悉数-模及模-数转换的电路构成。

能力目标　完成DWQPCB元件的绘制，完成AD与DA接口的原理图绘制。

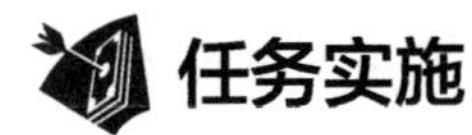

任务实施

进入PCB元件库设计界面，右击PCB库面板，在弹出的快捷菜单中单击“新建空白元件”菜单项，再双击系统给出的默认元件名，如图4-176所示，在系统弹出的PCB库元件名称框中输入“DWQPCB”并确定。

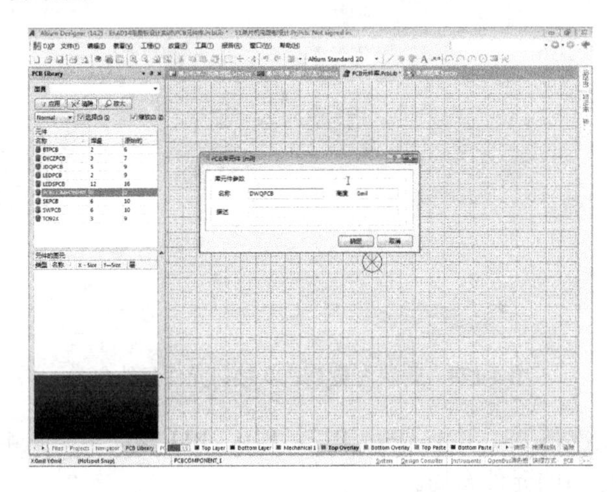

图4-176　给新建封装元件命名

如图4-177所示绘制的DWQPCB封装，焊盘的通孔尺寸为30mil，X-Size和Y-Size都为60mil，1号、2号、3号焊盘的坐标依次是（0,0）、（200,0）、（100,100），边框的4个顶点坐标为（-25,130），（225,130），（225,-125），（-25,-125）。绘完后要保存结果。

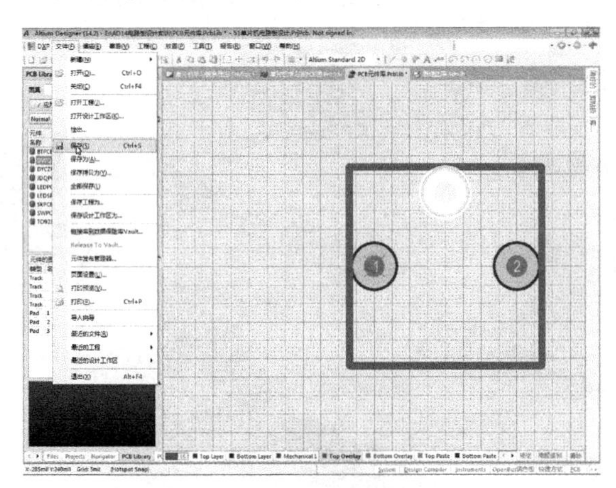

图4-177　DWQPCB的绘制和保存

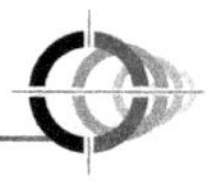

接下来进入原理图设计界面，如图 4-178 所示，在库面板中从原理图库中选取 DIP20。

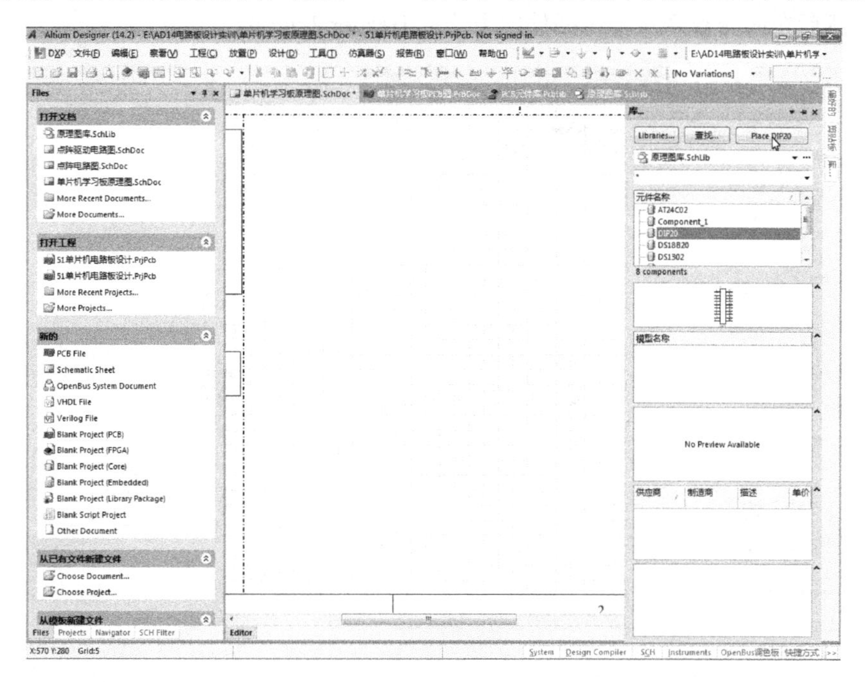

图 4-178　DIP20 元件的选取

选取后按 Tab 键设置属性：标识设为 IG2，取消注释，封装为 ST Logic Counter 库中的 PDIP20（参见图 4-169，此略）。属性确定后按图 4-179 所示放置，然后在库面板中从常用插件库中选取 Header 10 元件。

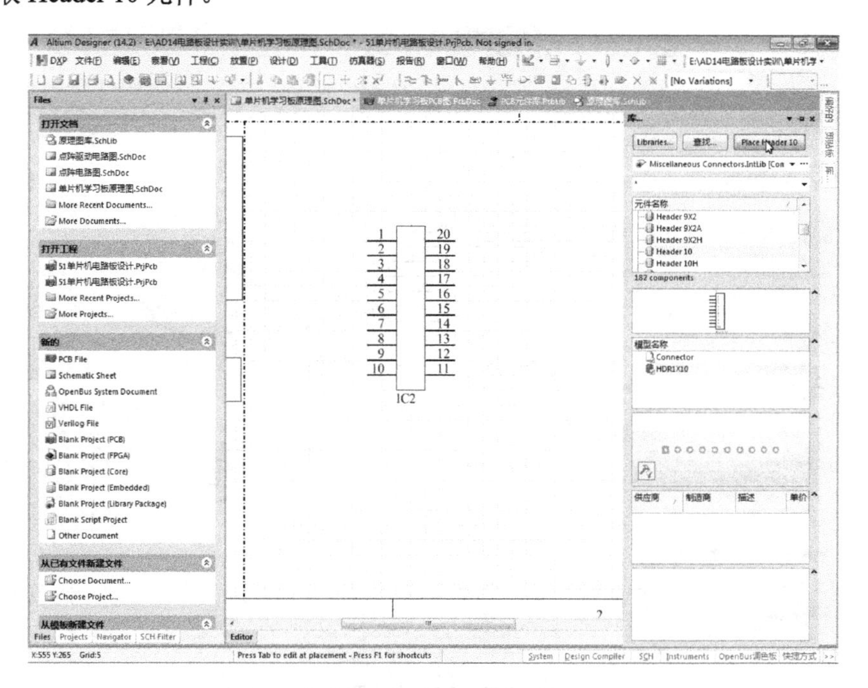

图 4-179　IC2 的放置和 Header 10 的选取

选取后按 Tab 键设置属性：标识设为 P13，取消注释，用默认封装。属性确定后按图 4-180 所示放置，然后在库面板中从常用插件库中选取 Header 2 元件。

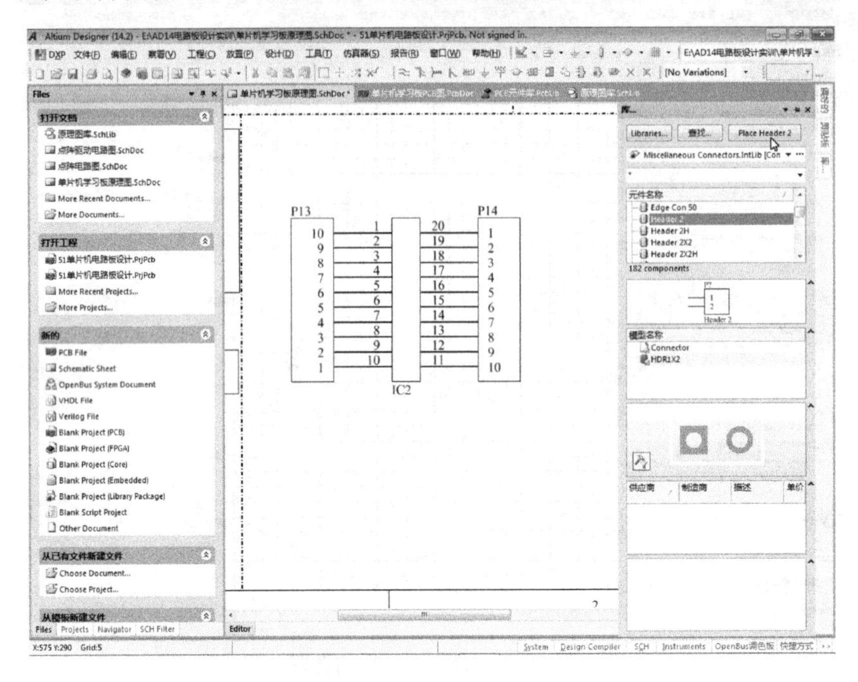

图 4-180　P13、P14 的放置和 Header 2 的选取

选取后按 Tab 键设置属性：标识设为 LJ2，取消注释，用默认封装。属性确定后按图 4-181 所示放置，然后在库面板中从常用元件库中选取 Res2 元件。

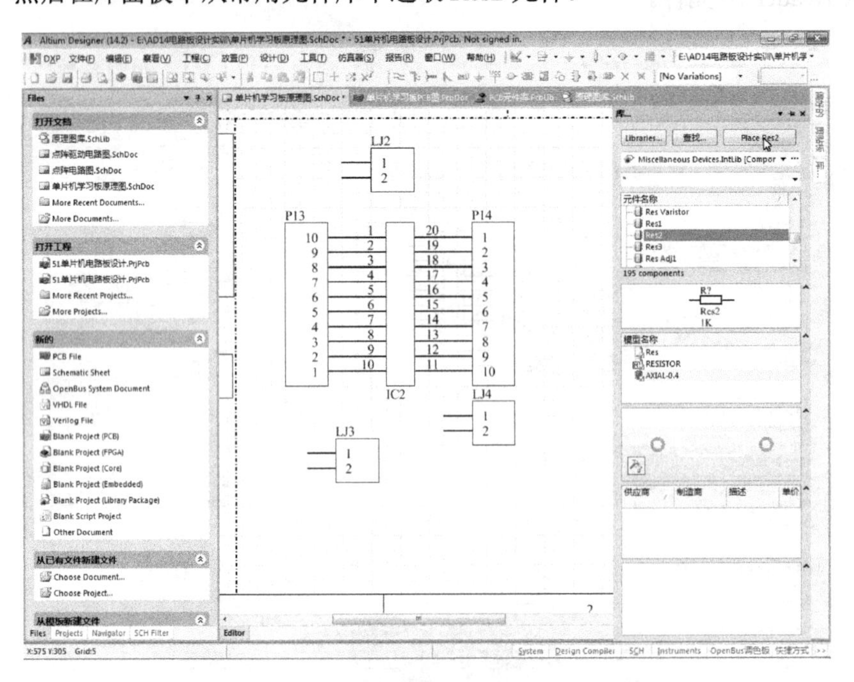

图 4-181　LJ2、LJ3、LJ4 的放置和 Res2 的选取

选取后按 Tab 键设置属性：标识设为 R17，取消注释，封装用常用元件库中的“AXIAL-0.3”（图 4-37），标值改为 10K。属性确定后按图 4-182 所示放置，然后在库面板中从常用元件库中选取 2N3904 元件。

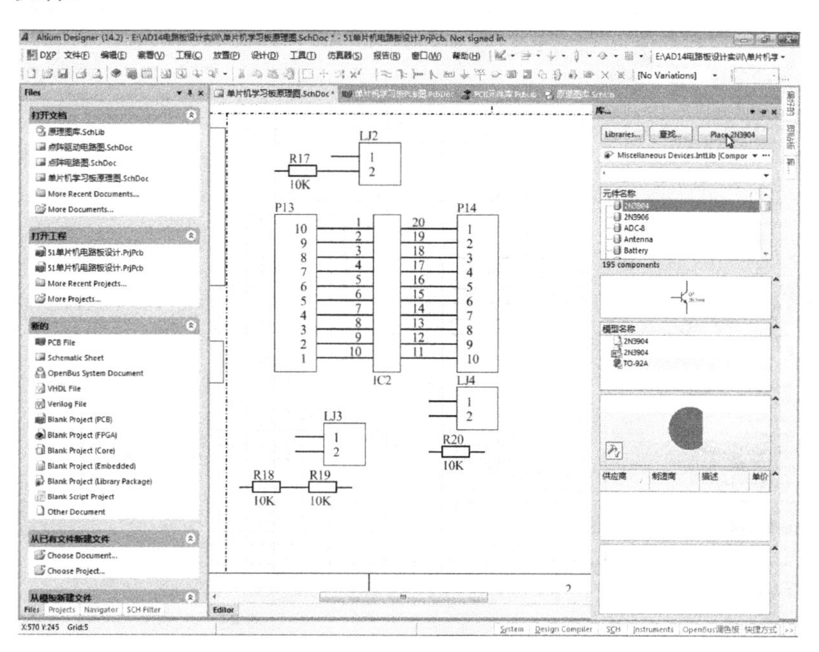

图 4-182　R17、R18、R19、R20 的放置和 2N3904 的选取

选取后按 Tab 键设置属性：标识设为 Q7，注释 S8050，封装用 PCB 元件库中的 TO92X。属性确定后按图 4-183 所示放置，然后在库面板中从常用元件库中选取 LED0 元件。

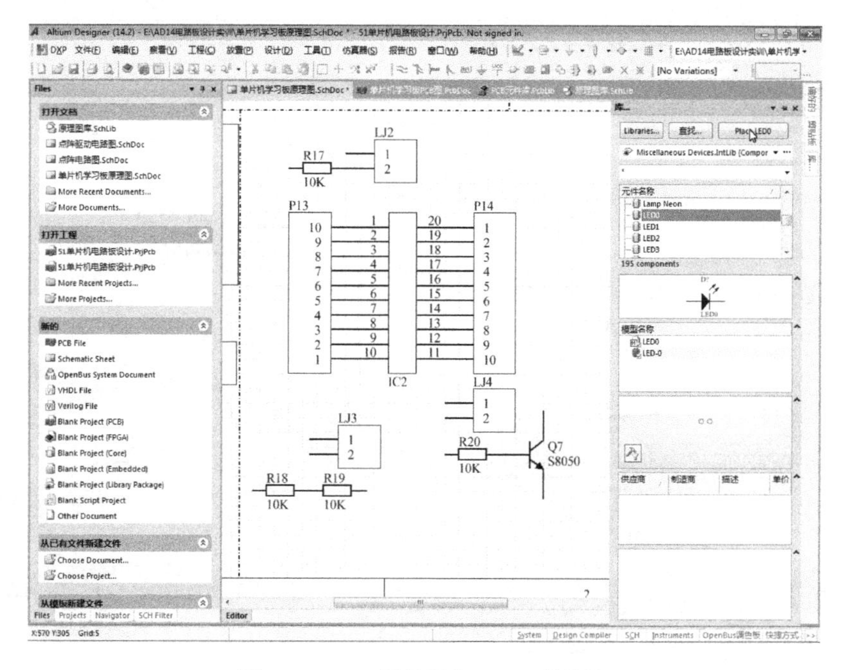

图 4-183　Q7 的放置和 LED0 的选取

选取后按 Tab 键设置属性：标识为 D11，取消注释，封装用 PCB 元件库中的 LEDPCB。属性确定后按图 4-184 所示放置，然后在库面板中从常用元件库中选取 RPot 元件。

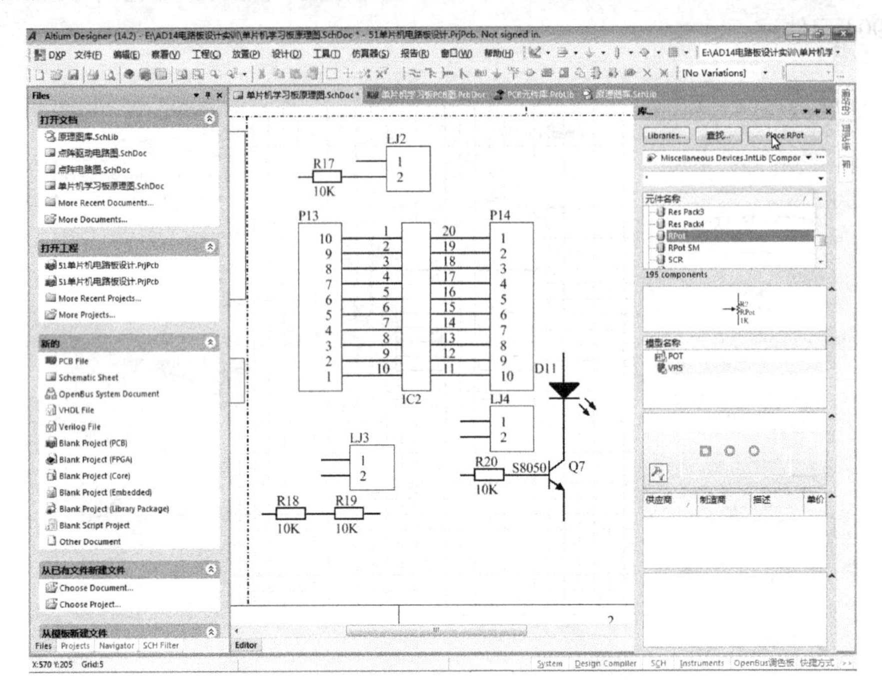

图 4-184　D11 的放置和 RPot 的选取

选取后按 Tab 键，如图 4-185 所示，设置其属性：标识设为 DWQ1，取消注释，标值改为 10K，封装用 PCB 元件库中的 DWQPCB。

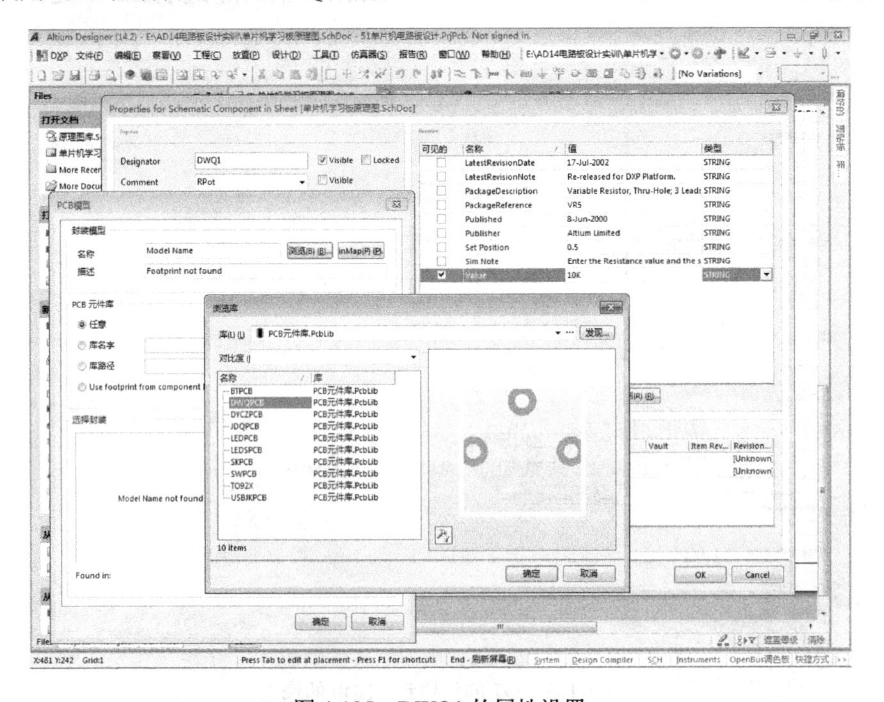

图 4-185　DWQ1 的属性设置

属性确定后按图 4-186 所示放置。接下来，放置导线、VCC 端口、GND 端口和网络标签（一对 AIN，一对 JIN）。这样就完成了 AD 与 DA 接口原理图的绘制。

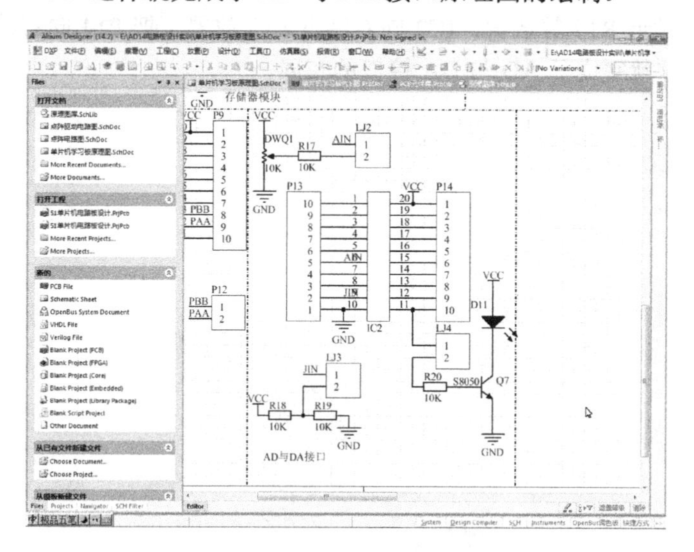

图 4-186　完成后的 AD 与 DA 接口原理图

任务 25　布局 AD 与 DA 接口

本任务微课视频

能力目标　完成 AD 与 DA 接口各封装元件在 PCB 图中的布局。

任务实施

在原理图绘制界面上，参照前面导入模块电路的菜单操作和工程更改顺序对话框的操作，进入 PCB 图绘制界面后，如图 4-187 所示，删除内装 AD 与 DA 接口元件的元件盒。

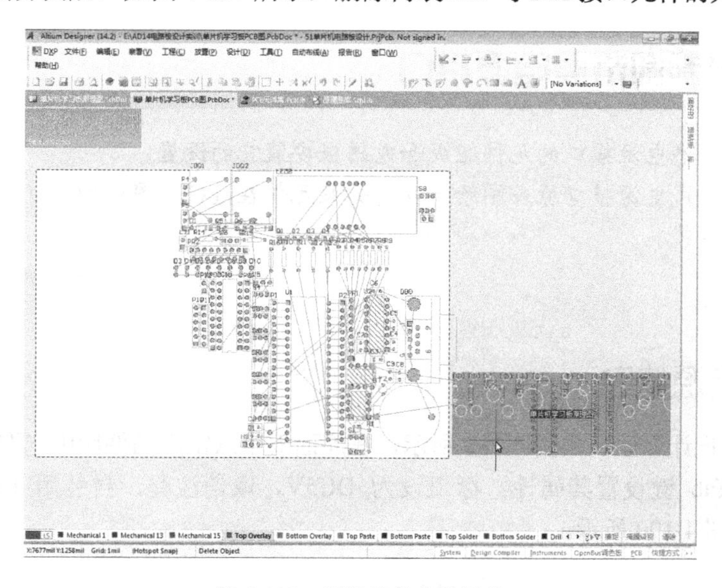

图 4-187　删除元件盒的操作

元件盒删除后，如图 4-188 所示，先把 DWQ1 移到向右贴近 C1、C2，向下贴近 HS 放置，再把 R17 移到向右贴近 S2，向下贴近 DWQ1 放置，再把 R18、R19 移到向下对齐 R17 放置，此后，把 P13 向右贴近 R17 等放置，IC2 向右贴近 P13 放置，把 P14 向右贴近 IC2 放置，其余元件放置类似。这就完成了 AD 与 DA 接口的布局。

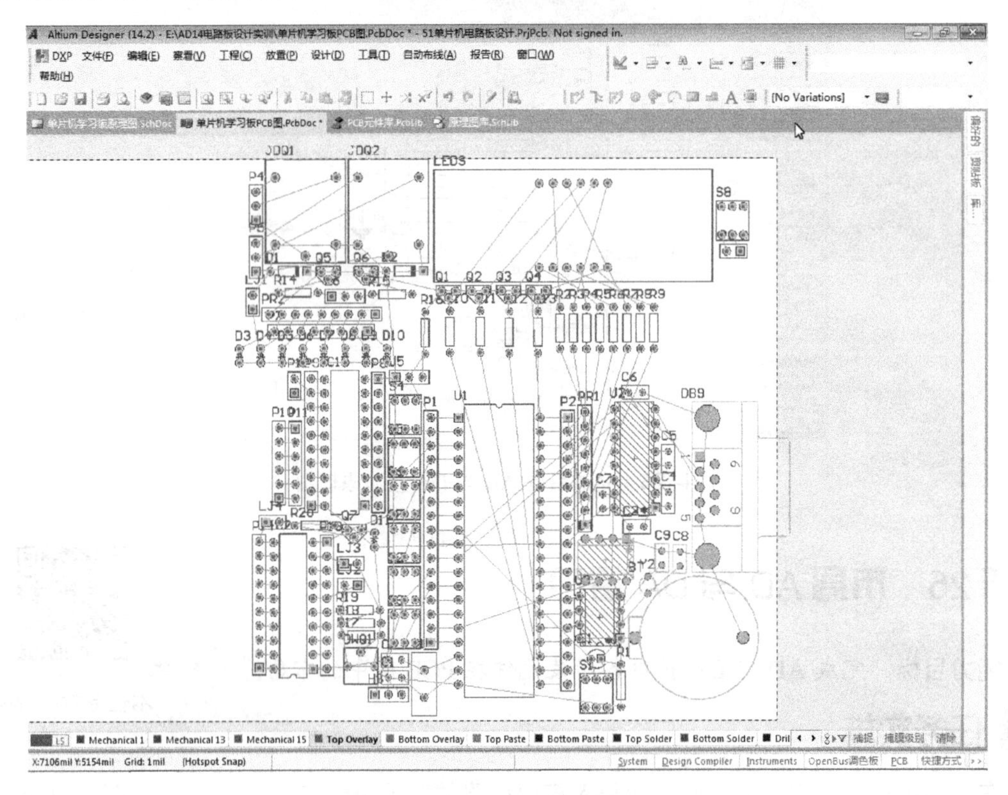

图 4-188　完成了 AD 与 DA 接口布局后的 PCB 图

任务 26　绘制和布局电源接口

本任务微课视频

知识目标　熟悉电源接口的元件组成和电路板安装孔的设置。

能力目标　完成电源接口原理图绘制及其封装元件在 PCB 图中的布局并放置电路板安装孔。

任务实施

26.1　绘制电源接口

进入原理图设计界面，如图 4-189 所示，在库面板中从常用插件库中选取 Header 3 元件。

选取后按 Tab 键设置其属性：标识设为 DC5V，取消注释，封装用 PCB 元件库中的 DYCZPCB，如图 4-190 所示。

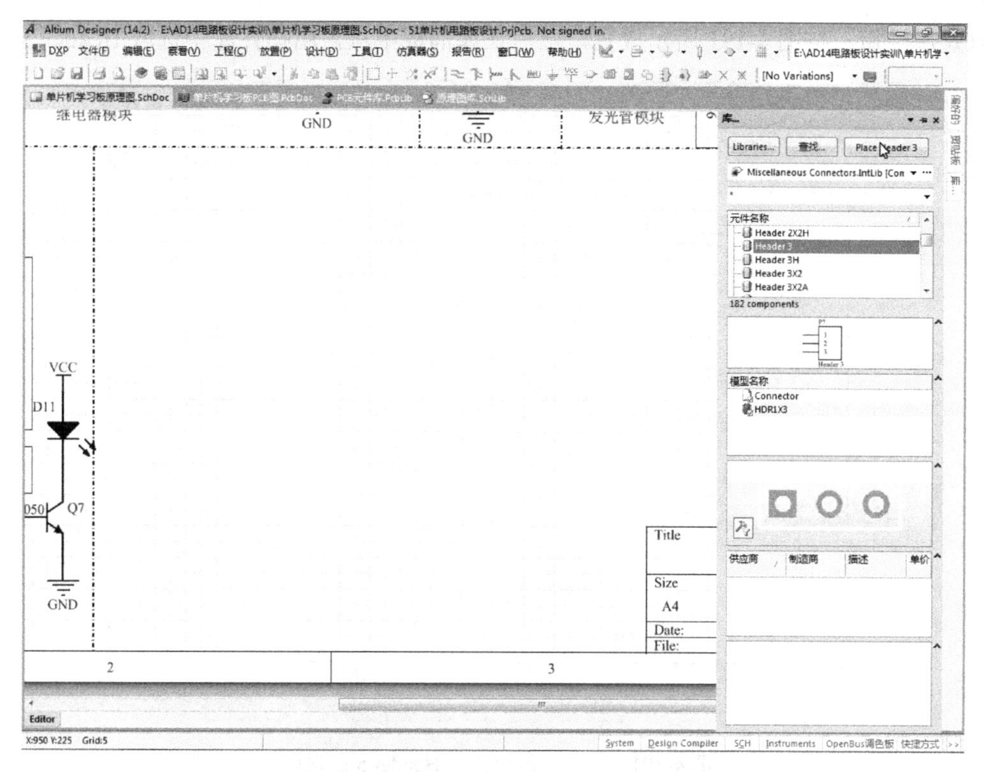

图 4-189　选取 Header 3 元件

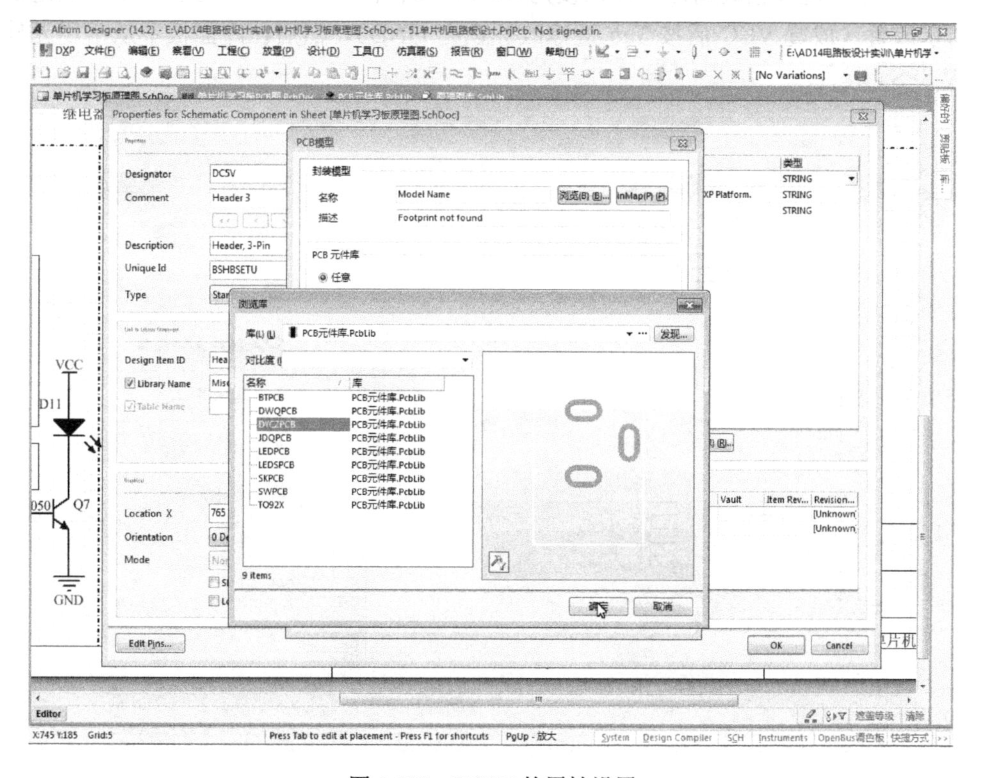

图 4-190　DC5V 的属性设置

确定属性后，按图 4-191 所示放置，然后在库面板中从常用插件库中选取 Header 5 元件。

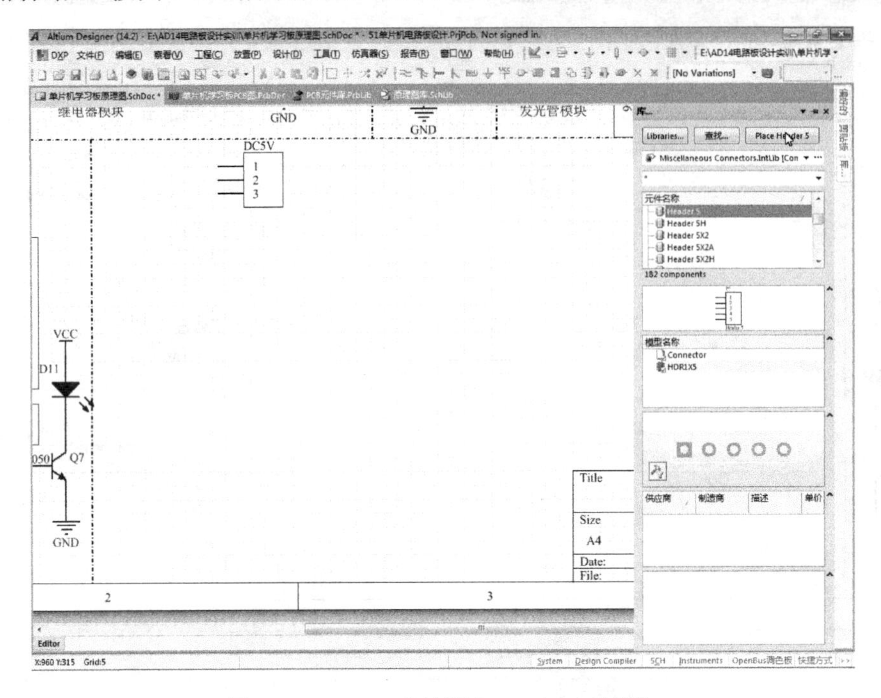

图 4-191　DC5V 的放置和 Header 5 的选取

选取后按 Tab 键设置其属性：标识设为 VCC，取消注释，用默认封装。属性确定后按图 4-192 所示放置（放置 VCC 后按 Tab 键修改标识为 GND），然后在库面板中从常用元件库中选取 SW-SPST 元件。

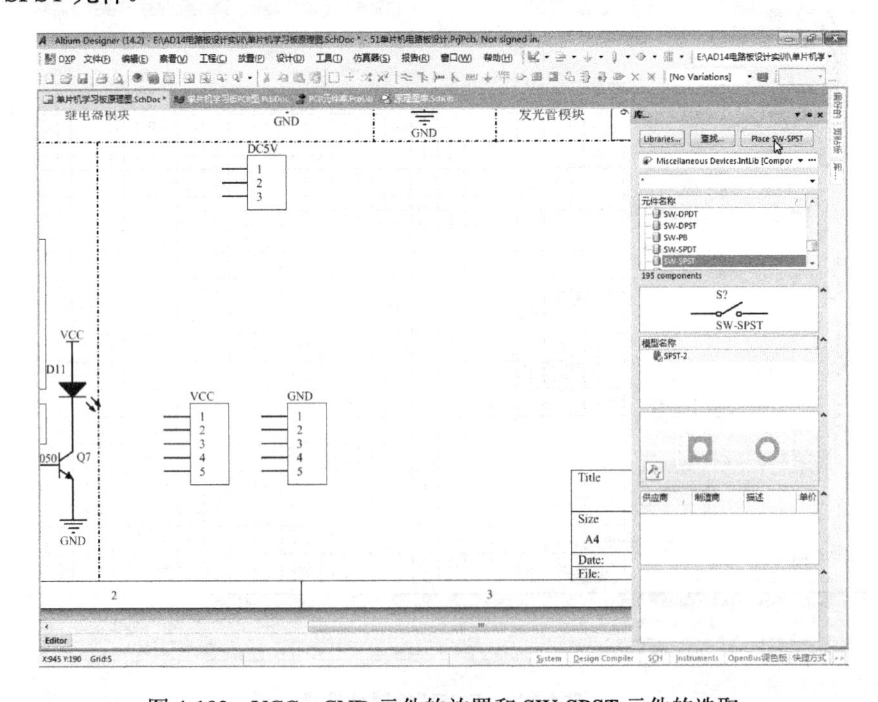

图 4-192　VCC、GND 元件的放置和 SW-SPST 元件的选取

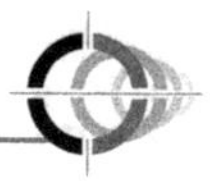

选取后按 Tab 键设置其属性：标识设为 K，取消注释，封装用 PCB 元件库中的 SKPCB，如图 4-193 所示。

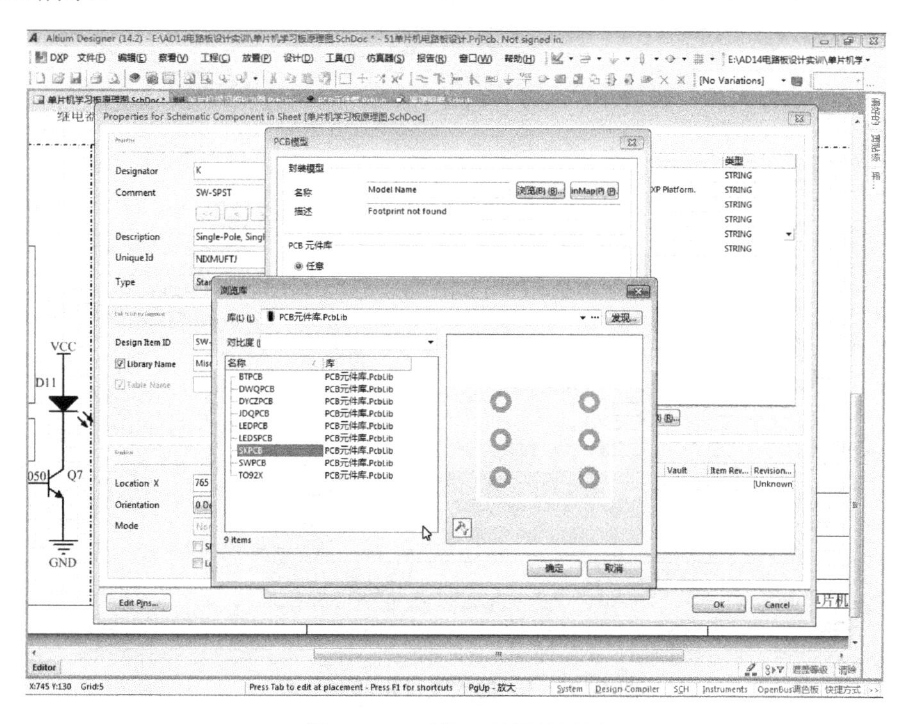

图 4-193　开关 K 的属性设置

属性确定后按图 4-194 所示放置，然后在库面板中从常用元件库中选取 Res-Thermal 元件。

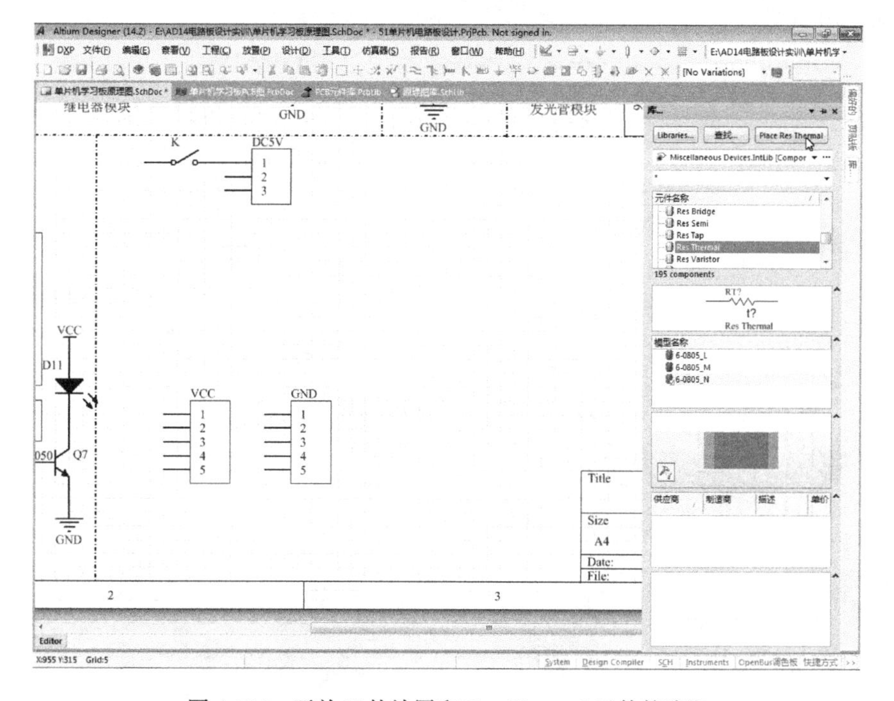

图 4-194　开关 K 的放置和 Res-Thermal 元件的选取

选取后按 Tab 键设置其属性：标识设为 RT，取消注释，用默认封装。属性确定后按图 4-195 所示放置，然后在库面板中从常用元件库中选取 Res2 元件。

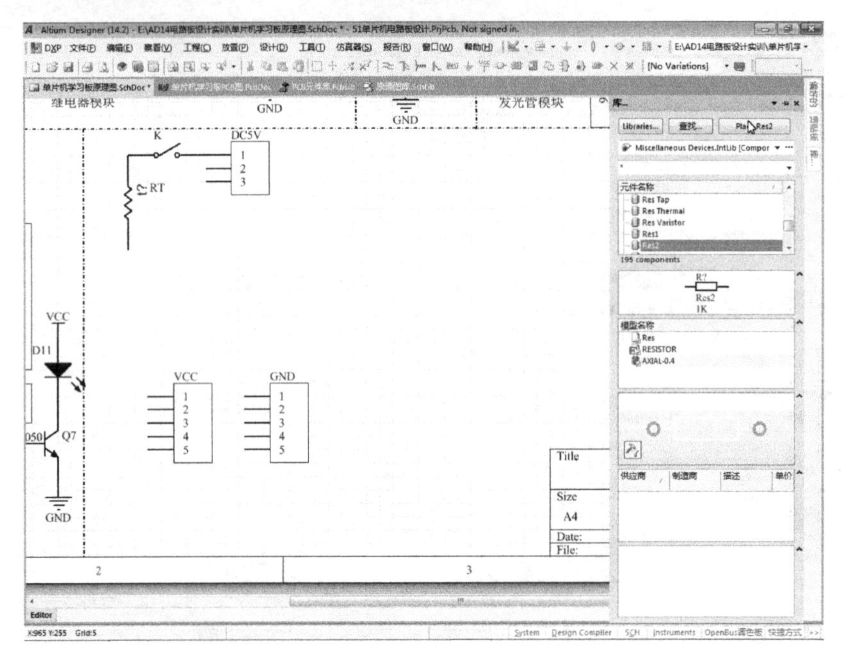

图 4-195　RT 的放置和 Res2 的选取

选取后按 Tab 键设置其属性：标识设为 R21，取消注释，标值为 1K，封装用常用元件库中的“AXIAL-0.3”（图 4-37）。属性确定后按图 4-196 所示放置，然后在库面板中从常用元件库中选取 LED0 元件。

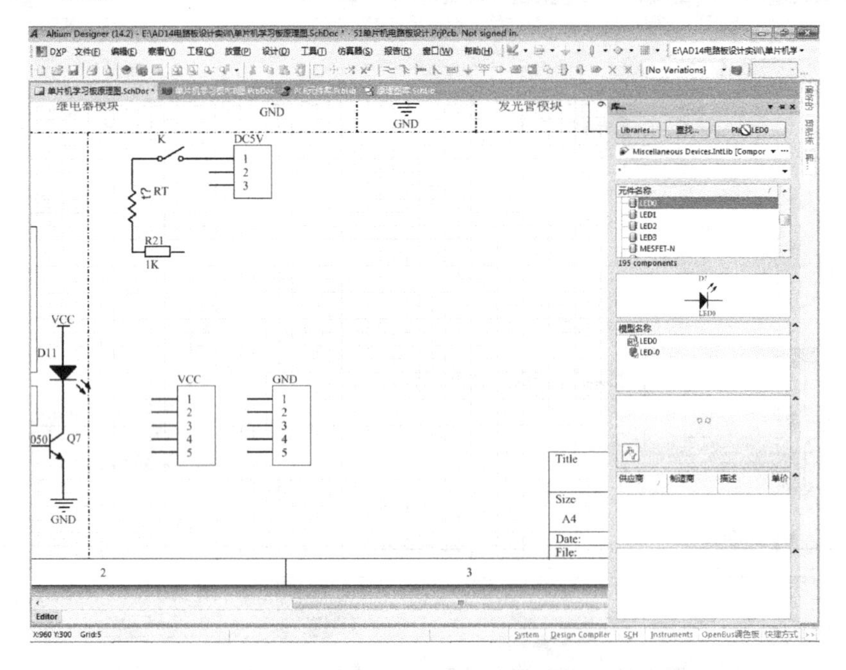

图 4-196　R21 的放置和 LED0 的选取

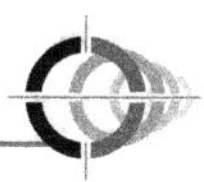

选取后按 Tab 键设置其属性：标识设为 D12，取消注释，封装用 PCB 元件库中的 LEDPCB。属性确定后按图 4-197 所示放置，然后在库面板中从常用元件库选取 Cap Pot2。

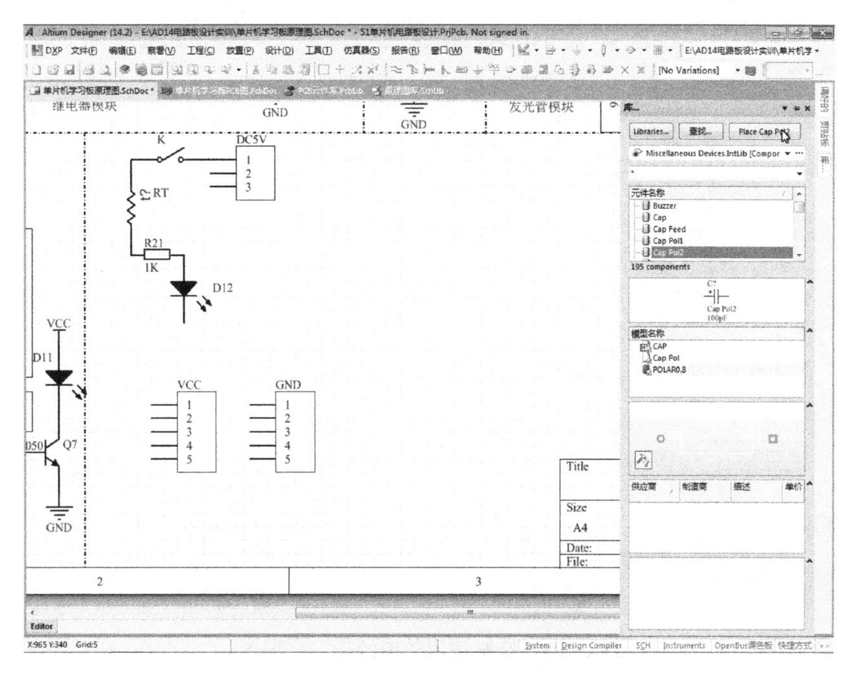

图 4-197　D12 的放置和 Cap Pot2 选取

选取后按 Tab 键设置其属性：标识设为 E2，取消注释，标值为 470u，封装用常用元件库中的 CAPR5-4×5，如图 4-198 所示。

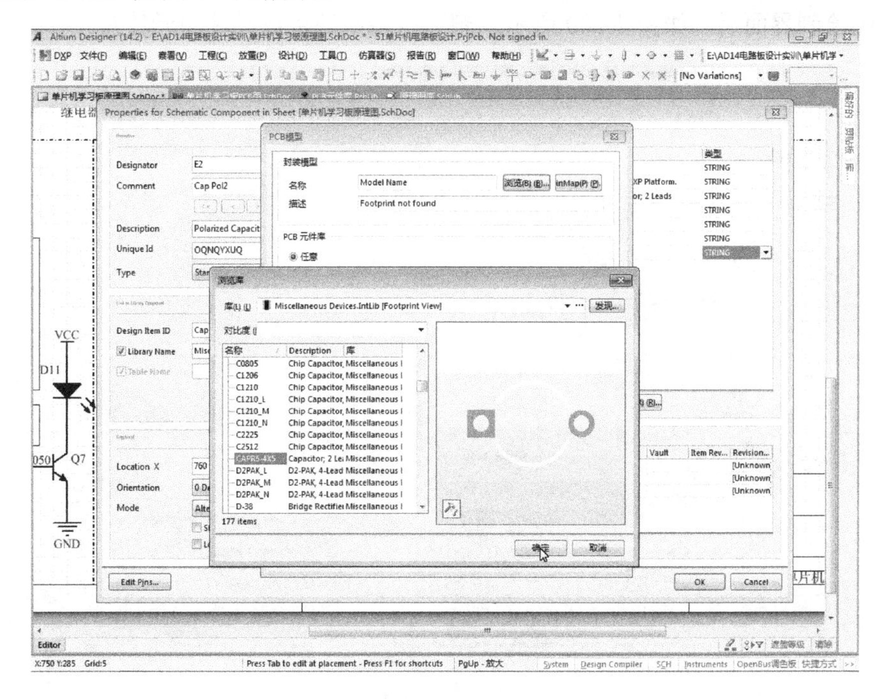

图 4-198　E2 的属性设置

属性确定后按图4-199所示放置。接下来放置导线、VCC端口、GND端口，这样就完成了电源接口的原理图绘制。

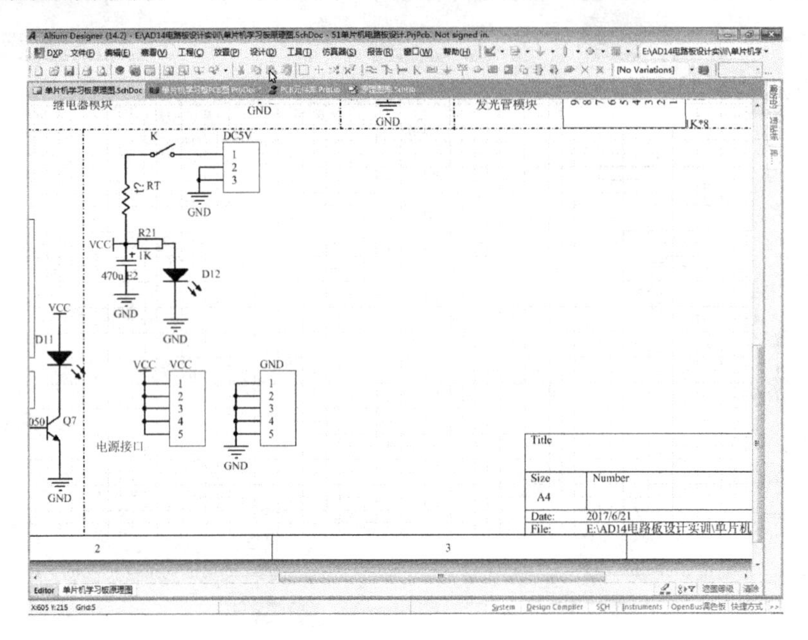

图4-199　绘制完成的电源接口原理图

26.2　布局电源接口

在原理图绘制界面上，参照前面导入模块电路的菜单操作和工程更改顺序对话框的操作，进入PCB图绘制界面后，如图4-200所示，删除内装电源接口元件的元件盒。

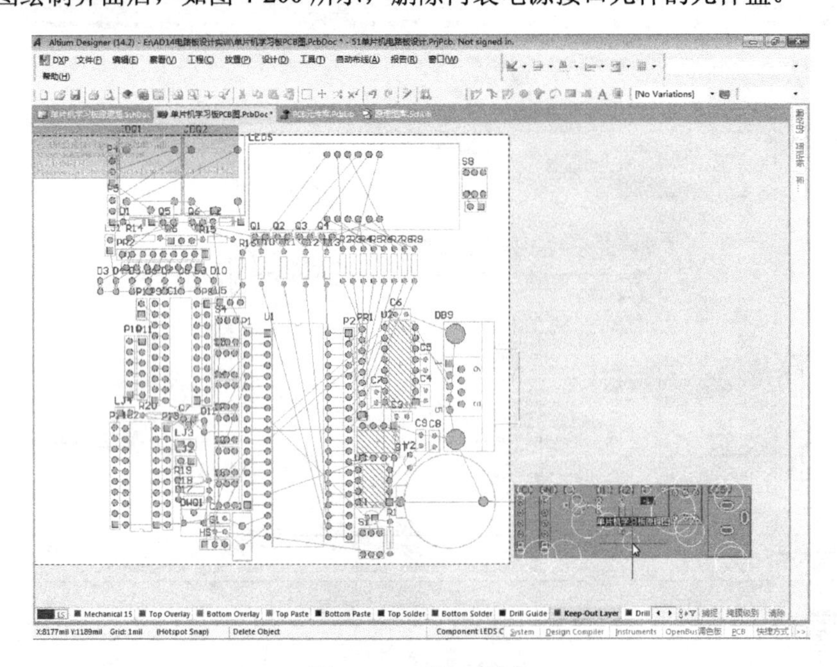

图4-200　删除元件盒

元件盒删除后，把 DC5V（插座）、K（开关）、R21、D12、RT、E2、VCC、GND 按图 4-201 所示放置，这样就完成了电源接口的元件布局。在 PCB 图设计界面的板层标签栏上单击“Keep-Out Layer”标签，选择禁止布线层。

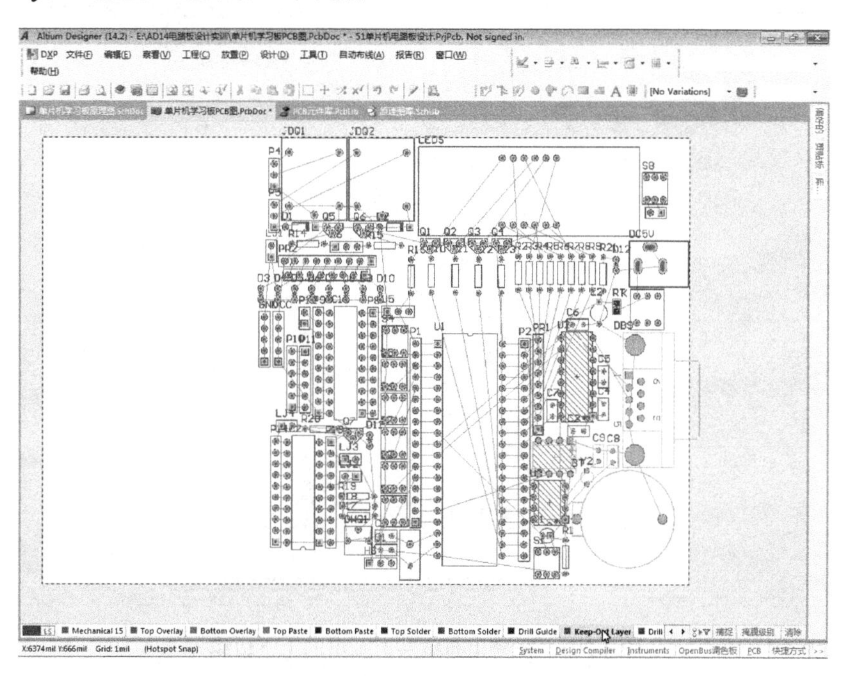

图 4-201 完成了电源接口元件布局后的单片机学习板 PCB 图

如图 4-202 所示，单击菜单“放置”→“走线”。

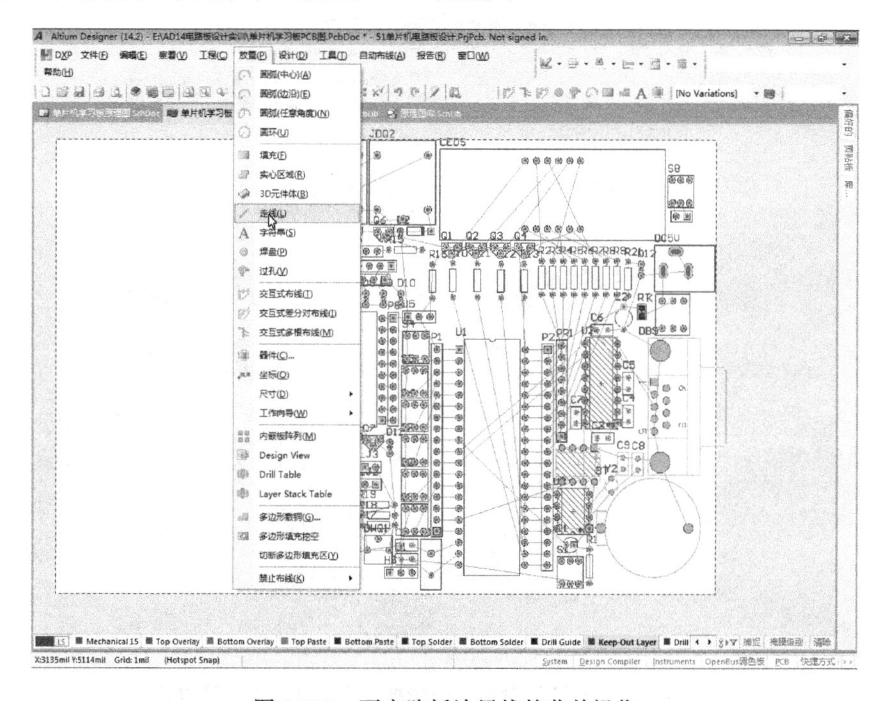

图 4-202 画电路板边界线的菜单操作

菜单操作执行后，光标呈十字状，用十字中心在 PCB 图上方和下方各画一条走线，画线结果如图 4-203 所示。

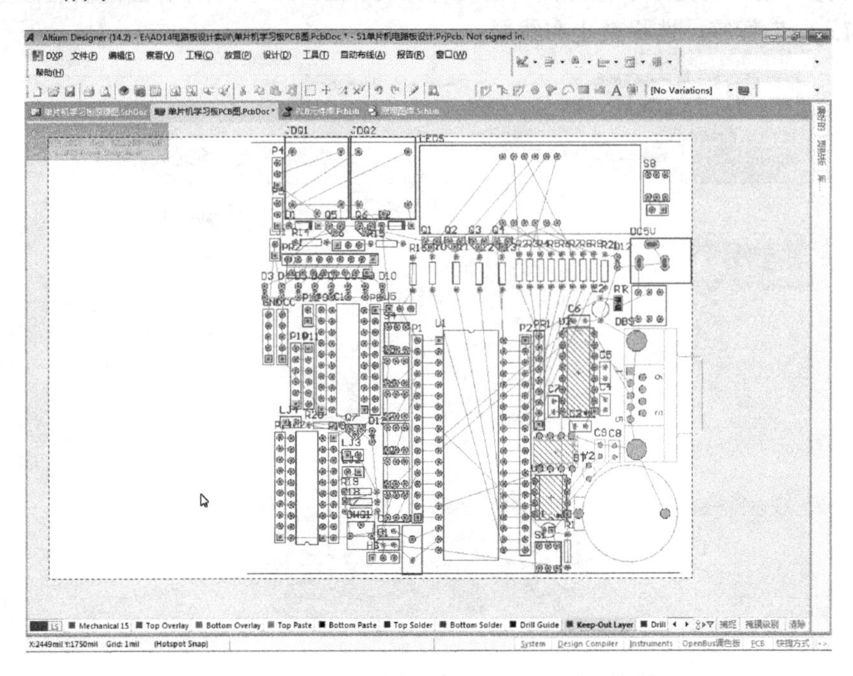

图 4-203　在禁止布线层上画出的上下边线

单击鼠标右键退出画线操作后，用鼠标双击上边线，系统弹出“轨迹”对话框，如图 4-204 所示，将开始的 *X* 值改为 2955，*Y* 值改为 4945，结尾的 *X* 值改为 6860，*Y* 值改为 4945。

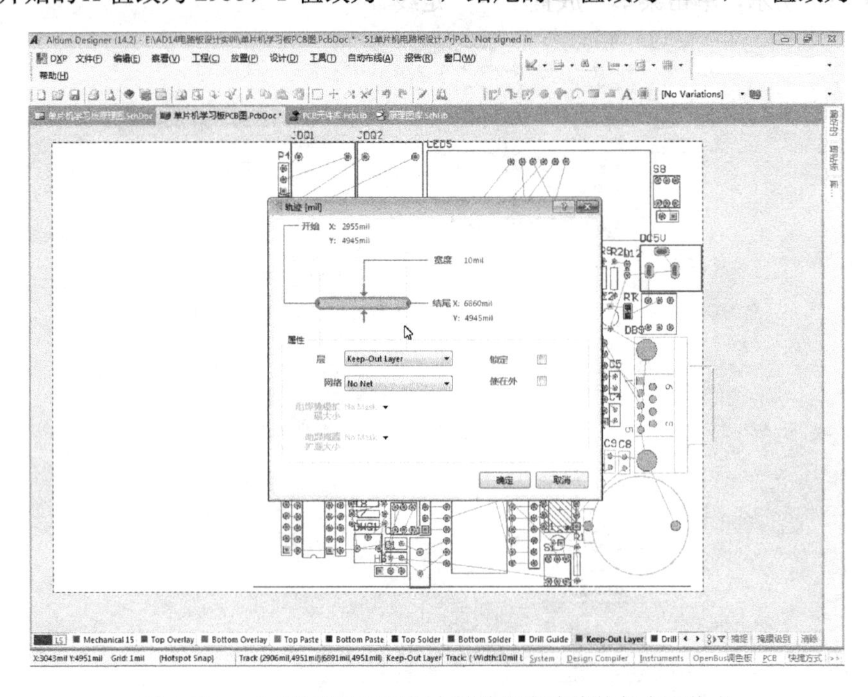

图 4-204　在“轨迹”对话框中精准设定边线的起点和终点

修改完成后确定。再双击下边线，在弹出的轨迹对话框中将开始的 X 值改为 2955，Y 值改为 1035，将结尾的 X 值改为 6860，Y 值改为 1035，确定后再进入画走线操作，从上边线的左端画一条线到下边线的左端，再从上边线的右端画一条线到下边线的右湍，完成后如图 4-205 所示。

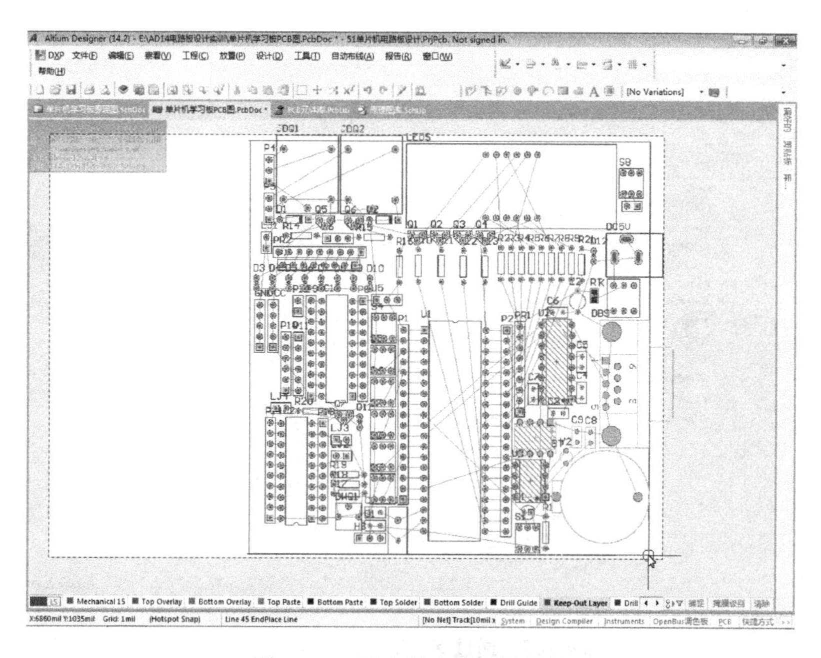

图 4-205 画出的电路板边界线

接下来为电路板放置安装孔。单击菜单"放置"→"焊盘"后按 Tab 键，在弹出的"焊盘"对话框中，将通孔尺寸、X-Size、Y-Size 都改为 140，标识设为 1，如图 4-206 所示。

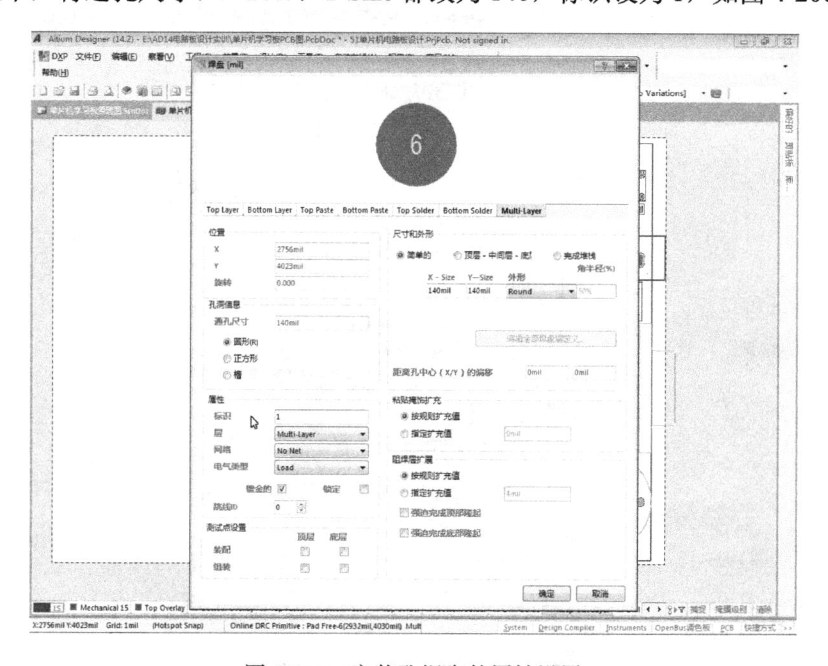

图 4-206 安装孔焊盘的属性设置

确定安装孔焊盘的属性设置后，在电路板的四个角内单击鼠标，就完成了安装孔的放置操作。此时看到继电器模块应整体向右移动，选中继电器模块后单击菜单“编辑”→“移动”→“通过 X，Y 移动选择”，如图 4-207 所示。

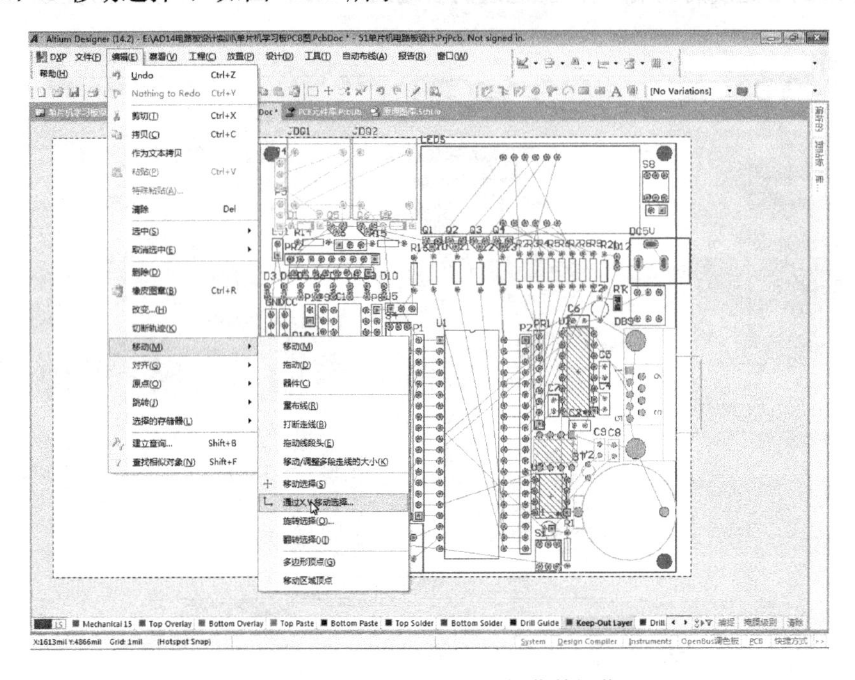

图 4-207　通过 X，Y 移动的菜单操作

菜单操作执行后，如图 4-208 所示，系统弹出“获得 X/Y 偏移量”对话框，将 *X* 偏移量改为 15 即可，即向右移动。

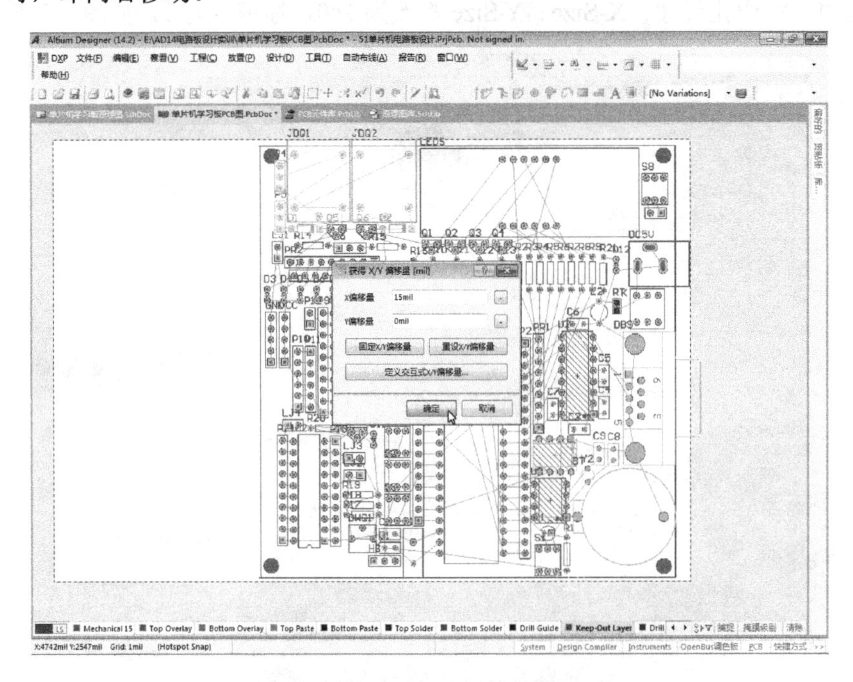

图 4-208　用偏移量移动封装

确定偏移量后，如图 4-209 所示，继电器模块的向右移动了。至此，单片机学习板 PCB 图的基本设计完成。

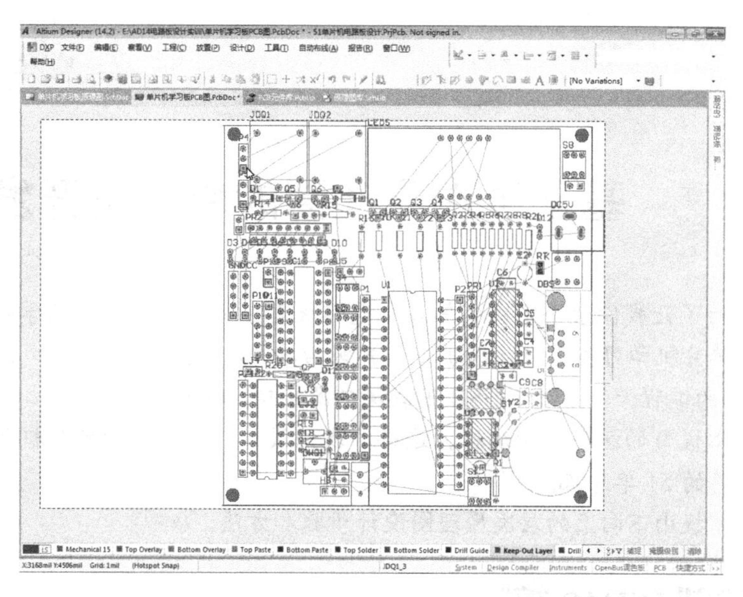

图 4-209　基本完成的单片机学习板 PCB 图

任务 27　单片机学习板 PCB 图的布局精调

本任务微课视频

为节省篇幅，内容放在电子资源包内，请根据微视频“任务 27 单片机学习板 PCB 图的布局精调”完成。

任务 28　单片机学习板 PCB 图的文字标注

本任务微课视频

为节省篇幅，内容放在电子资源包内，请根据微视频“任务 28 单片机学习板 PCB 图的文字标注”完成。

任务 29　生成网络表和设置布线线宽

本任务微课视频

为节省篇幅，内容放在电子资源包内，请根据微视频“任务 29 生成网络表和设置布线线宽”完成。

任务 30　单片机学习板 PCB 图的布线和覆铜

本任务微课视频

为节省篇幅，内容放电子资源包内，请根据微视频“任务 30 单片机学习板 PCB 图的布线和覆铜”完成。

基于层次原理图的单片机开发板设计

项目概述 为了让我们亲手完成的单片机电路板真正成为得心应手的学习开发工具，还要把前面完成的单片机学习板进行功能扩充，升级为单片机开发板，即增加 DIP40 接口，以满足众多 IC 器件的编程学习，增加 USB 下载及电源接口，以方便使用，增加 16×16LED 显示模块，以学习赏心悦目的汉字显示编程。这样，我们设计安装而成的单片机开发板就毫不逊色于绝大多数网售的 51 单片机。

学习目标 掌握由下向上的层次原理图设计步骤和方法。

任务 31 绘制 DIP40 接口

本任务微课视频

知识目标 熟悉 DIP40 接口的变通使用。

能力目标 完成 DIP40 接口的绘制。

任务实施

进入原理图设计界面新建一原理图文件，如图 5-1 所示，保存为“单片机开发板原理图”。

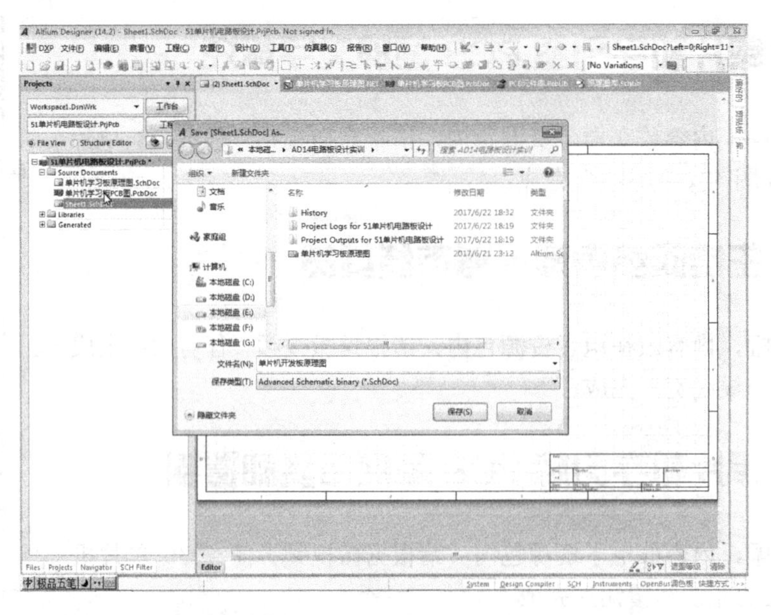

图 5-1 新建“单片机开发板原理图”文件

确定后关闭系统主窗口，如图 5-2 所示，保存“51 单片机电路板设计”工程文件并退出。

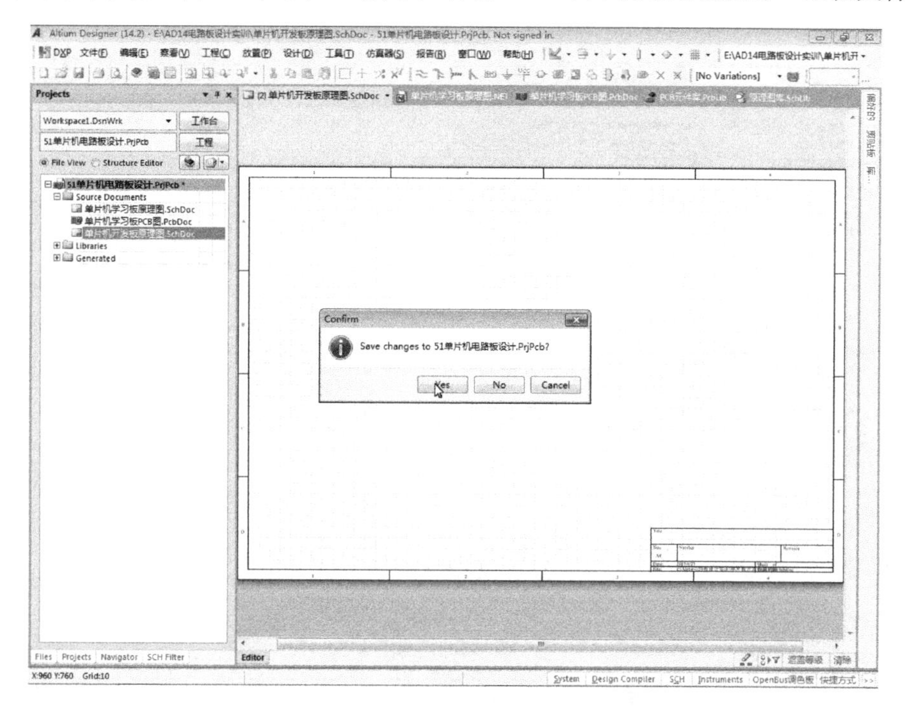

图 5-2　保存工程文件

退出后如图 5-3 所示，打开硬盘中的工程文件夹，将刚才新建的“单片机开发板原理图”文件删除（将用前面完成的“单片机学习板原理图”文件来替代）。

图 5-3　删除新建的“单片机开发板原理图”文件

删除后，将“单片机学习板原理图”复制后粘贴到E盘中，如图5-4所示。

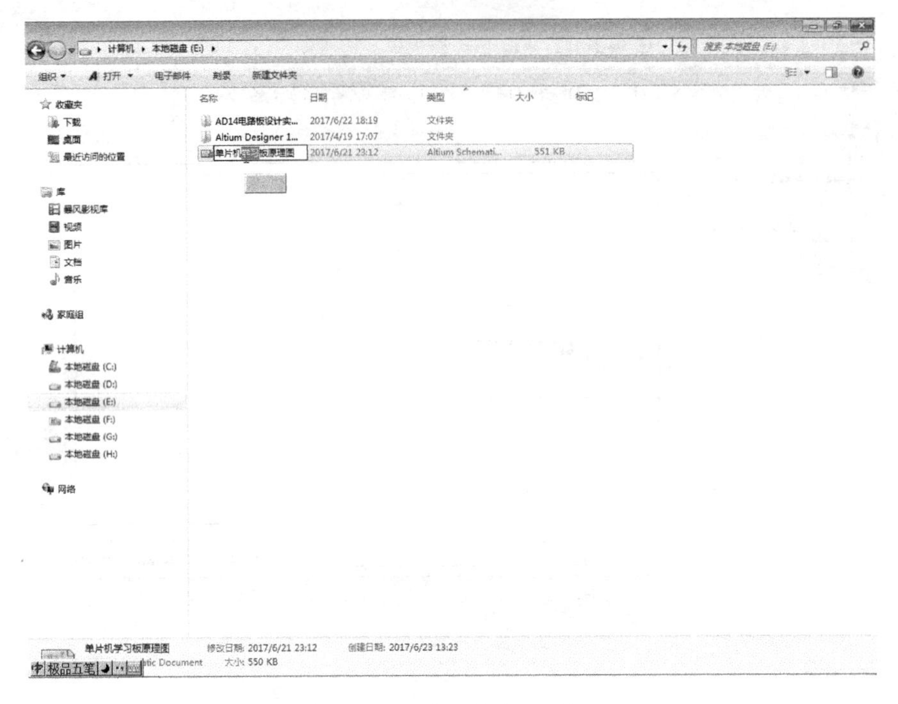

图5-4　将粘贴文件的名字修改

如图5-5所示，将粘贴得到的“单片机学习板原理图”文件名中的“学习”二字，改为“开发”二字。然后，如图5-5所示，将这个文件复制。

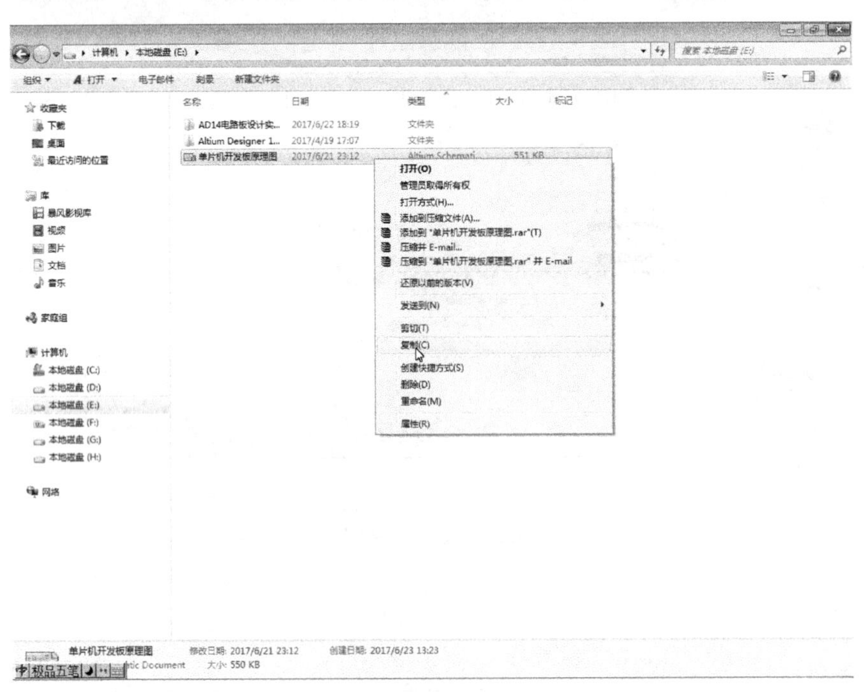

图5-5　对更名后的文件进行复制

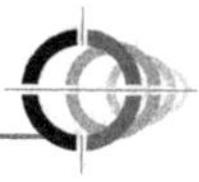

接下来，将文件粘贴到工程文件夹中，如图 5-6 所示，可看到“单片机学习板原理图”和“单片机开发板原理图”两文件的修改日期相同，单击任务栏上的“DXP”图标启动 AD14。

图 5-6　单击任务栏图标“DXP”启动 AD14

系统启动并进入原理图设计界面后，如图 5-7 所示，显示的就是“单片机开发板原理图”中的全部内容。此时，它与“单片机学习板原理图”内容完全相同。

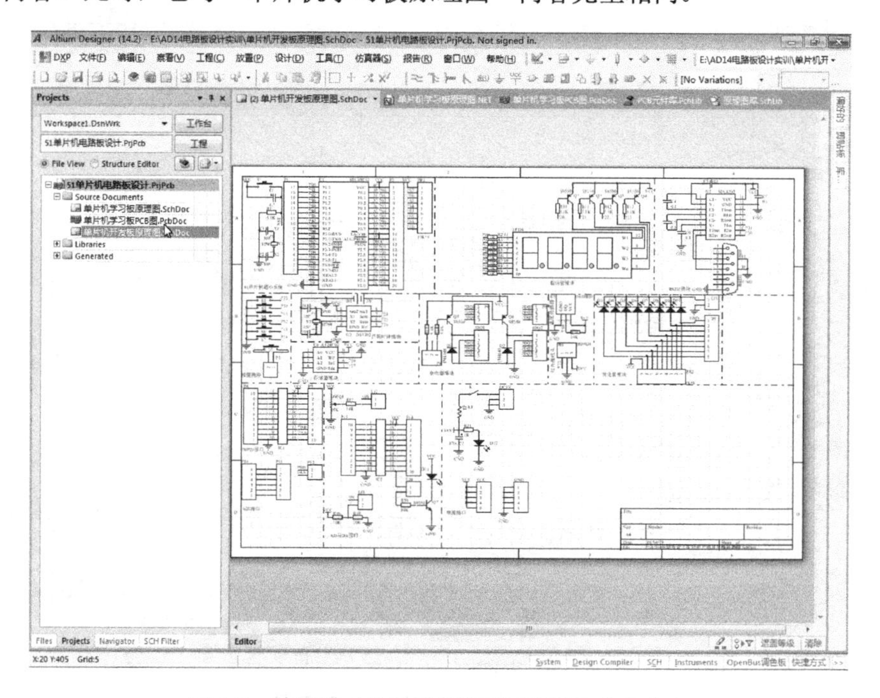

图 5-7　替换的“单片机开发板原理图”文件内容

进入原理图库设计界面，如图 5-8 所示，单击原理图库面板中的【添加】按钮，在弹出的新元件命名框中输入“DIP40”并确定。

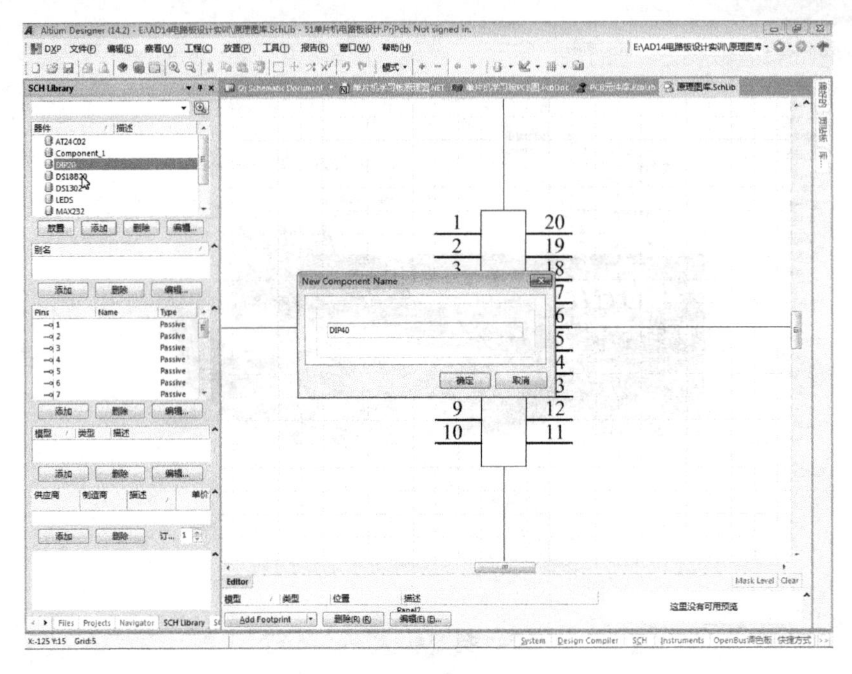

图 5-8　新元件命名操作

确定后如图 5-9 所示，先放置矩形，矩形左下角位于（-10,-100），右上角位于（10,110），然后放置无显示名字的 40 只引脚，完成后加以保存。

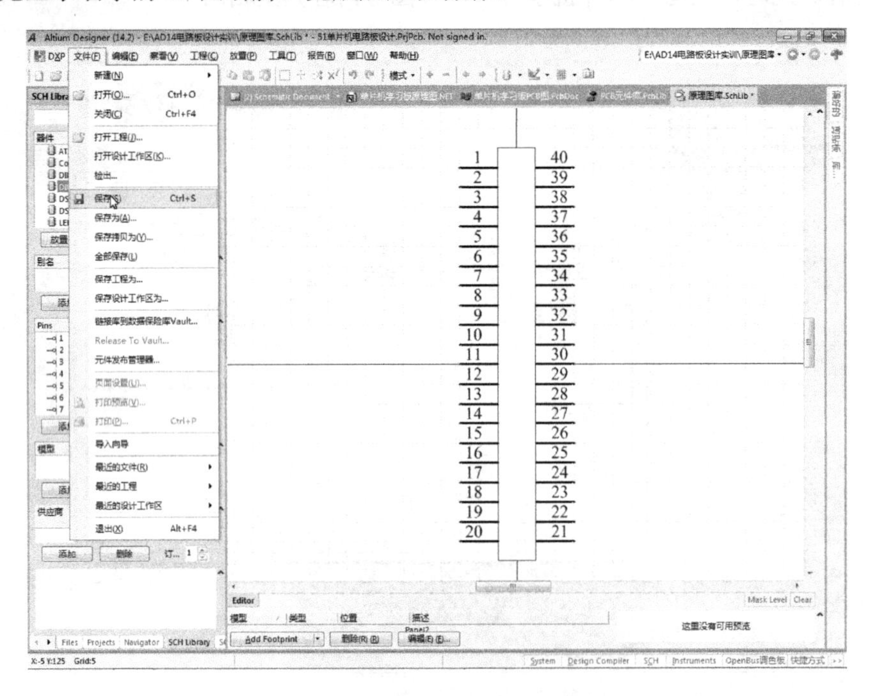

图 5-9　DIP40 元件的绘制和保存

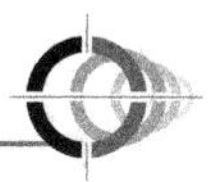

进入“单片机开发板原理图”设计界面，如图 5-10 所示，将电源接口移至右端。

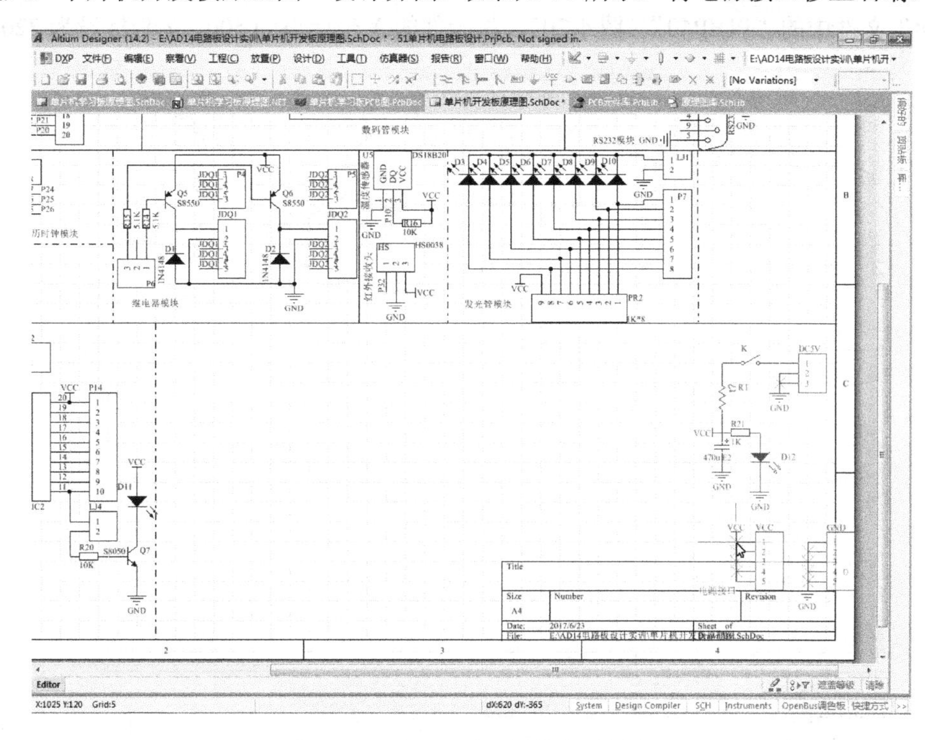

图 5-10　将电源接口模块移至右端

接下来，如图 5-11 所示，在库面板中从原理图库中选取 DIP40 元件。

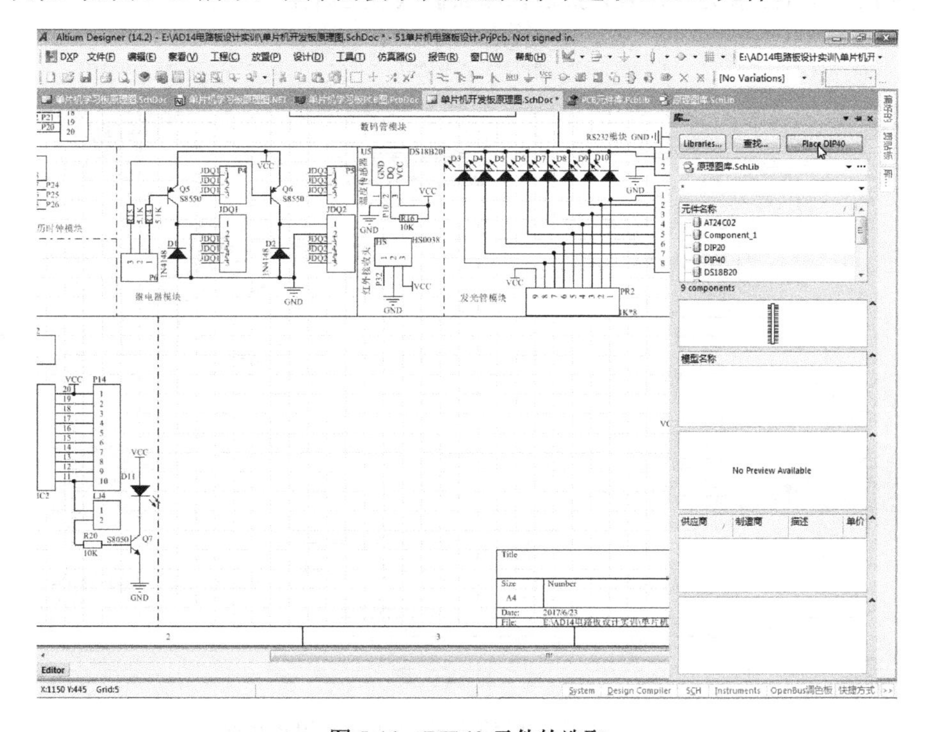

图 5-11　DIP40 元件的选取

选取后按 Tab 键，如图 5-12 所示，标识设为 IC3，取消注释，封装用“ST Memery EPROM 1-16 Mbit”文件中的“PDIP40”（图 4-20），将元件的 X 坐标设为 500，Y 坐标设为 220。

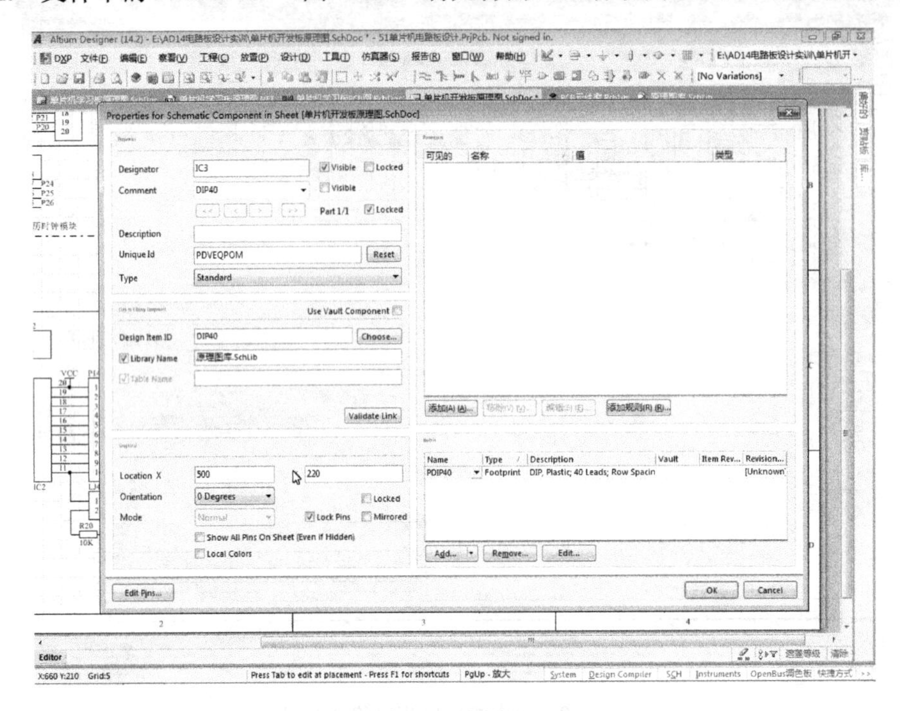

图 5-12　IC3 的属性设置

确定属性后按坐标值定位放置，然后在库面板从常用插件库中选取 Header 20 元件。

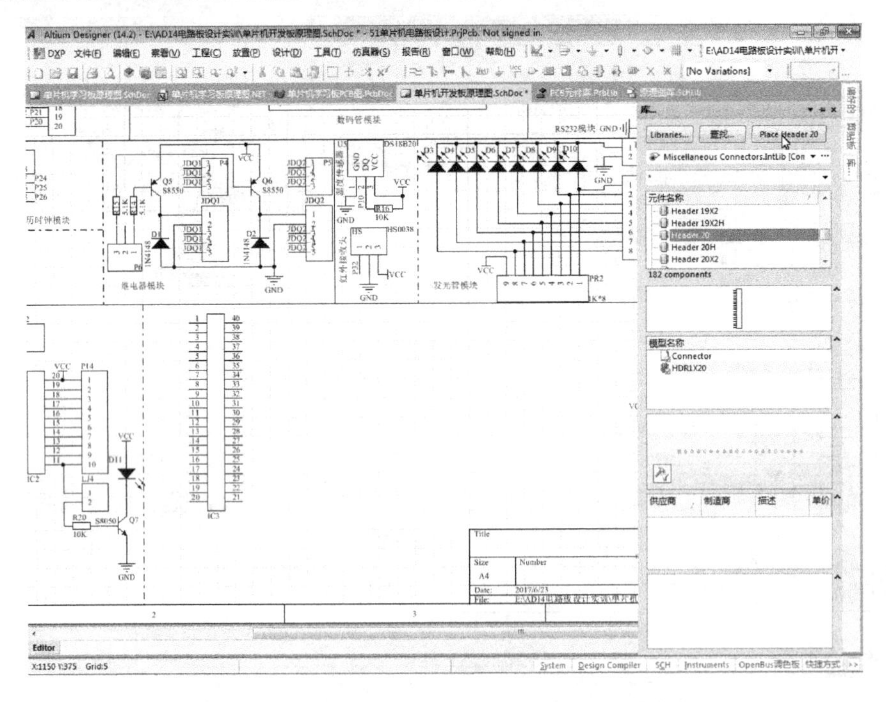

图 5-13　IC3 的坐标定位放置和 Header 20 的选取

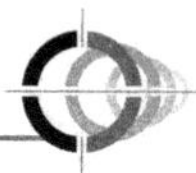

选取后按 Tab 键设置属性：标识设为 P15，取消注释，用默认封装。确定后按图 5-14 所示在 IC3 左右对接放置，然后在库面板中从常用插件库中选取 Header 12 元件。

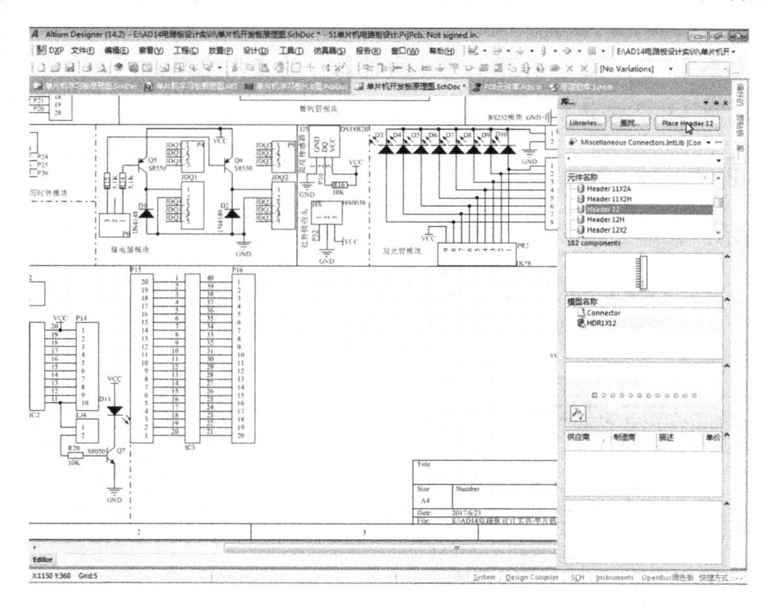

图 5-14　P15、P16 的放置和 Header 12 的选取

选取后按 Tab 键设置其属性：标识设为 P17，取消注释，用默认封装。确定后按图 5-15 所示放置。然后再放置 VCC 端口、GND 端口和网络标签（IC3 第 9～20 引脚依次为 A7、A6、A5、A4、A3、A2、A1、A0、JIN、D1、D0，第 20～25 引脚依次为 AIN、D4、D5、D6、D7；P17 第 2～12 引脚依次为 D2、D1、JIN、A0、A1、A2、A3、A4、A5、A6、A7，IC2 第 2～9 引脚依次为 D7、D6、D5、D4、AIN（原有）、D2、D1、D0，第 12～19 引脚依次为 A0、A1、A2、A3、A4、A5、A6、A7）。这样就完成了 DIP40 接口原理图的绘制。

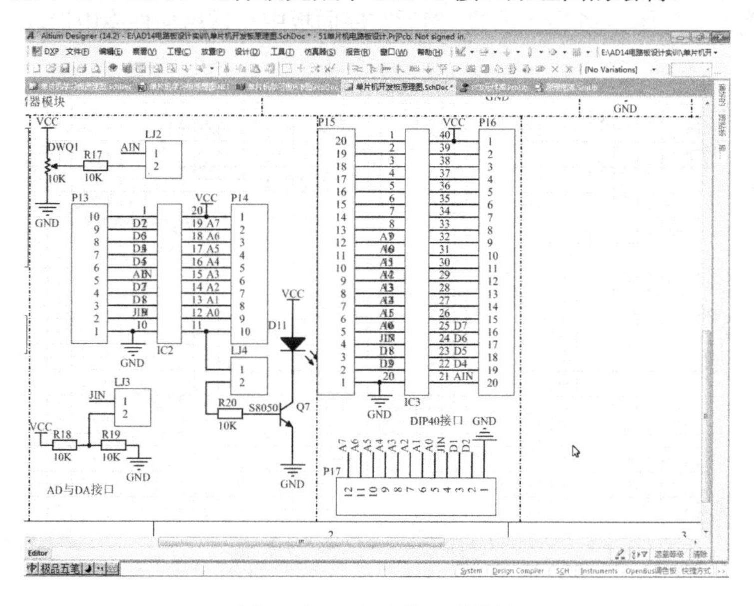

图 5-14　DIP40 接口原理图

任务32 绘制LCD液晶模块

本任务微课视频

知识目标 熟悉LCD1602和LCD12864两种器件的应用电路。

能力目标 完成LCD液晶模块的绘制。

任务实施

如图5-15所示，在库面板中从常用插件库中选取Header 16元件。

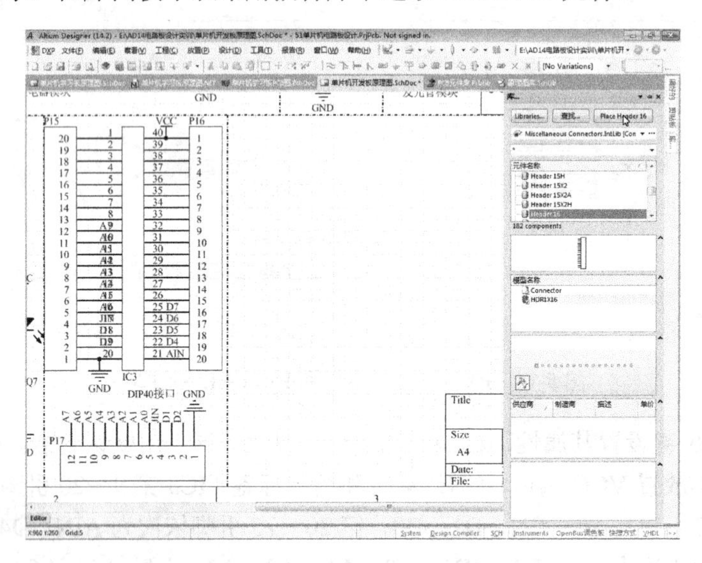

图5-15 Header 16元件的选取

选取后按Tab键设置其属性：标识设为LCD1，取消注释，用默认封装，设*X*坐标为640，*Y*坐标为305。确定后如图5-16所示放置，然后在库面板中从常用插件库中选取Header 20元件。

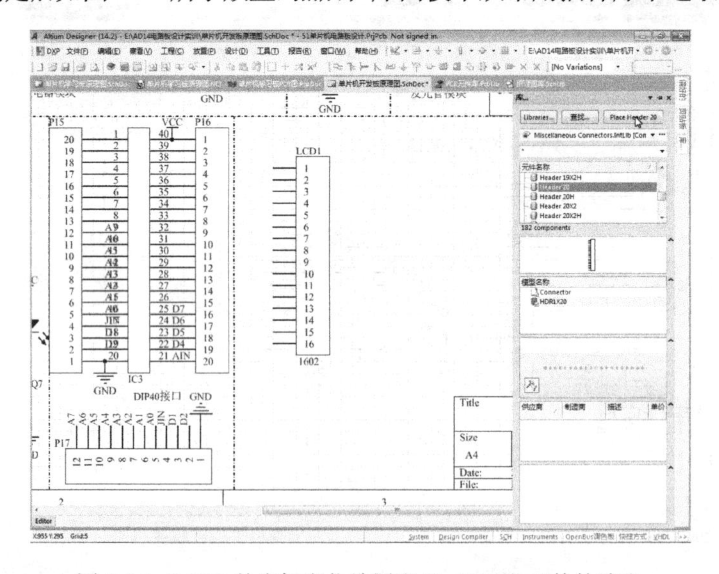

图5-16 LCD1的坐标定位放置和Header 20元件的选取

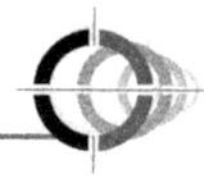

选取后按 Tab 键设置其属性：标识设为 LCD2，取消注释，用默认封装，设定 X 坐标为 740，Y 坐标为 305。确定后，由其坐标定位为如图 5-17 所示位置，然后在库面板中从常用插件库中选取 Header 2 元件。

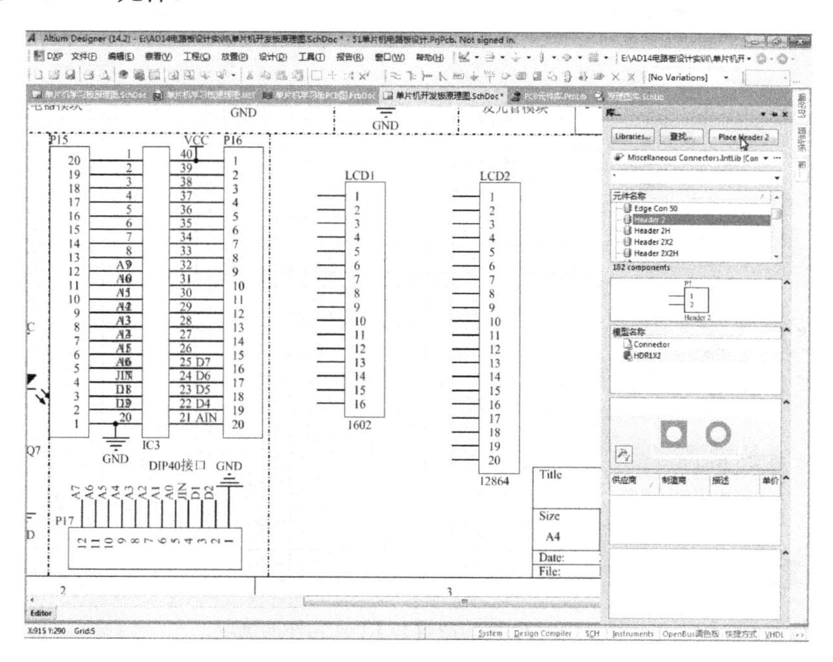

图 5-17　LCD2 的坐标定位和 Header 2 的选取

选取后按 Tab 键设置属性：标识设为 LJ5，取消注释，用默认封装。确定后按图 5-18 所示放置。然后在库面板中从常用插件库中选取 Header 3 元件。

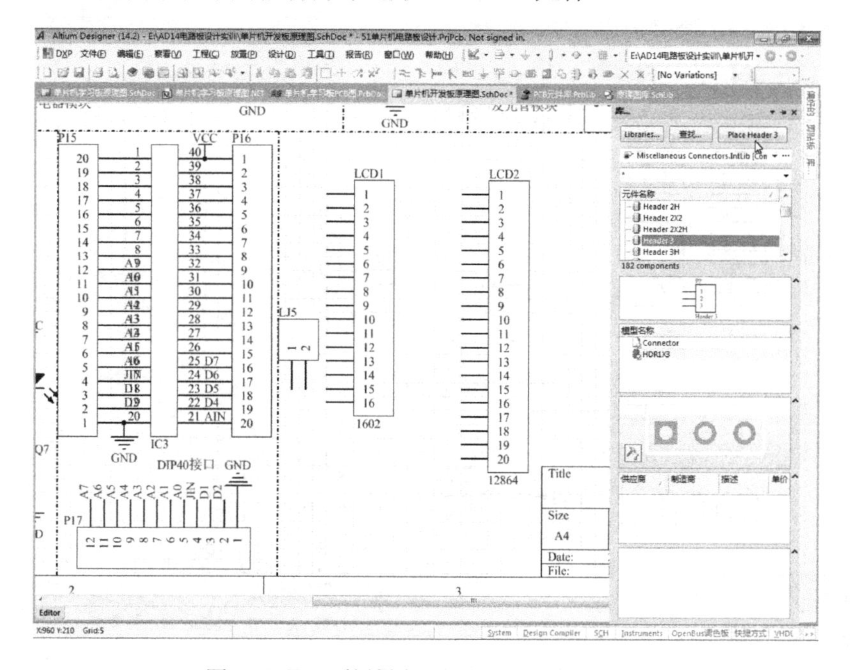

图 5-18　LJ5 的放置和 Header 3 元件的选取

选取后按 Tab 键设置属性：标识设为 PSB，取消注释，用默认封装。确定后按图 5-19 所示放置。然后在库面板中从常用元件库中选取 RPot 元件。

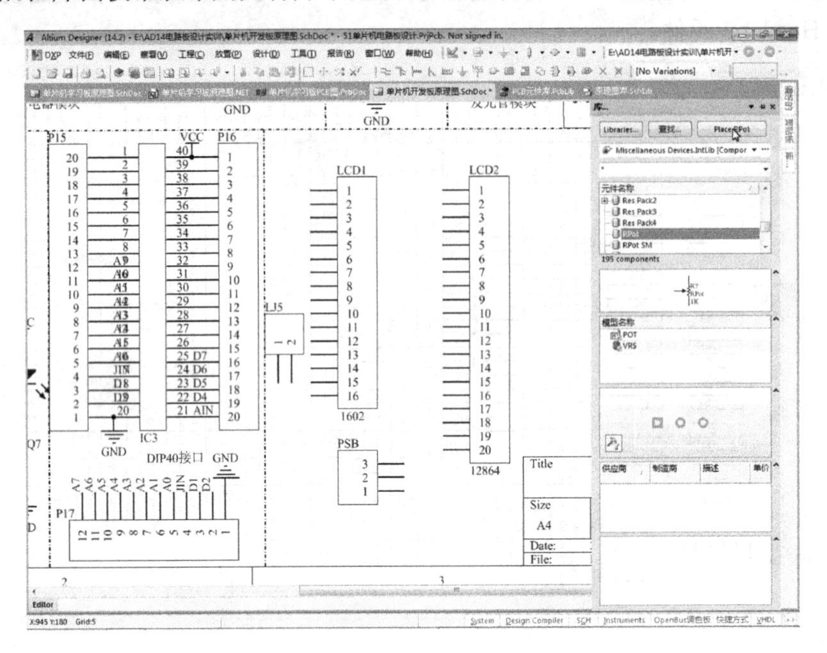

图 5-19　PSB 的放置和 RPot 元件的选取

选取后按 Tab 键设置属性：标识设为 DWQ2，取消注释，标值设为 10K，用 PCB 元件库中的 DWQPCB 封装（图 4-185）。确定后按图 5-20 所示放置。接下来，放置 VCC 端口、GND 端口和网络标签，这样就完成了 LCD 液晶模块原理图的绘制。

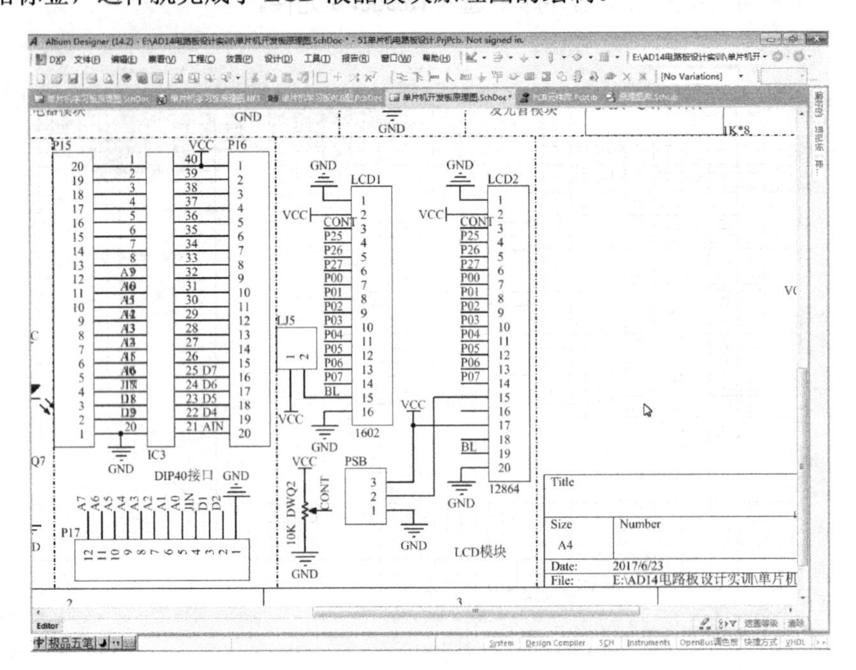

图 5-20　LCD 液晶模块的原理图

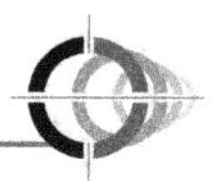

任务 33　绘制 USB 接口三元件

本任务微课视频

知识目标　熟悉 USB 下载接口的使用器件。

能力目标　完成 USB 接口三元件的绘制。

任务实施

进入原理图库设计界面，如图 5-21 所示，添加元件并命名为“USBJK”。

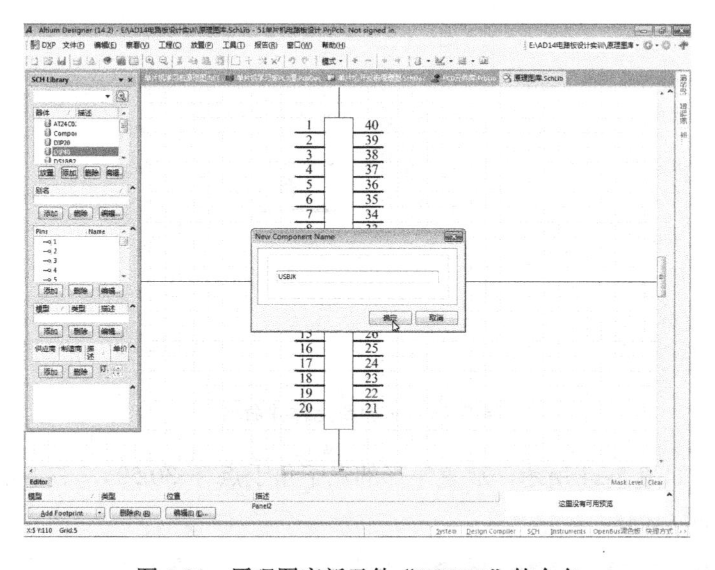

图 5-21　原理图库新元件“USBJK”的命名

确定后放置矩形的左下角于点（-20,-40），右上角于点（10,30）。引脚放置完成后如图 5-22 所示。

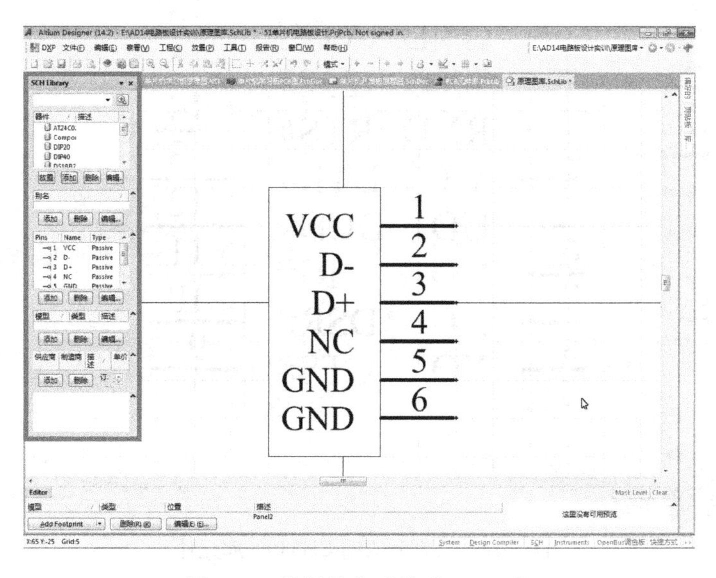

图 5-22　绘制的库元件“USBJK”

接下来，如图 5-23 所示，添加“CH340G”元件。

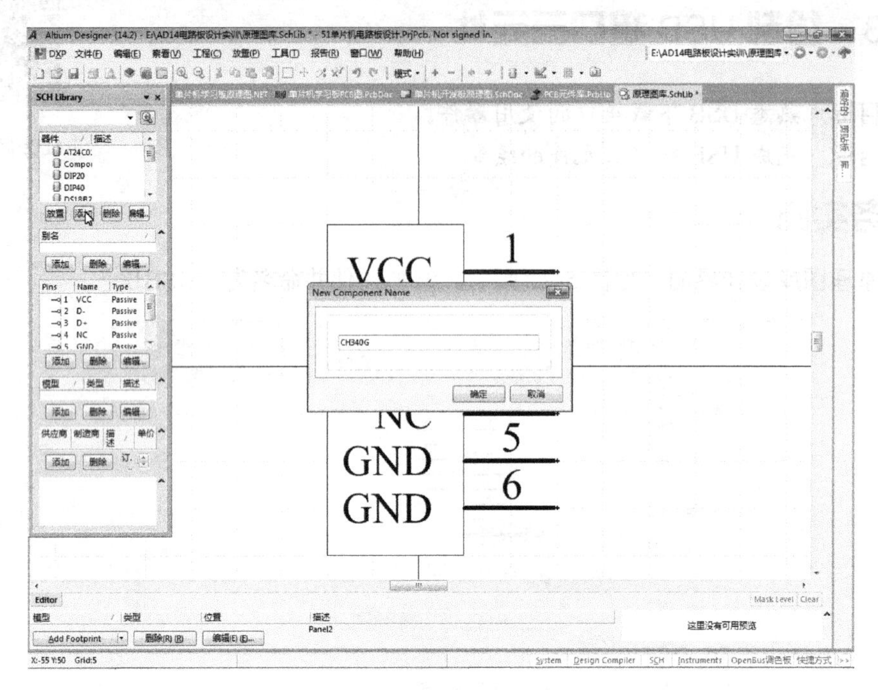

图 5-23　添加新元件并命名

确定名字后，如图 5-24 所示，放置矩形的左下角于点（-30,50），右下角于点（30,40），引脚放置完成后加以保存。

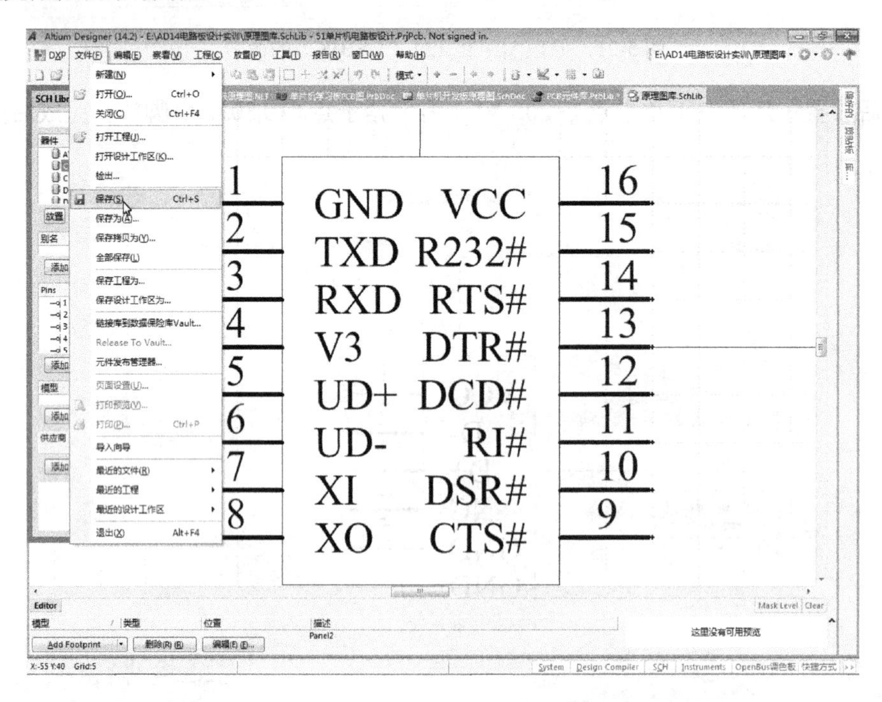

图 5-24　绘制完成的 CH340G 库元件

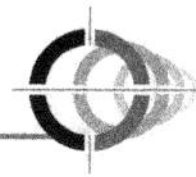

接下来进入 PCB 元件库设计界面，右击 PCB 库面板，再单击快捷菜单中的“新建空白元件”菜单项，再双击默认的新元件名，如图 5-25 所示，命名改为“USBJKPCB”。

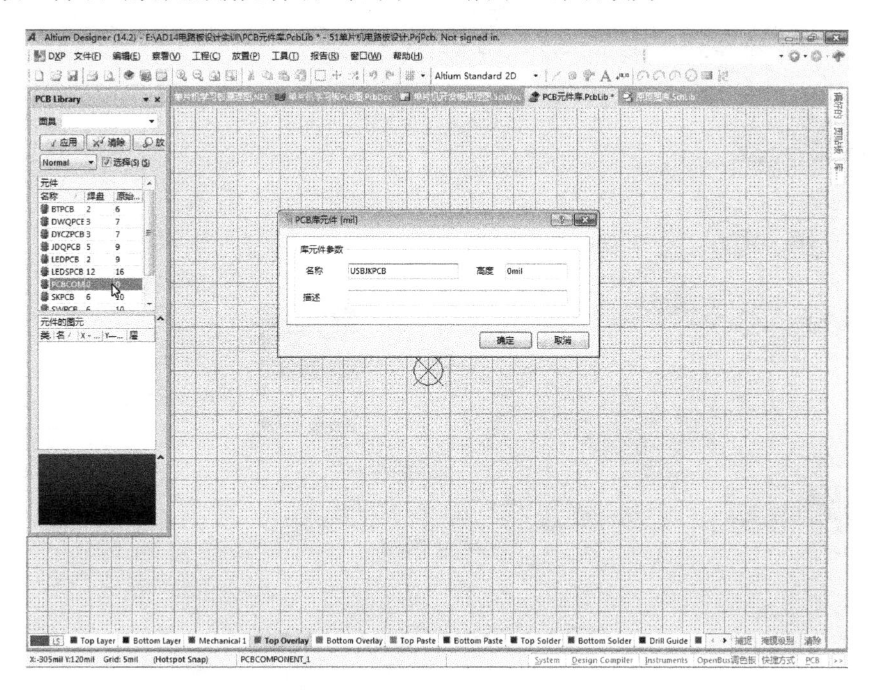

图 5-25　命名新 PCB 元件

确定命名后，放置第一个焊盘时按 Tab 键，如图 5-26 所示，设置焊盘属性：属性中的层选为 Top Layer，标识为 1，X-Size 值为 90，Y-Size 值为 15，外形选为“Rectangular”。

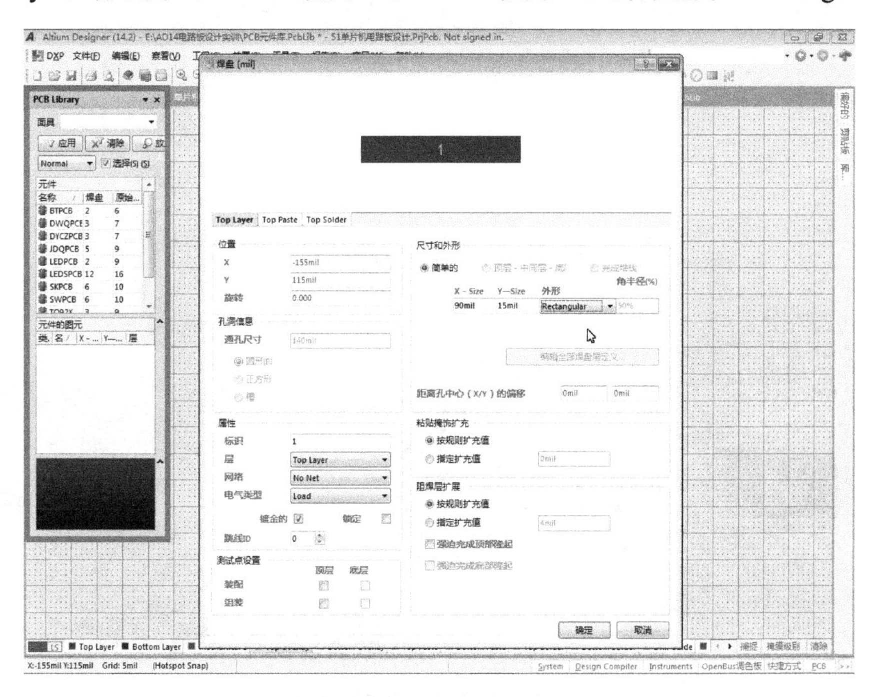

图 5-26　焊盘的属性设置

确定后，如图5-27所示，根据状态栏上的坐标显示，依次在点（140,50）、（140,25）、（140,0）、（140,-25）、（140,-50）上单击左键，放置这五个矩形焊盘。

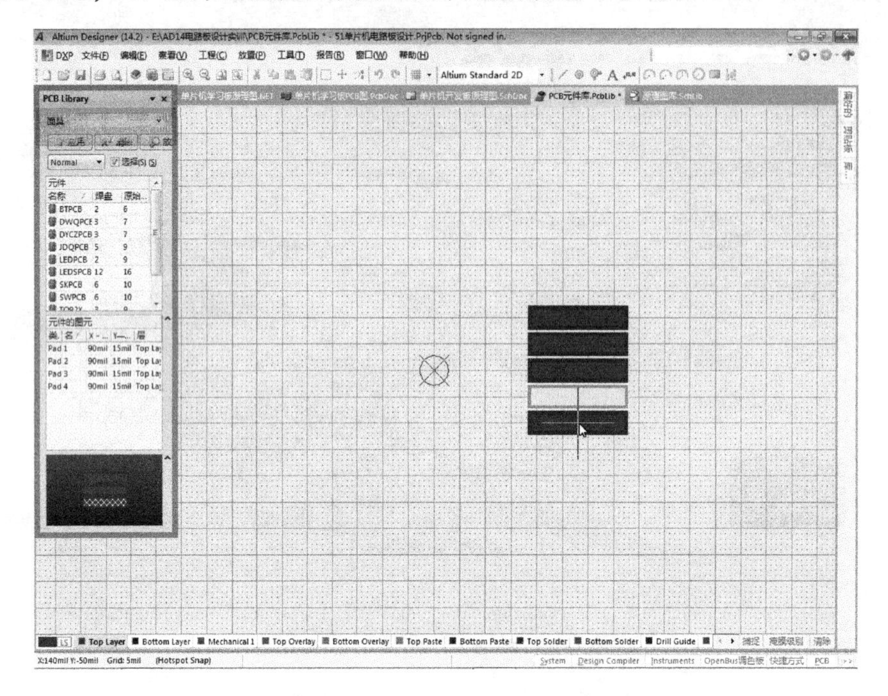

图5-27　五个矩形焊盘的放置

接下来按Tab键，如图5-28所示，设置第6个焊盘的属性：属性中的层改为“Multi-Layer”，选中“槽”，长度为50，通孔尺寸为20，X-Size值不变，Y-Size值改为50，外形改为“Round”。

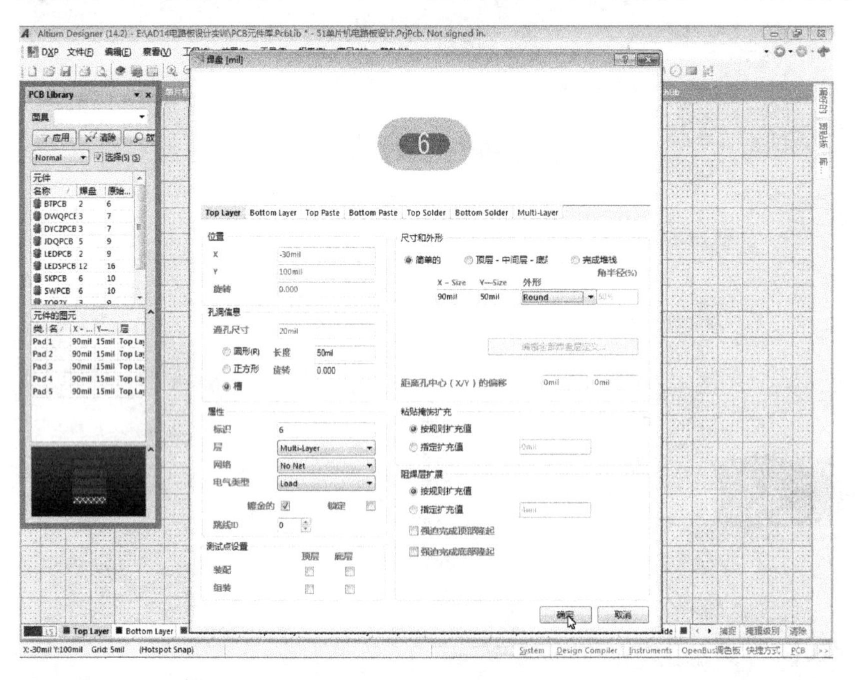

图5-28　6号焊盘的属性设置

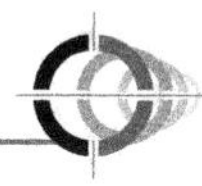

确定后如图 5-29 所示，根据状态栏上的坐标指示，依次在点(0,140)、(0,-140)、(140,140)、(140,-140）上单击左键，放置四个条形焊盘。

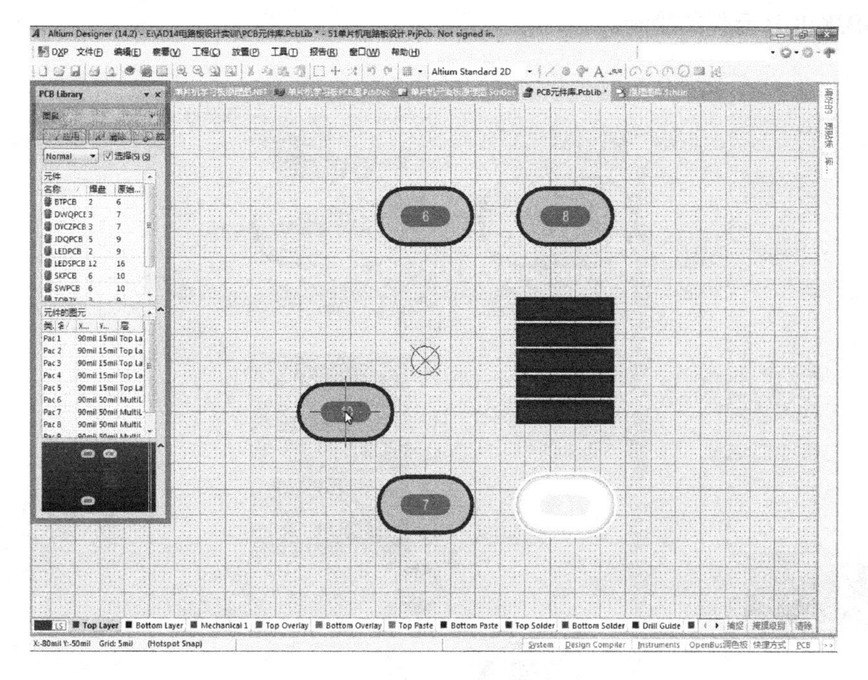

图 5-29　四个条形焊盘的放置

接下来按 Tab 键，如图 5-30 所示，设置 10 号焊盘的属性：改为圆形，通孔尺寸、X-Size、Y-Size 三个值都改为 22，其余不变。

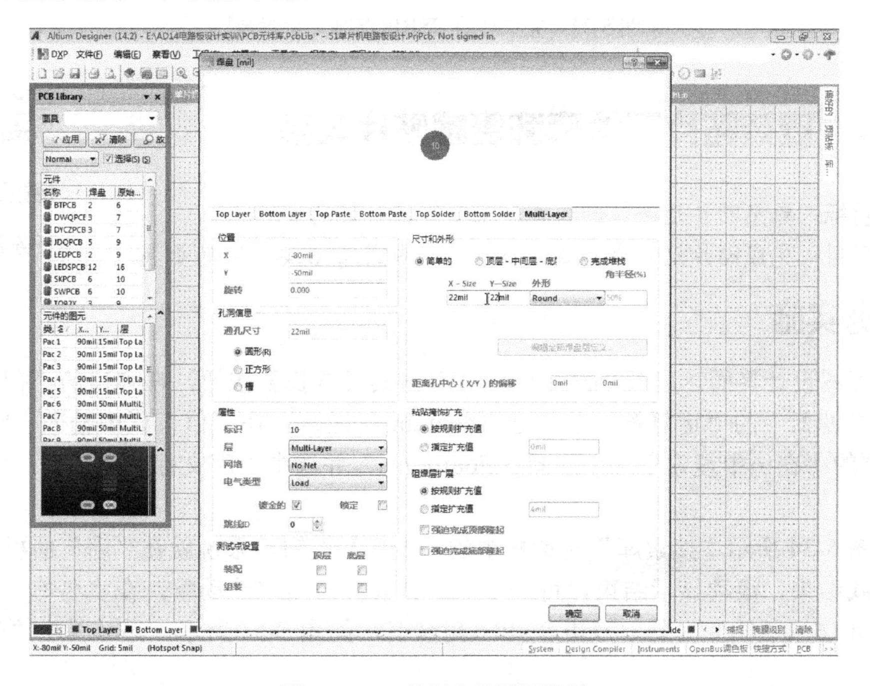

图 5-30　10 号焊盘的属性设置

确定后根据状态栏上的坐标指示，依次在点（85,80）、（85,-80）上单击左键放置两个焊盘，然后单击右键退出焊盘放置操作。接下来，如图 5-31 所示，画出元件的三条边线。这样完成了 USBJKPCB 元件的绘制。

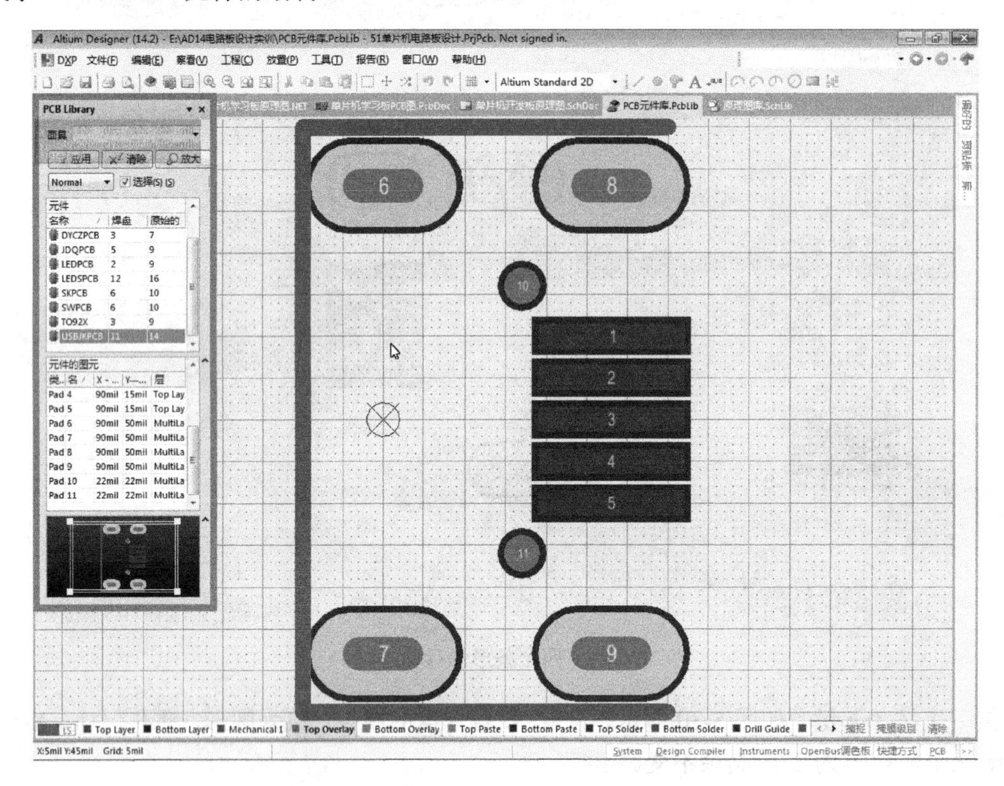

图 5-31　完成后的 USBJKPCB 元件封装

任务 34　安装贴片元件库和更换贴片封装

本任务微课视频

知识目标　熟悉贴片元件库的安装和批量更换封装的方法。

能力目目　完成贴片元件库的安装和 IC、三极管等 6 类封装的更换。

任务实施

在原理图设计界面，展开“库”面板并单击其【查找】按钮，在弹出的“搜索库”对话框的“过滤器”的“运算符”栏中选“contains”运算，在“值”栏中输入“SOP”，在“范围”框的“在…中搜索”项中选择“Footprints”并选中“库文件路径”项，如图 5-32 所示。

单击图 5-34 所示“搜索库”对话框中的【查找】按钮，系统就在“库”面板中滚动显示有关查找结果，滚动显示结束，可调节封装列表框右边的滑动条，在“名称”栏中找出所需的 SOP16 和 SOP8 封装。双击 SOP16 封装名，如图 5-33 所示，系统弹出“Confirm”对话框。

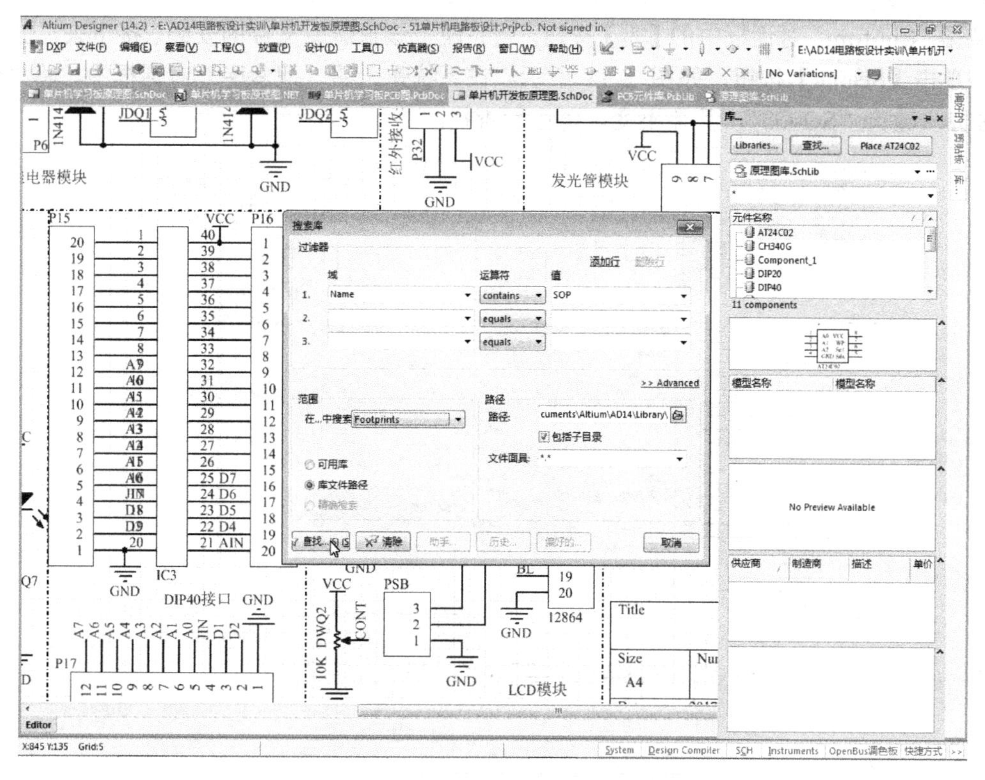

图 5-32　用“搜索库”对话框查找封装

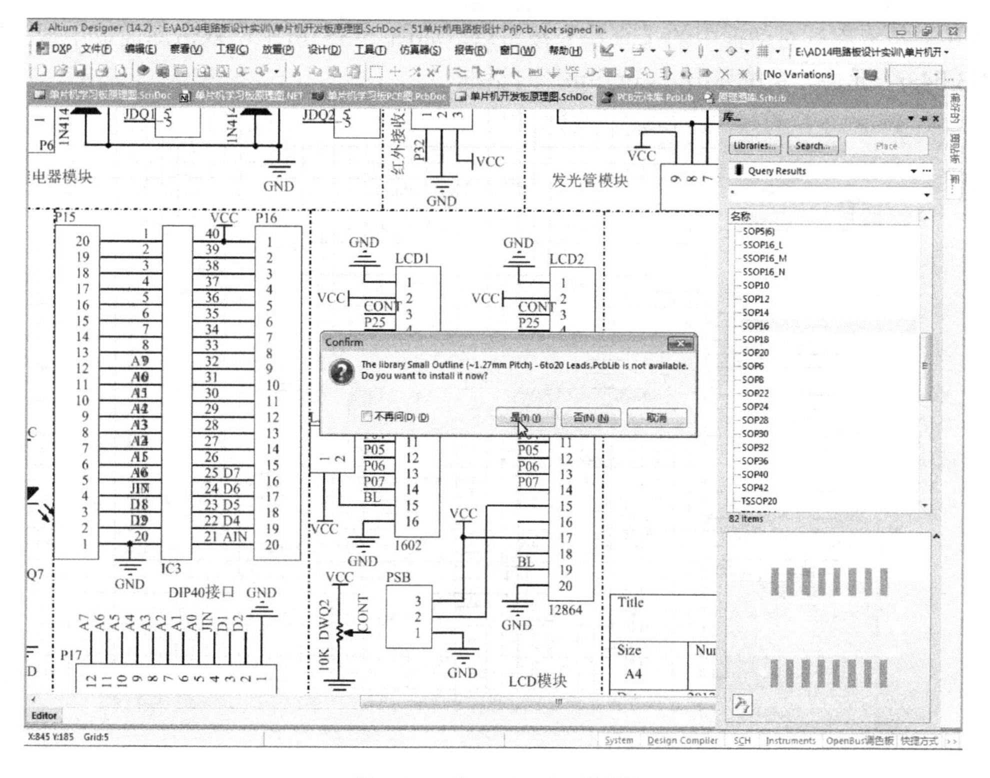

图 5-33　“Confirm”对话框

单击“Confirm”对话框中的【是】按钮，就完成了该封装库文件的安装。接下来，在“库”面板中单击【Search】按钮，如图 5-34 所示，在系统弹出的“搜索库”对话框中，将“值”由“SOP”改为“SO-G3”，其余不变，再进行查找。

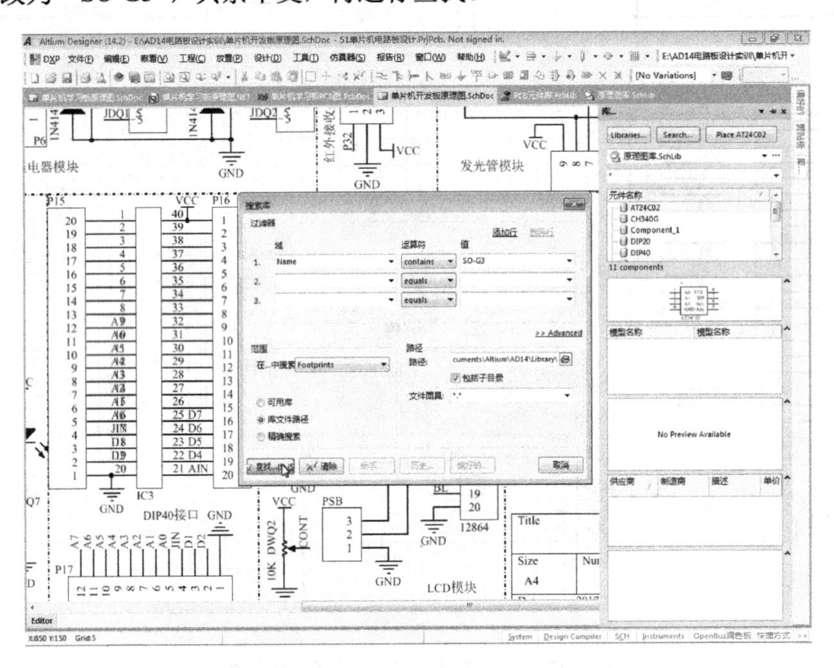

图 5-34　查找“SO-G3”的“搜索库”对话框设置

单击“搜索库”对话框中的【查找】按钮后，如图 5-35 所示，双击库面板中搜索出的“SO-G3/E4.6”元件，系统弹出“Confirm”对话框。

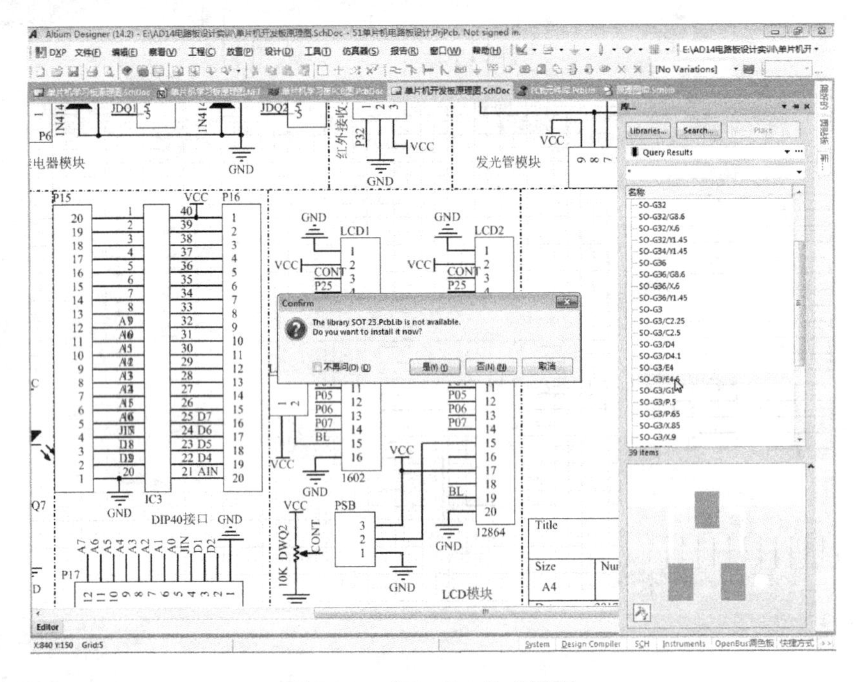

图 5-35　“Confirm”对话框

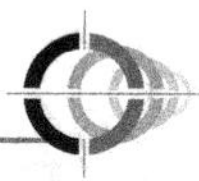

单击“Confirm”对话框中的【是】按钮，就完成了该封装库文件的安装。如图 5-36 所示，在库面板上单击【Libraries】按钮，在“可用库”对话框的“Installed”选项卡上，就出现了上面所安装的两个库文件。

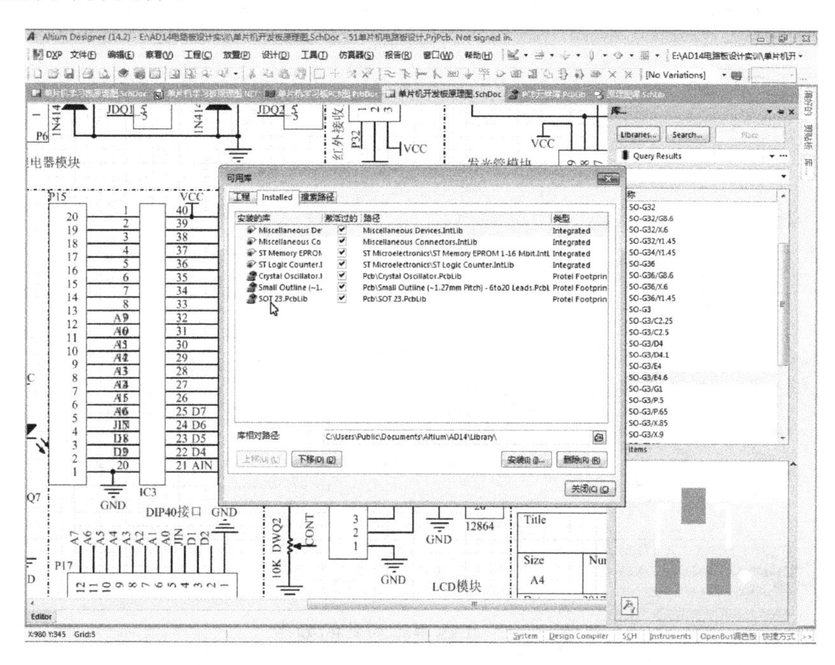

图 5-36　“可用库”对话框的“Installed”选项卡上新增两个封装库文件

接下来，单击图 5-36 中的【安装】按钮，在弹出的对话框中，如图 5-37 所示，打开 Library\Pcb\Ipc-sm-782 文件夹中的第一文件，就完成了第三个库文件的安装。

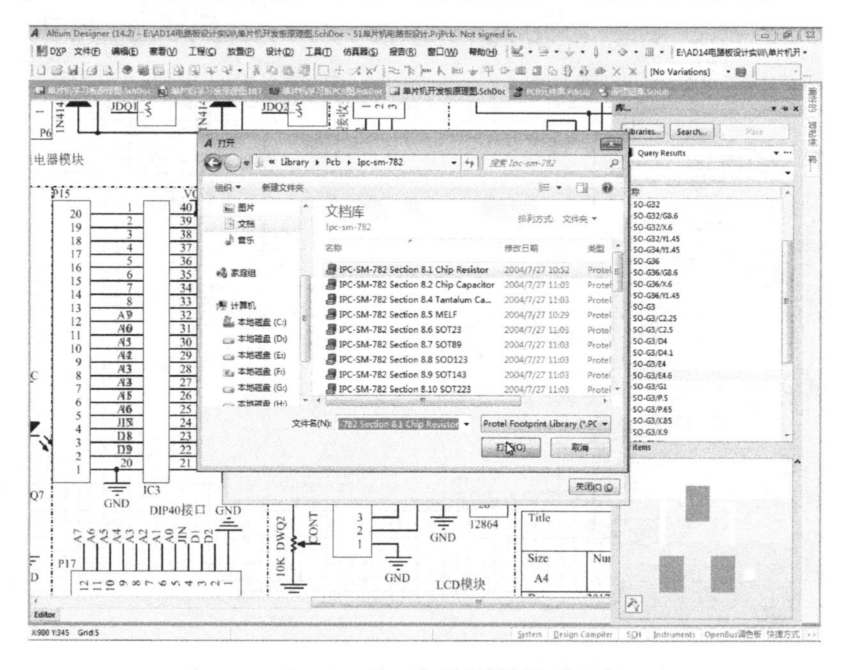

图 5-37　第三个库文件的安装

接下来，把6种直插封装更换为贴片封装。如图5-38所示，右击MAX232元件，在系统弹出的快捷菜单中单击“查找相似对象”菜单项。

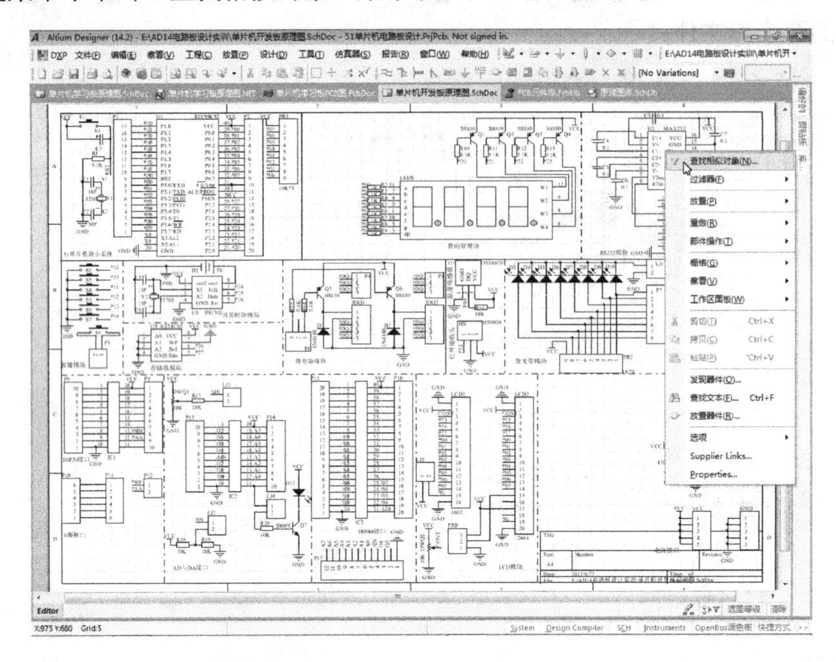

图5-38　集体更换封装的操作

单击后如图5-39所示，在系统弹出的“发现相似目标”对话框的“Current Footprint”栏中，可看到封装名“DIP-16”，把第二个参数“Any”改为“Same”，在下方的“选择匹配”和“运行检查器”这两项上打“√”。

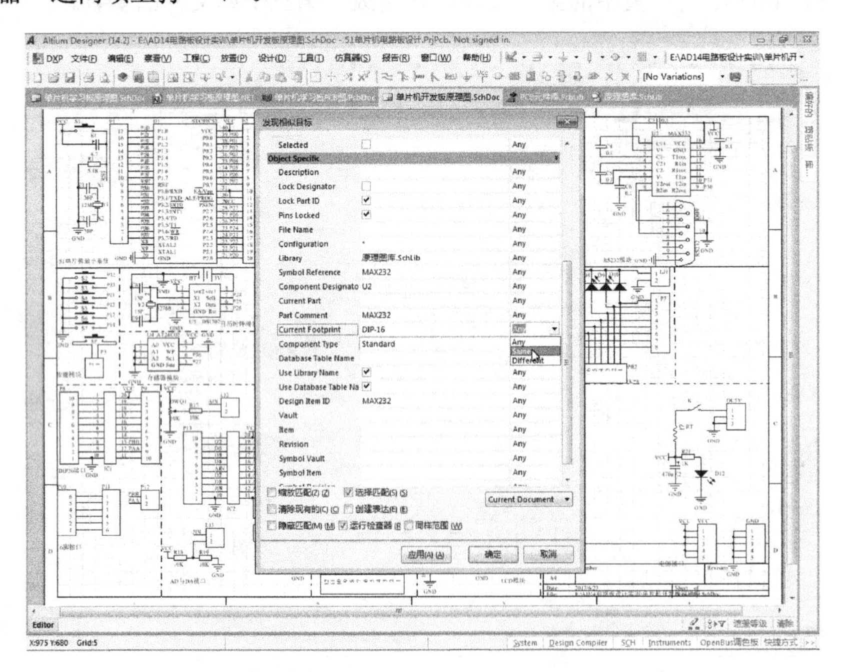

图5-39　在“发现相似目标”对话框中更换封装

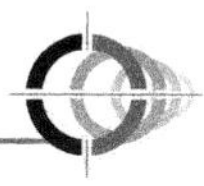

单击对话框中的【确定】按钮，如图 5-40 所示，在系统弹出的“SCH Inspector”对话框中，把“Current Footprint”栏中的“DIP-16”改为“SOP16”，回车后关闭对话框，更换完成。

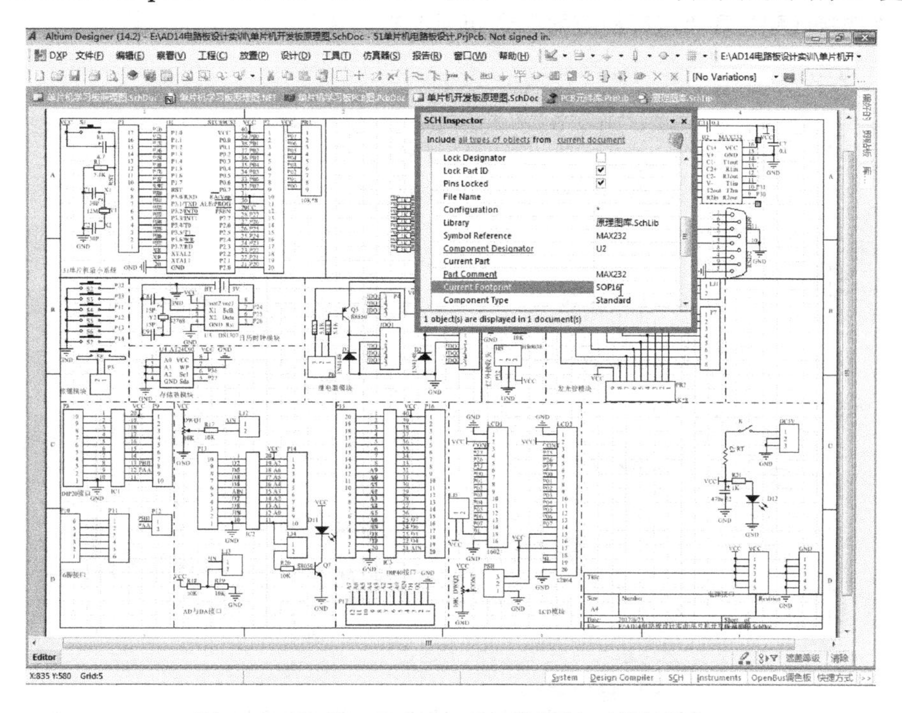

图 5-40　在“SCH Inspector”对话框中更换封装名

接下来在图 5-41 中右击 DS1302 元件，再单击菜单中的“查找相似对象”菜单项。

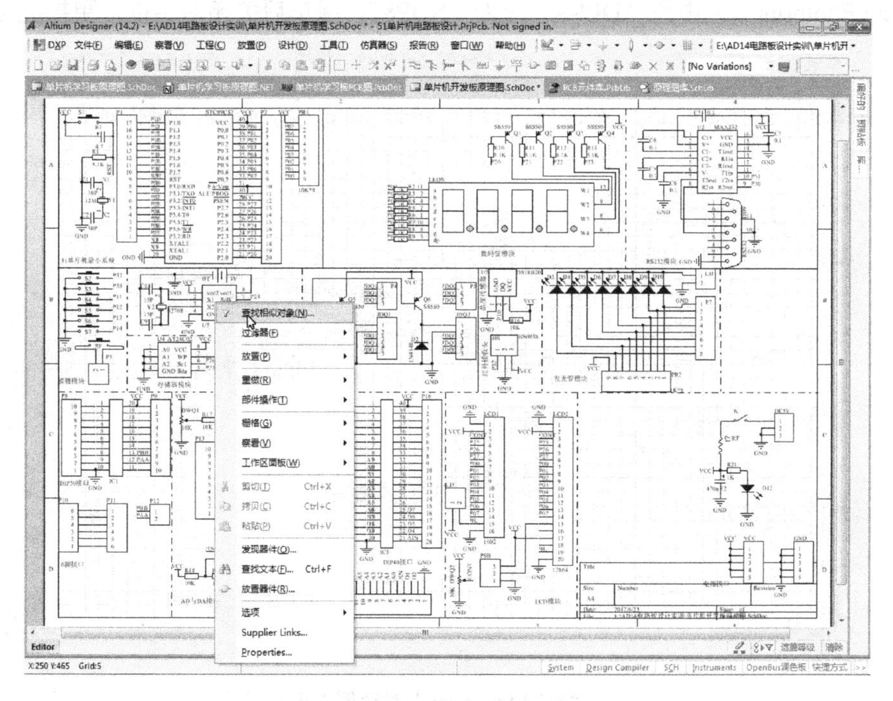

图 5-41　DS1302 的右键菜单

单击后如图 5-42 所示，在系统弹出的“发现相似目标”对话框的“Current Footprint”栏中，可看到封装名“DIP-8”，同前面更换 MAX232 封装一样，把第二个参数“Any”改为“Same”，在下方的“选择匹配”和“运行检查器”这两项上打“√”。

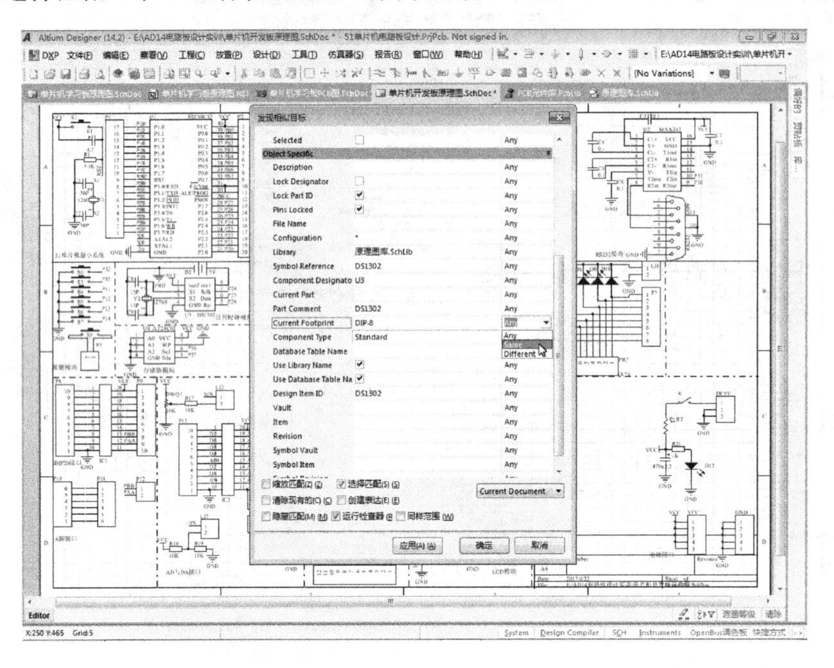

图 5-42　在“发现相似目标”对话框中更换封装

单击对话中的【确定】按钮，如图 5-43 所示，在系统弹出的“SCH Inspector”对话框中，把“Current Footprint”栏中的“DIP-8”改为“SOP8”，回车后关闭对话框，更换完成。

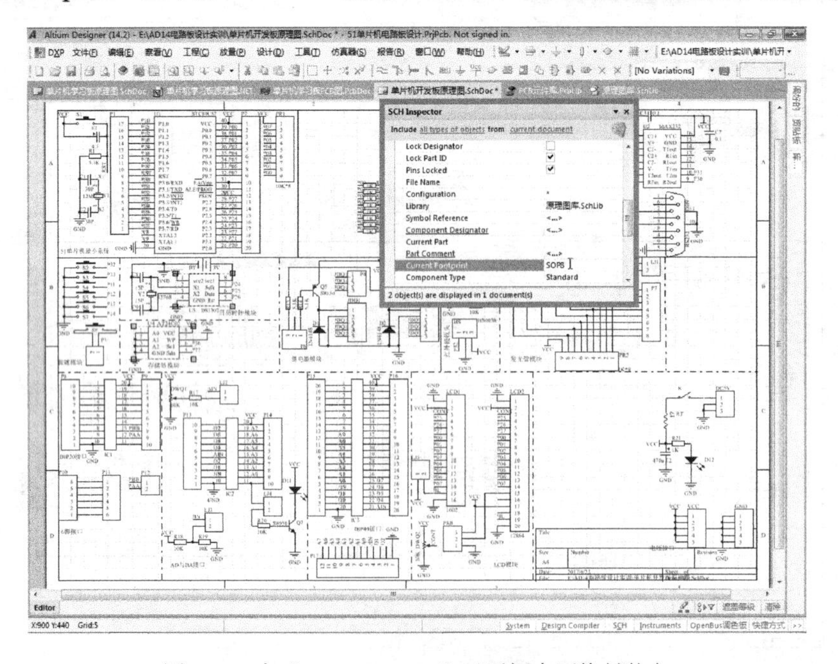

图 5-43　在“SCH Inspector”对话框中更换封装名

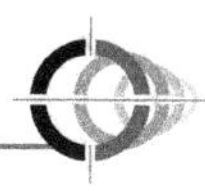

接下来在R10的右键快捷菜单中单击“查找相似对象”菜单项，如图5-44所示，在系统弹出的“发现相似目标”对话框的“Current Footprint”栏中，可看到封装名“AXIAL-0.3”，同前面一样，把第二个参数“Any”改为“Same”，在下方的“选择匹配”和“运行检查器”这两项上打“√”。

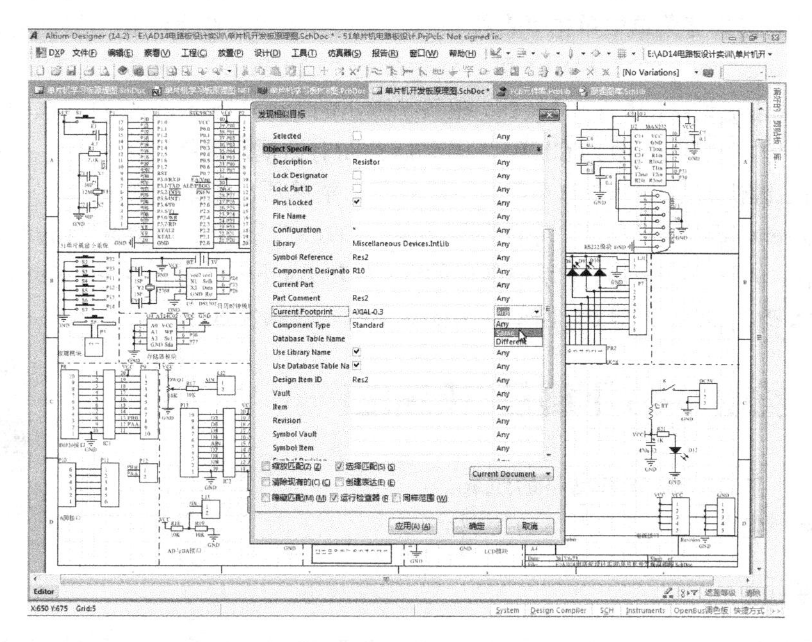

图5-44　在“发现相似目标”对话框中更换封装

单击对话中的【确定】按钮，如图5-45所示，在系统弹出的“SCH Inspector”对话框中，把“Current Footprint”栏中的AXIAL-0.3改为C1206，回车后关闭对话框，更换完成。

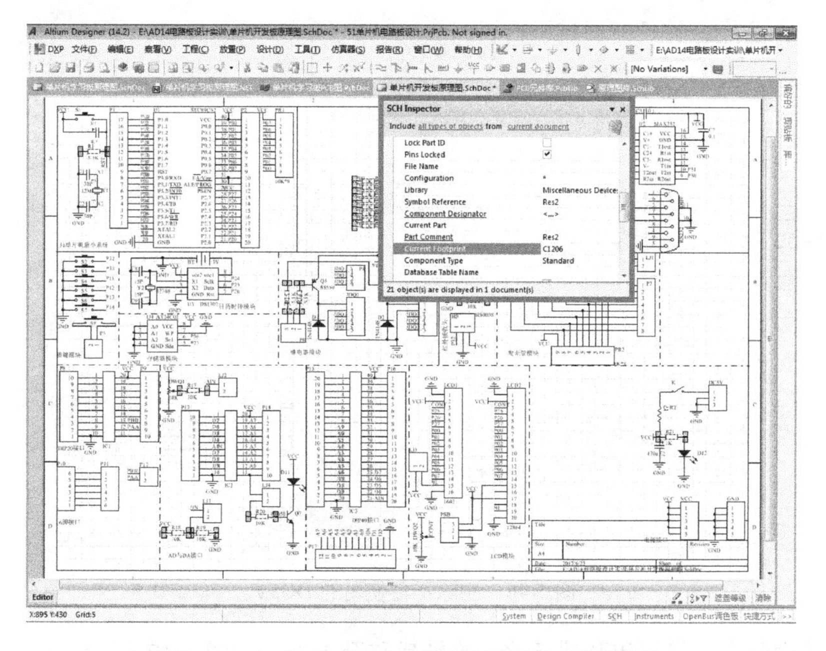

图5-45　在“SCH Inspector”对话框中更换封装名

接下来在 C5 的右键快捷菜单中单击“查找相似对象”菜单项，在系统弹出的“发现相似目标”对话框的“Current Footprint”栏中，就可看到封装名“RAD-0.1”，把第二个参数“Any”改为“Same”，单击对话中的【确定】按钮，在系统弹出的“SCH Inspector”对话框中，把“Current Footprint”栏中的 RAD-0.1 改为 C1206，回车后关闭对话框，更换完成。

在 D10 的右键快捷菜单中单击“查找相似对象”菜单项，在系统弹出的“发现相似目标”对话框的“Current Footprint”栏中，可看到封装名“LEDPCB”，把第二个参数“Any”改为“Same”，然后单击对话中的【确定】按钮，在系统弹出的“SCH Inspector”对话框中，把“Current Footprint”栏中的 LEDPCB 改为 C1206，回车后关闭对话框，更换完成。

在 Q1 的右键快捷菜单中单击“查找相似对象”菜单项，在系统弹出的“发现相似目标”对话框的“Current Footprint”栏中，可看到封装名“TO92X”，把第二个参数“Any”改为“Same”，然后单击对话中的【确定】按钮，在系统弹出的“SCH Inspector”对话框中，把“Current Footprint”栏中的 TO92X 改为 SO-G3/E4.6，回车后关闭对话框，更换完成。

任务 35　绘制 USB 下载及供电接口

本任务微课视频

知识目标　熟悉 USB 下载电路的组成。

能力目标　完成 USB 下载电路的绘制。

任务实施

在原理图设计界面上单击菜单“编辑”→“删除”，如图 5-46 所示，用光标中心单击 DC5V 元件，然后右击退出删除状态。

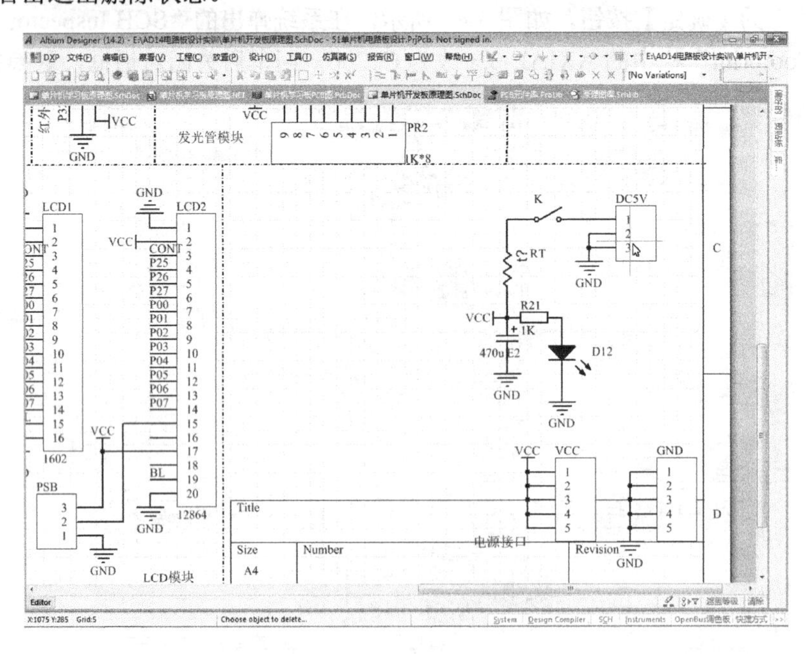

图 5-46　删除不再使用的 DC5V

删除后选中阻容二极管和开关元件，旋转后移至下方，如图 5-47 所示，在库面板中从原

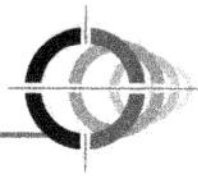

理图库选取 CH340G 元件。

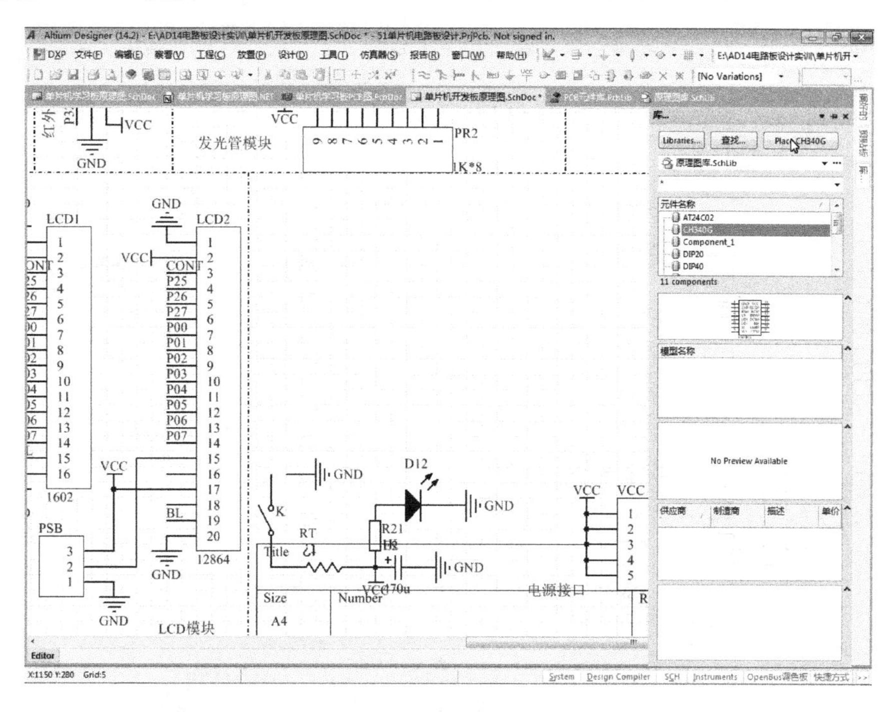

图 5-47　接口元件的移动和 CH340G 的选取

选取后按 Tab 键设置其属性：标识设为 U6，使用注释，封装用 Small Outline 库中的 SOP16，如图 5-48 所示，设置元件的 *X* 坐标为 1050，*Y* 坐标为 260。

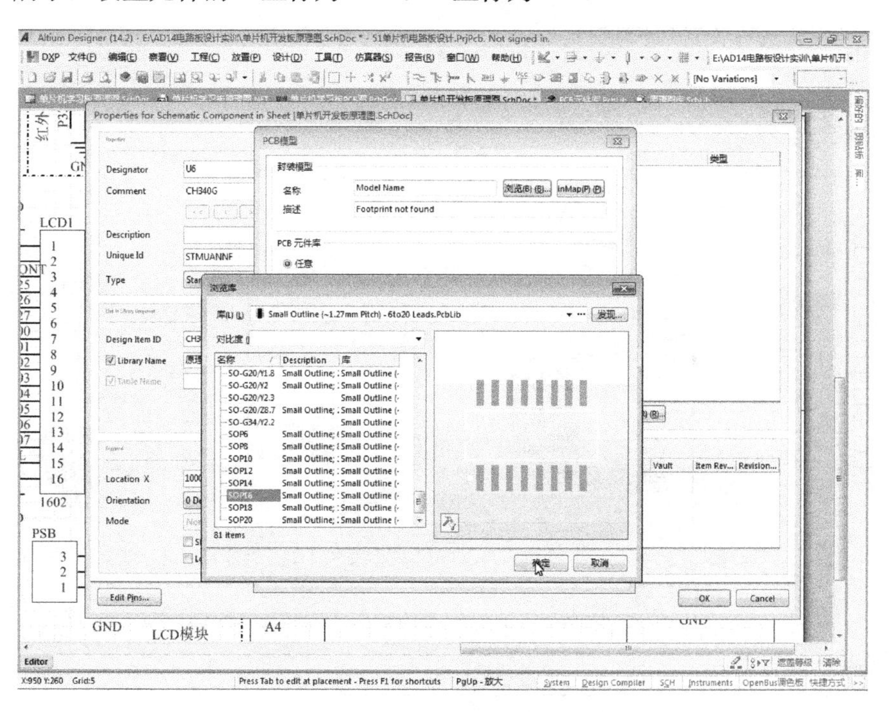

图 5-48　元件的标识、注释和封装设置

确定属性后，坐标定位如图 5-49 所示，接下来从原理图库中选取 USBJK 元件。

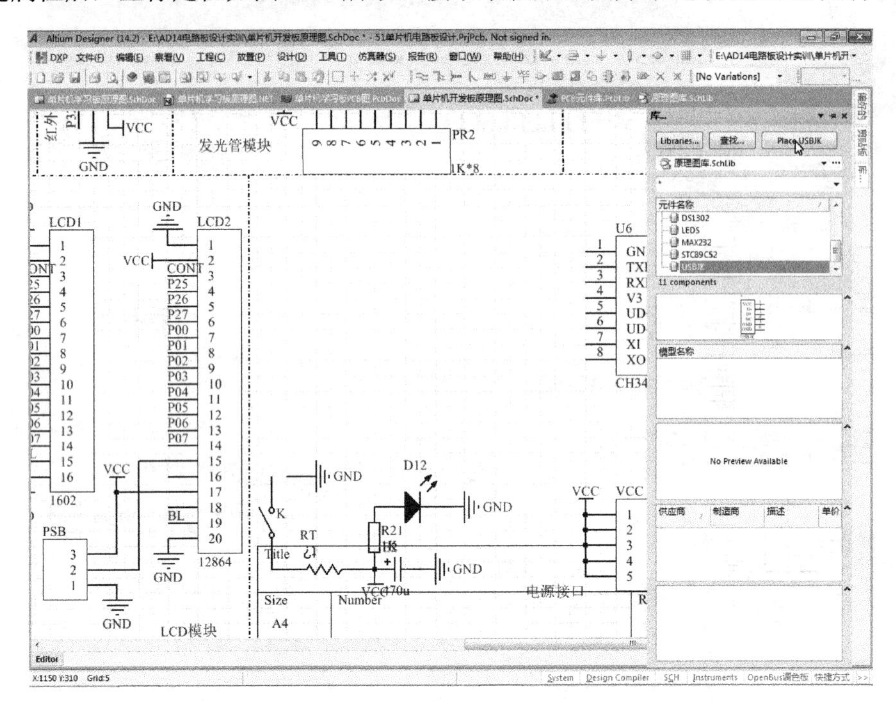

图 5-49　CH340G 的坐标定位和 USBJK 的选取

选取后按 Tab 键设置其属性：标识设为 USB，取消注释，封装用 PCB 元件库中的 USBJKPCB，如图 5-50 所示，设置元件的 *X* 坐标为 870，*Y* 坐标为 150。

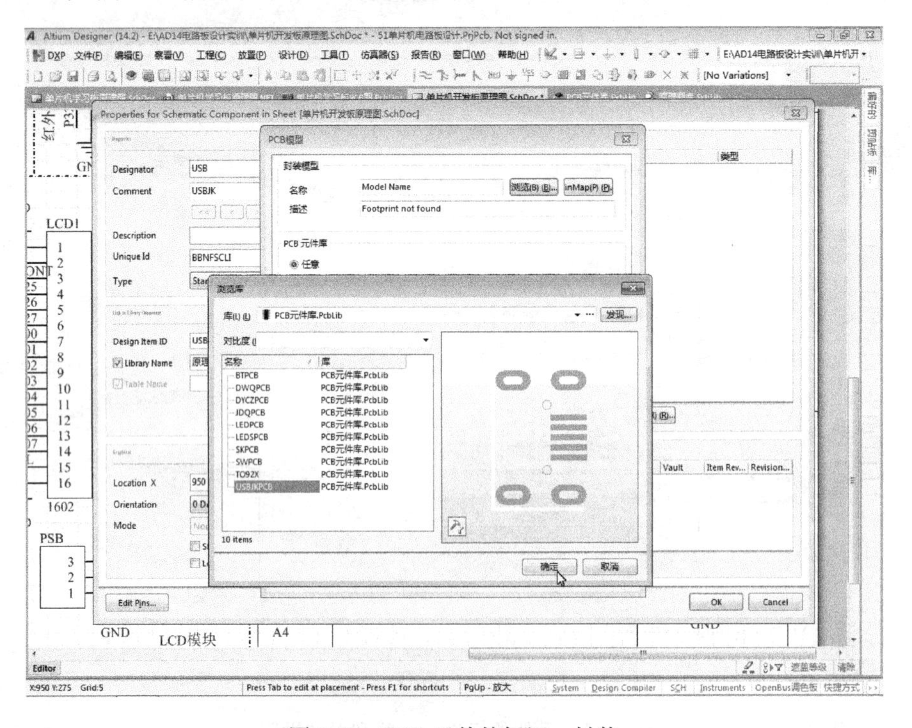

图 5-50　USB 元件的标识、封装

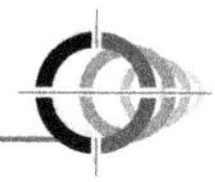

确定属性后其坐标定位如图 5-51 所示，再在库面板中从常用元件库中选取 LED0 元件。

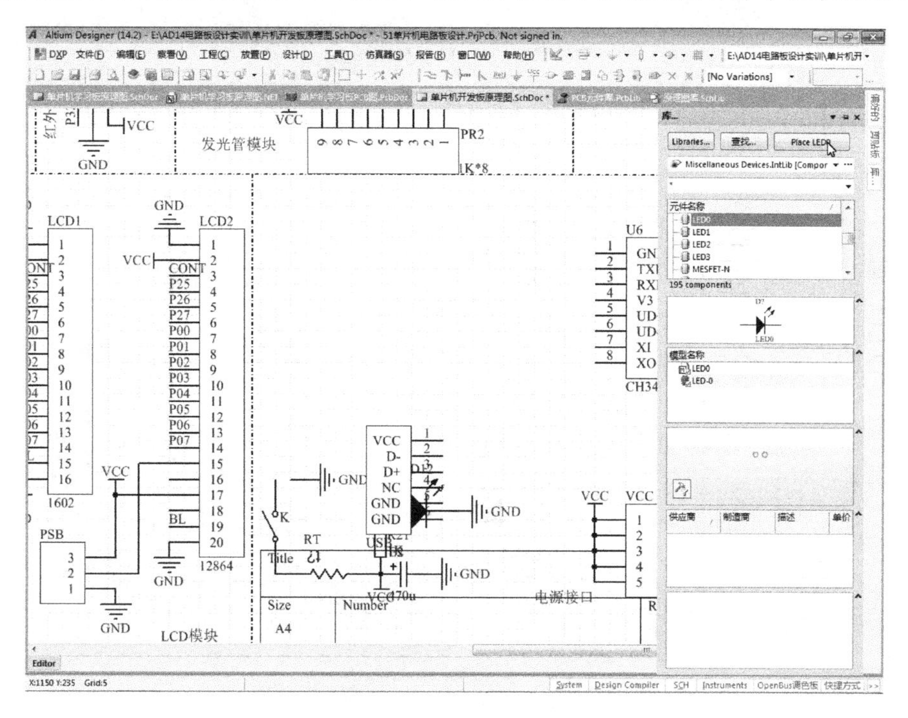

图 5-51　USB 元件的坐标定位和 LED0 的选取

选取后按 Tab 键，如图 5-52 所示，设置其属性：标识设为 D13，取消注释，封装用常用元件库中的 C1206 封装。

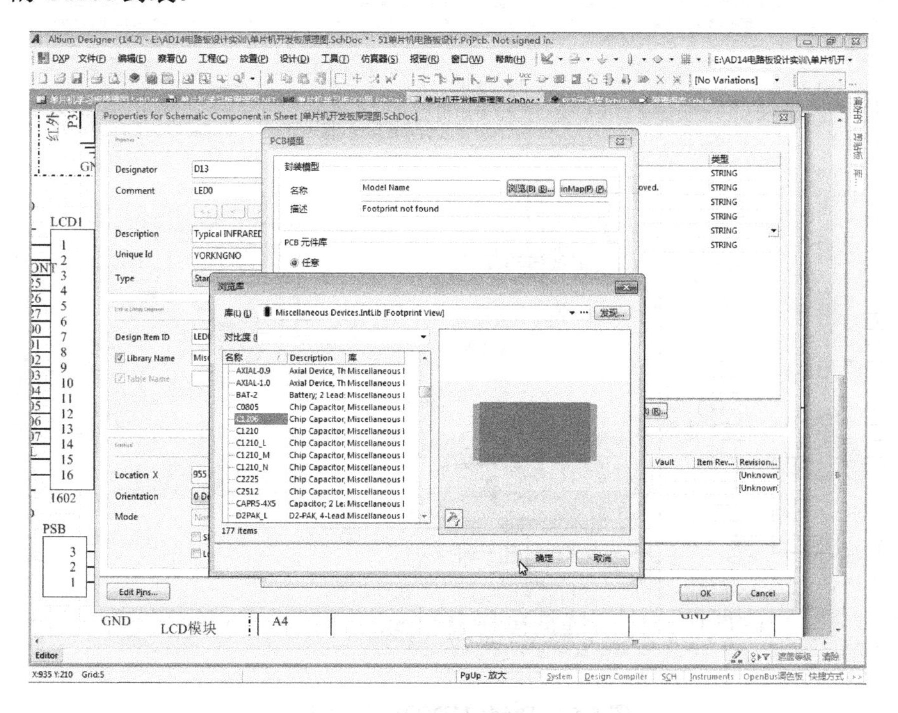

图 5-52　D13 的属性设置和 C1206 封装

确定后按图 5-53 所示放置，然后将 VCC 和 GND 及其连线与端口移到左上角。

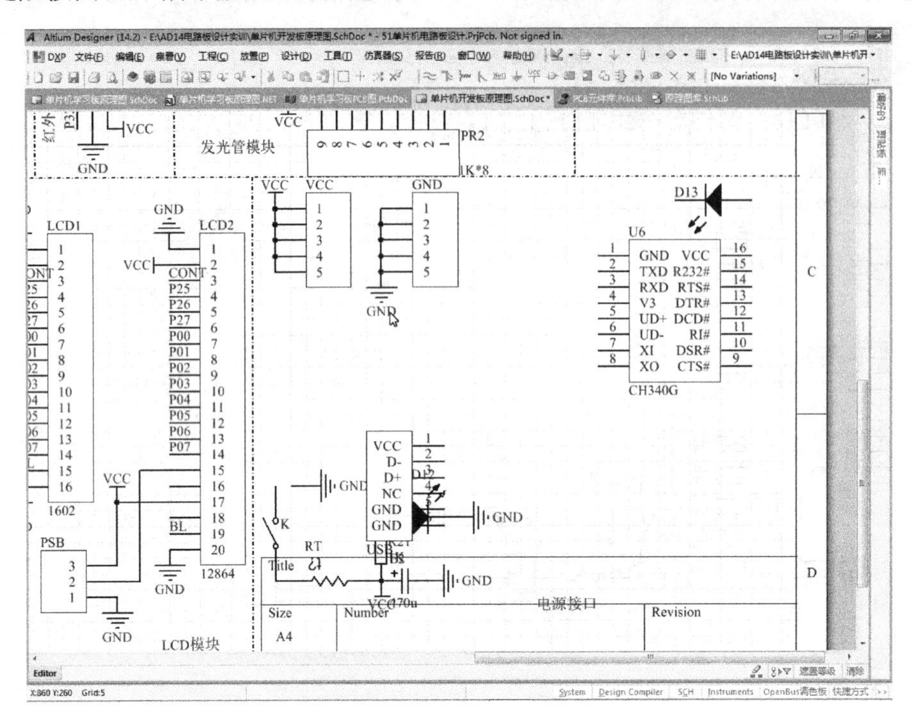

图 5-53　D13 的放置和 VCC、GND 元件的移位

接下来如图 5-54 所示，在库面板中从常用元件库中选取 Diode 11DQ03 元件。

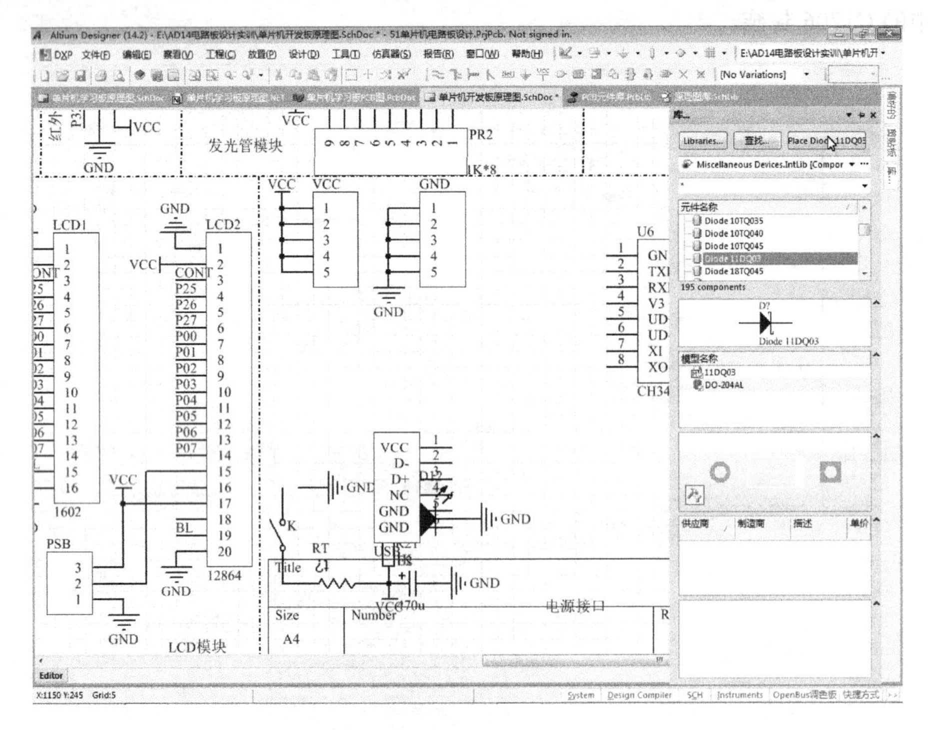

图 5-54　Diode 11DQ03 元件的选取

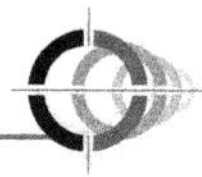

选取后按 Tab 键设置其属性：标识设为 D14，注释设为 SS14，封装用 IPC-SM-782 Section 8.1 Chip Resistor 库中的 5025[2010]，如图 5-55 所示。

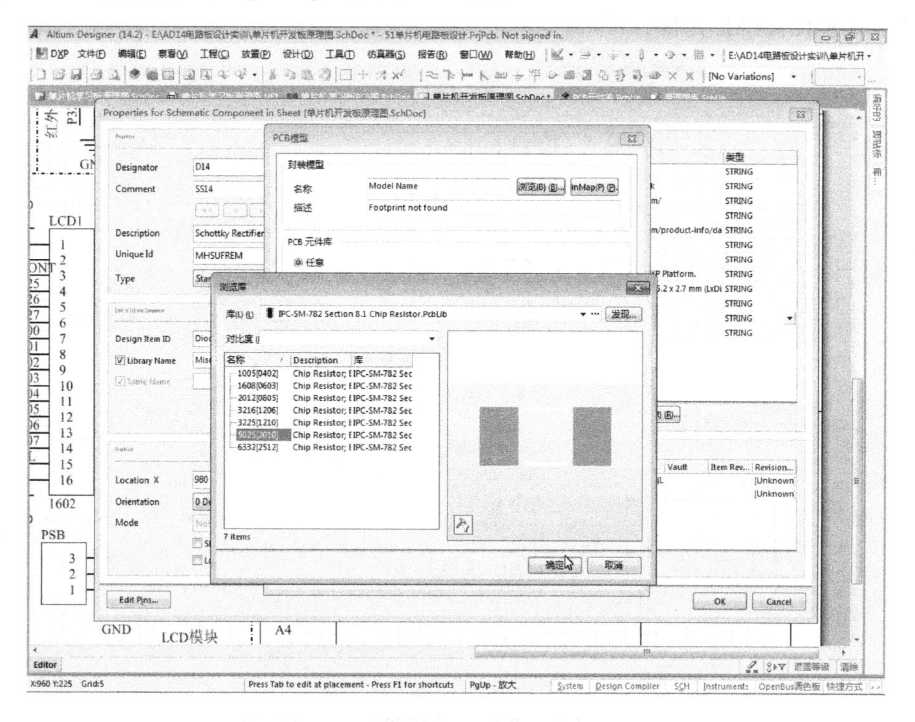

图 5-55　D14 的属性设置

确定后按图 5-56 所示放置，然后在库面板中从常用元件库中选取 Res2 元件。

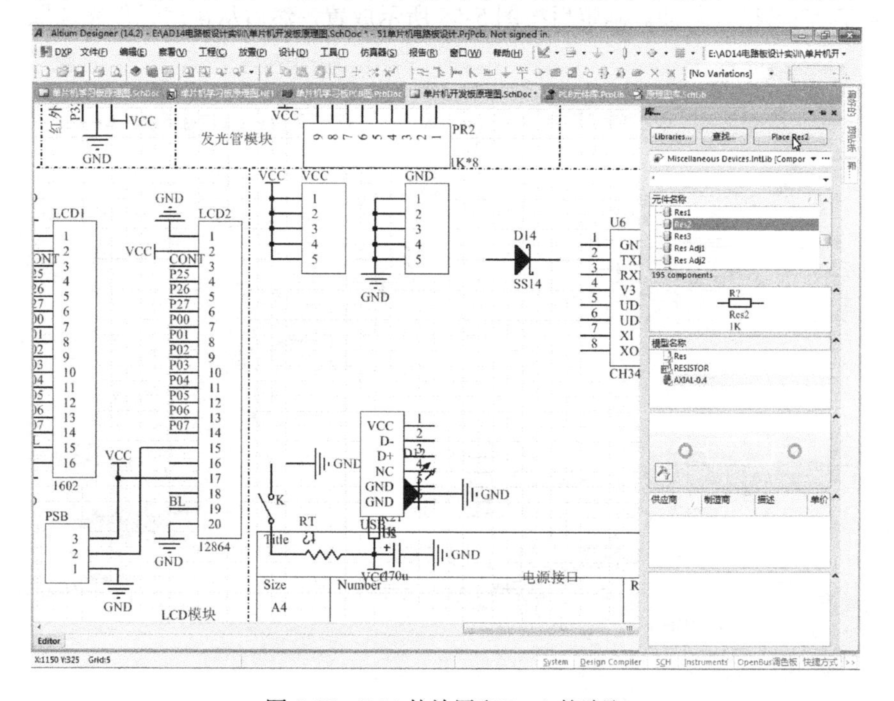

图 5-56　D14 的放置和 Res2 的选取

选取后按 Tab 键设置其属性：标识设为 R22，取消注释，标值设为 10K，封装用常用元件库中的 C1206。确定后按图 5-57 所示放置为 R22 和 R23，R22 右端与 D13 左端对接，然后从常用元件库中选取 XTAL 元件。

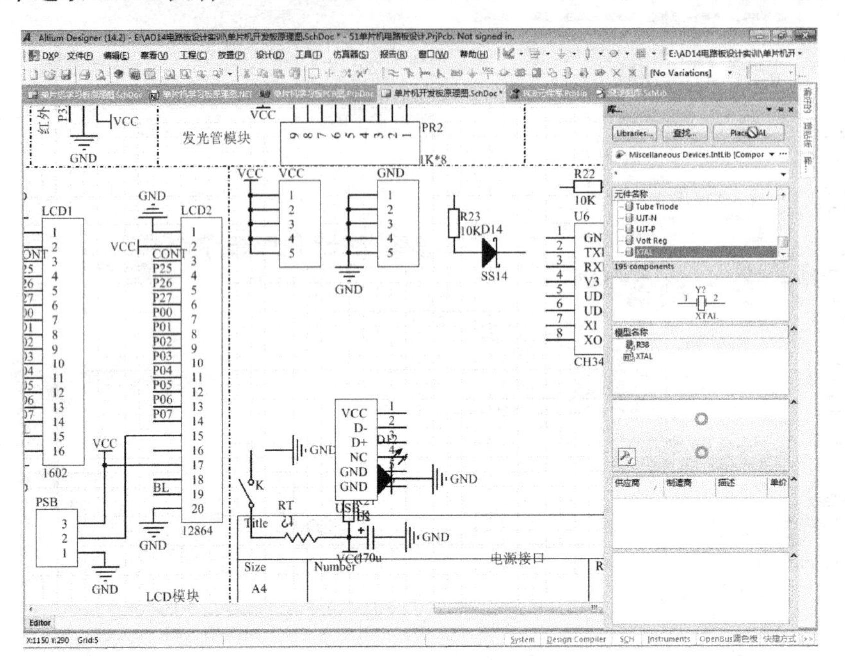

图 5-57　R22、R23 的放置和 XTAL 的选取

选取后按 Tab 键设置其属性：标识设为 Y3，注释设为 12M，封装用“Crystal Oscillator”库中的“BCY-W2/E4.7”封装。确定后按图 5-58 所示放置，然后从常用元件库选取 Cap 元件。

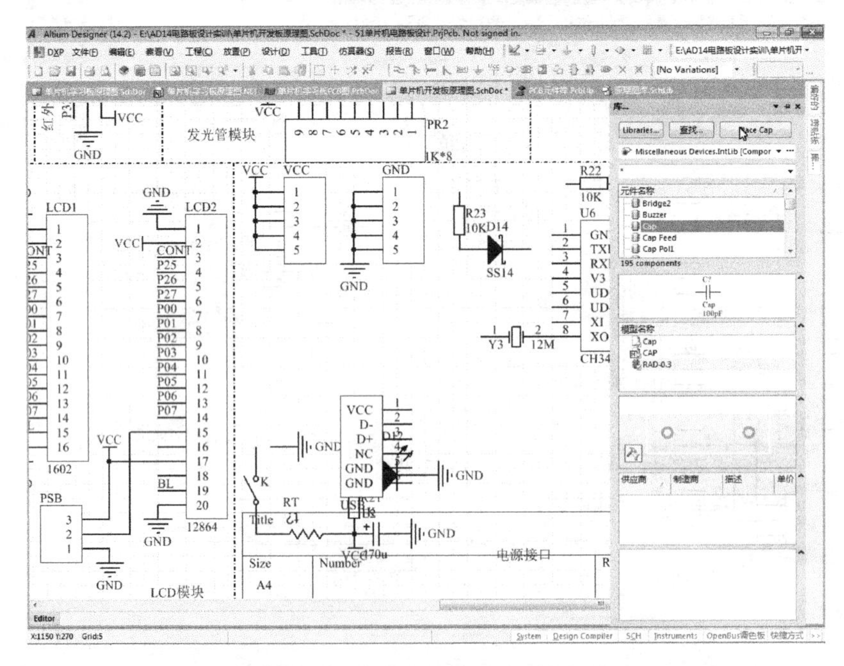

图 5-58　Y3 的放置和 Cap 元件的选取

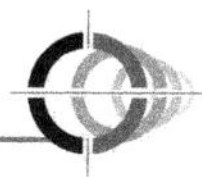

选取后按 Tab 键设置其属性：标识设为 C10，取消注释，标值设为 20P，封装用常用元件库中的 C1206（图 5-52）。确定后按图 5-59 所示放置 C10 和 C11，按 Tab 键，将标值改为 0.1 后放置为 C12 和 C13。

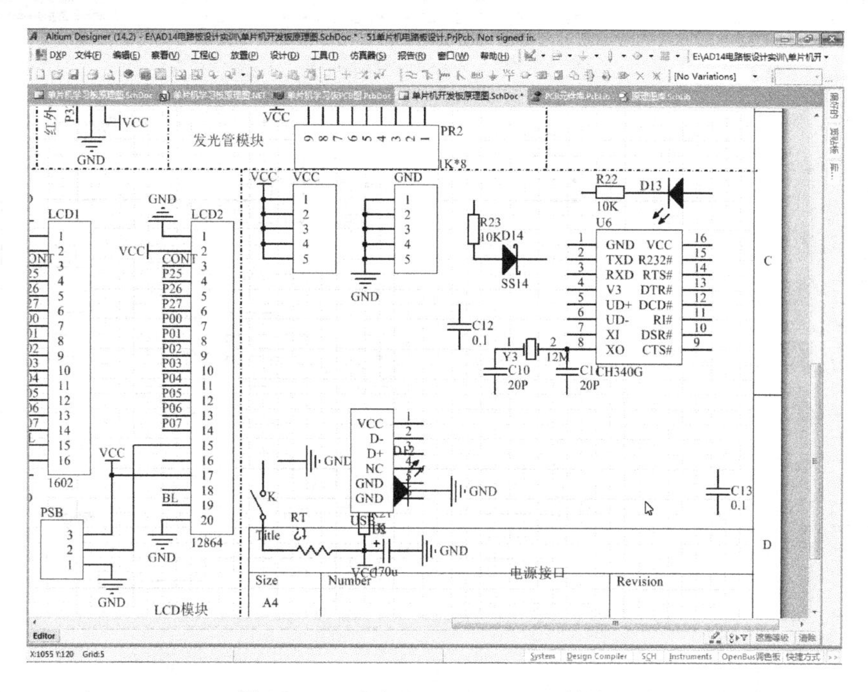

图 5-59　C10、C11、C12、C13 的放置

接下来，如图 5-60 所示，将原电源接口的元件 RT、E2、K、D12、R21 移位放置。

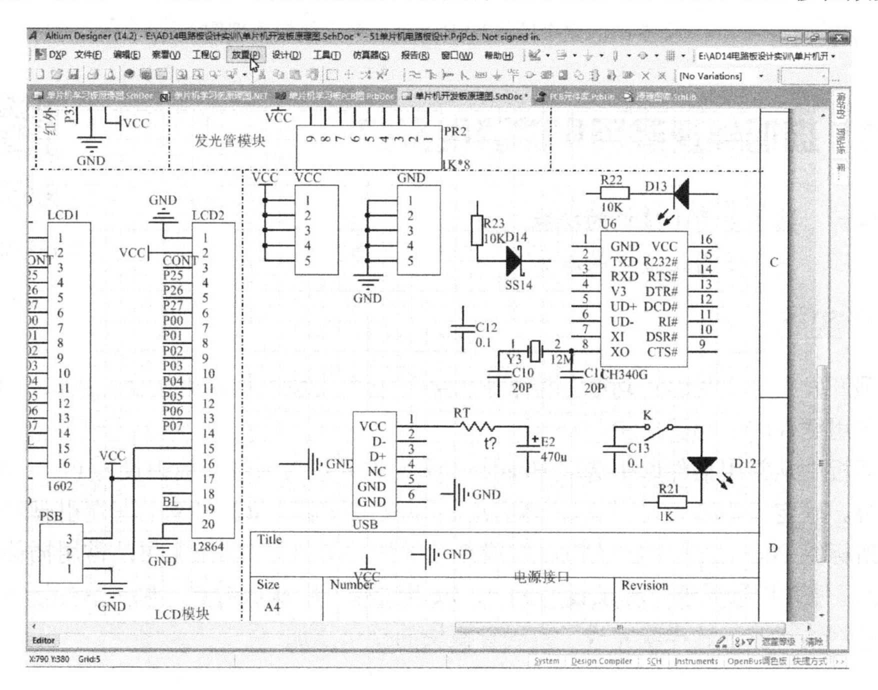

图 5-60　C13 和原电源接口元件的移位放置

接下来，如图 5-61 所示，放置导线、VCC 端口、GND 端口和网络标签，这就完成了 USB 下载及供电接口原理图的绘制。

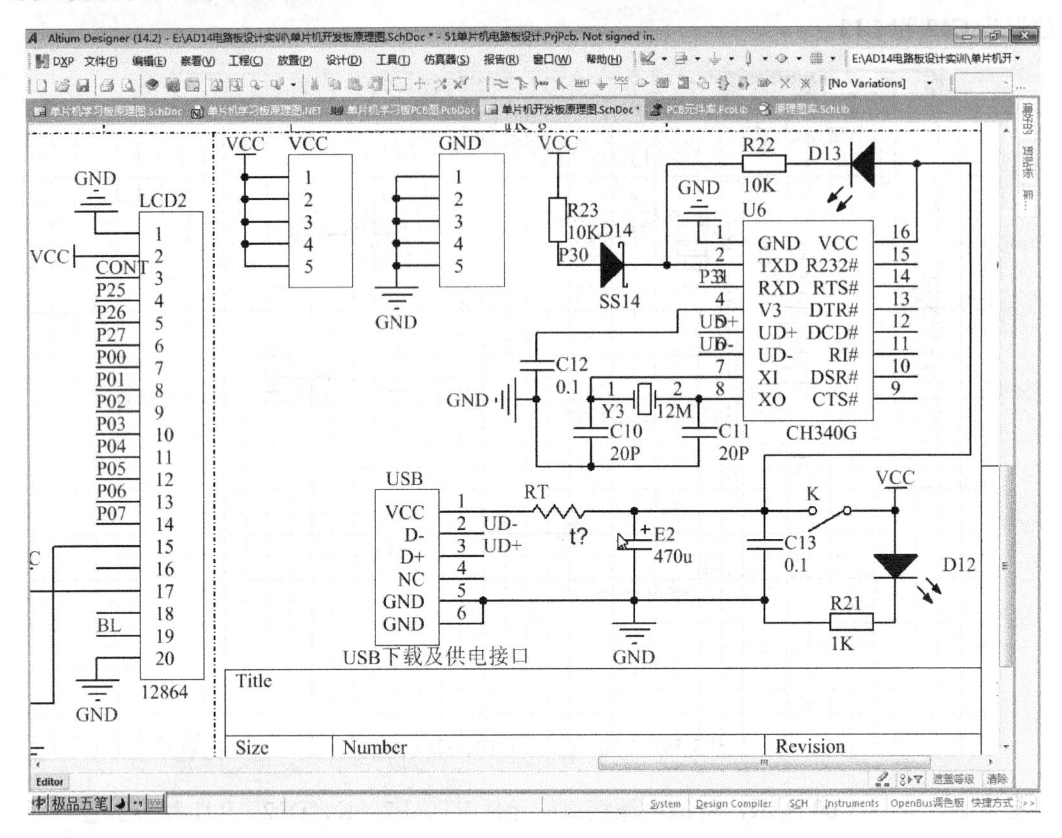

图 5-61　完成后的 USB 下载及供电接口原理图

任务 36　增加模块多用化的通用接口

本任务微课视频

知识目标　熟悉多用化接口的功能。

能力目标　完成多用化接口的添加。

任务实施

为增强开发板的应用编程功能，接下来，要为五个模块添加多用接插件接口。图 5-62 就是要增添多用插件的数码管模块。

在库面板中从常用插件库中选取 Header 8×2 元件并设置属性：标识设为 PL1，取消注释，用默认封装。确定后如图 5-63 所示，其右边的 8 只引脚端与 R2～R9 的左端引脚对接放置，然后将网络标签 P00～P07 移位至 PL1 左端 8 只引脚对接放置。接下来再从常用插件库中选取 Header4×2 元件并设置属性：标识设为 PL2，取消注释，用默认封装。确定后如图 5-63 所示，调整和放置网络标签。这样就完成了数码管模块的接口添加。

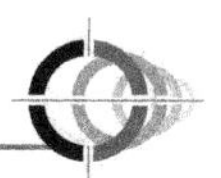

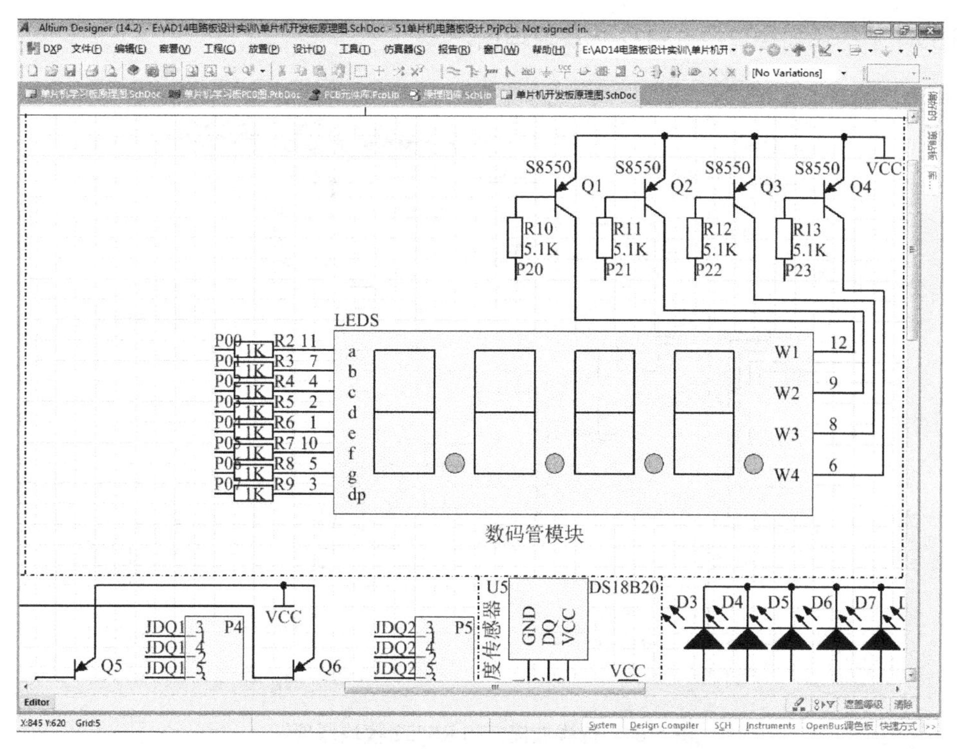

图 5-62　待添加多用接口的数码管模块原理图

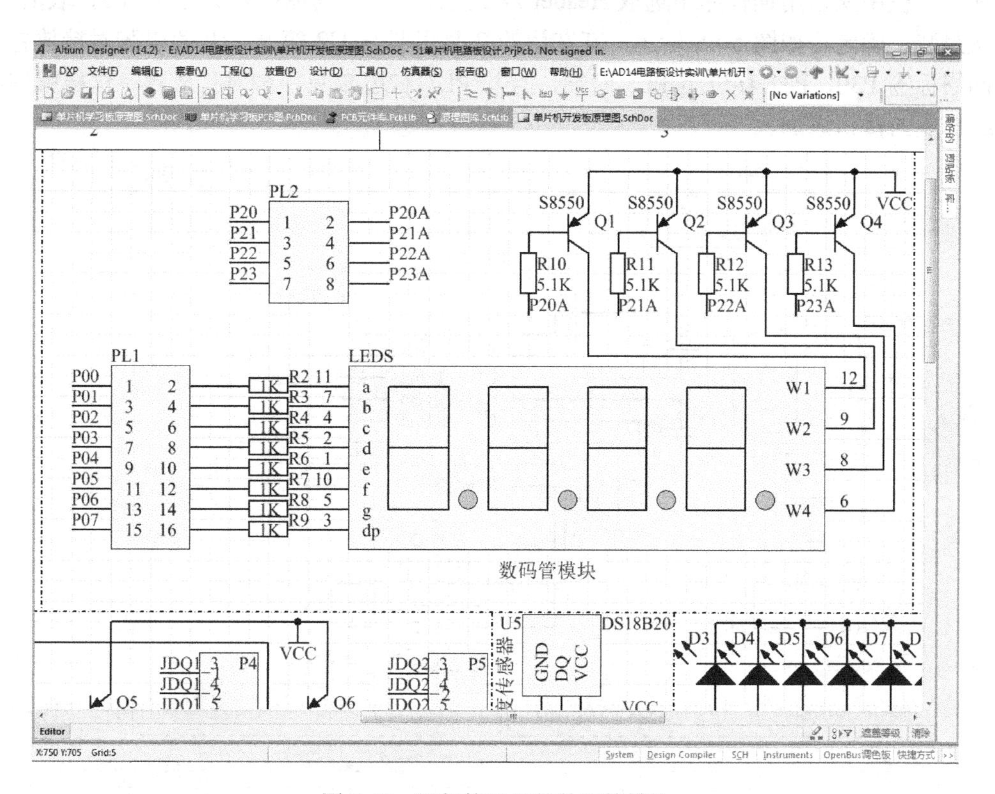

图 5-63　添加接口后的数码管模块

图 5-64 是待添加接口的 RS232 模块原理图。

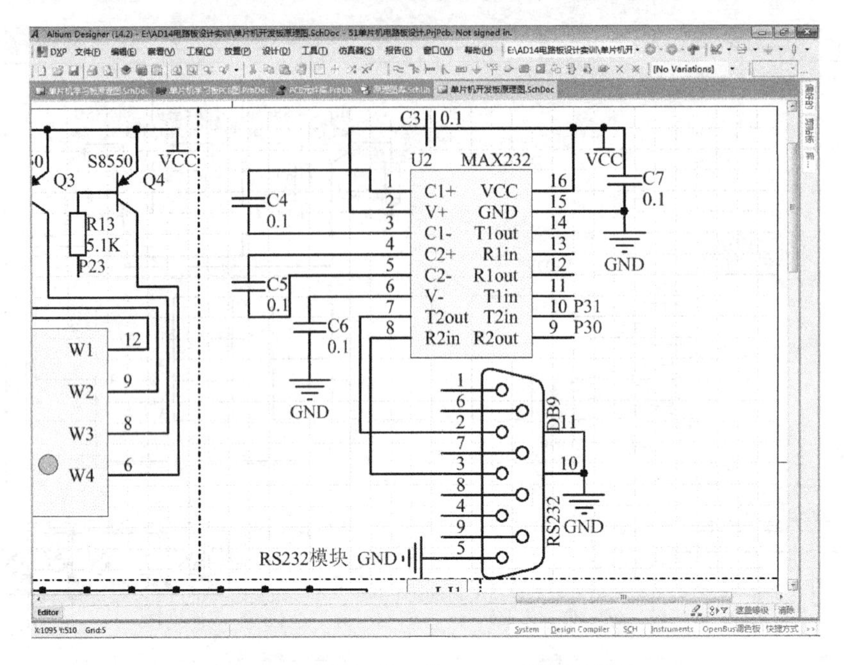

图 5-64　待添加接口的 RS232 模块原理图

在库面板中从常用插件库中选取 Header 2×2 元件并设置属性：标识设为 PL3，取消注释，用默认封装。确定后如图 5-65 所示，其左边的 2 只引脚与 U2 第 9、10 两引脚对接放置，然后将网络标签 P30、P31 移位至 PL3 右端，且与 PL3 右边 2 只引脚对接放置。这样就完成了 RS232 模块的接口添加。

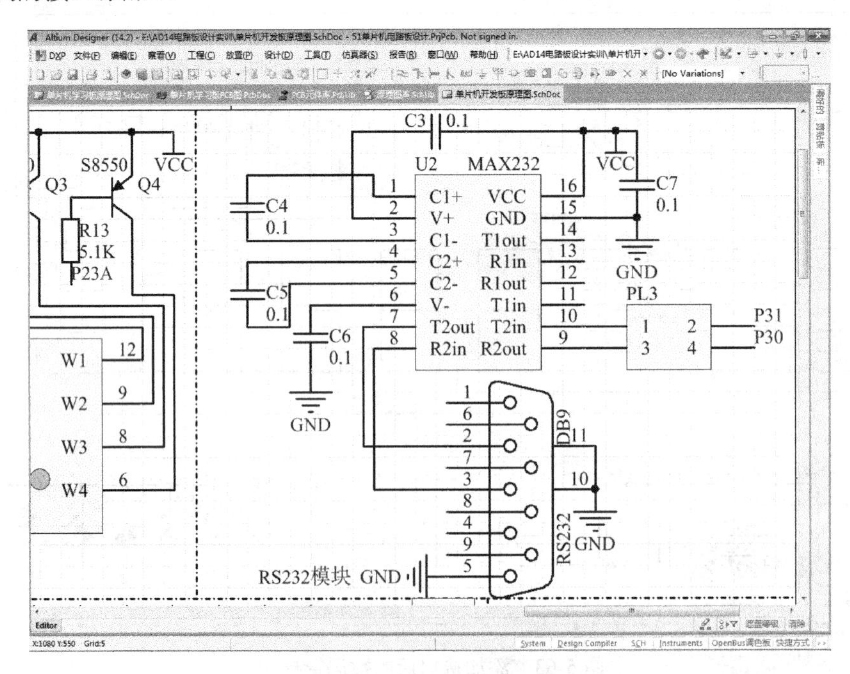

图 5-65　添加了接口的 RS232 模块原理图

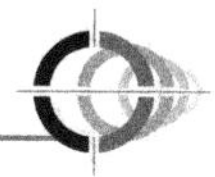

图 5-66 是待添加接口的日历时钟模块和存储器模块。

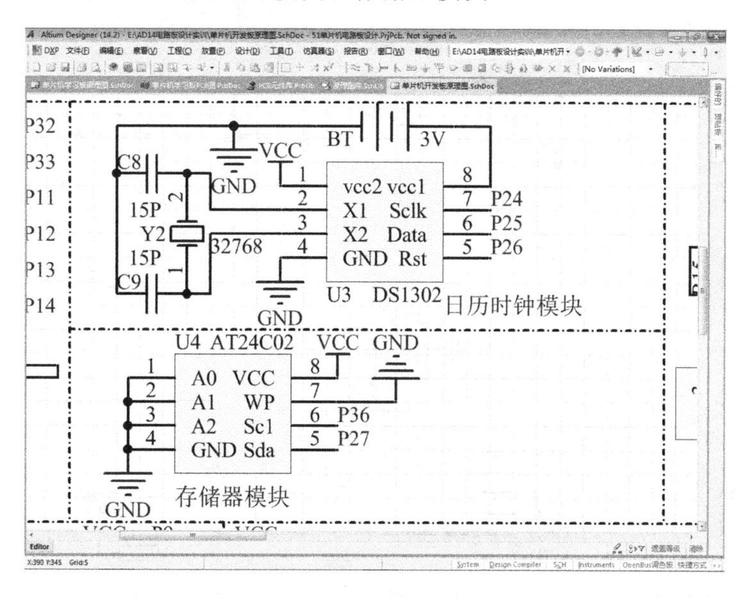

图 5-66　待添加接口的日历时钟模块和存储器模块

在库面板中从常用插件库中选取 Header 3×2 元件并设置属性：标识设为 PL4，取消注释，用默认封装。确定后如图 5-67 所示，其左边的 3 只引脚与 U3 第 5、6、7 三引脚对接放置，然后将网络标签 P24、P25、P26 移位至 PL4 右端，且与 PL4 右边 3 只引脚对接放置。然后再在库面板中从常用插件库中选取 Header 2×2 元件并设置属性：标识设为 PL5，取消注释，用默认封装。确定后如图 5-67 所示，其左边的 2 只引脚与 U4 第 5、6 两引脚对接放置，然后将网络标签 P36、P27 移位至 PL5 右端，且与 PL5 右边 2 只引脚对接放置。这样就完成了日历时钟模块和存储器模块的接口添加。

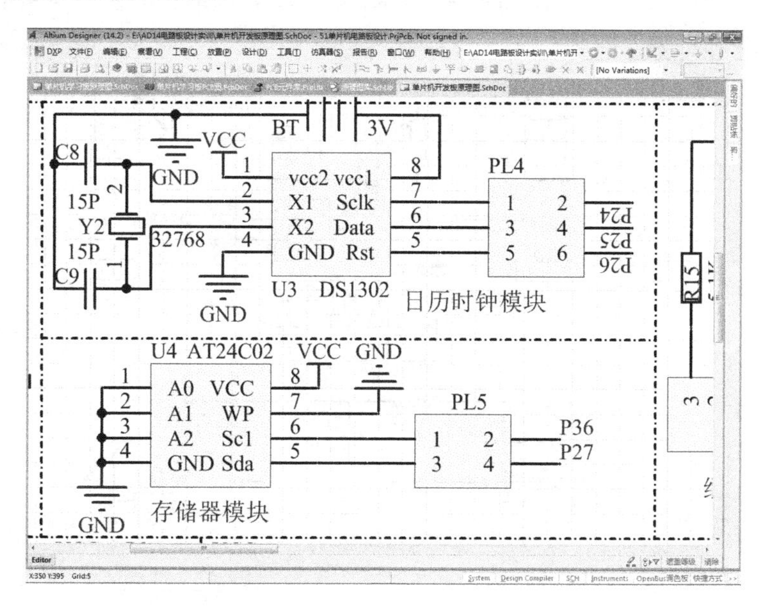

图 5-67　添加了接口的日历时钟模块和存储器模块

图 5-68 为待添加接口的 USB 下载及供电接口。

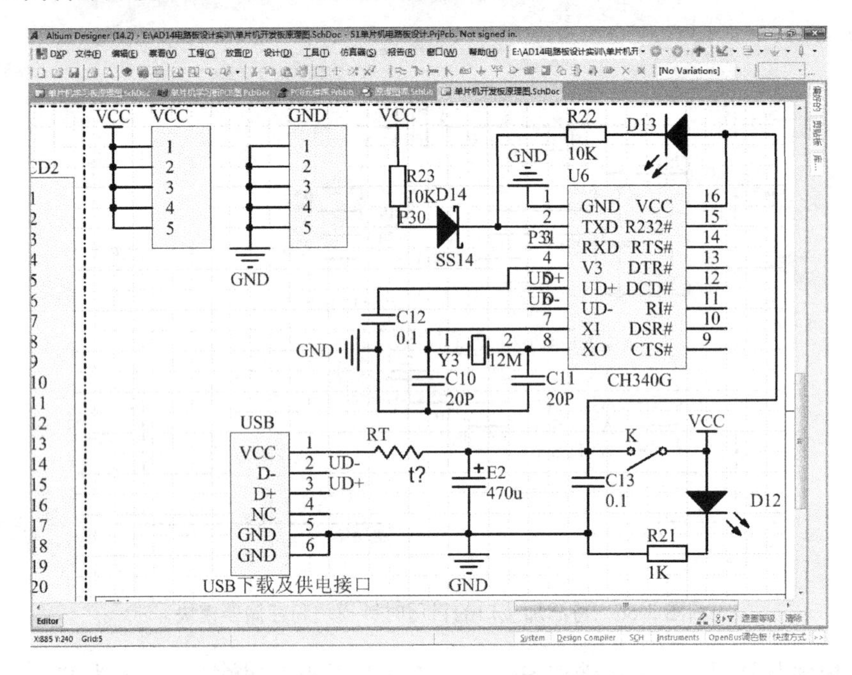

图 5-68　待添加接口的 USB 下载及供电接口

在库面板中从常用插件库选取 Header 2×2 元件并设置属性：标识设为 PL6，取消注释，用默认封装。确定后如图 5-69 所示放置，并在其 2 号引脚与 D14 右端，其 3 号引脚与 U6 第 3 引脚端，各放置一导线连通，然后把网络标签 P30、P31 移动到 PL6 左边两引脚对接放置。这样就完成了 USB 下载接口的接口添加。

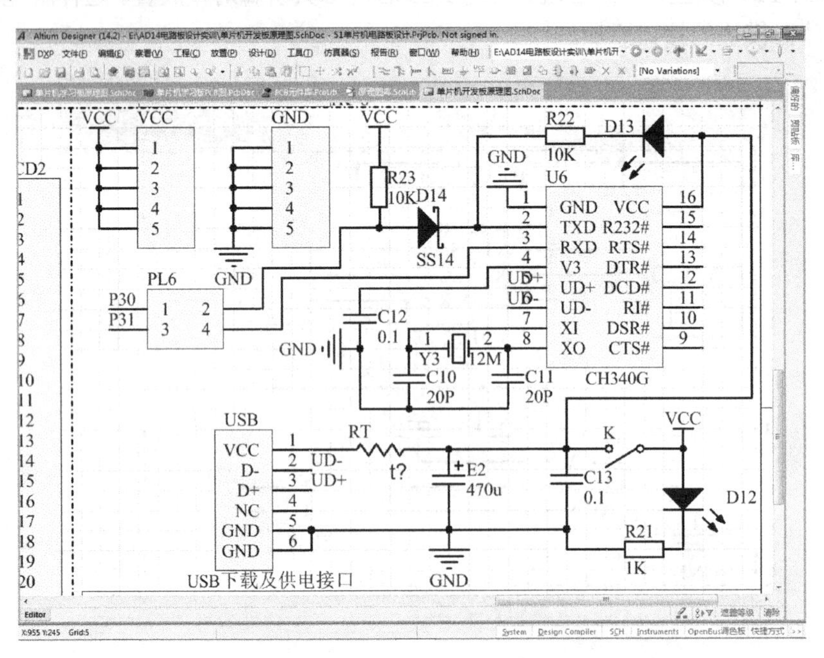

图 5-69　添加了接口的 USB 下载及供电接口原理图

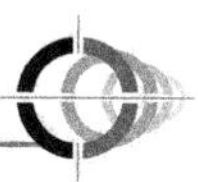

接下来，为单片机开发板原理图放置端口（端口用于在层次原理图中，实现各原理图间的电路连接）。如图 5-70 所示，单击菜单“放置”→“端口”。

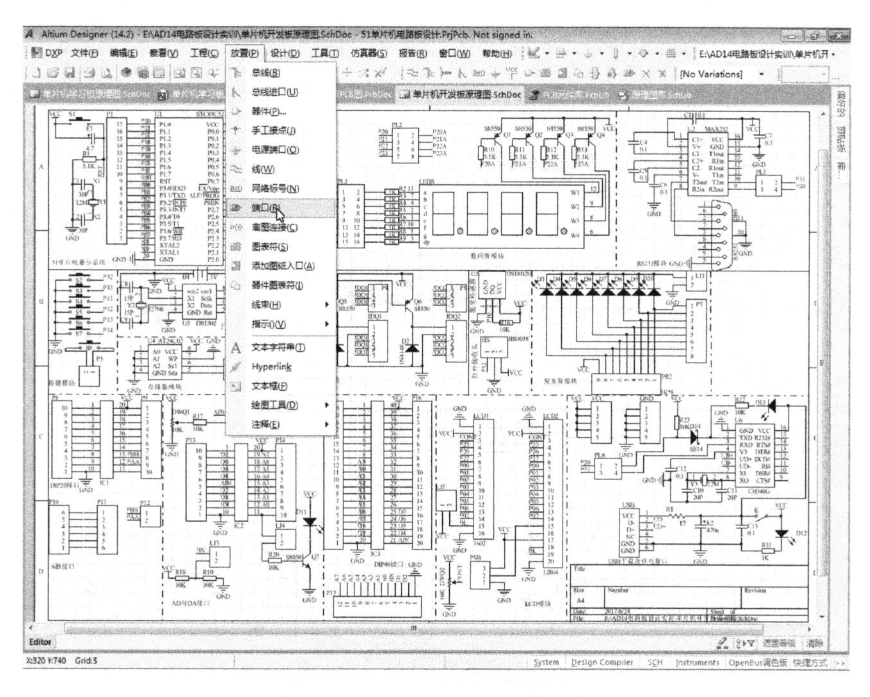

图 5-70 放置端口的菜单操作

菜单执行后，如图 5-71 所示，系统弹出“端口属性”对话框。在名称中输入“P10”，其余参数取默认值。

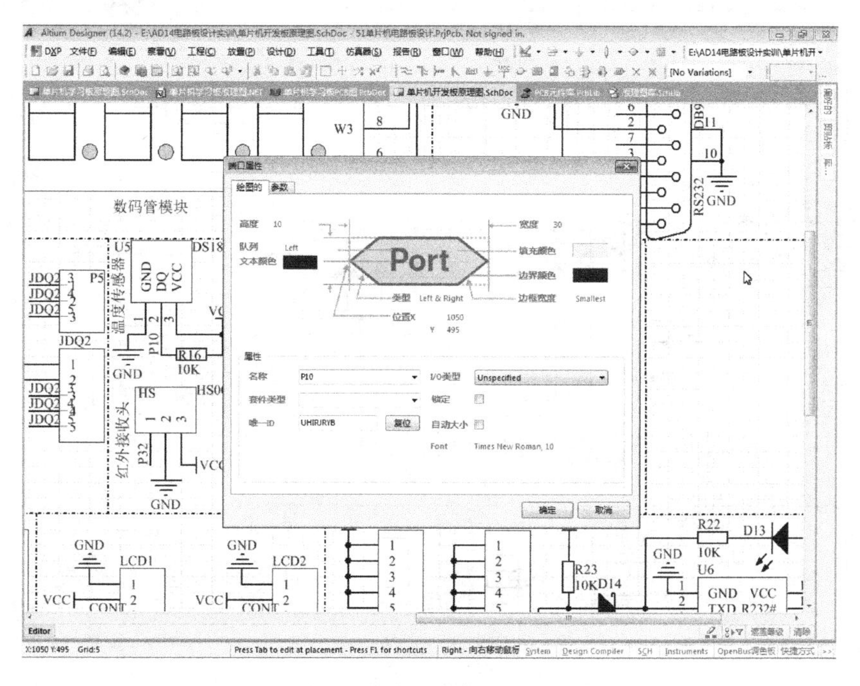

图 5-71 “端口属性”对话框的设置

确定后如图 5-72 所示，在原理图右边，连续放置 7 个端口符号 P10～P16，然后单击菜单“放置”→“线”。

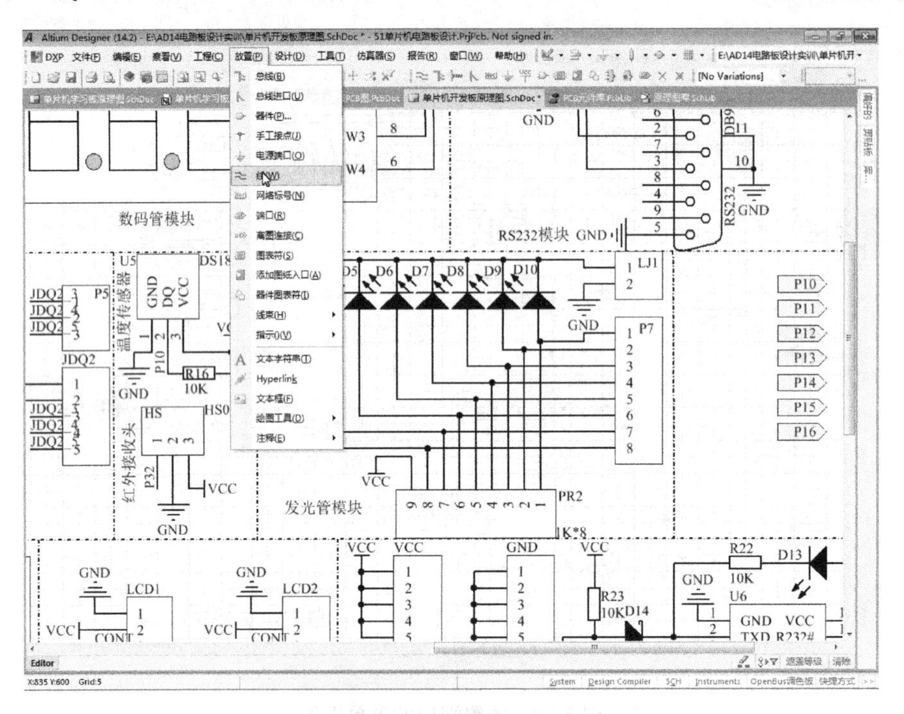

图 5-72　放置导线的菜单操作

菜单操作执行后，如图 5-73 所示，完成端口符号的短线连接和网络放置。

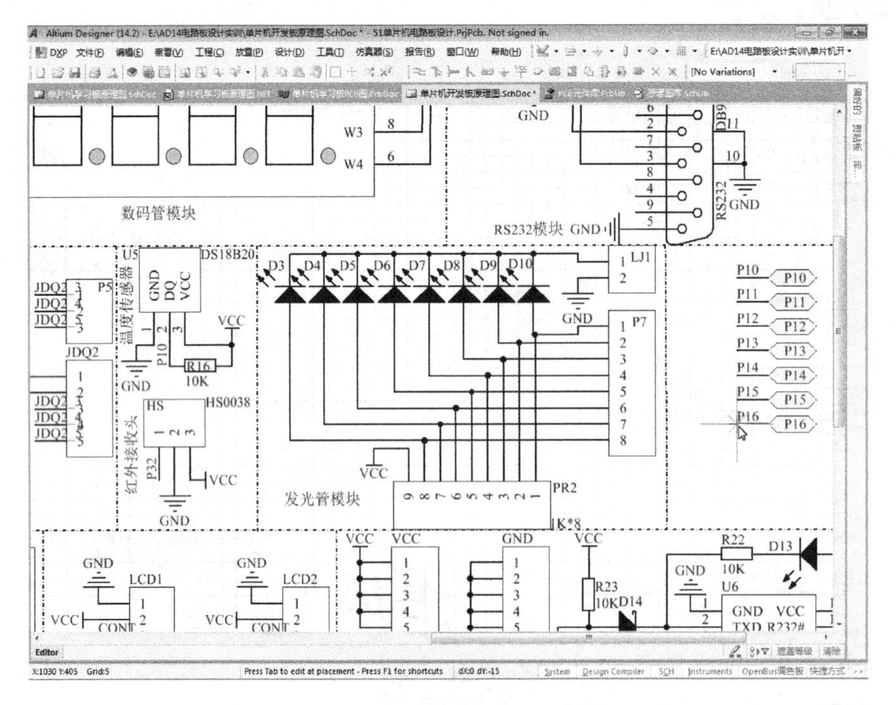

图 5-73　放置端口上的网络标示

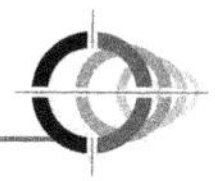

完成了接口添加和端口标放置的单片机开发板原理图如图 5-74 所示。

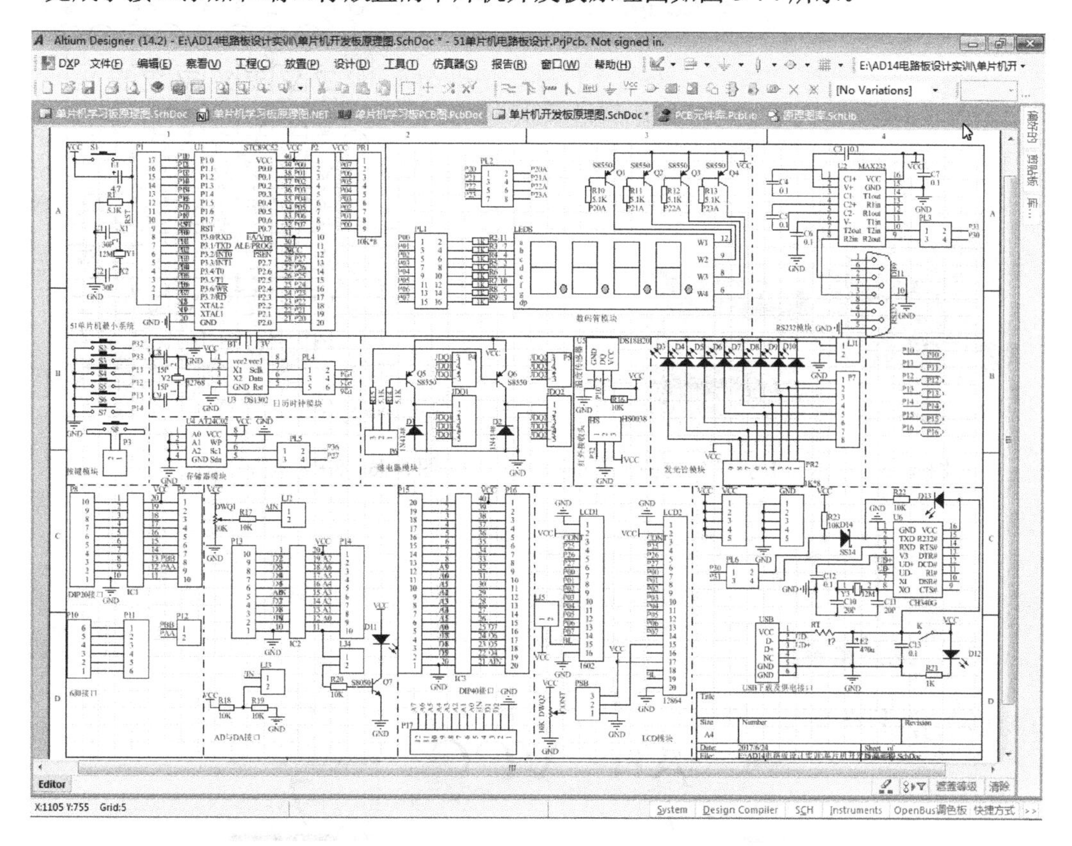

图 5-74　完成了接口添加和端口标放置的单片机开发板原理图

任务 37　绘制点阵元件和点阵驱动元件

本任务微课视频

知识目标　熟悉点阵电路的元件。

能力目标　完成点阵元件和点阵驱动元件的绘制。

任务实施

单片机开发板的 16×16 点阵汉字显示，是用四片 8×8 LED 点阵组件拼装成显示矩阵而实现的，其具体型号是 SZ420788K，其实物照片如图 5-75 所示，其引脚定义如图 5-76 所示。关于图 5-76 中的各引脚定义，当然应以图 5-75 为默认安装方向。没有约定安装方向是无所谓行序列序的。

从图 5-75 可以看出，该点阵没有适配的插座，只能把两片点阵插在一 DIP32 双列直插 IC 座上来使用，即用两块 8×8 LED 点阵拼成一 8×16 LED 点阵，因此要绘制其专用库元件。

进入原理图库设计界面，如图 5-77 所示，添加和命名元件 DZ8H16L。

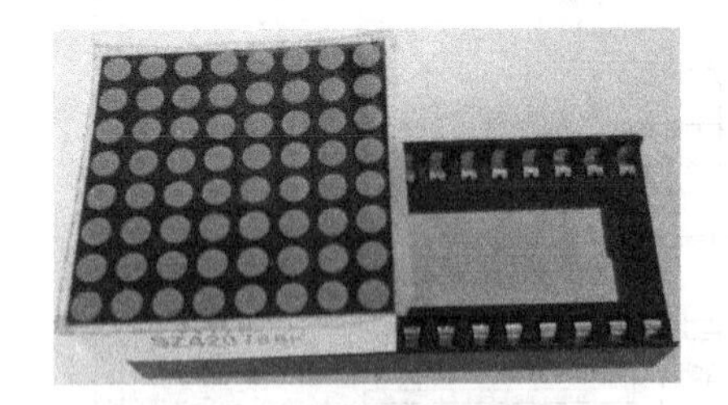

图 5-75　8×8 LED 点阵实物图

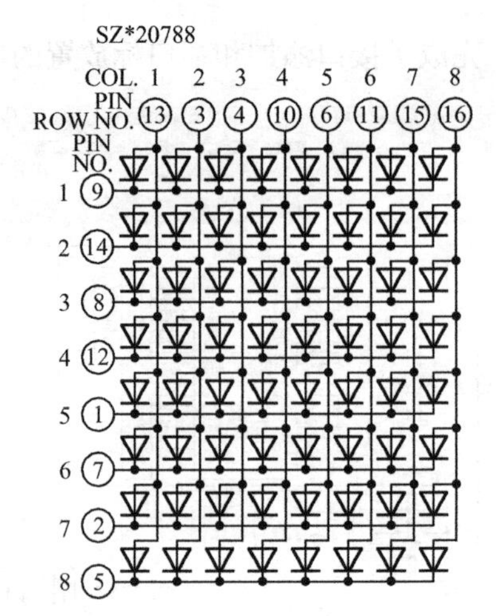

图 5-76　8×8 点阵行序列序图

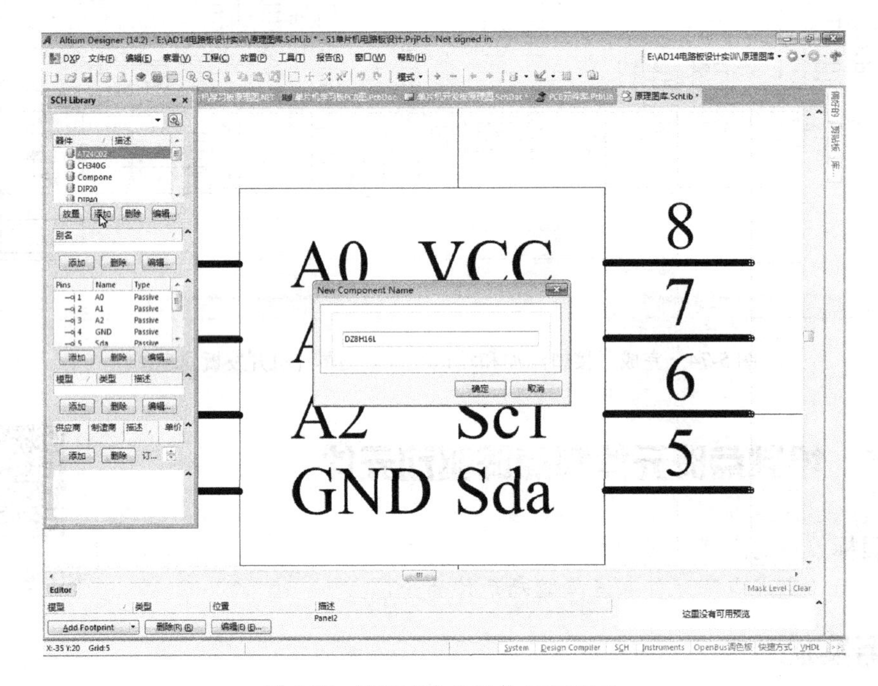

图 5-77　添加和命名元件 DZ8H16L

命名确定后如图 5-78 所示，先放置矩形，矩形的左下角位于点（-100,-100），右上角位于点（90,70），然后放置 32 只引脚。放置第一只引脚时按一次 Tab 键进入引脚属性设置，将显示名字修改为 R1，再按一次 Tab 键，将标识修改为 25，确定后放置。放置后按两次 Tab 键，直接将标识修改为 30，确定后放置，放置后同样按两次 Tab 键，直接修改标识为 8，确定后放置。第 8 只引脚放置后，按一次 Tab 键，再将显示名字修改为 R1，再按一次 Tab 键，修改标识为 17，确定后放置，放置后按两次 Tab 键，直接修改标识为 22，确定后放置。第 16 只引脚放置后，按一次 Tab 键，修改显示名字为 C1，按一次 Tab 键，修改标识为 29，确定后放置，同前面一样，显示名字是自动递增的，因此放置 8 次才修改一次，而标识号必须每次修改，

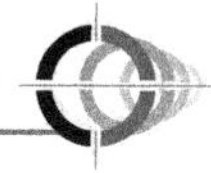

完成后如图 5-78 所示。

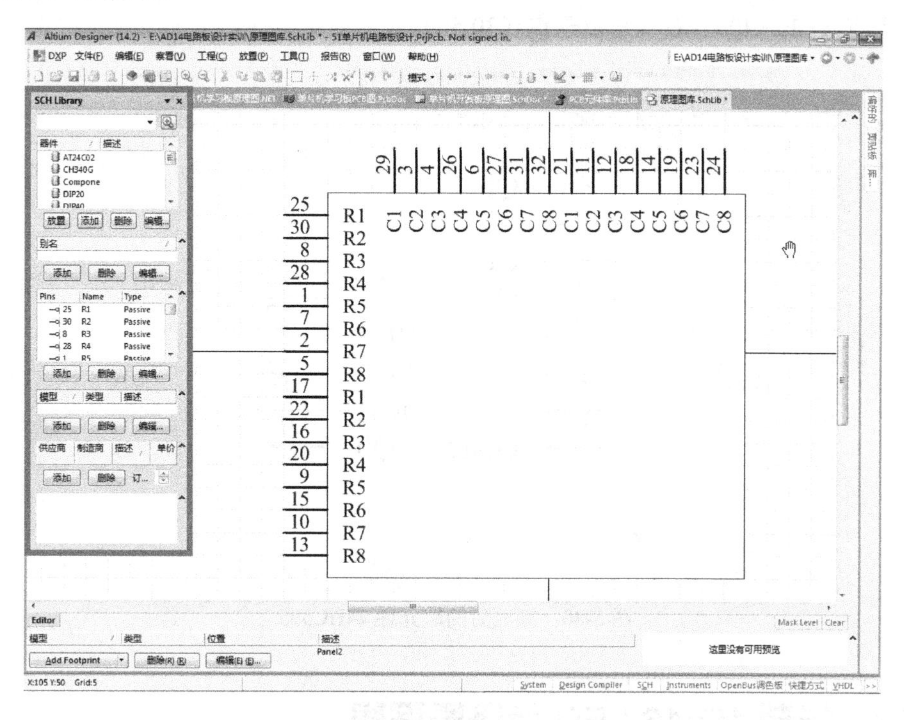

图 5-78　完成后的库元件 DZ8H16L

接下来添加和命名库元件“74HC138”，按图 5-79 所示，放置矩形和引脚。说明：矩形的左下角位于点（-30,-40），右上角位于点（30,50）。

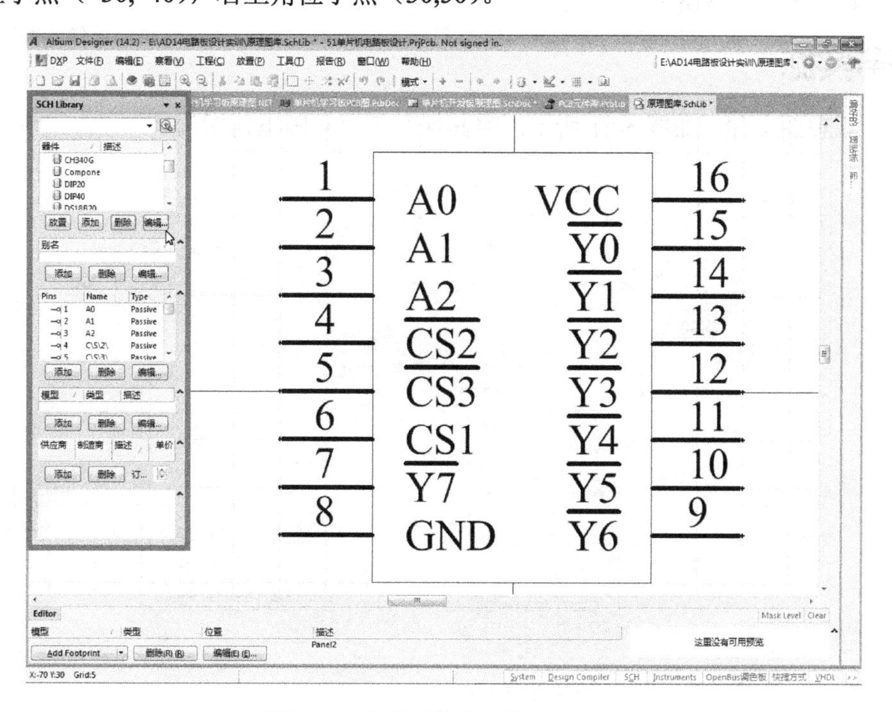

图 5-79　完成后的库元件 74HC138

接下来添加和命名库元件“74HC595”，按图 5-80 所示，放置矩形和引脚。说明：矩形的左下角位于点（-30,-40），右上角位于点（30,50）。

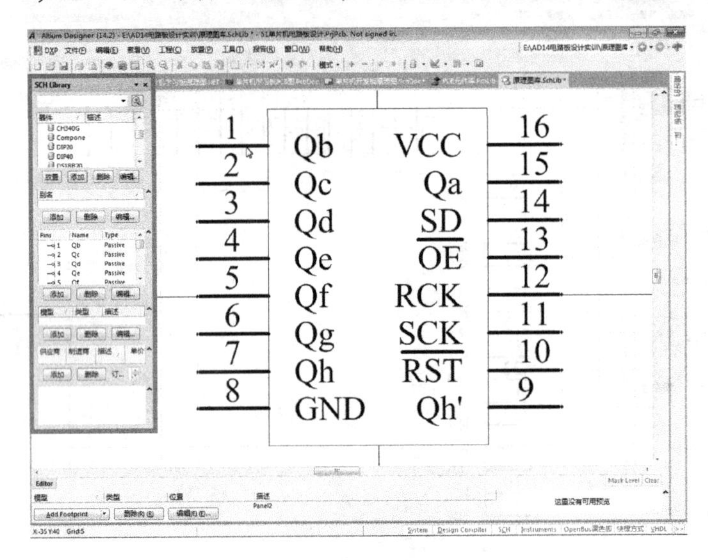

图 5-80　完成后的库元件 74HC595

任务 38　绘制 16×16 LED 点阵原理图

本任务微课视频

知识目标　熟悉 16×16 点阵原理图。

能力目标　绘制 16×16 点阵原理图。

任务实施

新建一原理图文件，如图 5-81 所示，将其保存为“点阵电路图”。

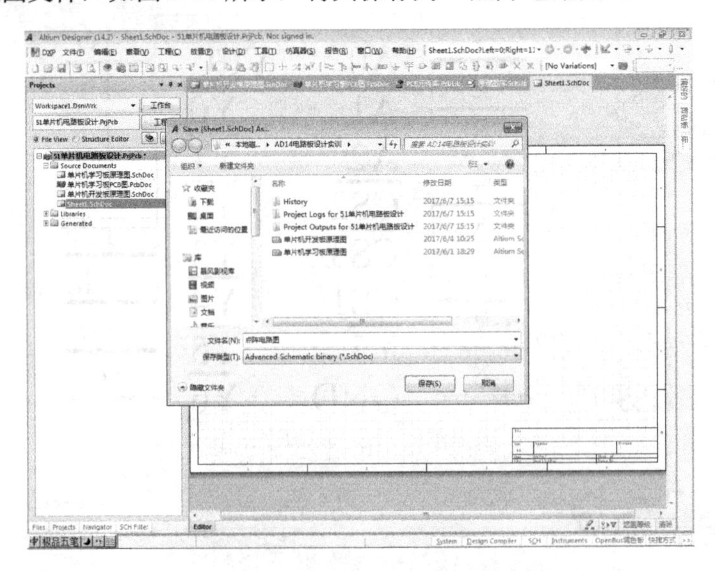

图 5-81　点阵电路图文件的保存

确定后，如图 5-82 所示，在库面板中从原理图库中选取 DZ8H16L 元件。

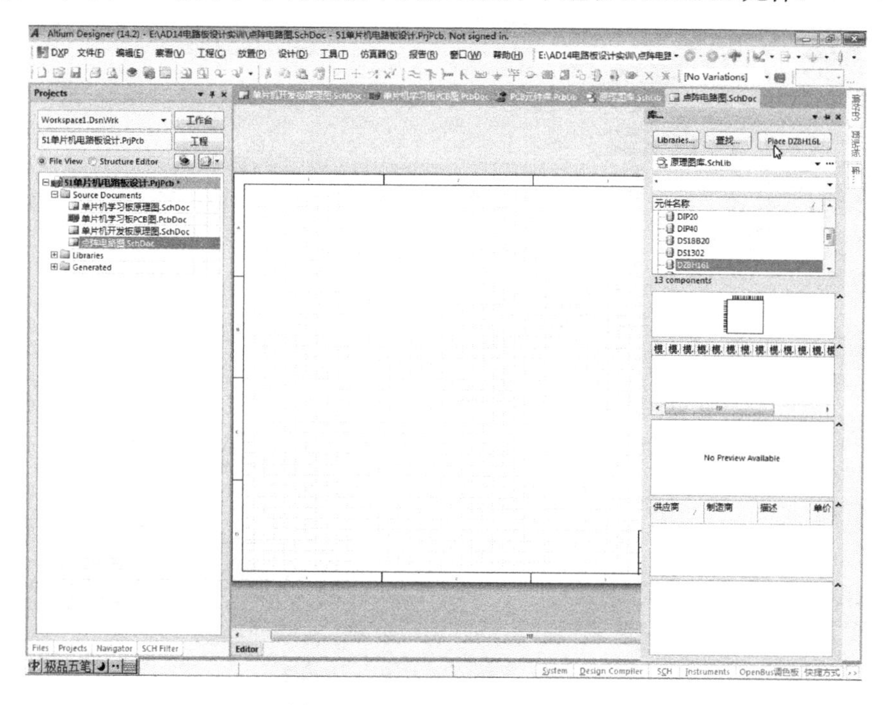

图 5-82　DZ8H16L 元件的选取

确定后按 Tab 键设置其属性：标识设为 ZD1，取消注释，封装用“ST Memery EPROM 1-16 Mbit”文件中的“PDIP32”，如图 5-83 所示。

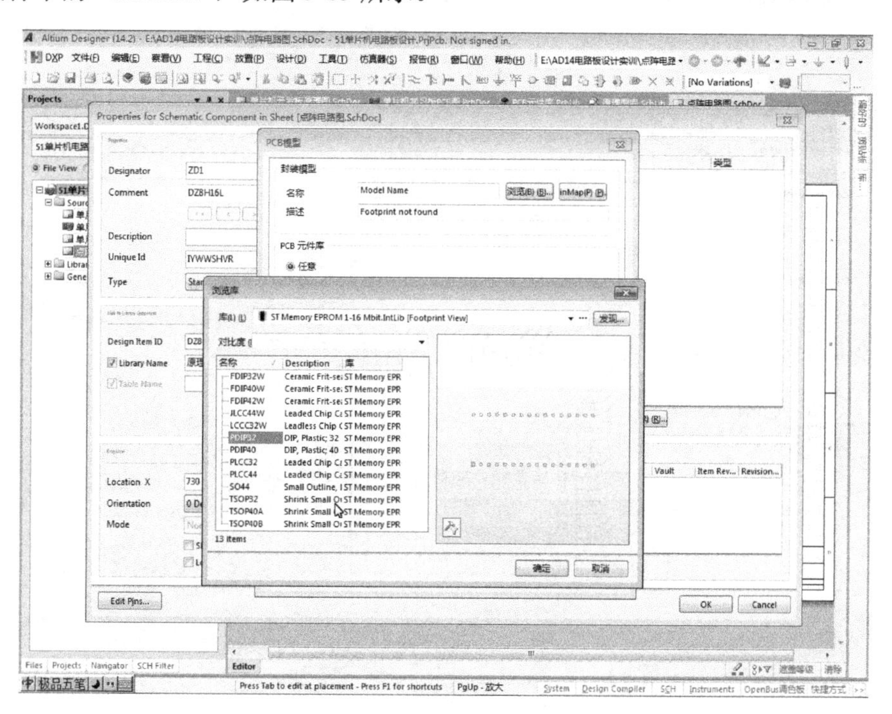

图 5-83　ZD1 的属性设置

确定后，按图 5-84 所示放置，接下来单击菜单“放置”→“总线进口”。

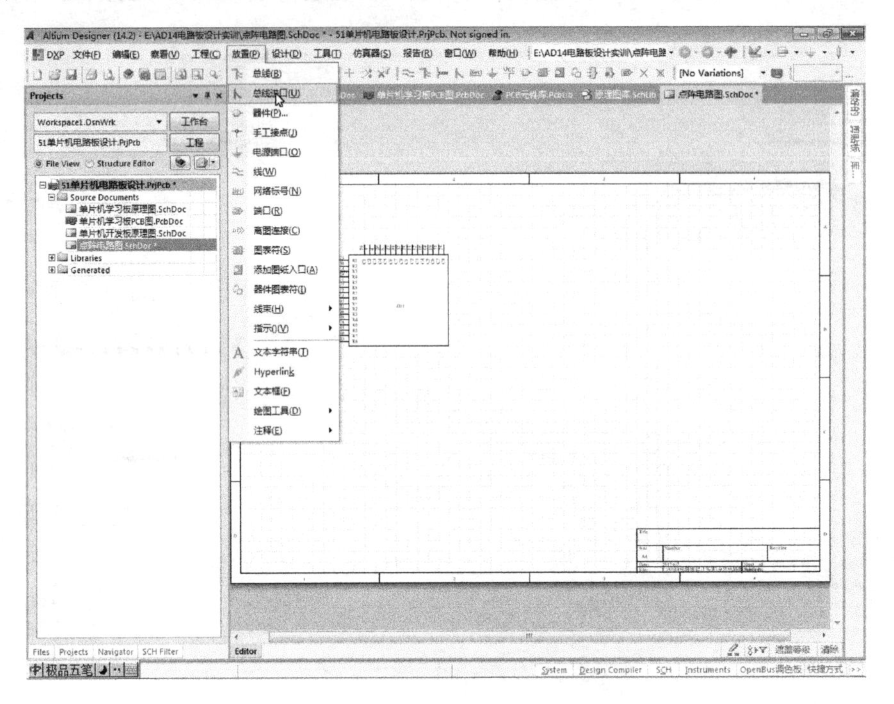

图 5-84　ZD1 的放置和下一步菜单操作

菜单执行后，鼠标光标上就带上一短斜线（总线进口），如图 5-85 所示，为 ZD1 的 32 只引脚各放置一总线进口符，放置时要有红色米字符再单击鼠标，保征两者对接。

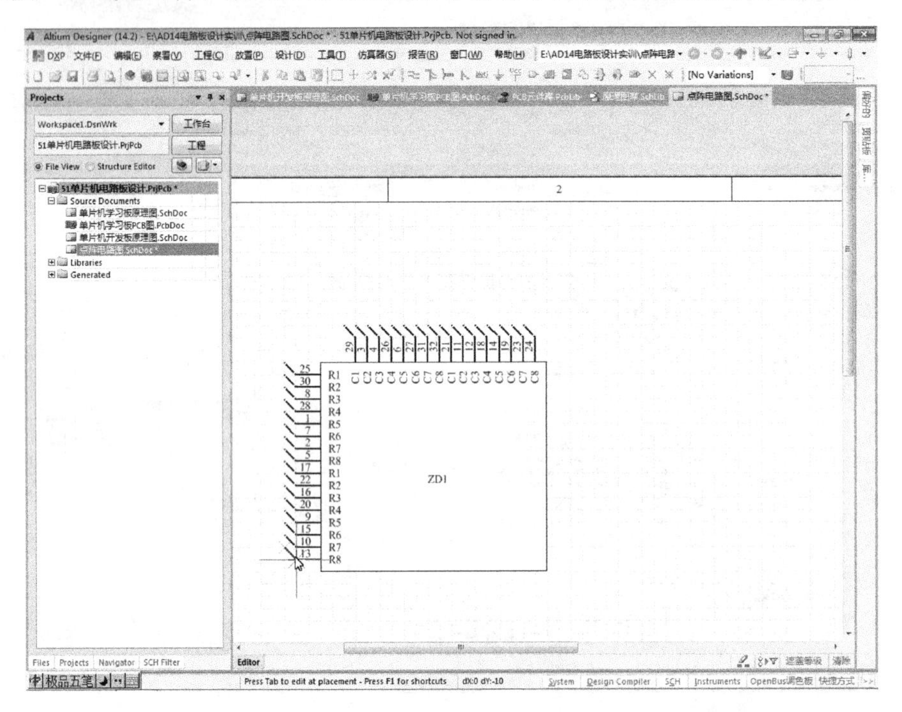

图 5-85　总线进口的放置

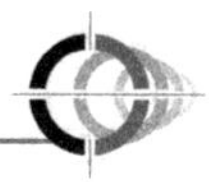

如图 5-86 所示，选中带总线进口的 ZD1 元件后，单击菜单“编辑”→“拷贝”。

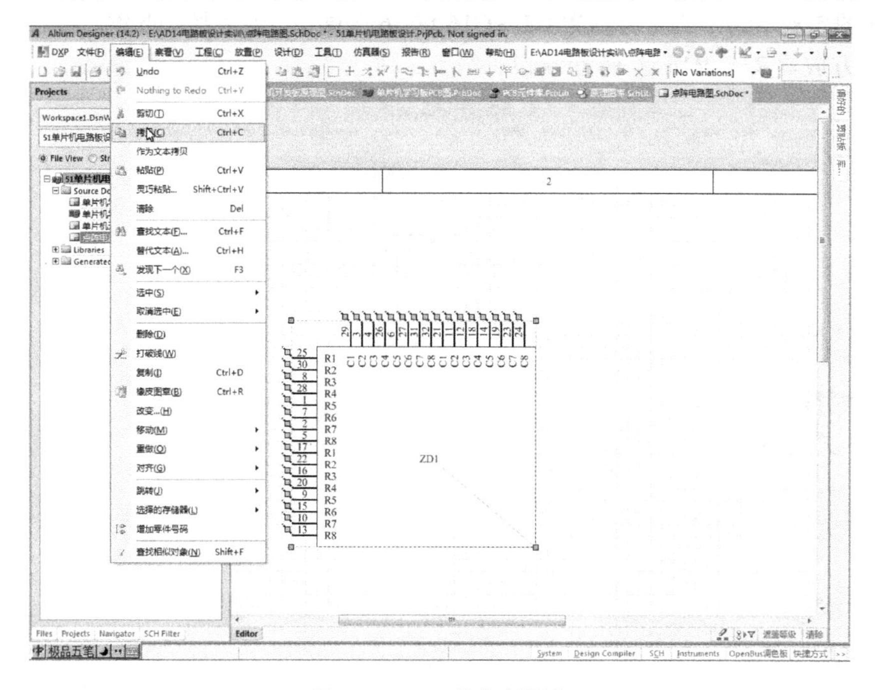

图 5-86　ZD1 的复制操作

单击“拷贝”后，再单击菜单“编辑”→“粘贴”，并按图 5-87 所示位置粘贴。粘贴完成后，要双击下方的粘贴件，在其属性对话框中，将标识改为“ZD2”，其余不变。然后，单击菜单“放置”→“端口”。

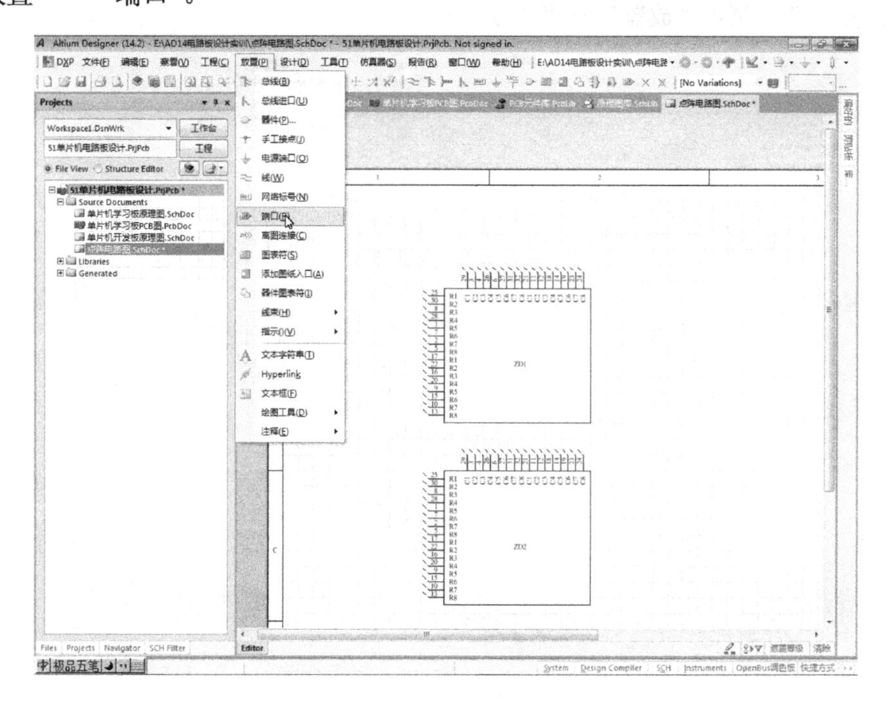

图 5-87　粘贴结果和下一步菜单操作

菜单执行后按Tab键，在弹出的端口属性对话框中，将名称改为“C1”，其余取默认值。确定后，如图5-88所示，在上方放置C1～C16这16个端口，然后按Tab键，将名称改为R1，确定后在左方放置R1～R16这16个端口。

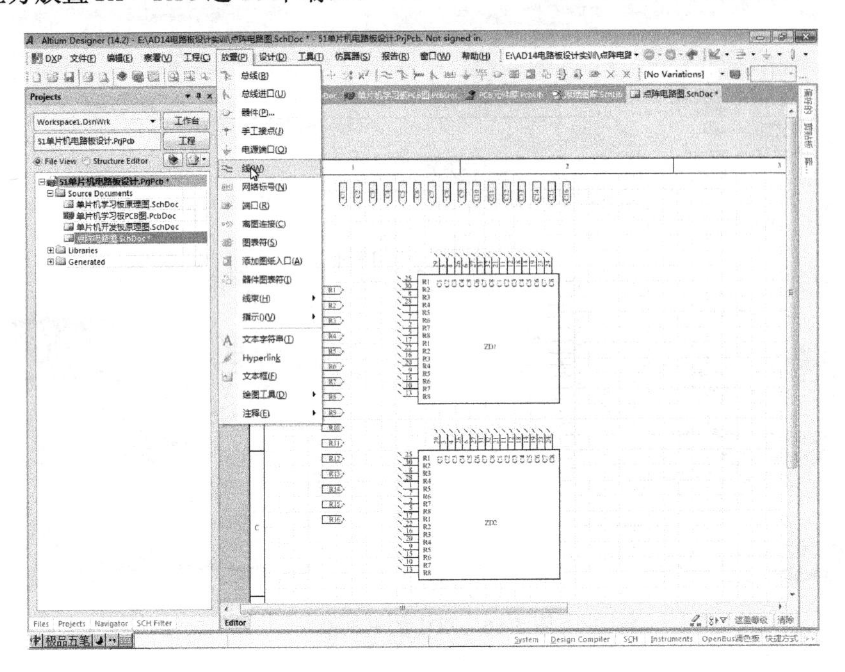

图5-88　32个端口的放置和下一步菜单操作

图5-88所示的“放置”→“线”菜单操作执行后，如图5-89所示，给32个端口各放置一短导线。然后单击菜单“放置”→“总线进口”。

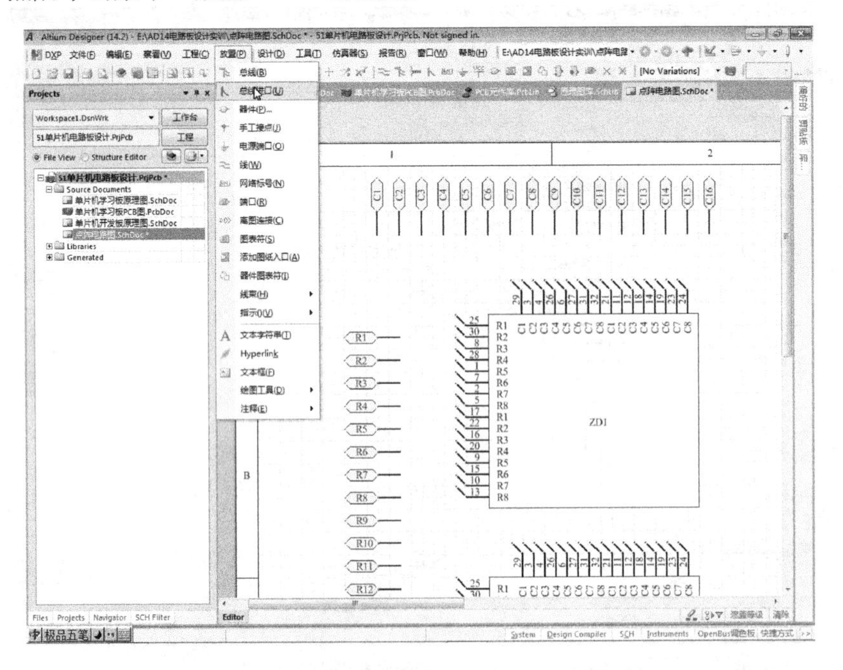

图5-89　端口上的导线放置和下一步菜单操作

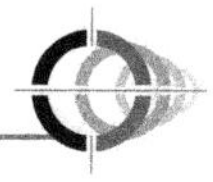

图 5-89 中的菜单操作执行后，如图 5-90 所示，给各端口放置总线进口。

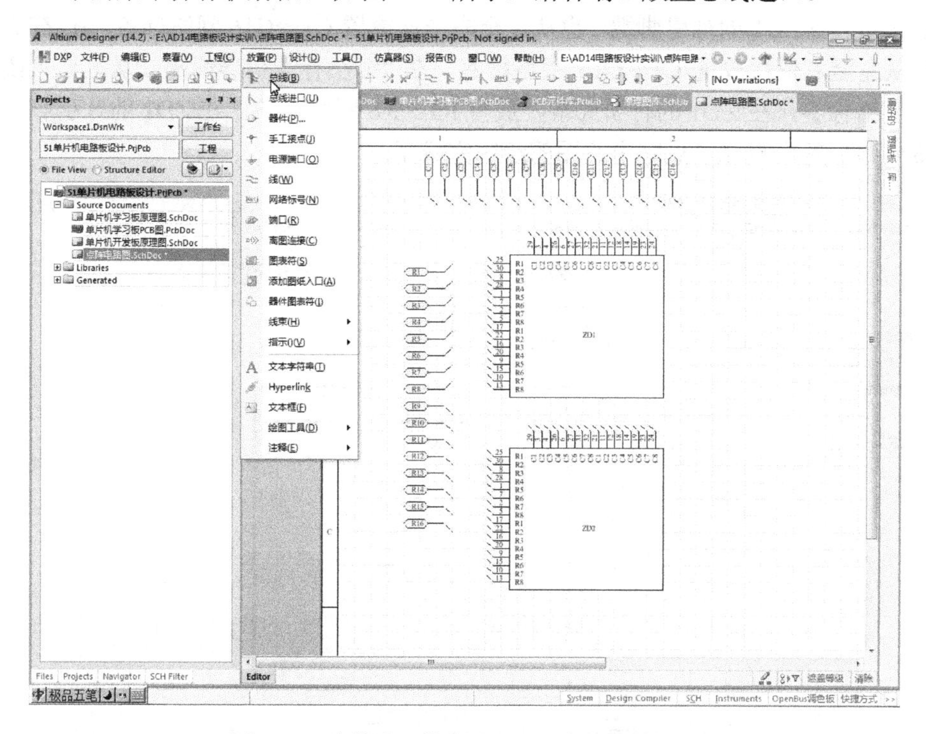

图 5-90　总线进口的放置和下一步的菜单操作

图 5-90 中的菜单操作执行后，如图 5-91 所示，画出列总线和行总线。

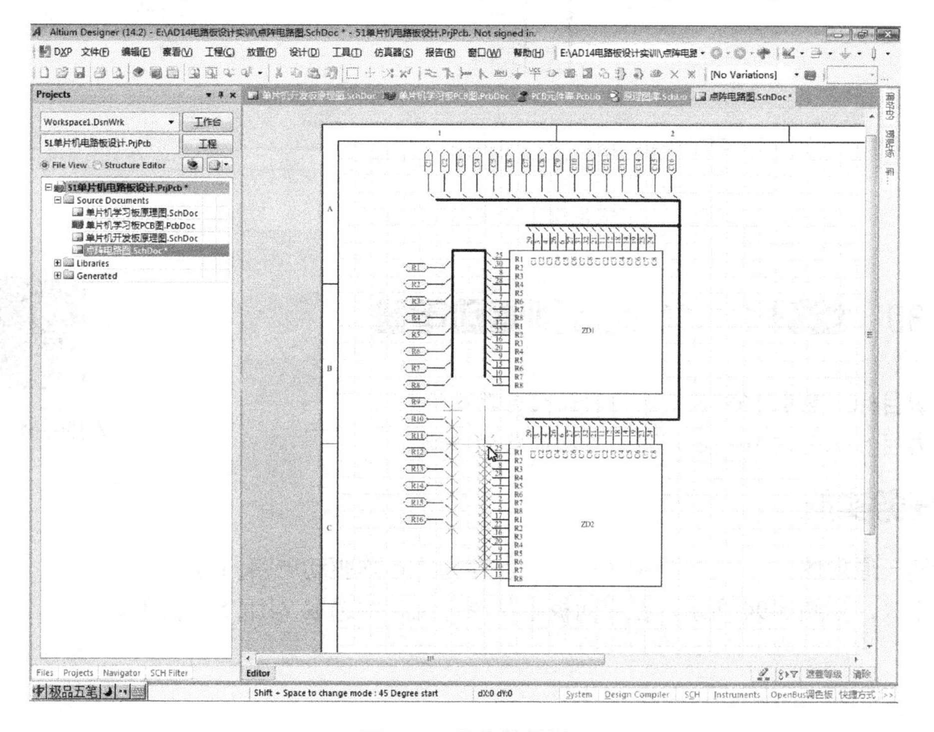

图 5-91　总线的放置

接下来如图 5-92 所示，放置网络标签。在 16 个列端口导线端，从左至右依次放置 C1～C16 网络标签，在 ZD1 的列引脚端，也从左至右依次放置 C1～C16 网络标签，在 ZD2 的列引脚端，也从左至右依次放置 C1～C16 网络标签。在 16 个行端口导线端，从上至下依次放置 R1～R16 网络标签，在 ZD1 的行引脚端，放置 R1～R8 网络标签，在 ZD2 的行引脚端，放置 R9～R16 网络标签。至此，点阵电路图的绘制完成了。

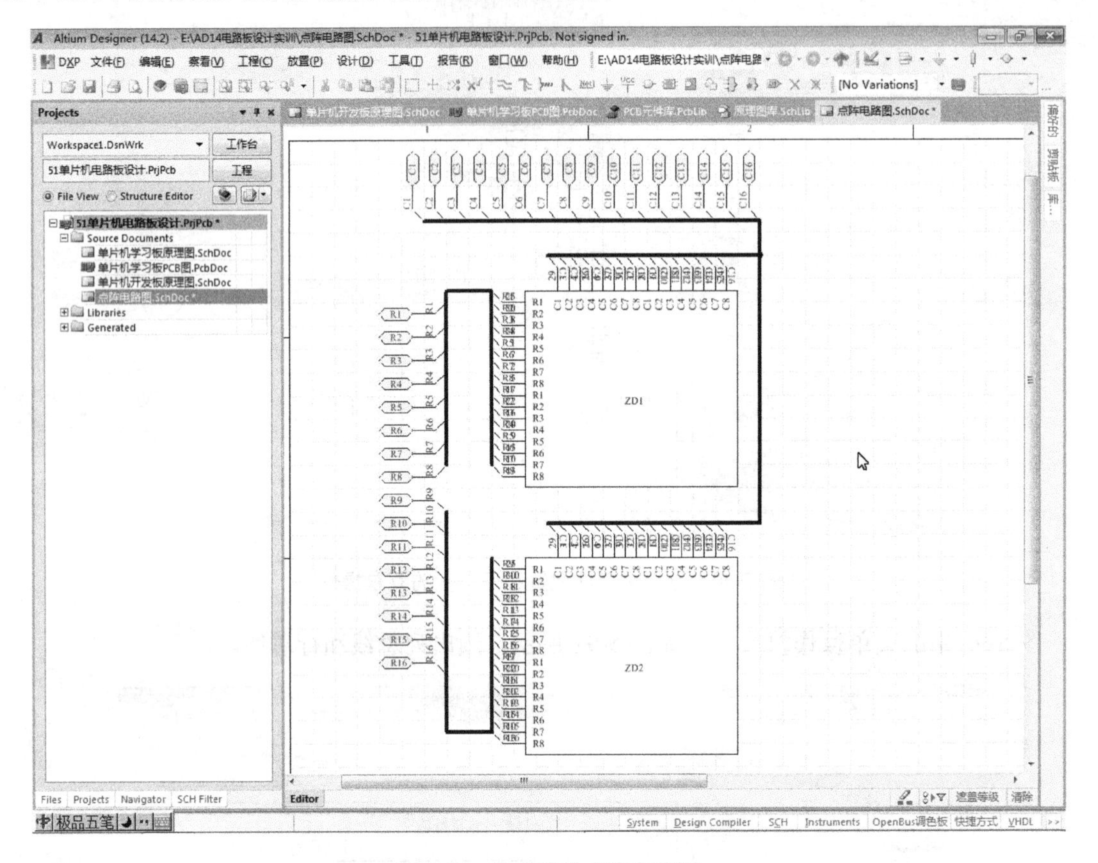

图 5-92　完成后的点阵电路图

任务 39　绘制 16×16 点阵列驱动电路

本任务微课视频

知识目标　熟悉 16×16 点阵的列驱动电路。

能力目标　完成 16×16 点阵列驱动电路的绘制。

任务实施

新建一原理图文件，如图 5-93 所示，保存为“点阵驱动电路图”。

接下来，如图 5-94 所示，在库面板中从原理图库中选取 74HC595 元件。

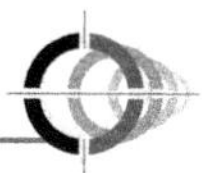

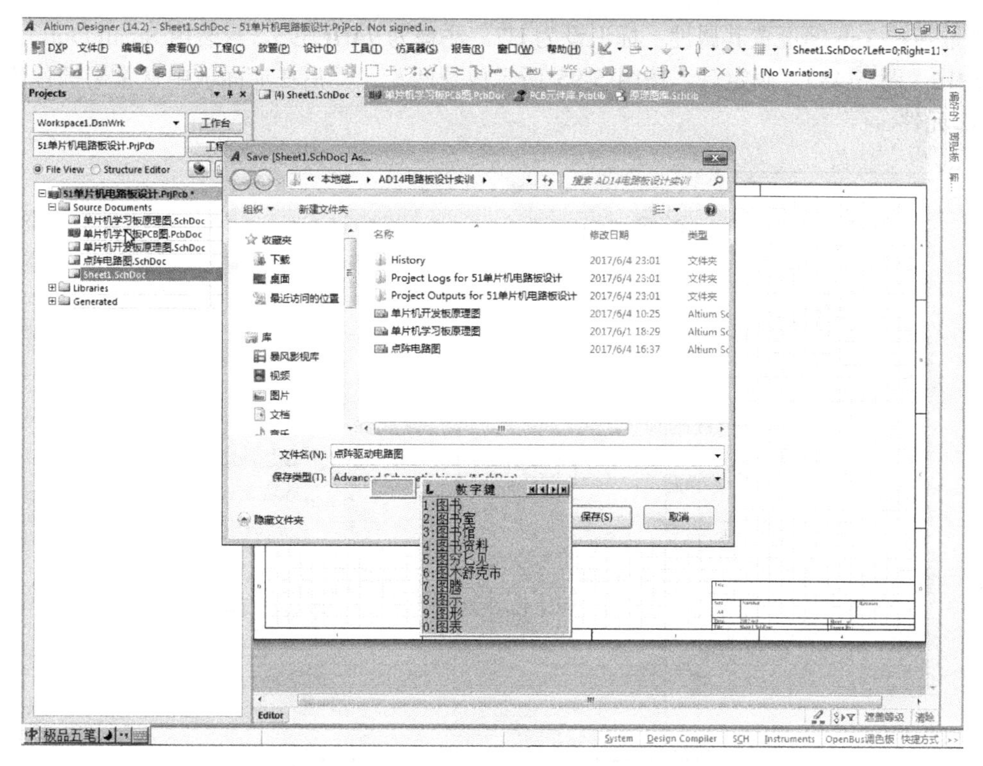

图 5-93　“点阵驱动电路图”文件的保存

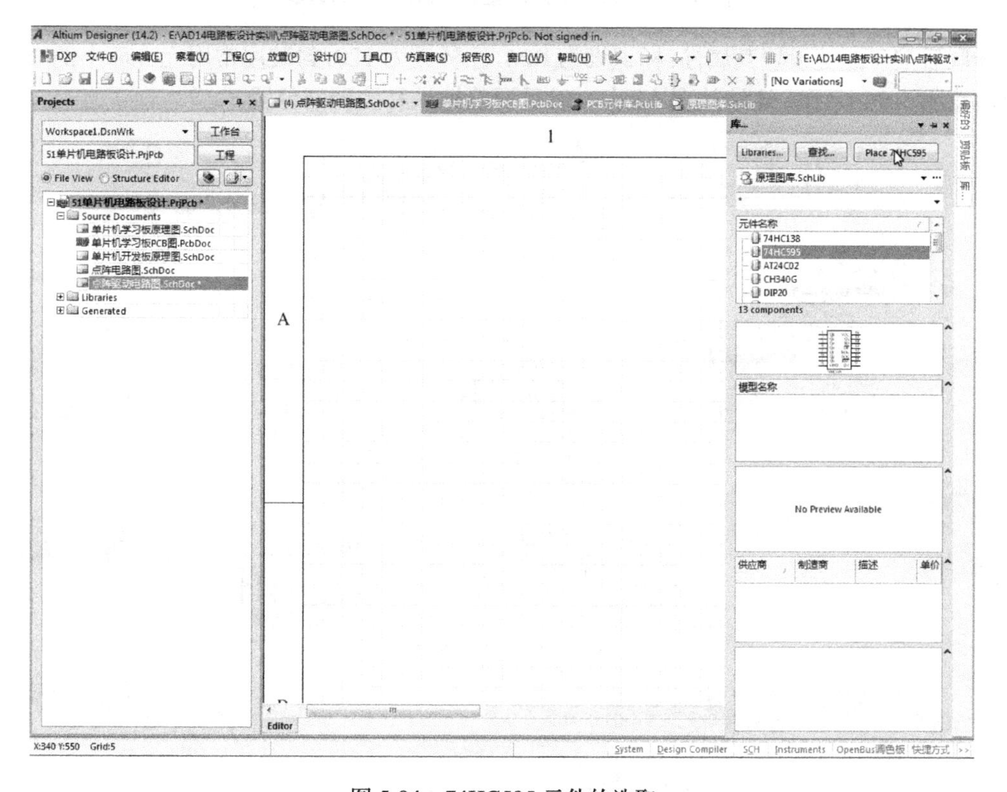

图 5-94　74HC595 元件的选取

选取后按 Tab 键设置其属性：标识设为 U7，注释为 74HC595，封装用 Small Outline 库中的 SOP16（图 5-48）。确定后，按图 5-95 所示放置两次。然后在库面板中从常用插件库中选取 Res2 元件。

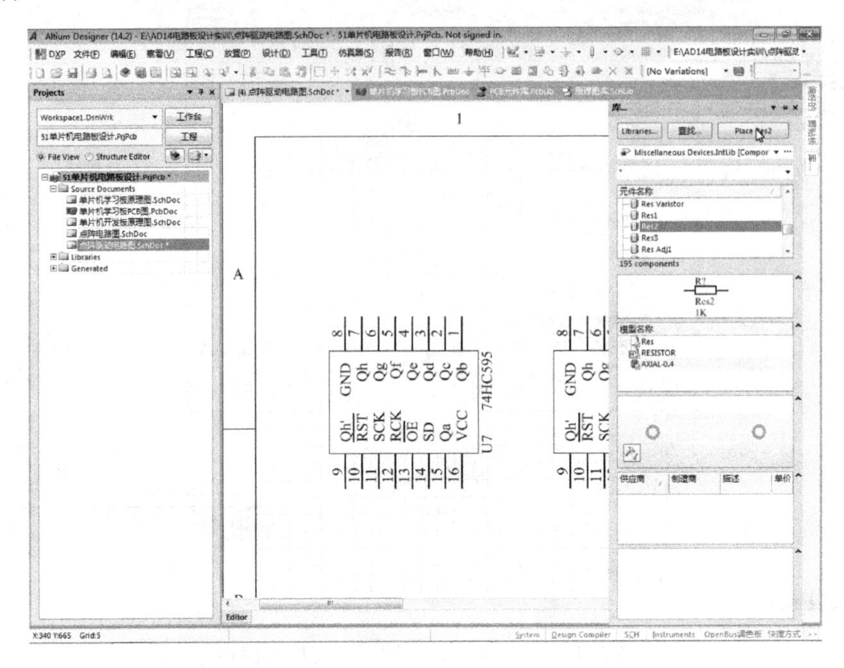

图 5-95　U7、U8 的放置和 Res2 元件的选取

选取后按 Tab 键设置其属性：标识设为 R24，注释设为 120，封装用常用元件库中的 C1206。确定后按图 5-96 所示，连续放置 16 次，然后调整标识和注释的位置。

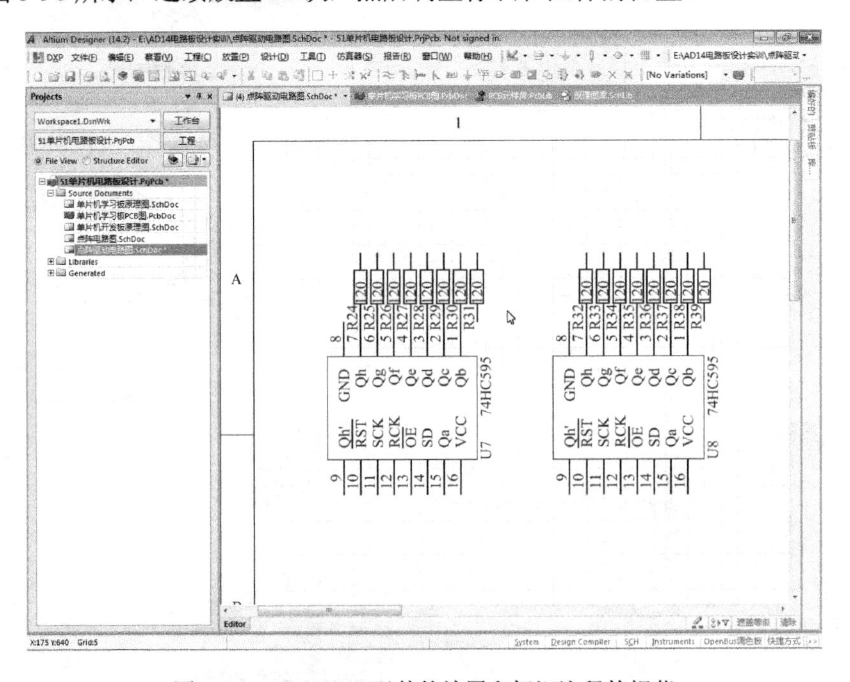

图 5-96　R24～R39 元件的放置和标识注释的规范

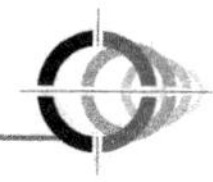

接下来，按图 5-97 所示，在电阻的上方，连续放置 16 个端口 C1～C16，然后放置连接导线。

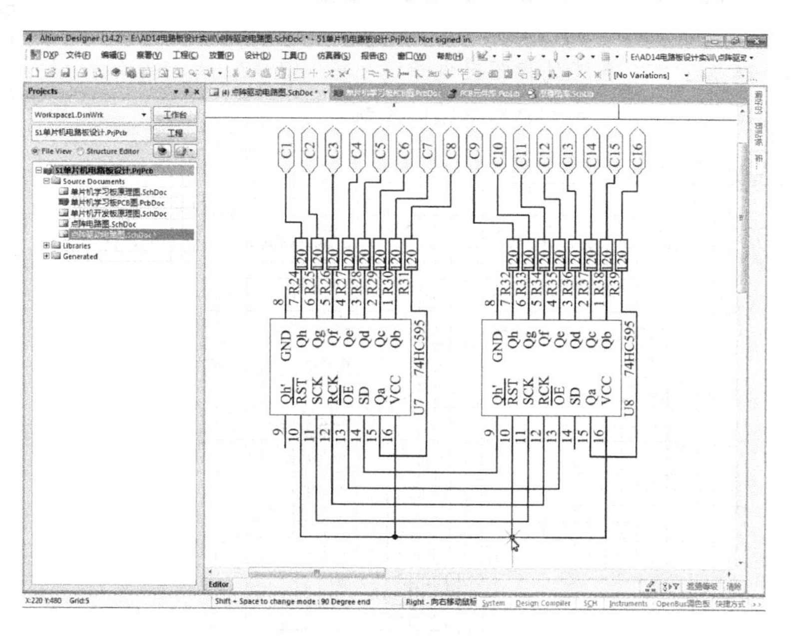

图 5-97　端口 C1～C16 的放置和导线连接

接下来，在库面板中从常用插件库中选取 Header 2 元件并设置属性：标识设为 LJ1，取消注释，用默认封装，确定后按图 5-98 所示放置。然后从常用插件库中选取 Header 3×2 元件并设置属性：标识设为 PL7，取消注释，用默认封装，确定后按图 5-98 所示放置。接下来，放置端口 P14～P16，放置所需连线、VCC 端口和 GND 端口。这样就完成了列驱动电路原理图的绘制。

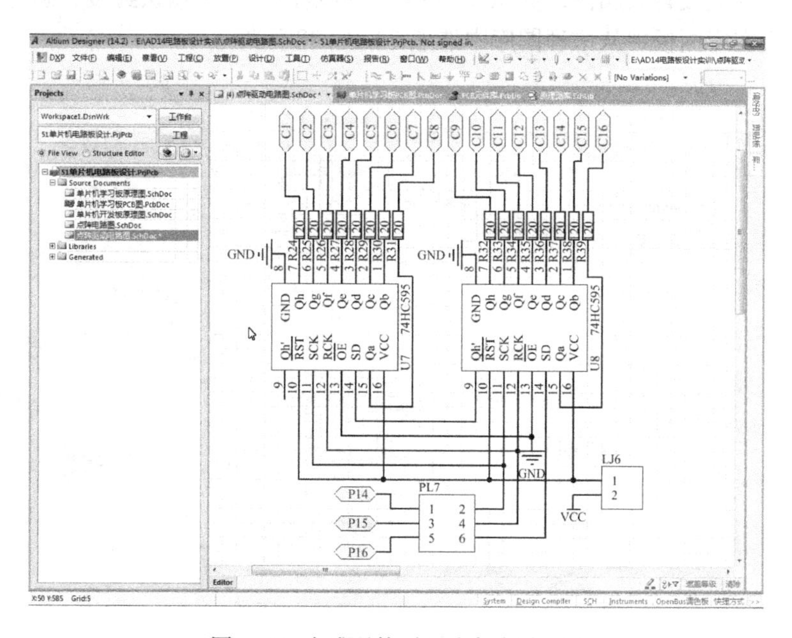

图 5-98　完成了的列驱动电路原理图

任务 40　绘制 16×16 点阵行驱动电路

本任务微课视频

知识目标　熟悉 16×16 点阵的行驱动电路。

能力目标　完成 16×16 点阵行驱动电路的绘制。

任务实施

如图 5-99 所示，在库面板中从常用插件库中选取 Header 4×2 元件。

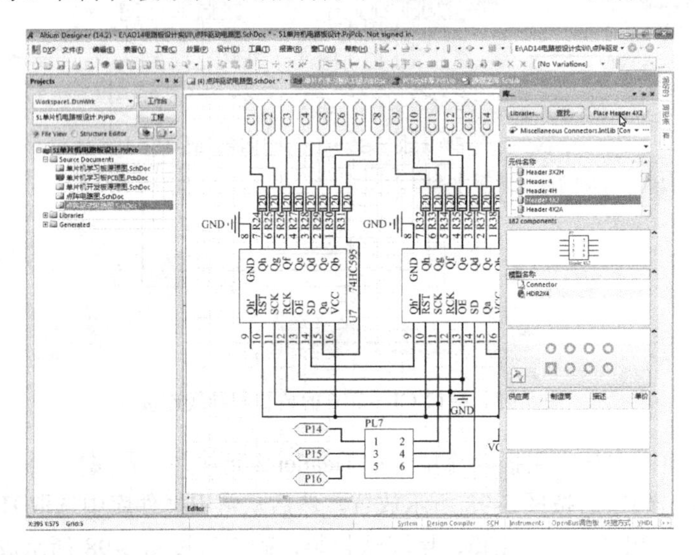

图 5-99　Header 4×2 元件的选取

选取后按 Tab 键设置其属性：标识设为 PL8，取消注释，用默认封装。确定后按图 5-100 所示放置。然后在库面板中从原理图库中选取 74HC138 元件。

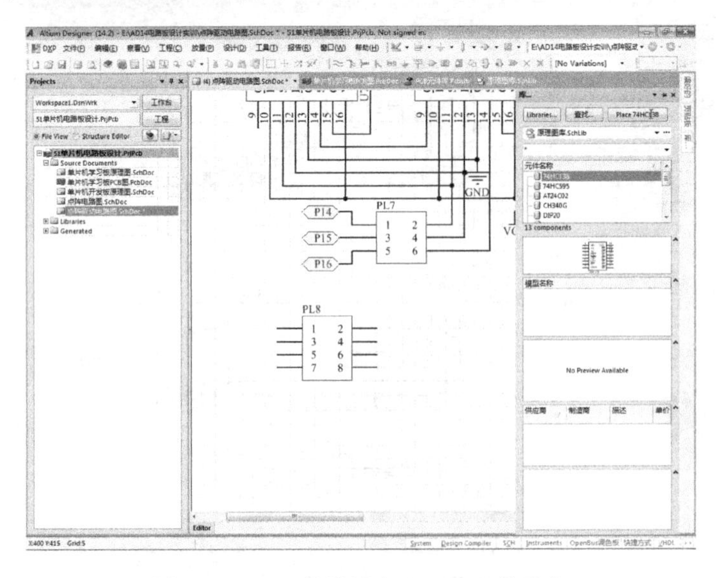

图 5-100　PL8 的放置和 74HC138 的选取

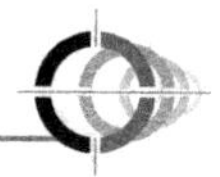

选取后按 Tab 键设置其属性：标识设为 U9，注释设为 74HC138，封装用 Small Outline 库中的 SOP16（图 5-48）。确定后按图 5-101 所示放置两次。

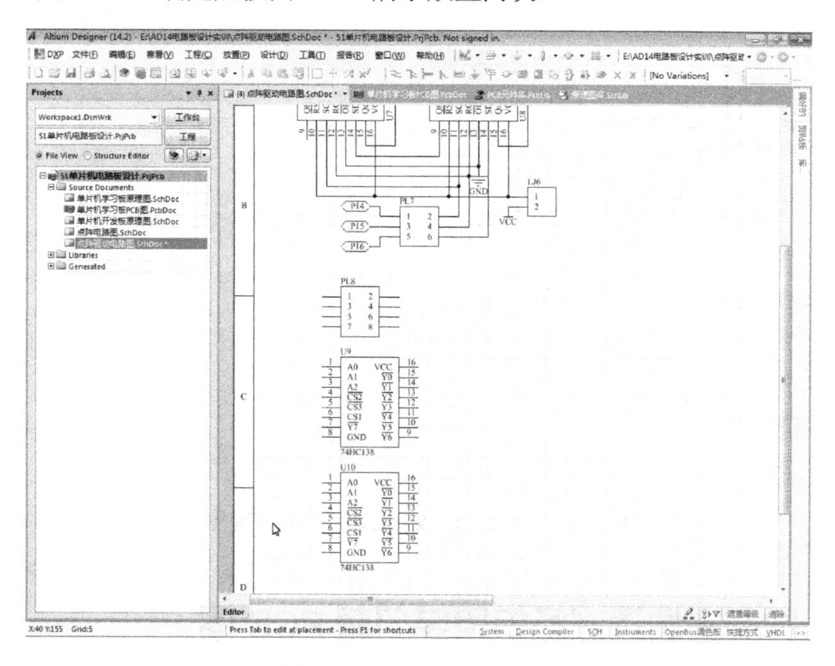

图 5-101 U9、U10 的放置

接下来，如图 5-102 所示，放置端口 20 个：P10～P13，R1～R16。

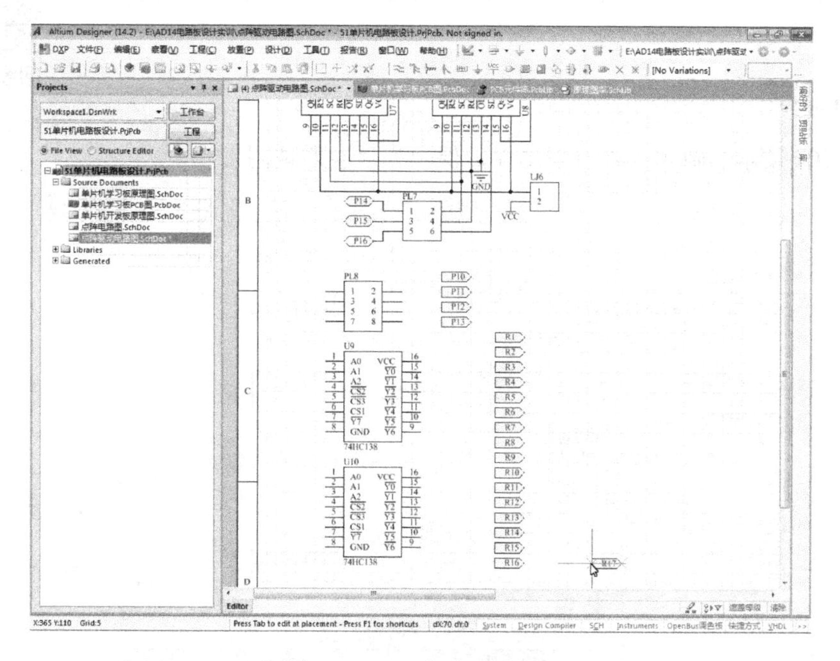

图 5-102 20 个端口的放置

接下来，按图 5-103 所示，放置电路连接的导线、VCC 端口和 GND 端口，这样就完成了点阵行驱动电路原理图的绘制。

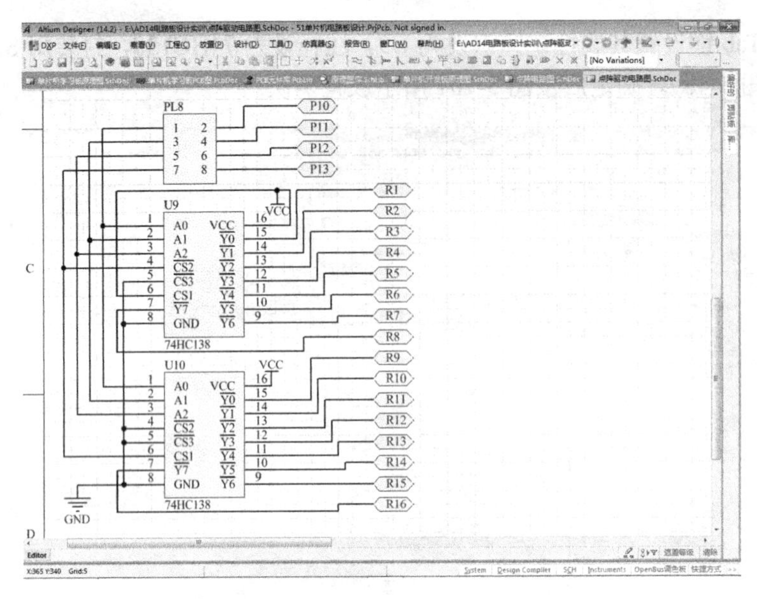

图 5-103　完成后的点阵行驱动电路原理图

任务 41　绘制主原理图和借用学习板 PCB 图

知识目标　熟悉层次原理图的构成规则。

能力目标　完成主原理图的绘制，生成工程的网络表，实现 PCB 图的替换。

本任务微课视频

任务实施

如图 5-104 所示，新建一原理图文件，保存为“主原理图”。

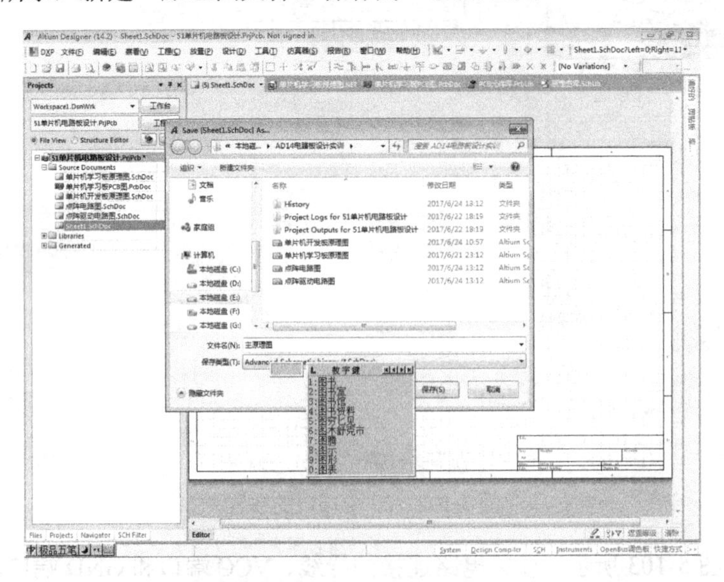

图 5-104　保存“主原理图”

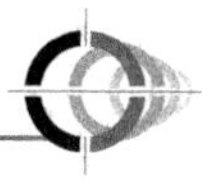

保存后单击菜单“设计”→“HDL 文件或图纸生成图表符”，如图 5-105 所示。

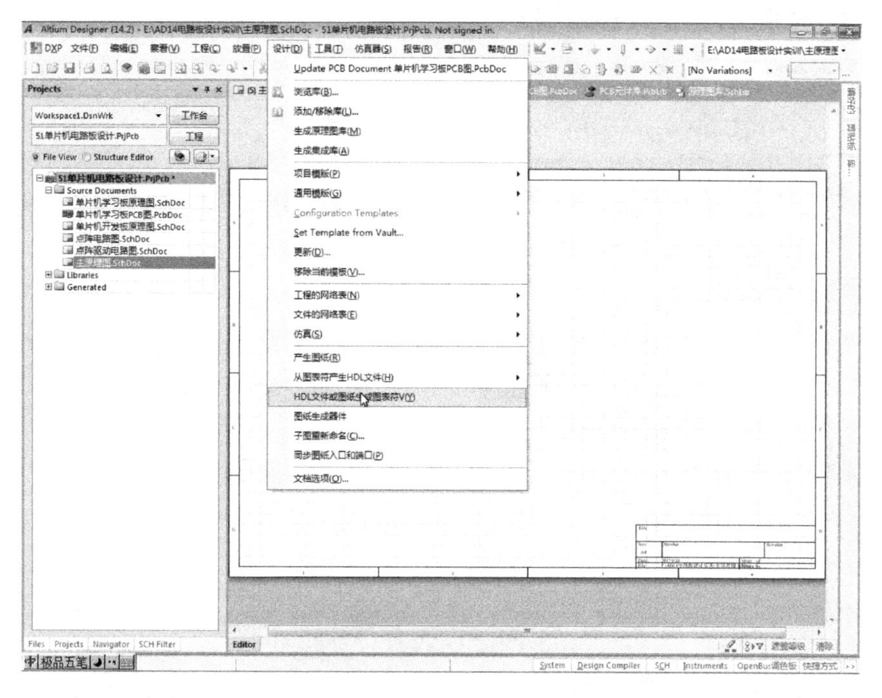

图 5-105　建立层次原理图结构的菜单操作

菜单操作后，如图 5-106 所示，系统弹出图纸选择对话框。单击“单片机开发板原理图”后再单击【OK】按钮。

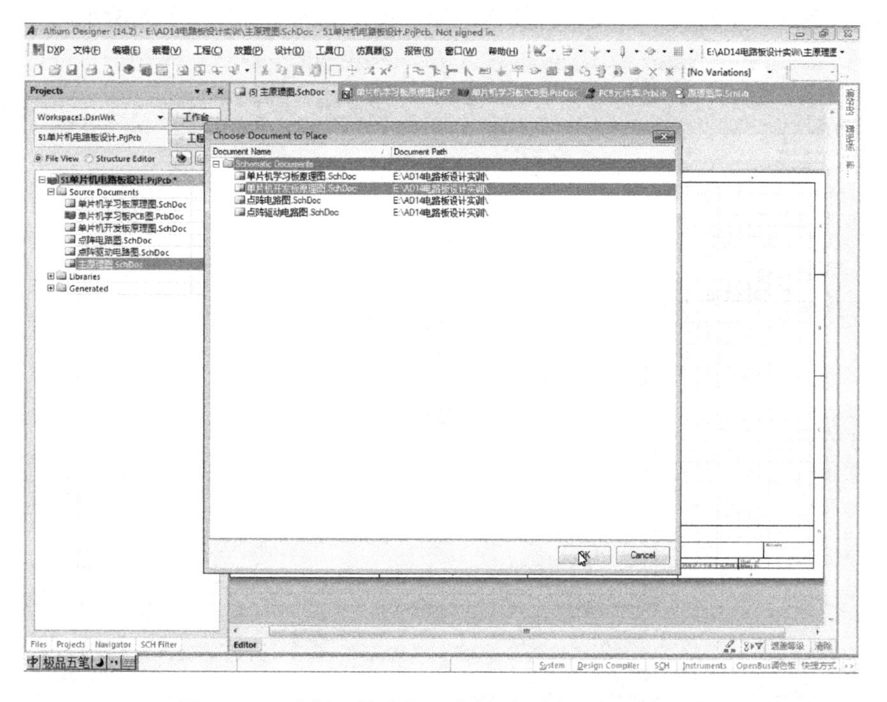

图 5-106　选择“单片机开发板原理图”为子原理图

单击【OK】按钮后，鼠标光标上就出现一个图表符跟随移动，把这个图表符移到绘图区左方，如图 5-107 所示。

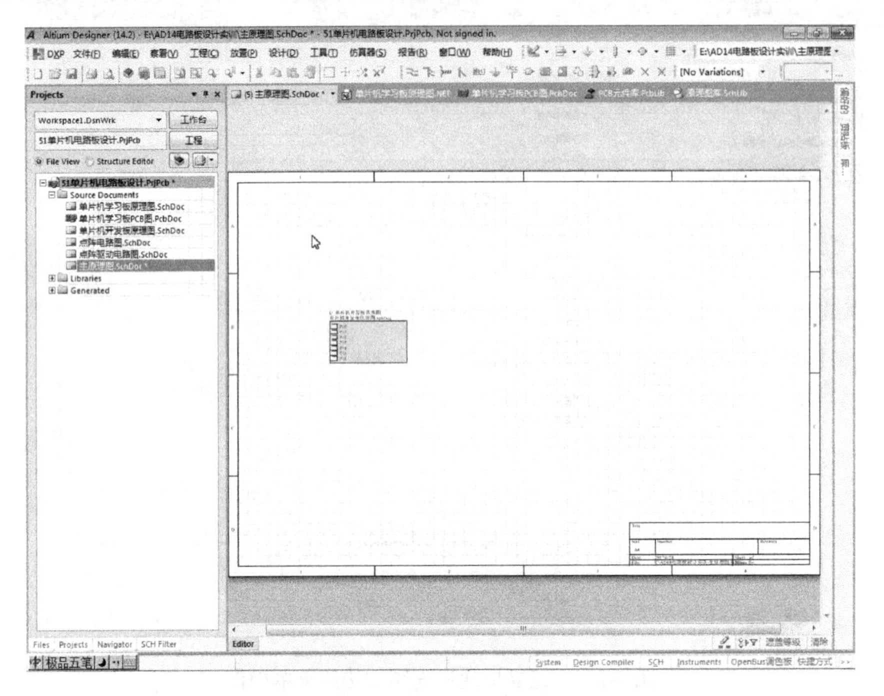

图 5-107 “单片机开发板原理图”图表符第一个加入主原理图

用同样的操作，把“点阵驱动电路图”作为第二个图表符加入主原理图，再用同样的操作把“点阵电路图”作为第三个图表符加入主原理图，加入后如图 5-108 所示。

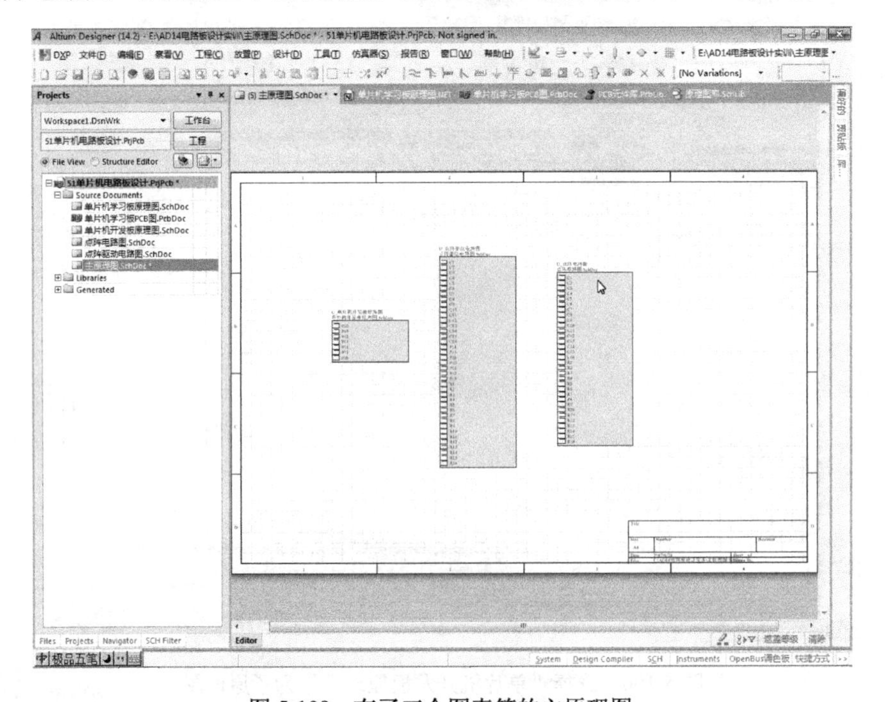

图 5-108 有了三个图表符的主原理图

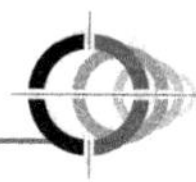

为连线方便，把“点阵驱动电路图”图表符中的 C1～C16 端口、R1～R16 端口从左边整体移至右边。把“单片机开发板原理图”图表符中的 P10～P16 端口，从左边整体移动到右边，然后检查三个图表符“面对面”的端口名称是否一一对应，完成后如图 5-109 所示。

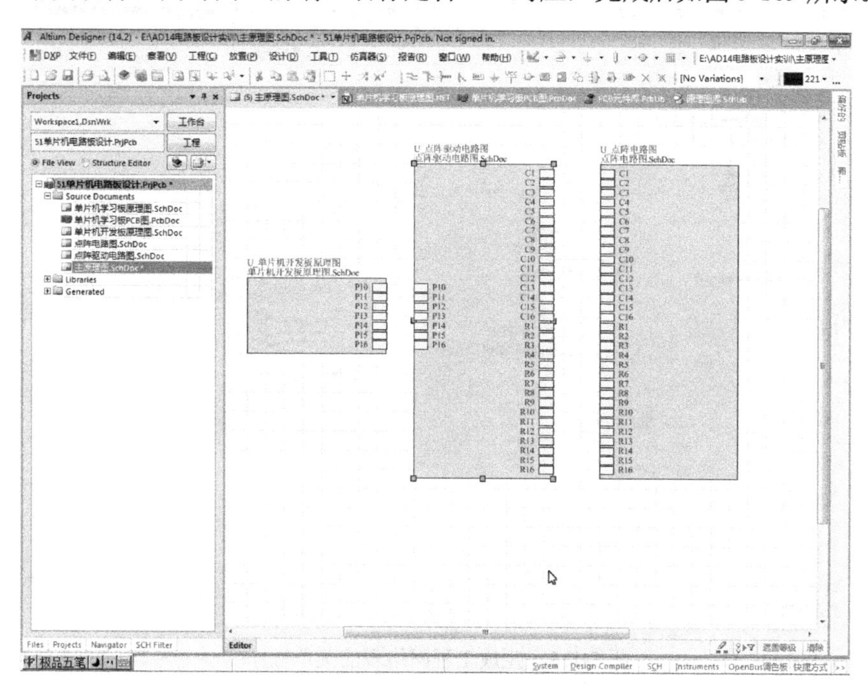

图 5-109　移动图表符端口

接下来，如图 5-110 所示，完成三个图表符间的端口连线。

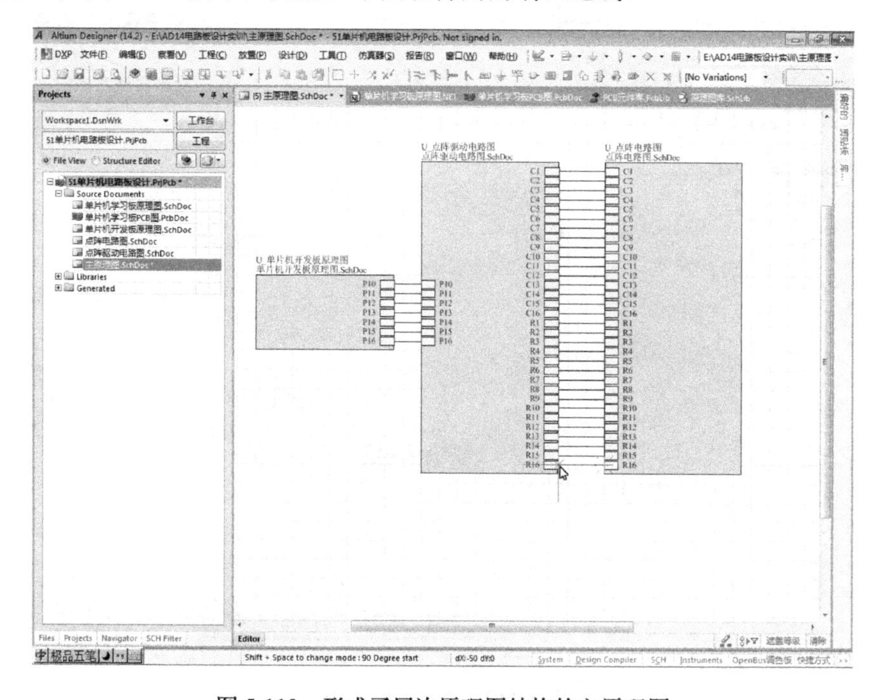

图 5-110　形成了层次原理图结构的主原理图

接下来，生成基于层次原理图的主原理图网络表。如图 5-111 所示，单击菜单“设计”→“工程的网络表”→“PCAD”。

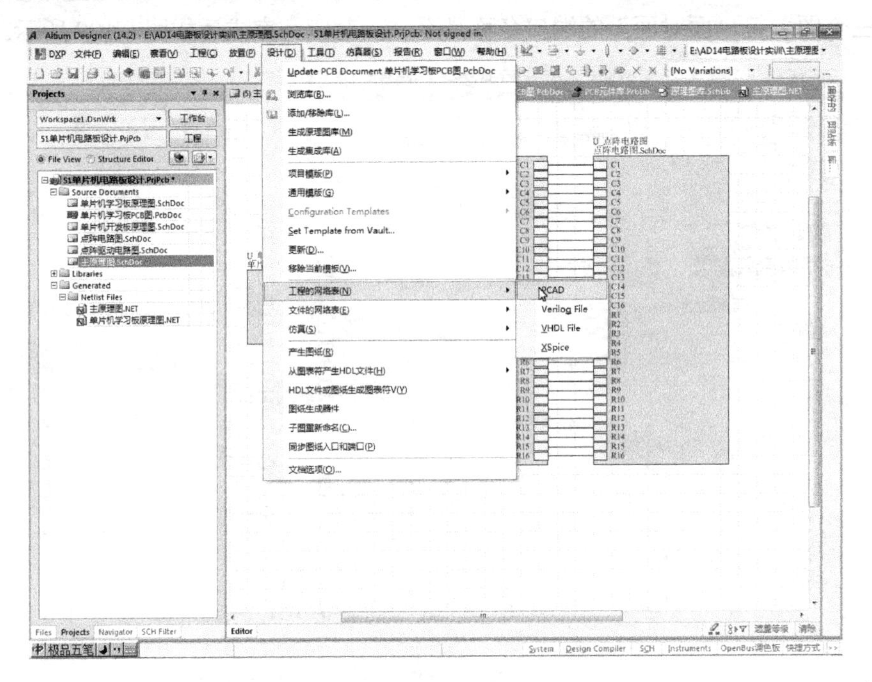

图 5-111　生成工程网络表的菜单操作

图 5-111 中的菜单操作执行后，经一定时间，如图 5-112 所示，系统就会显示出工程的网络表。

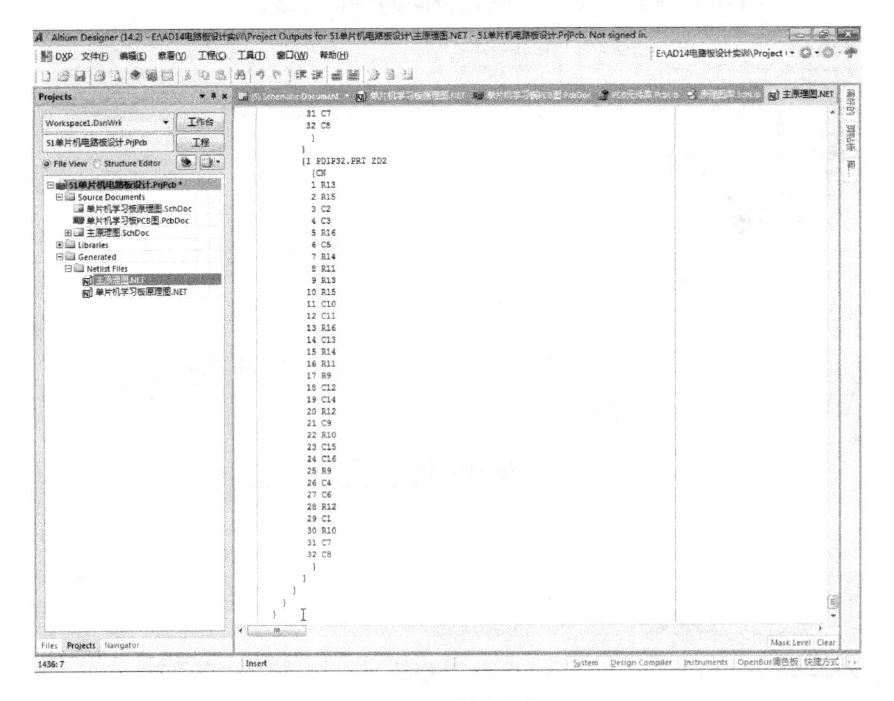

图 5-112　工程的网络表

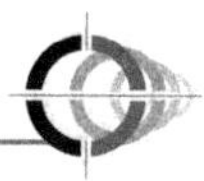

工程的网络表非常重要，也非常有用，利用它，可以检查原理图是否正确。只有工程的网络表正确，才能说明原理图正确。只有原理图正确，才能保证由原理图生成的 PCB 图正确。只有 PCB 图正确，才能保证根据 PCB 图加工出来的电路板正确。

接下来新建 PCB 文件并保存为默认名，然后如图 5-113 所示，单击菜单“设计”→“Import Changes From 51 单片机电路板设计.PrjPcb”。

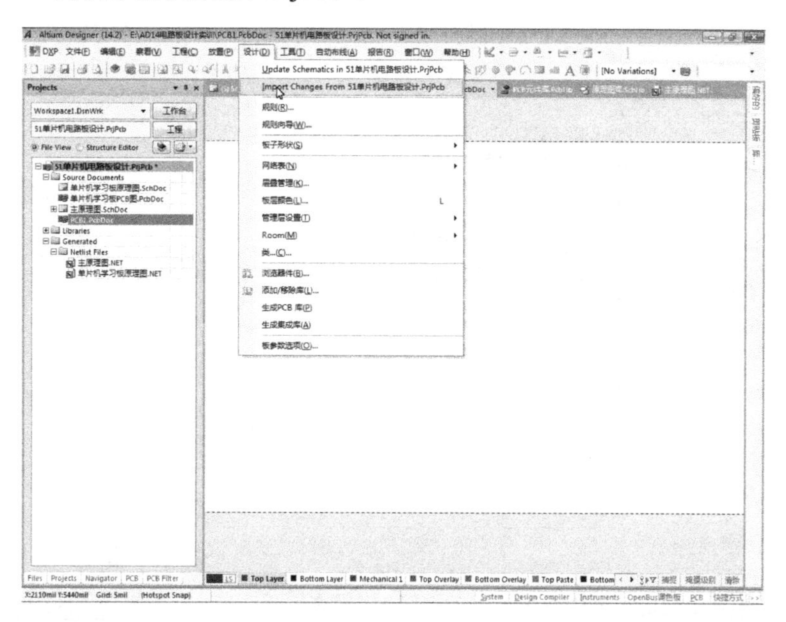

图 5-113　从工程导入更新 PCB 的菜单操作

菜单执行后，系统弹出“工程更改顺序”对话框，在该对话框中依次单击【执行更改】、【生效更改】、【关闭】按钮，PCB 板右边就出现导入的三个元件盒，如图 5-114 所示。

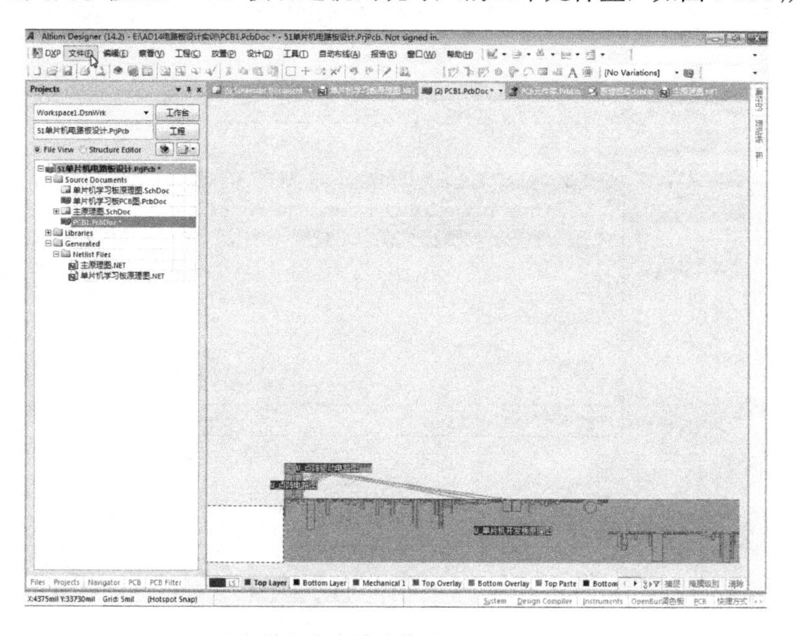

图 5-114　导入更新的三个元件盒

从图 5-114 中的三个元件盒中的元件之多，可以推知，重新完成这三个元件盒中所有元件布局的工作量太大。我们又知道，单片机开发板原理图是在单片机学习板原理图基础上添加了几个模块而构成的，在单片机学习板 PCB 图基础上接着布局新增模块的元件，就能大大减少重复的布局工作量。按这一思路，如图 5-115 所示，新建 PCB 文件并用“单片机开发板 PCB 图”文件名保存。

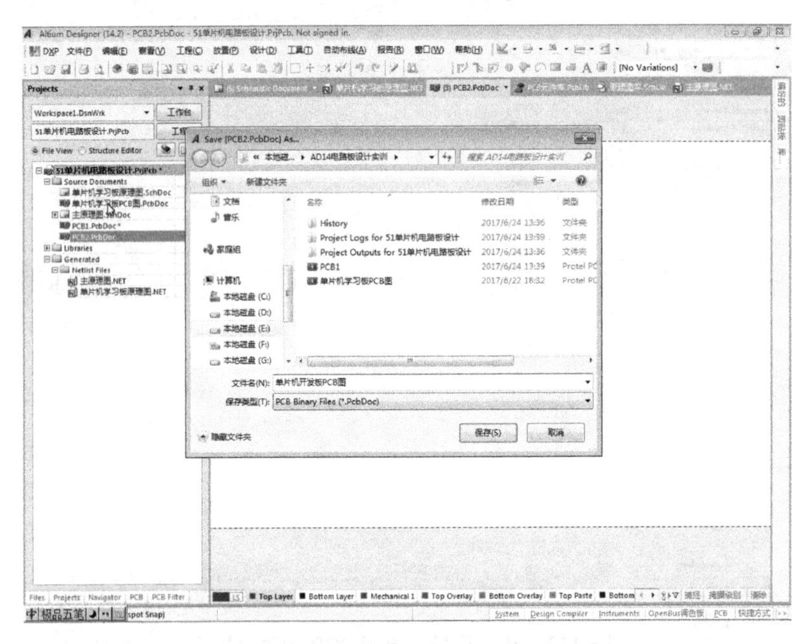

图 5-115　新建和保存“单片机开发板 PCB 图”文件

保存后退出 AD14 系统，如图 5-116 所示，单击【保存所有】按钮。

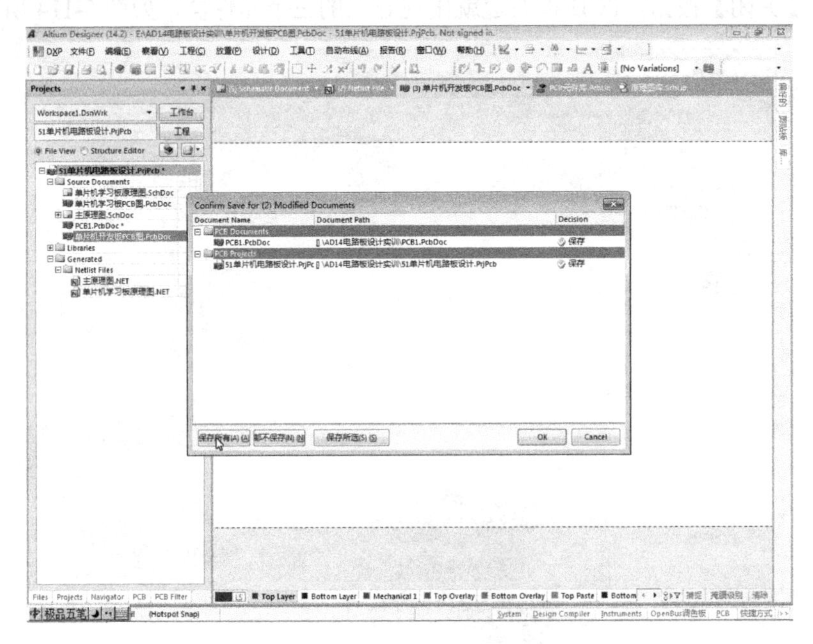

图 5-116　“保存所有”的操作

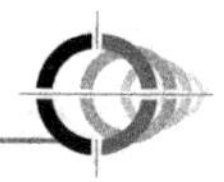

退出后，如图 5-117 所示，在保存工程文档的文件夹中，删除刚刚建立的“单片机开发板 PCB 图”文件，便于下面文件的替代。

图 5-117 删除新建的“单片机开发板 PCB 图”文件

删除后把“单片机学习板 PCB 图”文件复制到 E 盘根目录中，并将其文件名改为“单片机开发板 PCB 图”，如图 5-118 所示。

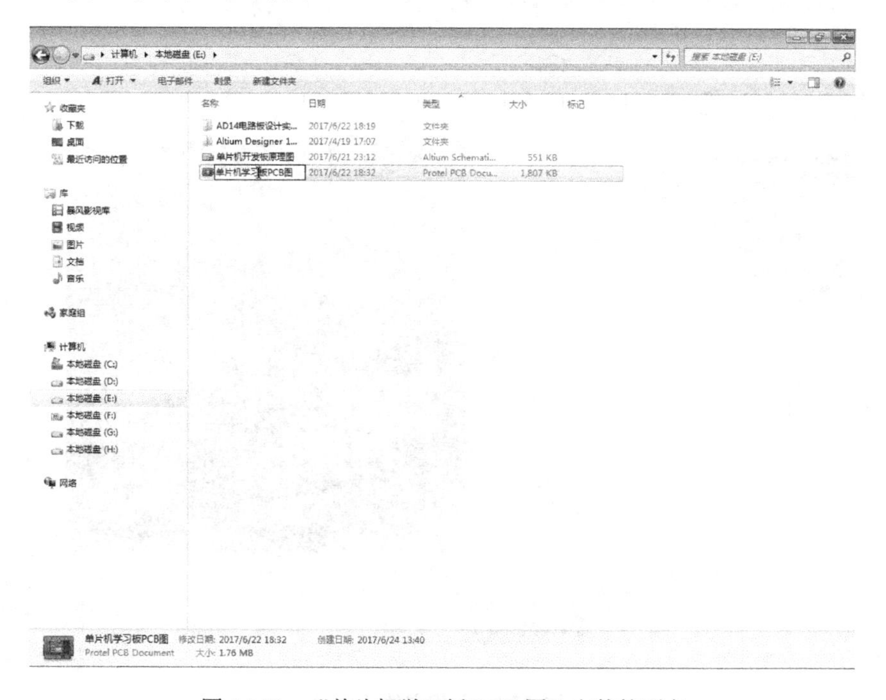

图 5-118 “单片机学习板 PCB 图”文件的更名

接下来，将这个更名后的文件复制到保存工程文档的文件夹中，如图 5-119 所示。

图 5-119　更名后的文件与原文件的日期时间相同

接下来启动 AD14，如图 5-120 所示，系统显示出前次退出时的工作窗口。

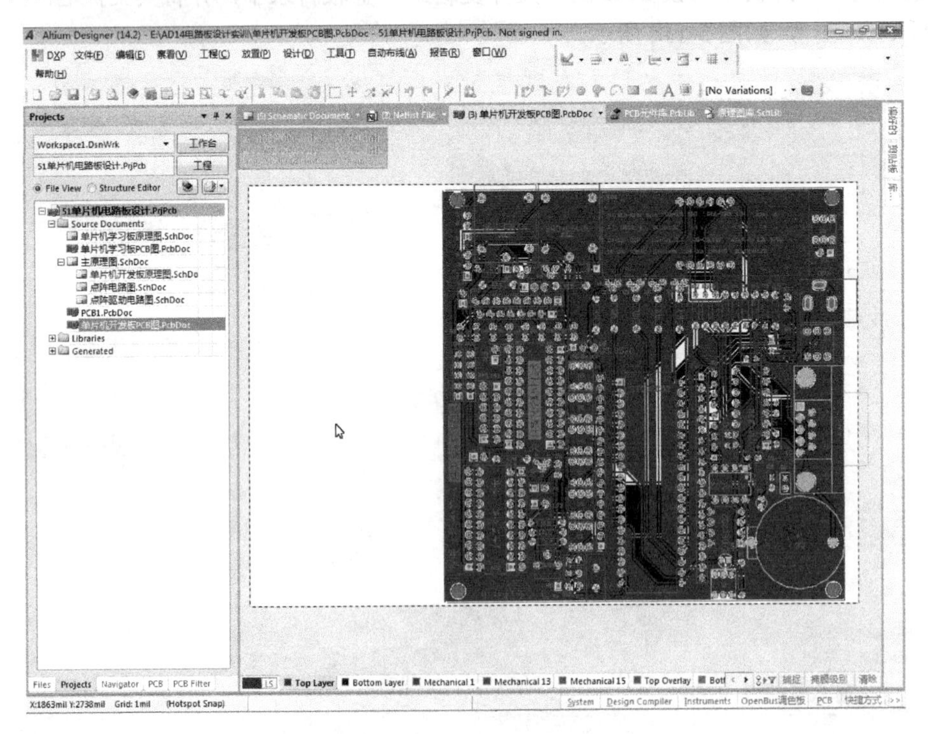

图 5-120　替代文件的显示

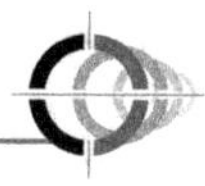

从图 5-120 可看到，上次退出系统时主窗口中的空白文件，已变成内容与“单片机学习板”完全一致的替代文件。接下来，要撤销 PCB 图的覆铜和布线。依次单击菜单“工具”→“多边型填充”→“Shelve 2 Pclygon”，就撤销了覆铜。再依次单击菜单“工具”→“取消布线”→“全部”，就取消了布线。接下来，如图 5-121 所示，单击菜单“设计”→“Import Changes From 51 单片机电路板设计.PrjPcb”。

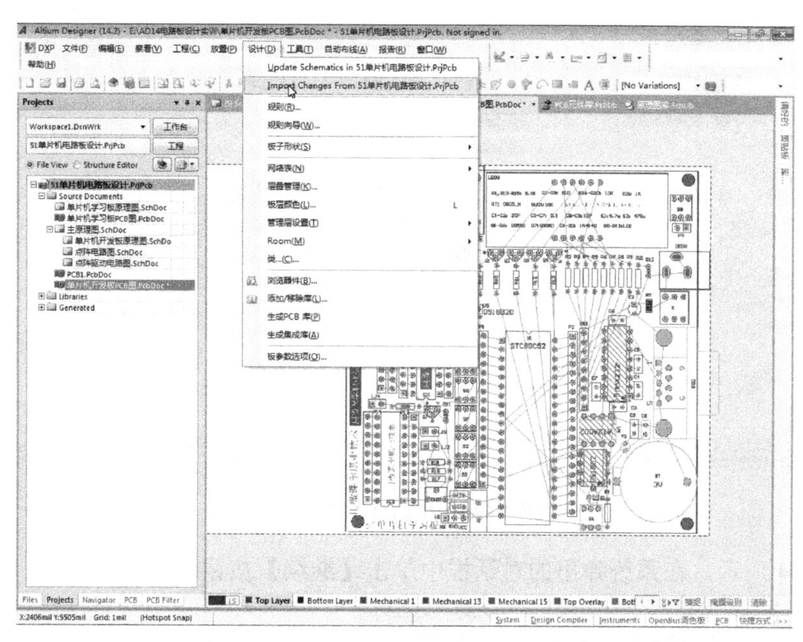

图 5-121　从工程导入更新 PCB 图

导入更新的菜单操作执行后，如图 5-122 所示，在系统弹出的对话框中单击【Yes】按钮。

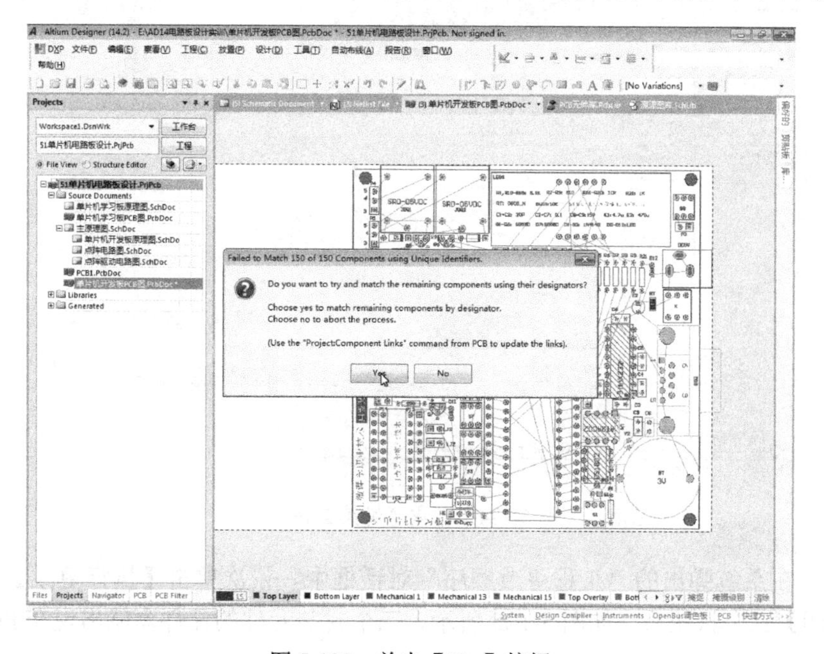

图 5-122　单击【Yes】按钮

如图 5-123 所示，在系统弹出的对话框中单击【是】按钮。

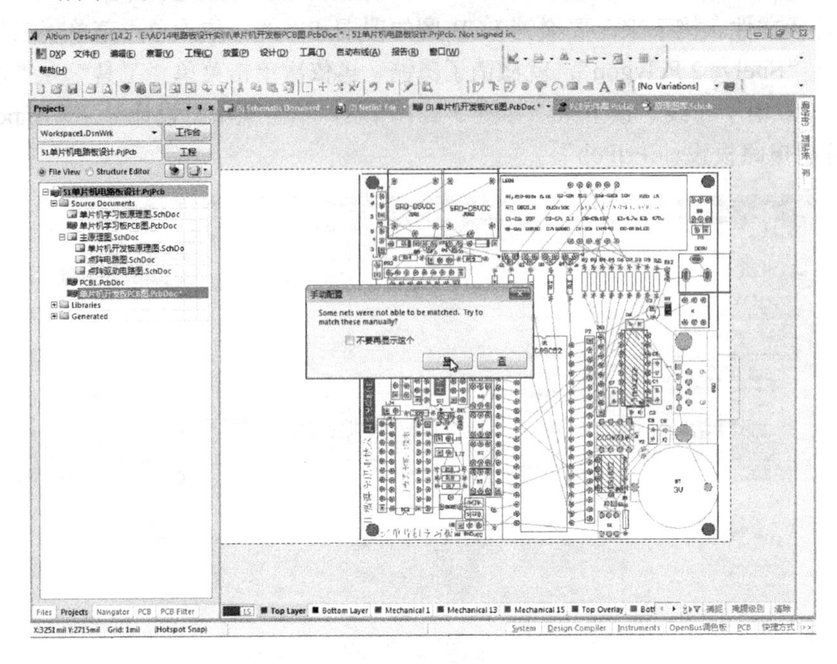

图 5-123 单击【是】按钮

如图 5-124 所示，在系统弹出的对话框中单击【继续】按钮。

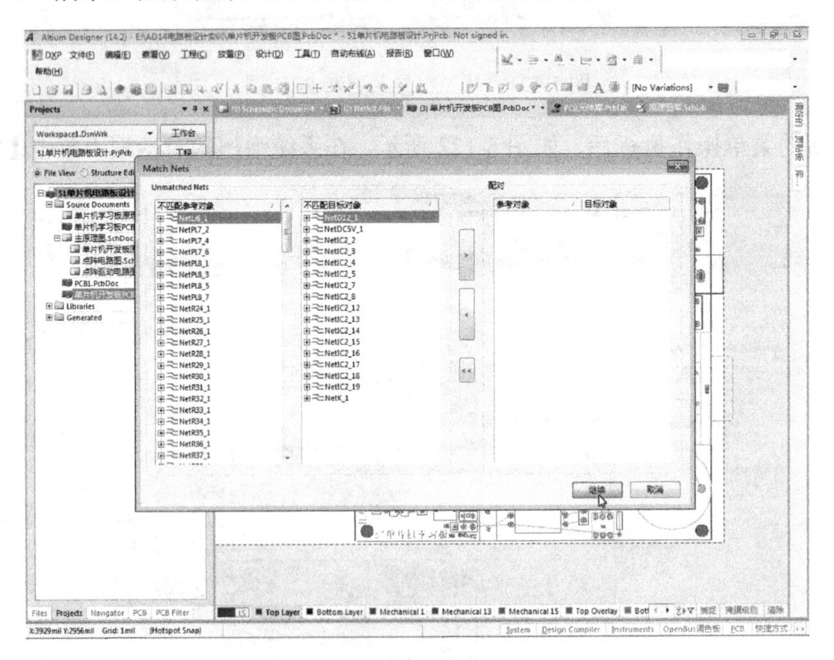

图 5-124 单击【继续】按钮

接下来，在系统弹出的“工程更改顺序”对话框中，依次单击【执行更改】→【生效更改】→【关闭】三个按钮后，如图 5-125 所示，三个封装元件的元件盒就出现在 PCB 板右边。

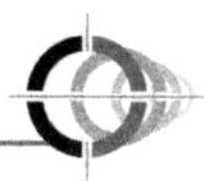

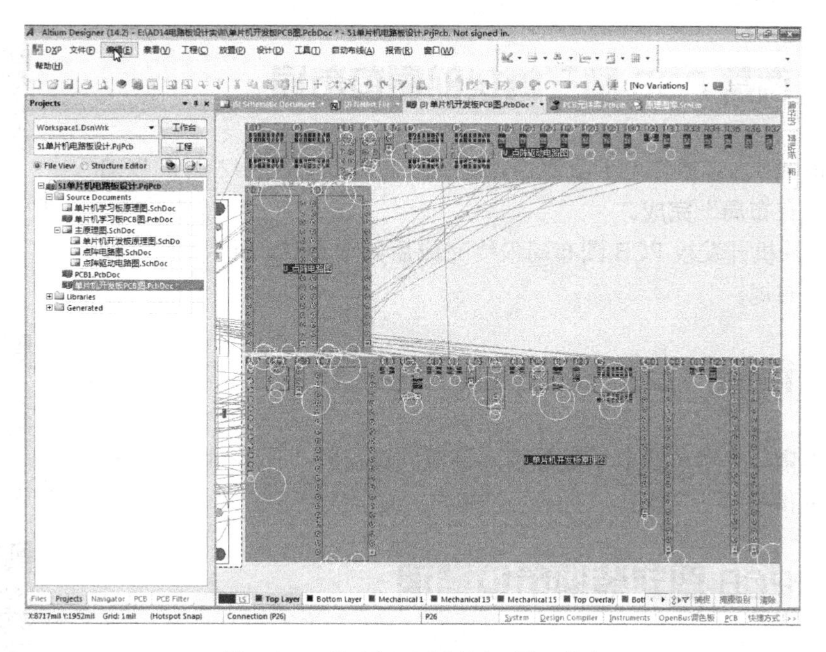

图 5-125　单片机开发板原理图元件盒

接下来，修改 PCB 图的布线边界。在 PCB 图上双击上边线，在弹出的“轨迹”对话框中，将开始的 X 值改为 1005，Y 值为 4945；将结尾的 X 值改为 6905，Y 值为 4945。确定后再双击下边线，在弹出的“轨迹”对话框中，将开始的 X 值改为 1005，Y 值改为 1035，将结尾的 X 值改为 6905，Y 值改为 1035，确定后，把左边线移至上、下边线的左端点之间。把右边线移至上、下边线的右端点之间。接下来，再把四个安装孔移到修改后的四角内。把四个汉字字串移动到 PCB 图左边。修改边线后的 PCB 图如图 5-126 所示。

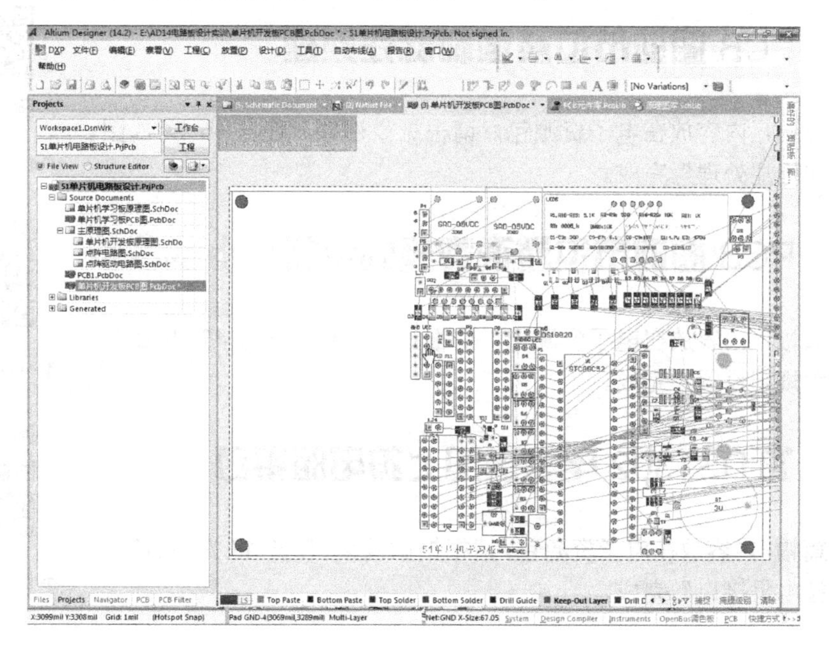

图 5-126　修改布线边界后的单片机开发板 PCB 图

本任务微课视频

任务 42　调整 PCB 图三模块的原有布局

为节省篇幅，内容放在电子资源包，请根据微视频“任务 42 调整 PCB 图三模块的原有布局”完成。

说明：单片机开发板 PCB 图布局最终完成后如图 5-127 所示，也可按该图直接完成布局。

本任务微课视频

任务 43　布局开发板新增模块和接口

为节省篇幅，内容放在电子资源包，请根据微视频“任务 43 布局开发板新增模块和接口”完成。

本任务微课视频

任务 44　PCB 图封装的布位精调

为节省篇幅，内容放在电子资源包，请根据微视频“任务 44 PCB 图封装的布位精调”完成。

本任务微课视频

任务 45　规范 PCB 图的元件标识

为节省篇幅，内容放在电子资源包，请根据微视频“任务 45 规范 PCB 图的元件标识”完成。

本任务微课视频

任务 46　PCB 图的布位精调和标注处理

为节省篇幅，内容放在电子资源包，请根据微视频“任务 46 PCB 图的布位精调和标注处理”完成。

本任务微课视频

任务 47　PCB 图的布位精调和规则设置

为节省篇幅，内容放在电子资源包，请根据微视频“任务 47 PCB 图的布位精调和规则设置”完成。

本任务微课视频

任务 48　为 DS1302 电路增加上拉电阻接口

为节省篇幅，内容放在电子资源包，请根据微视频“任务 48 为 DS1302 电路增加上拉电阻接口”完成。

任务 49　开发板 PCB 图的布线及覆铜

本任务微课视频

电路板最终效果演示

为节省篇幅，内容放在电子资源包，请根据微视频“任务 49 开发板 PCB 图的布线及覆铜”完成。

项目最终效果如图 5-128～图 5-130 所示。

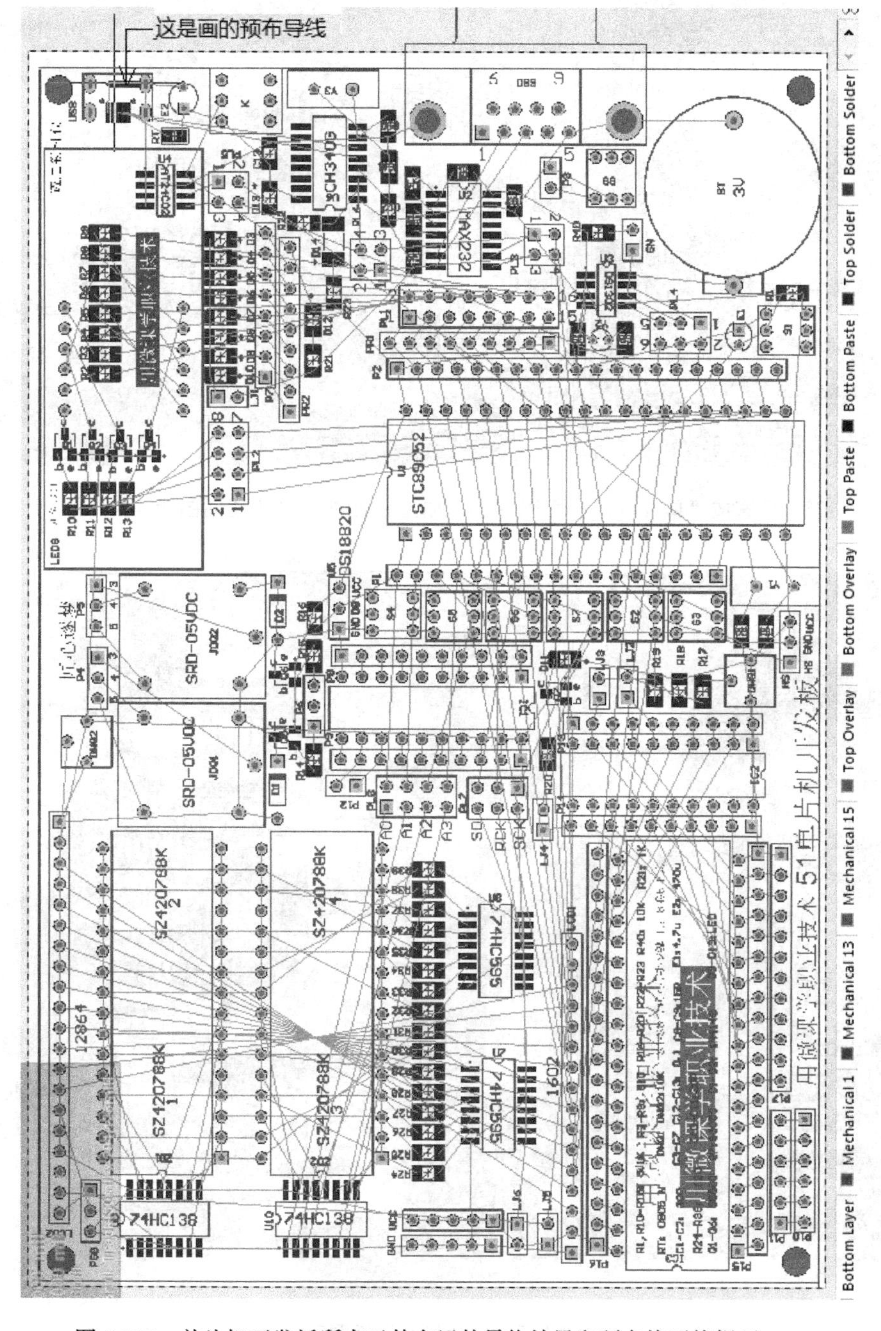

图 5-127　单片机开发板所有元件布局的最终结果和预布线画线提示 mm

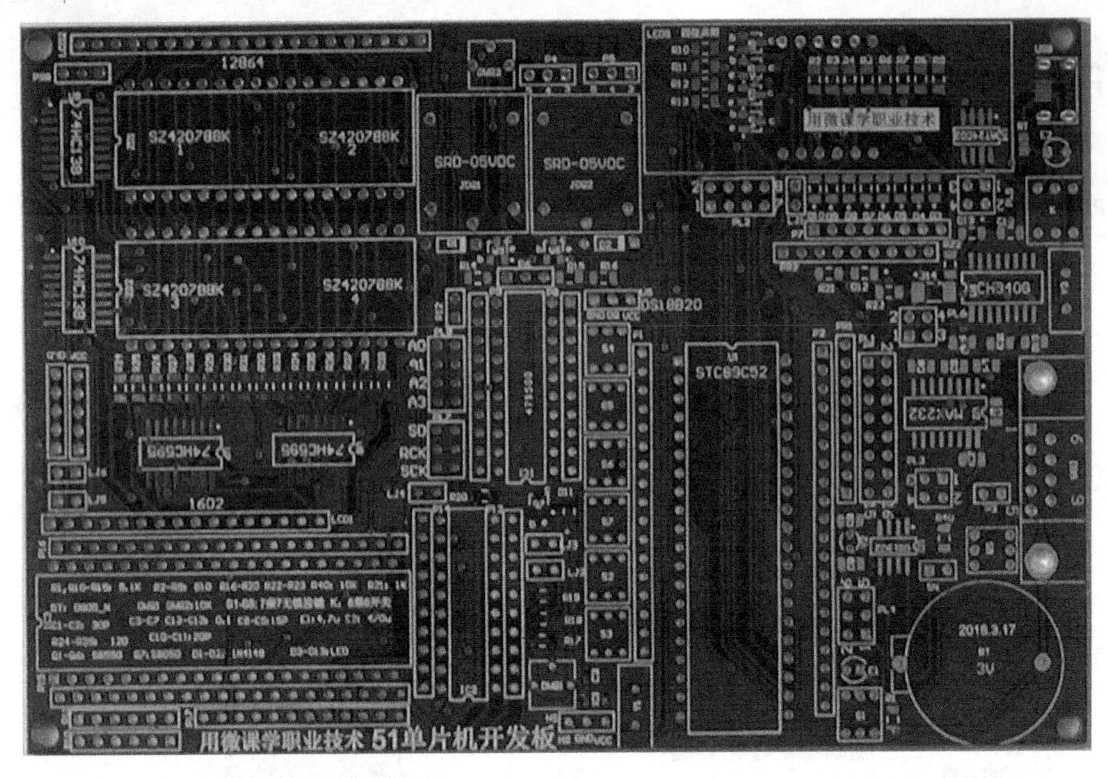

图 5-128 厂家按“单片机开发板 PCB 图”加工完成的 PCB 板正面图示

图 5-129 焊接完成后的单片机开发板图示

图 5-130　正在运行汉字显示的单片机开发板图示

需要说明的是，完成布线覆铜后的 PCB 图需发给厂家制板并返回，然后将之组装成单片机实验板。由于单片机实验板上的贴片元件较多，必须用一丝不苟的工匠精神来进行电路板的焊接安装和通电检测。只有通电后程序运行正常，才能说明整个电子 CAD 工程设计完全无误。